程序员硬核技术丛书

剑指 MySQL 8.0
入门、精练与实战

尚硅谷教育 ◎ 编著

电子工业出版社·

Publishing House of Electronics Industry

北京 · BEIJING

内 容 简 介

本书基于 MySQL 8.0 进行讲解，总计 12 章。第 1～4 章，从数据库的基本概念讲起，一步步带领读者搭建 MySQL 开发环境，分别以命令行和 SQLyog 图形化界面两种方式展示了数据库和表的基本操作，以及表中数据的增删改查等日常操作。第 5～6 章，详细介绍了 MySQL 数据类型、运算符以及各种系统函数，包括 MySQL 8.0 最新引入的窗口函数等。第 7～12 章，带领读者进一步探究 MySQL 的高级查询、约束、视图、变量、存储过程和函数、视图、简单事务管理和用户权限管理等更加复杂和专业的功能。

作为一本讲解 MySQL 的入门图书，本书注重基础理论知识的讲解，内容全面细致，辅以大量的代码实例，并提供配套视频教程。书中还提供了一个数据库设计的综合案例，进一步介绍 MySQL 在实际工作中的应用，帮助初学者夯实基础，为下一步的进阶提升做好准备。

本书适用于 MySQL 数据库初学者、MySQL 数据库开发人员和 MySQL 数据库管理员，以及高等院校和培训学校相关专业的师生作为教材或教辅材料。

图书在版编目（CIP）数据

剑指 MySQL 8.0：入门、精练与实战 / 尚硅谷教育编著. —北京：电子工业出版社，2023.2
（程序员硬核技术丛书）
ISBN 978-7-121-44733-4

Ⅰ. ①剑⋯　Ⅱ. ①尚⋯　Ⅲ. ①关系数据库系统　Ⅳ. ①TP311.132.3

中国版本图书馆 CIP 数据核字（2022）第 245244 号

责任编辑：李　冰
印　　刷：涿州市般润文化传播有限公司
装　　订：涿州市般润文化传播有限公司
出版发行：电子工业出版社
　　　　　北京市海淀区万寿路 173 信箱　　邮编　100036
开　　本：850×1 168　1/16　印张：23.25　字数：753 千字
版　　次：2023 年 2 月第 1 版
印　　次：2024 年 4 月第 4 次印刷
定　　价：105.00 元

凡所购买电子工业出版社图书有缺损问题，请向购买书店调换。若书店售缺，请与本社发行部联系，联系及邮购电话：（010）88254888，88258888。

质量投诉请发邮件至 zlts@phei.com.cn，盗版侵权举报请发邮件至 dbqq@phei.com.cn。

本书咨询联系方式：libing@phei.com.cn。

前 言

　　数据库技术是信息系统的一个核心技术。近年来物联网、云计算、移动互联网等技术的成熟，全社会的数据量呈指数级增长，全球已经进入以数据为核心的大数据时代。有数据的地方就有数据库，当前市场上数据库技术层出不穷，这给计算机信息管理带来了一场巨大的革命。

　　MySQL 是一款免费、开源，且可移植性很高的关系型数据库，它已经成为最受欢迎的数据库管理系统之一。无论在小型应用的开发中，还是在亿级流量的超大网站中，MySQL 都证明了自己是一个性价比高、灵活、稳定、可靠、快速的系统。本书基于新版 MySQL 8.0 进行讲解，MySQL 8.0 进行了大量的改进，无论你是 SQL 新手，还是在应用程序中使用 MySQL 的开发人员，都可以学习和参考本书。

　　本书由具有多年开发和教学经验的一线讲师团队共同创作而成，既注重基础理论知识的讲解，又提供丰富案例方便读者上手操作，知识点的讲解内容全面细致，辅以大量的代码实例以及练习题。书中还提供了一个数据库设计的综合案例，进一步介绍 MySQL 在实际工作中的应用，帮助初学者夯实基础，为下一步的进阶提升做好准备。

　　本书总计 12 章，详细介绍了 MySQL 的环境搭建、MySQL 数据类型和运算符、数据库和表、约束、视图、变量、存储过程和函数、视图、简单事务管理和用户权限管理等，还有数据库和表的增删改查等基本操作和高级查询操作，以及 SQLyog 等图形化工具的使用，并在各个章节的对应部分着重讲解了 MySQL 8.0 的新特性。

　　本书的案例源码和参考视频，可以通过关注"尚硅谷教育"公众号，回复"mysqlbook"免费获取，也可以通过尚硅谷 B 站官方账号在线学习。

关于我们

　　尚硅谷是一家专业的 IT 教育培训机构，现拥有北京、深圳、上海、武汉、西安五处分校，开设有 JavaEE、大数据、HTML5 前端、UI/UE 设计等多门学科，累计发布的视频教程 3000 多小时，广受赞誉。通过面授课程、视频分享、在线学习、直播课堂、图书出版等多种方式，满足了全国编程爱好者对多样化学习场景的需求。

　　尚硅谷一直坚持"技术为王，课比天大"的发展理念，设有独立的研究院，与多家互联网大厂的研发团队保持技术交流，保障教学内容始终基于研发一线，坚持聘用名校名企的技术专家，从源码层面进行技术讲解。

　　希望通过我们的努力，帮助到更多需要帮助的人，让天下没有难学的技术，为中国的软件人才培养尽一点绵薄之力。

尚硅谷教育

目　录

第1章

数据库概述

随着物联网、云计算、移动互联网等技术的发展，全社会的数据量呈指数型增长，全球已经进入以数据为核心的大数据时代。

数据（data）是用于表示客观事物的未经加工的原始素材，以文本、数字、图片、声音和视频等格式对事实进行表现。单纯的数据是没有任何价值的，但当人们将一系列数据与被观察、被感知的事物进行关联后，事物的属性给数据赋予了含义，就成了一个有价值的数据集合，这就是信息（information）。将信息分门别类后抽取相同特征并简化为模型，从而尽可能正确地反映事物的性质与逻辑，这就构成了知识（knowledge）。比如你的身高体重值、消费记录、出行记录、新闻内容、发送的消息、拍摄的照片、观看的视频、监控录像等都是数据。这些数据资源都非常重要，它们只有被正确地表示、存储和管理，才能被好好利用。

数据库技术是信息系统的一种核心技术。数据库技术研究和解决了计算机信息处理过程中大量数据有效地组织和存储的问题，在数据库系统中减少数据存储冗余、实现数据共享、保障数据安全，以及高效地检索数据和处理数据。

1.1 数据库相关概念

数据库的概念诞生于 20 世纪 60 年代，随着信息技术和市场的快速发展，数据库技术层出不穷，数据库的数量和规模越来越大，其诞生和发展给计算机信息管理带来了一场巨大的革命。有数据的地方就有数据库。它无所不在，网站的背后、应用的内部、单机软件、区块链里，甚至在离数据库最远的 Web 浏览器中，也逐渐出现了其雏形（各类状态管理框架与本地存储）。数据库可以简单地只是内存中的哈希表、磁盘上的日志，也可以复杂到由多种数据系统集合而成。

1.1.1 数据库系统

数据库系统一般由 4 个部分组成。

（1）数据库（DataBase，DB）：从字面上可以简单理解为存储数据的仓库。从专业的角度来说，数据库是指长期保存在计算机的存储设备上，按照一定规则组织起来，可以被各种用户或应用共享的数据集合。数据库中的数据按一定的数学模型组织、描述和存储，具有较小的冗余，较高的数据独立性和易扩展性，并可以被各类用户共享。

（2）硬件：构成计算机系统的各种物理设备，包括存储所需的外部设备。硬件的配置应满足整个数据库系统的需要。

（3）软件：包括数据库管理系统（DataBase Management System，DBMS）、支持 DBMS 运行的操作系统、配合 DBMS 进行数据管理、分析、展示的其他工具软件，以及支持多种语言进行应用开发的访问技术等。

（4）人员：主要有 4 类。第一类为系统分析员和数据库设计人员：系统分析员负责应用系统的需求分析和规范说明，他们和用户及数据库管理员一起确定系统的硬件配置，并参与数据库系统的概要设计。数据库设计人员负责数据库中数据的确定、数据库各级模式的设计。第二类为应用程序员，负责编写使用数据库的应用程序。这些应用程序可对数据进行检索、建立、删除或修改。第三类为数据库管理员（DataBase Administrator，DBA），负责创建、监控和维护整个数据库，使数据能被任何有权使用的人员有效使用。数据库管理员一般由业务水平较高、资历较深的人员担任。第四类为最终用户，他们利用系统的接口或查询语言访问数据库。

数据库管理系统是数据库系统的核心软件，是在操作系统的支持下工作，解决如何科学地组织和存储数据，如何高效获取和维护数据的系统软件。其主要功能包括：定义数据存储结构、提供数据的操纵机制、建立数据库、负责数据库的运行管理，以及维护数据库的安全性、完整性和可靠性。

数据库管理系统经历了 30 多年的发展演变，已发展成了一门内容丰富的学科，并且已形成了一个规模巨大、增长迅速的市场。常见的数据库管理系统软件有 Oracle、MySQL、MS SQL Server、PostgreSQL、DB2、Access 等。如图 1-1 所示，以下是 2022 年 *DB-Engines Ranking* 对各数据库受欢迎程度进行调查后的统计结果。

Rank			DBMS	Database Model	Score		
Sep 2022	Aug 2022	Sep 2021			Sep 2022	Aug 2022	Sep 2021
1.	1.	1.	Oracle ➕	Relational, Multi-model ℹ	1238.25	-22.54	-33.29
2.	2.	2.	MySQL ➕	Relational, Multi-model ℹ	1212.47	+9.61	-0.06
3.	3.	3.	Microsoft SQL Server ➕	Relational, Multi-model ℹ	926.30	-18.66	-44.55
4.	4.	4.	PostgreSQL ➕	Relational, Multi-model ℹ	620.46	+2.46	+42.95
5.	5.	5.	MongoDB ➕	Document, Multi-model ℹ	489.64	+11.97	-6.87
6.	6.	6.	Redis ➕	Key-value, Multi-model ℹ	181.47	+5.08	+9.53
7.	↑8.	↑8.	Elasticsearch	Search engine, Multi-model ℹ	151.44	-3.64	-8.80
8.	↓7.	↓7.	IBM Db2	Relational, Multi-model ℹ	151.39	-5.83	-15.16
9.	9.	↑11.	Microsoft Access	Relational	140.03	-6.47	+23.09
10.	10.	↓9.	SQLite ➕	Relational	138.82	-0.05	+10.17
11.	11.	↓10.	Cassandra ➕	Wide column	119.11	+0.97	+0.12
12.	12.	12.	MariaDB ➕	Relational, Multi-model ℹ	110.16	-3.74	+9.46
13.	13.	↑21.	Snowflake ➕	Relational	103.50	+0.38	+51.43
14.	14.	↓13.	Splunk	Search engine	94.05	-3.39	+2.45
15.	15.	↑16.	Amazon DynamoDB ➕	Multi-model ℹ	87.42	+0.16	+10.49
16.	16.	↓15.	Microsoft Azure SQL Database	Relational, Multi-model ℹ	84.42	-1.75	+6.16
17.	17.	↓14.	Hive ➕	Relational	78.43	-0.22	-7.14
18.	18.	↓17.	Teradata ➕	Relational, Multi-model ℹ	66.58	-2.49	-3.09
19.	19.	↓18.	Neo4j ➕	Graph	59.48	+0.12	+1.85
20.	↑22.		Databricks	Multi-model ℹ	55.62	+1.00	

395 systems in ranking, September 2022

图 1-1　各数据库管理系统受欢迎程度调查统计

1.1.2　关系型数据库

数据库中的数据是按照一定的数学模型组织、描述和存储的。数据模型是信息模型在数据世界中的表示形式，可分为三类：层次模型、网状模型和关系模型。

1. 层次模型

层次模型是一种用树形结构描述实体及其之间关系的数据模型。在这种结构中，每一个记录类型都是用节点表示的，记录类型之间的联系则用节点之间的有向线段来表示。每一个双亲节点可以有多个子节点，但是每一个子节点只能有一个双亲节点。这种结构决定了采用层次模型作为数系组织方式的层次数据库系统只能处理一对多的实体联系，如图 1-2 所示。层次模型数据库管理系统是最早研制成功的数据库管理系统，这种数据库最成功的典型是由 IBM 公司研制的 IMS（Information Management System）。

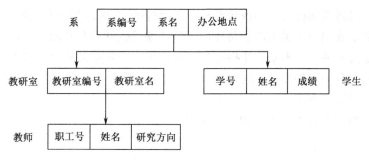

图 1-2　系教师学生层次数据模型

2. 网状模型

网状模型允许一个节点可以同时拥有多个双亲节点和子节点，如图 1-3 所示。与同层次模型相比，网状结构更具有普遍性，能够直接地描述现实世界的实体。也可以认为层次模型是网状模型的一个特例。网状数据库系统在 20 世纪 70 年代至 80 年代初非常流行，近年来逐渐被关系数据库系统取代，在美国、加拿大等国家，由于历史原因，网状数据库的用户数仍然很多，如富士通公司 M 系列机上配制的 AIM 系统、UNIVAC 上配制的 DMS1100、HONEYWELL 公司机器上配制的 IDS 系统和 CINCON 的 TOTAL 等。

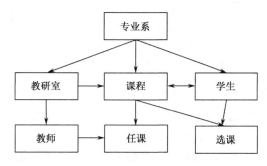

图 1-3　系教务关系网状数据模型

3. 关系模型

关系模型是采用二维表格结构表示实体类型及实体间关系的数据模型，如图 1-4 所示，它的基本假定是所有数据都表示为数学上的关系。因为关系模型简单明了，具有坚实的数学理论基础，所以一经推出就受到了学术界和产业界的高度重视和广泛响应，并很快成为数据库市场的主流。20 世纪 80 年代以来，计算机厂商推出的数据库管理系统几乎都支持关系模型，数据库领域当前的研究工作大多以关系模型为基础。主流的关系数据库有 Oracle、MySQL、MS SQL Server、PostgreSQL、IBM DB2、SQLite 等。

教师关系

教师编号	姓名	性别	电话	专业
S8001	非尚	女	13105201314	H5
S8002	常硅	男	13115201314	大数据
S8003	好谷	女	13125201314	Java
S8004	确实	男	13135201314	UI

课程关系

课程编号	课程名	专业	教师编号	教室编号
SJ001	MySQL	Java	S8003	3001
SJ002	Redis	Java	S8008	3002
SD003	Hive	大数据	S8002	3003
SJ004	MongoDB	Java	S8006	3004

图 1-4　教师和课程关系表

在关系模型中，基本数据结构就是二维表，不用像层次或网状那样的链接指针。记录之间的联系是通过不同关系中同名数据来体现的。例如，要查找"好谷"教师所授课程，可以先在教师关系中根据姓名找到教师编号"S8003",然后在课程关系中找到教师编号"S8003"对应的课程名即可。通过上述查询过程,同名属性教师编号起到了连接两个关系的纽带作用,教师编号也称为公共属性。由此可见,关系模型中的各个关系模式不应当是孤立的,也不是随意拼凑的一堆二维表,它必须满足相应的要求。关系数据库是指对应于一个关系模式的所有关系的集合。例如,在一个教务管理关系数据库中,包含教师关系、课程关系、学生关系、任课关系、成绩关系等。

关系模型结构中的相关名词概念说明如下,如图 1-5 所示。

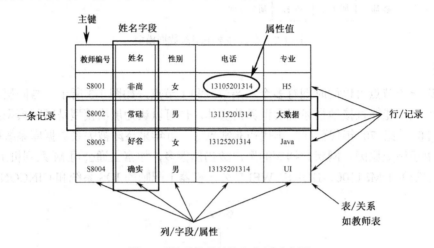

图 1-5　关系模型结构各名词示意图

- 表:关系数据库的表采用二维表格来存储数据,是一种按行与列排列的具有相关信息的逻辑组,它类似于 Excel 工作表。一个数据库可以包含任意多个数据表。在用户看来,一个关系模型的逻辑结构是一张二维表,这个二维表就叫关系,通俗地说,一个关系对应一张表。
- 记录:表中的一行即为一个元组,或称为一条记录。一般一条记录对应一个实体的相关信息。
- 字段:数据表中的每一列称为一个属性或字段,表是由其包含的各种字段定义的,每个字段描述了它所含有的数据的意义,数据表的设计实际上就是对字段的设计。在创建数据表时,为每个字段分配一个数据类型,定义它们的数据长度和其他特征。
- 属性值:行和列的交叉位置表示某个属性值,如图 1-4 中"MySQL"就是课程名的属性值。
- 域:属性的取值范围(例如,性别的域是男或女)。
- 主键:关键字也称主关键字,或简称主键,是表中用于唯一确定一个元组的数据。关键字用来确保表中记录的唯一性,可以是一个字段或多个字段,常用作一个表的索引字段。每条记录的关键字都是不同的,因而可以唯一地标识一条记录。例如,教师编号是教师关系表的主键。

1.2　SQL

结构化查询语言(Structured Query Language,SQL)是专门用来操作和访问数据库的通用语言。

1974 年由 Boyce 和 Chamberlin 提出 SQL 语言,并先在 IBM 公司研制的关系数据库系统 System R 上实现。由于它具有功能丰富、使用方便灵活、语言简洁易学等突出的优点,深受计算机工业界和计算机用户的欢迎。1986 年 10 月,经美国国家标准局(ANSI)的数据库委员会 X3H2 批准,将 SQL 作为关系数据库语言的美国标准,同年公布了标准 SQL,此后不久,国际标准化组织(ISO)也做出了同样的决定。

SQL 有许多不同的类型,有 3 个主要标准。

- ANSI(美国国家标准局)SQL。
- 对 ANSI SQL 修改后在 1992 年采纳的标准,称为 SQL-92 或 SQL2。

- SQL-99 标准，从 SQL2 扩充而来，并增加了对象关系特征和许多其他新功能。

1.2.1　SQL 分类

SQL 语言是用于执行查询的语法，但是 SQL 语言也包含用于更新、插入和删除记录的语法，使我们有能力创建或删除表格，也可以定义索引（键）、规定表之间的链接，以及添加表间的约束等。根据 SQL 语句的不同作用，可分为以下几类。

- DDL（Data Definition Language，数据定义语言），用于在数据库中创建新表、修改表、删除表、创建索引、删除索引等，其语句包括关键字 CREATE、ALTER、DROP 等。
- DML（Data Manipulation Language，数据操作语言），用于添加、删除、修改和查询记录，其语句包括关键字 INSERT、UPDATE、DELETE、SELECT 等。
- DQL（Data Query Language，数据查询语言），用于从数据库中查询数据，其语句包括关键字 SELECT 等，因为查询是最频繁的数据库操作，所以很多时候把查询语句从 DML 中单列出来。
- DCL（Data Control Language，数据控制语言），用于确定用户对数据库对象的访问权限，其语句包括关键字 GRANT、REVOKE 等。
- TCL（Transaction Control Language，事务控制语言），用于实现数据库的事务控制，其语句包括关键字 START、COMMIT、SAVEPOINT、ROLLBACK 等。

注意，除了 SQL 标准，大多数 SQL 数据库程序还具有自己的专有扩展名。例如，MySQL 有 USE、SHOW 等。

1.2.2　SQL 规范

如果开发人员都按照规范编写 SQL 的话，开发过程可以少走弯路，做出更好的应用。SQL 规范如下。
- SQL 语法不区分大小写，但是关键字建议大写。
- 给库、表、字段等命名时尽量使用 26 个英文字母大小写、数字 0~9 和下画线，不要使用其他符号。
- 建议不要使用关键字等来作为库名、表名、字段名等，如果不小心使用，请在 SQL 语句中使用 "`"引起来。"`" 反单引号（backquote），又称反引号或飘号，是西文字符中的附加符号，主要用于计算机相关领域，位置在键盘中数字键 "1" 的左边，其上档符号是 "~"，由于计算机显示的原因，反单引号非常容易和单引号 "'" 混淆。
- 数据库和表名、字段名等对象名中间不要包含空格。
- 同一个 DBMS 软件中，数据库不能重名；同一个库中，表不能重名；同一个表中，字段不能重名。
- 标点符号必须在英文半角状态下输入，如括号、引号等成对的标点符号必须成对出现，不能落单，而且不能交叉嵌套，例如，正确的嵌套('xx', 'xx')，错误的交叉嵌套('xx', 'xx')。
- 日期时间类型和文本类型的值需要加单引号引起来，其他类型的值不需要。
- 在 SQL 脚本中需要用以下几种方式添加注释。其中#方式是 MySQL 特有的注释方式。

```
#单行注释内容

-- 空格单行注释内容，即在--后面必须有一个空格，然后才能写注释内容

/*
多行注释内容
多行注释内容
*/
```

1.3 MySQL 简介

在互联网行业，MySQL 数据库毫无疑问已经是最常用的数据库。MySQL 数据库由瑞典 MySQL AB 公司开发。公司名中的 "AB" 是瑞典语 "aktie bolag" 股份公司的首字母缩写。该公司于 2008 年 1 月 16 日被 SUN（Stanford University Network）公司收购。然而 2009 年，SUN 公司又被 Oracle 收购。因此，MySQL 数据库现在隶属于 Oracle（甲骨文）公司。MySQL 中的 "My" 是其发明者（Michael Widenius，通常称为 Monty）根据其女儿的名字来命名的。对这位发明者来说，MySQL 数据库就仿佛是他可爱的女儿。

1.3.1 MySQL 的优势

MySQL 的优点有很多，其主要优势有以下几点。

- 可移植性：MySQL 数据库几乎支持所有的操作系统，如 Linux、Solaris、FreeBSD、Mac 和 Windows。
- 免费：MySQL 的社区版完全免费，一般中小型网站的开发都选择 MySQL 作为网站数据库。
- 开源：2000 年，MySQL 公布了自己的源代码，并采用 GPL（GNU General Public License）许可协议，正式进入开源的世界。开源意味着可以让更多人审阅和贡献源代码，可以吸纳更多优秀人才的代码成果。
- 关系型数据库：MySQL 可以利用标准 SQL 语法进行查询和操作。
- 速度快、体积小、容易使用：与其他大型数据库的设置和管理相比，其复杂程度较低，易于学习。MySQL 的早期版本（主要使用的是 MyISAM 引擎）在高并发下显得有些力不从心，随着版本的升级优化（主要使用的是 InnoDB 引擎），在实践中也证明了高压力下的可用性。从 2009 年开始，阿里的 "去 IOE" 备受关注，淘宝 DBA 团队再次从 Oracle 转向 MySQL，其他使用 MySQL 数据库的公司还有 Facebook、Twitter、YouTube、百度、腾讯、去哪儿、魅族等，自此，MySQL 在市场上占据了很大的份额。
- 安全性和连接性：十分灵活和安全的权限和密码系统，允许基于主机的验证。当连接到服务器时，所有的密码传输均采用加密形式，从而保证了密码安全。因为 MySQL 是网络化的，所以可以在互联网上的任何地方访问，提高数据共享的效率。
- 丰富的接口：提供了用于 C、C++、Java、PHP、Python、Ruby、Eiffel、Perl 等语言的 API。
- 灵活：MySQL 并不完美，但是却足够灵活，能够适应高要求的环境。同时，MySQL 既可以嵌入应用程序中，也可以支持数据仓库、内容索引和部署软件、高可用的冗余系统、在线事务处理系统等各种应用类型。
- MySQL 最重要、最与众不同的特性是它的存储引擎架构，这种架构的设计将查询处理（Query Processing）及其他系统任务（Server Task）和数据的存储/提取相分离。这种处理和存储分离的设计可以在使用时根据性能、特性，以及其他需求来选择数据存储的方式。MySQL 中同一个数据库，不同的表格可以选择不同的存储引擎。其中使用最多的是 InnoDB 和 MyISAM，MySQL5.5 之后 InnoDB 是默认的存储引擎。

1.3.2 MySQL 版本

针对不同用户，MySQL 提供了三个不同的版本。

（1）MySQL Enterprise Server（企业版）：能够以更高的性价比为企业提供数据仓库应用，该版本需要付费使用，官方提供电话技术支持。

（2）MySQL Cluster（集群版）：MySQL 集群版是 MySQL 适合于分布式计算环境的高可用、高冗余版本。它采用了 NDB Cluster 存储引擎，允许在 1 个集群中运行多个 MySQL 服务器。它不能单独使用，需要在社区版或企业版基础上使用。

（3）MySQL Community Server（社区版）：在开源 GPL 许可证之下可以自由地使用。该版本完全免费，但是官方不提供技术支持。本书是基于社区版讲解和演示的。在 MySQL 社区版开发过程中，同时存在多个发布系列，每个发布系列处在不同的成熟阶段。

- MySQL 5.7（RC）是当前稳定的发布系列。RC 版（Release Candidate 候选版本）只针对严重漏洞修复和安全修复重新发布，没有增加会影响该系列的重要功能。从 MySQL 5.0、5.1、5.5、5.6 直到 5.7 都基于 5 这个大版本，升级的小版本。5.0 版本中加入了存储过程、服务器端游标、触发器、视图、分布式事务、查询优化器的显著改进，以及其他的一些特性。这也为 MySQL 5.0 之后的版本迈向高性能数据库的发展奠定了基础。
- MySQL 8.0.26（GA）是最新开发的稳定发布系列。GA（General Availability 正式发布的版本）是包含新功能的正式发布版本。这个版本是 MySQL 数据库又一个新时代的开始。本书最后一章将详细介绍 MySQL 8.0 的新特性。

1.4 本章小结

本章主要介绍了数据库的相关概念，了解了关系型数据库的特点，了解了 SQL 的分类，对接下来 SQL 的学习有所帮助。本章还介绍了 MySQL 数据库管理系统历史、特点和主要版本，为第 2 章安装和搭建环境奠定了基础。MySQL 是目前主流的数据库管理系统之一，先通过本书掌握它的基本使用，然后再通过对本书的姊妹篇《剑指 MySQL——架构、调优与运维》的学习，轻松应对企业中各种数据库应用问题。

第2章

MySQL 环境搭建

MySQL 支持多种平台，不同平台下的安装与配置过程也不同。在 Windows 平台下可以使用二进制的安装软件包（.msi 安装文件）或免安装版的软件包（.zip 压缩文件）进行安装，二进制的安装软件包提供了图形化的安装向导过程。

2.1 安装与卸载

Windows 平台下安装 MySQL，可以使用图形化的安装包，图形化的安装包提供了详细的安装向导，通过向导，读者可以一步一步地完成对 MySQL 的安装。

2.1.1 MySQL 下载

打开浏览器，在地址栏中输入网址就可以看到如图 2-1 所示 Windows 平台下的下载页面。

图 2-1　Windows 平台下的下载页面

单击"Download"按钮进行下载，会弹出登录注册提示页面，如图 2-2 所示。如果用户有账户，输入用户名和密码登录后即可下载；如果没有用户名和密码，需要先注册后下载。

图 2-2　登录注册提示页面

2.1.2　安装 MySQL 8.0

要想在 Windows 中运行 MySQL，需要 32 位或 64 位 Windows 操作系统，如 Windows 7、Windows 8、Windows 10 等。Windows 可以将 MySQL 服务器作为服务运行。通常，在安装时需要具有系统的管理员权限。

步骤 1：双击下载的 mysql-installer-community-8.0.26.0.msi 文件，打开安装向导。

步骤 2：打开"Choosing a Setup Type（选择安装类型）"窗口，其中列出了 5 种安装类型，分别是 Developer Default（默认安装类型）、Server only（仅作为服务器）、Client only（仅作为客户端）、Full（完全安装）、Custom（自定义安装）。这里为了更详细地介绍安装过程选择"Custom（自定义安装）"类型按钮，单击"Next（下一步）"按钮，如图 2-3 所示。

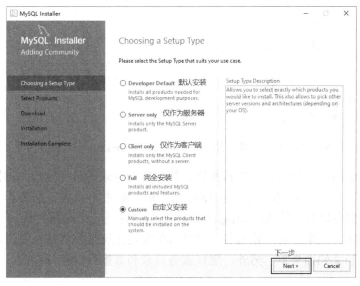

图 2-3　选择安装类型

步骤 3：打开"Select Products（选择产品）"窗口，可以定制需要安装的产品清单。例如，选择"MySQL Server 8.0.26-X64"后，单击" ➡ "添加按钮，即可选择安装 MySQL 服务器，如图 2-4 所示。采用相同的方法，可以添加其他需要安装的产品。

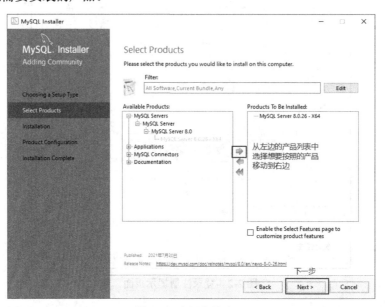

图 2-4　选择产品窗口

此时如果直接单击"Next（下一步）"按钮，则产品的安装路径是默认的。如果想要自定义安装目录，则可以选中对应的产品，然后在下面会出现"Advanced Options（高级选项）"的超链接，如图 2-5 所示。

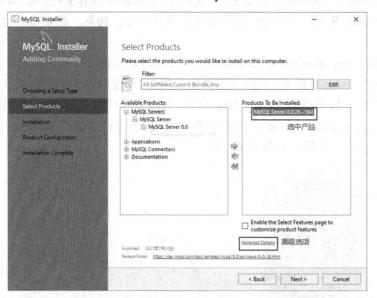

图 2-5　选中要安装的产品出现"Advanced Options（高级选项）"

单击"Advanced Options（高级选项）"按钮则会弹出安装目录的选择窗口，如图 2-6 所示，此时你可以分别设置 MySQL 的服务程序安装目录和数据存储目录。如果不设置，服务程序目录默认在 C 盘的 Program Files 目录，数据存储目录默认在 ProgramData 目录（这是一个隐藏目录）。如果自定义安装目录，请避免选择"中文"目录。如果当前计算机名、用户名和安装目录路径名有一项包含中文，都会导致后续初始化等操作因中文解析乱码而失败。另外，建议服务目录和数据目录分开存放。

图 2-6　产品安装目录设置窗口

步骤 4：在上一步选择好要准备安装的产品之后，单击"Next（下一步）"按钮进入确认窗口，如图 2-7 所示。单击"Execute（执行）"按钮开始安装。

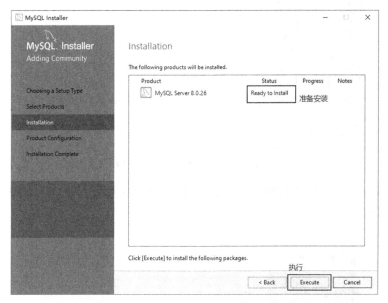

图 2-7　确认安装产品并执行安装

步骤 5：安装完成后在"Status（状态）"列表下将显示"Complete（安装完成）"，如图 2-8 所示。

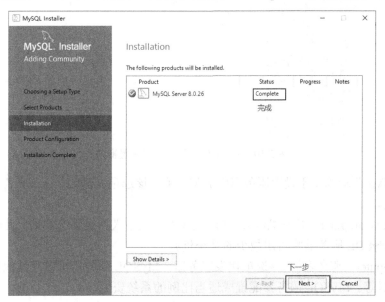

图 2-8　完成安装窗口

2.1.3 配置 MySQL 8.0

MySQL 安装之后，需要对服务器进行配置。具体的配置步骤如下。

步骤1：在上一节的最后一步，单击"Next（下一步）"按钮，就可以进入产品配置窗口，如图 2-9 所示。

图 2-9 准备进行产品配置窗口

步骤2：单击"Next（下一步）"按钮，进入 MySQL 服务器类型配置窗口，如图 2-10 所示。端口号一般选择默认端口号 3306。

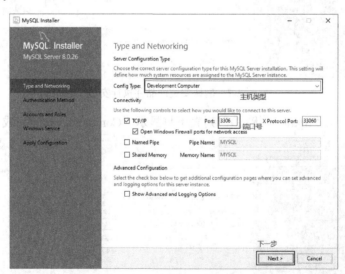

图 2-10 MySQL 服务器类型配置窗口

其中，"Config Type"选项用于设置服务器的类型。单击该选项右侧的"下三角"按钮，即可查看 3 个选项，如图 2-11 所示。

（1）Development Computer（开发机器）：该选项代表典型个人用桌面工作站。此时机器上需要运行多个应用程序，那么 MySQL 服务器将占用最少的系统资源。

（2）Server Computer（服务器）：该选项代表服务器，MySQL 服务器可以同其他服务器应用程序一起运行，如 Web 服务器等。MySQL 服务器配置成适当比例的系统资源。

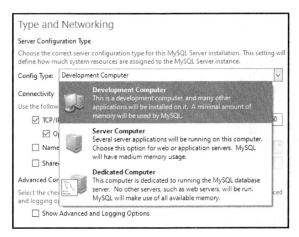

图 2-11　MySQL 服务器类型

（3）Dedicated Computer（专用服务器）：该选项代表只运行 MySQL 服务的服务器。MySQL 服务器配置成使用所有可用系统资源。

步骤 3：单击"Next（下一步）"按钮，打开设置授权方式窗口，如图 2-12 所示。其中，上面的选项是 MySQL 8.0 提供的新的授权方式，采用 SHA256 基础的密码加密方法；下面的选项是传统授权方法（保留 5.x 版本的兼容性）。

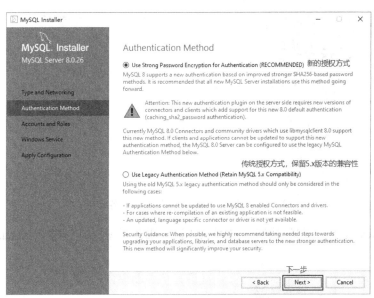

图 2-12　MySQL 服务器授权方式

步骤 4：单击"Next（下一步）"按钮，打开设置服务器 root 超级管理员的密码窗口，如图 2-13 所示，需要输入两次同样的登录密码，也可以通过"Add User"添加其他用户，当添加其他用户时，需要指定用户名、允许该用户名在哪台/哪些主机上登录，还可以指定用户角色等。此处暂不添加用户，用户管理请看第 12 章。

步骤 5：单击"Next（下一步）"按钮，打开设置服务器名称窗口，如图 2-14 所示。该服务名会出现在 Windows 服务列表中，也可以在命令行窗口中使用该服务名进行启动和停止服务。本书将服务名设置为"MySQL 80"。如果希望开机自启动服务，也可以勾选"Start the MySQL Server at System Startup"选项。

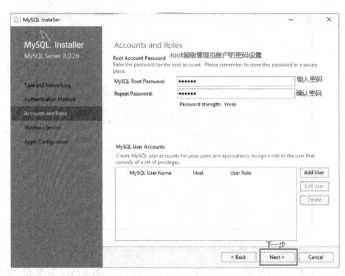

图 2-13　MySQL 服务器 root 用户登录密码设置

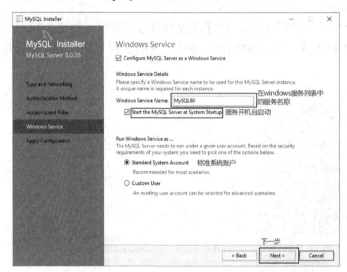

图 2-14　设置 MySQL 服务器的服务名称

步骤 6：单击"Next（下一步）"按钮，打开确认设置服务器窗口，单击"Execute（执行）"按钮，如图 2-15 所示。

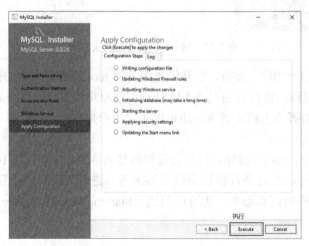

图 2-15　确认设置服务器

步骤 7：完成 MySQL 服务器的配置，如图 2-16 所示。单击 "Finish（完成）" 按钮，即可完成服务器的配置。

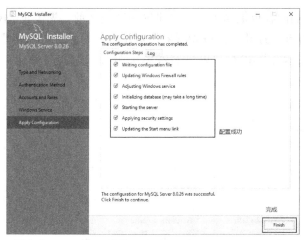

图 2-16　完成 MySQL 服务器的配置

步骤 8：如果还有其他产品需要配置，可以选择其他产品，然后继续配置。如果没有，直接选择 "Next（下一步）" 按钮，完成整个安装和配置过程，如图 2-17 所示。

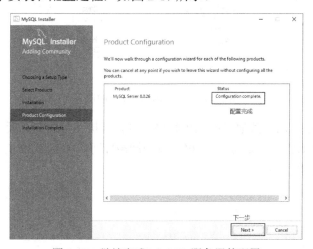

图 2-17　继续完成 MySQL 服务器的配置

步骤 9：结束 MySQL 服务器的安装和配置，如图 2-18 所示。

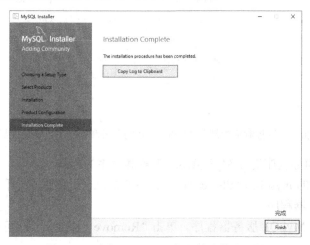

图 2-18　结束 MySQL 服务器的安装和配置

2.1.4 卸载 MySQL 8.0

MySQL 8.0 服务器程序的卸载也很简单。这里建议在卸载之前，先停止 MySQL 8.0 的服务。按键盘上的 "Ctrl＋Alt＋Delete" 组合键，打开 "任务管理器" 对话框，可以在 "服务" 列表找到 "MySQL 80" 的服务，如果现在处于 "正在运行" 状态，可以右键单击服务，选择 "停止" 选项停止 MySQL 8.0 的服务，如图 2-19 所示。

图 2-19　停止 MySQL 8.0 的服务

卸载 MySQL 8.0 的程序可以和其他桌面应用程序一样，直接在 "控制面板" 选择 "卸载或更改程序"，并在程序列表中找到 MySQL Server 8.0 服务器程序双击卸载即可，如图 2-20 所示。使用这种方式卸载，数据目录下的数据不会跟着删除。

图 2-20　通过控制面板卸载 MySQL 8.0 的服务和 MySQL 安装向导程序

这里也可以通过安装向导程序进行 MySQL 8.0 服务器程序的卸载。

步骤 1：再次双击下载的 mysql-installer-community-8.0.26.0.msi 文件，打开安装向导。安装向导会自动检测已安装的 MySQL 服务器程序。

步骤 2：选择要卸载的 MySQL 服务器程序，单击 "Remove（移除）"，即可进行卸载，如图 2-21 所示。

图 2-21　通过安装向导卸载 MySQL 8.0 的服务

步骤 3：单击 "Next（下一步）" 按钮，确认卸载，如图 2-22 所示。

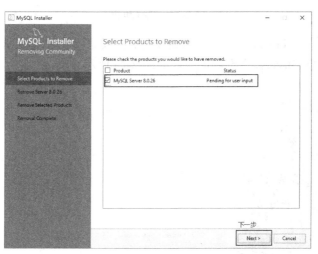

图 2-22　确认卸载 MySQL 8.0 的服务

步骤 4：弹出选择是否同时移除数据目录窗口。如果想要同时删除 MySQL 服务器中的数据，则勾选 "Remove the data directory" 选项，如图 2-23 所示。

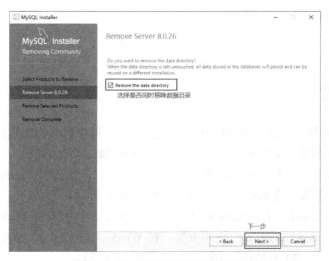

图 2-23　确认是否同时删除数据目录

步骤 5：执行卸载。单击"Execute（执行）"按钮进行卸载，如图 2-24 所示。

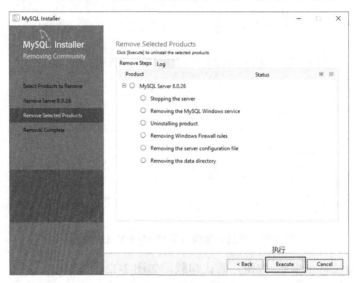

图 2-24　执行卸载

步骤 6：完成卸载。单击"Finish（完成）"按钮即可。如果想要同时卸载 MySQL 8.0 的安装向导程序，勾选"Yes，Uninstall MySQL Installer"选项即可，如图 2-25 所示。

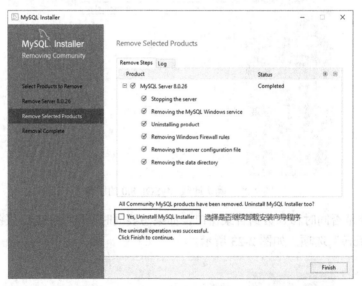

图 2-25　完成卸载

2.1.5　安装失败问题

MySQL 的安装和配置是一件非常简单的事，但是在操作过程中也可能出现问题，特别是初学者。

问题 1：无法打开 MySQL 8.0 软件安装包或安装过程中失败，如何解决？

在运行 MySQL 8.0 软件安装包之前，用户需要确保系统中已经安装了".Net Framework"相关软件，如果缺少此软件，将不能正常安装 MySQL 8.0 软件，如图 2-26 所示。

解决方案：下载"Microsoft .NET Framework 4.5"并安装后，再去安装 MySQL。

另外，还要确保"Windows Installer"正常安装。在 Windows 上安装 MySQL 8.0 需要操作系统已提前安装好"Microsoft Visual C++ 2015-2019"如图 2-27 和图 2-28 所示。

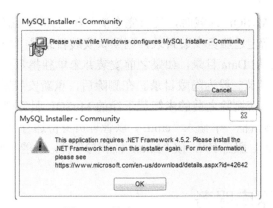

图 2-26 缺少.Net Framework

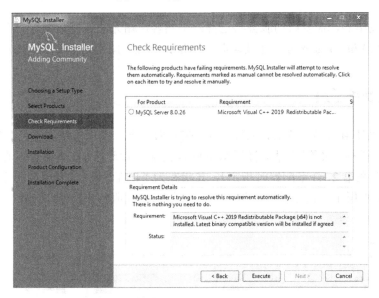

图 2-27 缺少 Microsoft Visual C++ 2019

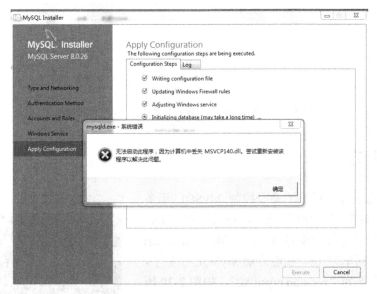

图 2-28 缺少 Microsoft Visual C++ 2015

解决方案同样是提前到微软官网下载相应的环境。

问题 2：卸载重装 MySQL 失败，如何解决？

该问题出现通常是因为当 MySQL 卸载时，没有完全清除相关信息。解决办法是，把以前的安装目录删除。如果之前安装并未单独指定过服务安装目录，则默认安装目录是"C:\Program Files\MySQL"，彻底删除该目录，同时删除 MySQL 的 Data 目录，如果之前安装并未单独指定过数据目录，则默认安装目录是"C:\ProgramData\MySQL"，该目录一般为隐藏目录。在删除后，重新安装即可。

问题 3：如何在 Windows 系统删除之前的未卸载干净的 MySQL 服务列表？

操作方法如下，在系统"搜索框"中输入"cmd"，以管理员身份运行"命令提示符"，弹出命令提示符界面，然后输入"sc delete MySQL 服务名"，按"Enter（回车）"键，就能彻底删除残余的 MySQL 服务了。

2.2　启动和停止数据库服务

在 MySQL 安装完毕后，需要启动服务器进程，不然客户端无法连接数据库。在前面的配置过程中，已经将 MySQL 安装为 Windows 服务，并且勾选当 Windows 启动、停止时，MySQL 也自动启动、停止。

2.2.1　使用图形服务工具

不过，用户还可以使用图形服务工具来控制 MySQL 服务器。操作方法如下，右键单击"此电脑/计算机"，选择"计算机管理"→"服务"列表，打开 Windows 的服务管理器，在其中可以看到服务名为"MySQL80"的服务项（服务名在第 2.1.3 节配置时指定），其状态为"正在运行"，表明该服务已经启动，而且启动类型为自动，如图 2-29 所示。也可以根据需要单击停止/启动此服务来控制 MySQL 服务器进程的启动和停止。

图 2-29　Windows 的服务管理器中启动/停止服务

2.2.2　使用命令行方式

另外，也可以从命令行使用 net 命令控制 MySQL 服务器。操作方法如下，在系统"搜索框"中输入"cmd"，按"Enter（回车）"键确认，弹出命令提示符界面。然后输入"net start mysql80"，按"Enter（回车）"键，就能启动 MySQL 服务了，停止 MySQL 服务的命令为"net stop mysql80"，如图 2-30 所示。start 和 stop 后面的服务名请与你在第 2.1.3 节配置时指定的服务名一致。如果你输入命令后，提示"拒绝服务"，请以系统管理员身份打开命令提示符界面重新尝试。

图 2-30　命令行使用 net 命令启动/停止服务

2.3　连接登录 MySQL 数据库

当 MySQL 服务启动完成后，就可以通过客户端来连接登录 MySQL 数据库了。在 Windows 操作系统下，可以通过两种方式登录 MySQL 数据库。

2.3.1　使用 MySQL Command Line Client 登录

选择"开始"菜单，在程序列表中找到"MySQL"目录下"MySQL 8.0 Command Line Client"菜单命令，进入密码输入窗口，如图 2-31 所示。输入正确的密码后，就可以登录 MySQL 数据库了。这种方式默认以 root 用户从本地登录 MySQL 数据库。

图 2-31　MySQL 命令行登录窗口

2.3.2　以 Windows 命令行方式登录

具体的操作步骤如下：

在系统"搜索框"中输入"cmd"，按"Enter（回车）"键确认，弹出命令提示符界面。输入登录 MySQL 数据库的命令，格式为：

```
mysql -h hostname -P port -u username -p
```

- 如果提示"mysql 不是内部或外部命令"，请看第 2.3.3 节。
- 如果 MySQL 服务器在本机，则可以省略"-h hostname"；如果 MySQL 服务器不在本机，则输入 MySQL 服务器所在主机的 IP 地址或主机名。
- 如果端口号是默认端口号 3306，则可以省略"-P port"（此处第一个 P 为大写字母）；如果前面配置的端口号不是 3306，则需要指定"-P 端口号"。
- 在"-u"后面输入"用户名"，超级管理员的用户名是"root"，如果在前面安装配置时，添加了其他用户，也可以使用其他用户登录 MySQL 数据库。
- 最后的"-p"表示接下来输入密码，p 为小写字母。输入完"-p"后直接按"Enter（回车）"键，系统会提示"Enter password"（输入密码），在验证正确后，即可登录 MySQL 数据库，如图 2-32 所示。

2.3.3　配置 Path 环境变量

如果在第 2.3.2 节的 Windows 命名提示符界面中输入"mysql"命令后，提示"mysql 不是内部或外部命令"，是因为当前命令行中的路径不是 MySQL 的 bin 目录。如果你希望在任意目录都能够运行 mysql 命令，则需要配置 Path 环境变量，把 MySQL 的 bin 目录添加到系统的环境变量 Path 里，否则就不能在 MySQL 的 bin 目录之外的其他路径下直接使用"mysql"命令。配置 Path 环境变量的操作步骤如下。

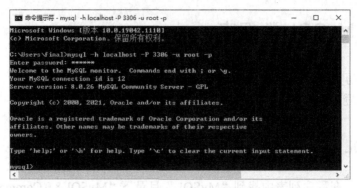

图 2-32 Windows 命令行登录窗口

步骤 1：右键单击"此电脑/计算机"，选择"属性"菜单，找到并单击"高级系统设置"选项，如图 2-33 所示。

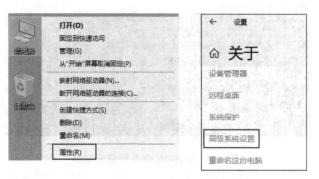

图 2-33 "此电脑"→"属性"设置窗口

步骤 2：打开"系统属性"对话框，选择"高级"选项卡，单击"环境变量"按钮，如图 2-34 所示。

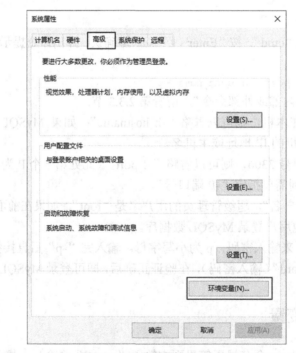

图 2-34 "系统属性"对话框

步骤 3：打开"环境变量"对话框，在"系统变量"列表中选择"Path"变量，单击"编辑"按钮，如图 2-35 所示。

图 2-35 "环境变量"对话框

步骤 4：在"编辑环境变量"对话框中，将 MySQL 服务器安装目录的 bin 目录，如本书编著者的 bin 目录路径是"D:\ProgramFiles\MySQL\MySQL_Server8.0_Server\bin"，添加到变量值中，单击"确定"按钮，如图 2-36 所示。如果在此前安装 MySQL 8.0 的服务时未更换过目录，则默认目录一般是"C:\Program Files\MySQL\MySQL Server8.0\bin"。

图 2-36 "编辑环境变量"对话框

在完成 Path 环境变量的配置后，再次打开命令行提示符窗口，重新登录即可（登录命令参见 2.3.2 节）。

2.4 MySQL 常用图形界面工具

虽然已经有了 DBMS，但是为了满足相关人员对数据库管理的更高要求，还需要借助其他的图形界面工具软件，让数据库管理过程更加直观和友好，这些工具软件负责与 DBMS 进行通信，访问和管理 DBMS 中存储的数据，允许用户插入、修改、删除 DB 中的数据，极大地方便了数据库的操作和管理。

常用的图形界面工具软件很多，如 MySQL Workbench、MySQL ODBC Connector、MySQL-Front、SQLyog、Navicat Premium、Dbeaver、phpMyAdmin、MySQLDumper 等。对初学者来说，常见的图形界面工具提供的基本功能足够使用，可以选择免费版或社区版先入手学习。对专业的 DBA 来说，企业版的图形界面工具功能更完善，选择时可以根据所需的功能、相应的成本，以及软件提供的技术支持等综合考虑。下面介绍三款比较有代表性的图形界面工具。

2.4.1 MySQL Workbench

MySQL Workbench 是 MySQL 官方提供的图形化界面管理工具，完全支持 MySQL 5.0 以上的版本。它是著名的数据库设计工具 DBDesigner 4 的继任者。MySQL Workbench 为数据库管理员、程序开发者和系统规划师提供可视化设计、模型建立，以及数据库管理功能。它包含了用于创建复杂的数据建模 ER 模型，正向和逆向数据库工程，也可以用于执行通常需要花费大量时间、难以变更和管理的文档任务。MySQL 工作台可在 Windows、Linux 和 Mac 上使用。随 MySQL 8.0 一起发布的 MySQL Workbench 8，可以直接连接 MySQL 8.0，不需要修改加密方式。当你创建、修改数据库及其表等数据库对象时，或针对表中的数据的添加、修改、删除操作时，可以提供生成 SQL 功能，对已经存在的表、函数等也可以提供生成 SQL 功能，这对开发人员，或者 SQL 初学者来说是个福音。

使用 MySQL Workbench 图形化界面工具连接 MySQL 数据库的操作步骤如下。

步骤 1：Database 菜单→单击 "Manage Server Connections" 选项→打开连接管理窗口，如图 2-37 所示。在连接管理窗口中可以选择 "New" 按钮创建新的连接，也可以在左边 "已有连接列表" 中选择某个连接进行参数设置。需要指定要连接的 MySQL 服务器的 IP 地址、端口号、用户名和密码等。在参数设置完成之后，可以单击 "Test Connection" 按钮测试某个连接是否可以连接成功。如果连接成功，可以看到 "Successfully made the MySQL connection" 的提示对话框，如图 2-38 所示。

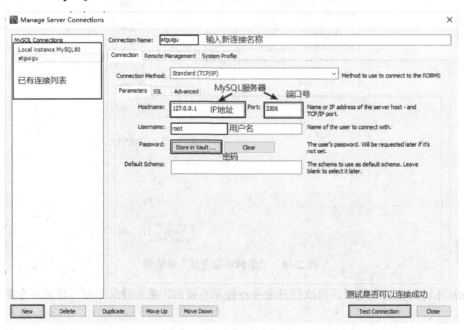

图 2-37   连接管理窗口

步骤 2：Database 菜单→单击 "Connect to Database" 选项→打开数据库连接窗口，如图 2-39 所示。选择之前创建并设置的某个连接后，单击 "OK" 按钮进行连接并登录 MySQL 数据库。

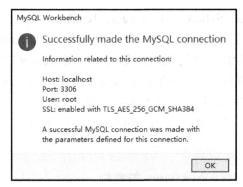

图 2-38 连接测试成功提示对话框

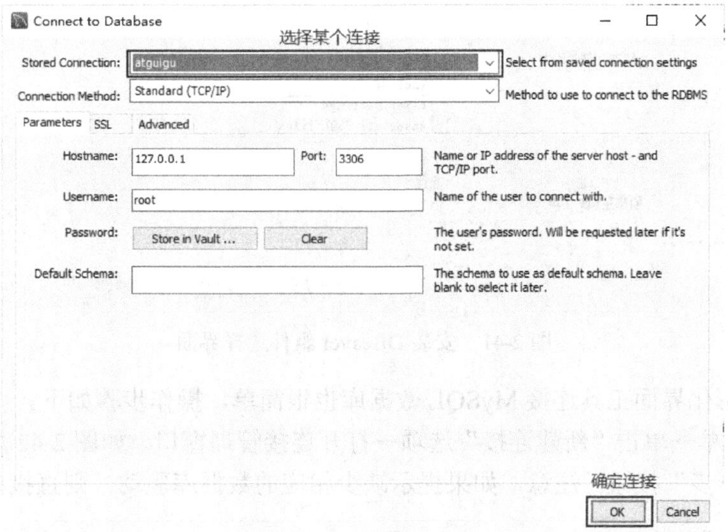

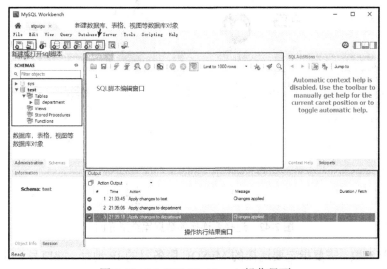

图 2-39 数据库连接窗口

步骤 3：在连接成功后，就可以对 MySQL 数据库进行管理了，如图 2-40 所示。

图 2-40 MySQL Workbench 操作界面

2.4.2 DBeaver

DBeaver 是一个通用的数据库管理工具和 SQL 客户端，支持所有流行的数据库：MySQL、PostgreSQL、

SQLite、Oracle、DB2、SQL Server、Sybase、MS Access、Teradata、Firebird、Apache Hive、Phoenix、Presto 等。DBeaver 比大多数 SQL 管理工具要轻量，而且支持中文界面。DBeaver 社区版作为一个免费开源的产品，和其他类似的软件相比，在功能和易用性上都毫不逊色。DBeaver 的下载和安装都非常简单，唯一需要注意的是 DBeaver 是用 Java 编程语言开发的，所以需要拥有 JDK（Java Development ToolKit）环境。JDK 是 Java 语言开发工具包，也是整个 Java 的核心，包括运行环境、工具，以及基础类库。如果计算机上没有 JDK，在选择安装 DBeaver 组件时，勾选"Include Java"即可，如图 2-41 所示。

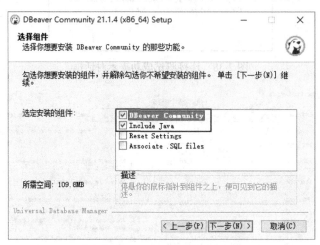

图 2-41　安装 DBeaver 组件选择界面

使用 DBeaver 图形化界面工具连接 MySQL 数据库也很简单，操作步骤如下。

步骤 1：数据库菜单→单击"新建连接"选项→打开连接管理窗口，如图 2-42 所示，选择要连接的数据库类型，单击"下一步"按钮。注意，如果提示缺少相应的数据库驱动，则直接根据提示下载即可。

图 2-42　选择要连接的数据库类型界面

步骤 2：填写连接参数，需要指定要连接的 MySQL 服务器的 IP 地址、端口号、用户名、密码、MySQL 服务器版本等，如图 2-43 所示。在填写完成后，可以单击"测试链接"按钮，查看是否连接成功。如果没问题，单击"完成"按钮即可。

图 2-43　填写连接参数窗口

步骤 3：在连接成功后，就可以对数据库进行管理和操作了，如图 2-44 所示。

图 2-44　DBeaver 操作主界面

2.4.3　SQLyog

SQLyog 是一款简捷高效且功能强大的图形化数据库管理工具。这款工具是使用 C++语言开发的。用户可以用这款软件来有效地管理 MySQL 数据库。该工具可以方便地创建数据库、表、视图和索引等，还可以方便地进行插入、更新和删除等操作，同时可以方便地进行数据库、数据表的备份和还原。该工具不仅可以通过 SQL 文件进行大量文件的导入和导出，还可以导入和导出 XML、HTML 和 CSV 等多种格式的数据。接下来，使用 SQLyog 中文社区版进行演示，使用 SQLyog 图形化界面工具连接 MySQL 数据库的操作步骤如下。

步骤 1：数据库菜单→单击"新建"选项→打开连接管理窗口，如图 2-45 所示。在连接管理窗口可以选择"新建"按钮创建新的连接，也可以直接连接已保存的连接，然后进行参数设置，需要输入 MySQL 服务器 IP 地址、端口号、用户名、密码，以及要连接的数据库名称等，其中数据库名称如果不写，表示显示该用户有权限查看和操作的全部数据库。在设置完成后，可以单击右侧的"测试连接"按钮，测试是否连接成功，如果没有问题，单击"连接"按钮连接数据库。

图 2-45　连接管理窗口

步骤 2：在连接成功后，就可以对数据库进行管理和操作了，如图 2-46 所示。

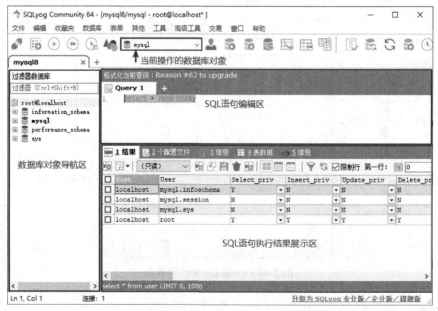

图 2-46　SQLyog 操作主界面

2.4.4　图形界面工具连接 MySQL 8.0 问题

有些图形界面工具，特别是旧版本的图形界面工具，在连接 MySQL 8.0 时出现错误，如图 2-47 所示。

图 2-47　连接 MySQL 8.0 时出现'caching_sha2_password' cannot be loaded 错误

出现这个错误的原因是，在 MySQL 8.0 之前的版本中的加密规则是 mysql_native_password，而在 MySQL 8.0 之后，加密规则是 caching_sha2_password。解决该问题的方法有两种：第一种是升级图形界面工具版本；第二种是把 MySQL 8.0 用户登录密码加密规则还原成 mysql_native_password。

第二种解决方案如下，用命令行登录 MySQL 数据库后，执行下面的命令修改用户密码加密规则并更新用户密码，这里修改用户名为"root@localhost"的用户密码规则为"mysql_native_password"，密码值为"123456"，如图 2-48 所示。关于用户管理的详细内容，请看第 12 章。

```
#修改'root'@'localhost'用户的密码规则和密码
ALTER USER 'root'@'localhost' IDENTIFIED WITH mysql_native_password BY '123456';


#刷新权限
FLUSH PRIVILEGES;
```

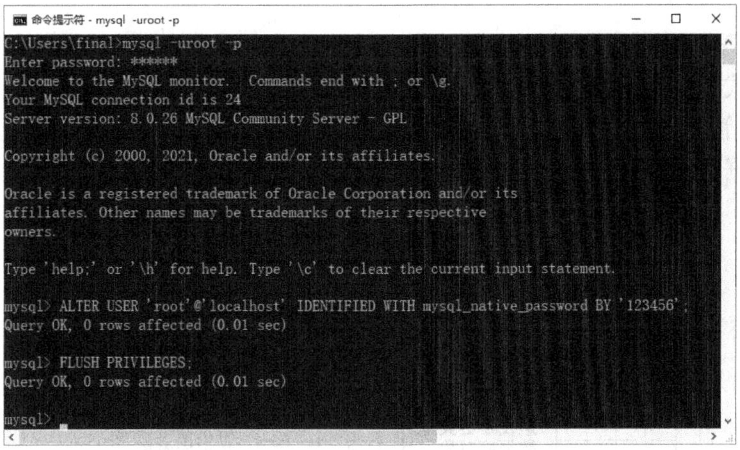

图 2-48　修改账户密码加密规则并更新用户密码

2.5　本章小结

本章手把手地带领读者从下载到安装、再到配置 MySQL 服务器，以及如何卸载 MySQL 服务器程序，让初学者也能自己搭建 MySQL 开发和使用环境；简单介绍了如何启动和停止数据库服务的两种方式。另外，本章详细介绍了两种登录 MySQL 数据库的方式，最后还非常贴心地给读者简单介绍了几种常用的图形管理工具，使初学者更直观方便地操作 MySQL 数据库。不过，如果想要熟练掌握 SQL 语句，建议有基础的读者通过命令行方式练习 SQL，本书接下来的 SQL 演示都是基于命令行的方式的。

第3章

数据库和表的基本操作

通过前面两章的学习，我们已经对 MySQL 数据库已经有了一定的了解，并且使用环境也已经搭建成功，接下来就可以正式学习 MySQL 的具体功能了。

MySQL 是数据库管理软件，在同一个 MySQL 服务器中可以同时有多个数据库，每一个数据库中又管理着很多表及其他数据库对象，每一个表中有很多记录。它们的关系如图 3-1 所示。

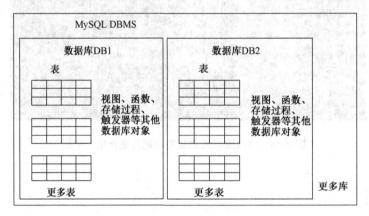

图 3-1　DBMS 和数据库、表的关系

数据库本身及数据库中的数据表等数据库对象的创建、删除和修改，需要通过数据定义语言（Data Definition Language，DDL）来完成，使用的关键字分别为 CREATE、DROP、ALTER 等。

3.1　数据库的基本操作

数据库是一个以特定方式存储数据库对象的容器。简而言之，数据库就是一个存储数据的地方，可以将其想象成一个档案馆，而数据库对象则是存放在档案馆中的各种文件，并且是按照特定规律和格式存放的，这样可以方便管理和处理。数据库的操作包括创建数据库和删除数据库等，这些操作都是数据库管理的基础。

3.1.1　查看数据库

MySQL 服务器在安装和配置完成之后，就已经包含一些必要的系统库了，可以使用 SHOW 语句进行查看，语法格式如下。

```
#查看当前所有存在的数据库
SHOW DATABASES;
```

SQL 语句示例如下。

```
mysql> SHOW DATABASES;
+--------------------+
| Database           |
+--------------------+
| information_schema |
| mysql              |
| performance_schema |
| sys                |
+--------------------+
4 rows in set (0.00 sec)
```

可以看到，数据库列表中包含了 4 个数据库。

- mysql：MySQL 服务器的核心数据库，存储了 MySQL 服务器正常运行所需的各种信息，包含关于数据库对象元数据（metadata）的数据字典表和系统表。
- information_schema：提供了访问数据库元数据的各种视图，包括数据库的名、数据库的表、访问权限、数据库表字段的数据类型，数据库索引的信息等。
- performance_schema：主要用于收集数据库服务器的性能参数，为 MySQL 服务器的运行时状态提供了一个底层的监控功能。
- sys：包含一系列方便 DBA 和开发人员利用 performance_schema 性能数据库进行性能调优和诊断的视图。其目标是把 performance_schema 的复杂度降低，让 DBA 能更好地阅读这个库中的内容，更快地了解 DB 的运行情况。

3.1.2　创建数据库

第 3.1.1 节列出的 4 个系统库，是用于保证 MySQL 服务器运行和管理功能的基本库，这些数据库不是给用户存储自己的数据用的。所以，用户需要创建新的数据库来存储自己的数据。创建数据库是在系统磁盘上划分一块区域用于数据的存储和管理。

在 MySQL 中创建数据库的基本 SQL 语法格式如下。

```
#创建新的数据库
CREATE DATABASE 数据库名;
```

注意，新创建的数据库不能与已有的数据库重名。

例如，创建"atguigu_chapter3"数据库，SQL 语句示例如下。

```
mysql> CREATE DATABASE atguigu_chapter3;
Query OK, 1 row affected (0.01 sec)
```

在数据库建好后，可以使用 SHOW 语句进行查看。

```
mysql> SHOW DATABASES;
+--------------------+
| Database           |
+--------------------+
| atguigu_chapter3   |
| information_schema |
| mysql              |
| performance_schema |
| sys                |
+--------------------+
5 rows in set (0.00 sec)
```

可以看到，数据库列表中多了一个新建的"atguigu_chapter3"数据库。

我们还可以使用另一个 SHOW 语句查看数据库的定义，语法格式如下。

```
#查看某个数据库的定义
SHOW CREATE DATABASE 数据库名;
```

例如，查看"atguigu_chapter3"数据库的定义，SQL 语句示例如下。

```
mysql> SHOW CREATE DATABASE atguigu_chapter3\G
*************************** 1. row ***************************
       Database: atguigu_chapter3
Create Database: CREATE DATABASE 'atguigu_chapter3'
/*!40100 DEFAULT CHARACTER SET utf8mb4 COLLATE utf8mb4_0900_ai_ci */ /*!80016 DEFAULT
ENCRYPTION='N' */
1 row in set (0.00 sec)
```

说明："\G"和";"是在"命令行客户端"中用于结束 SQL 语句的。而"\G"的作用是将查找到的内容结构旋转 90 度，变成纵向结构。

从上面数据库的定义信息中发现，数据库的定义不仅只是数据库名称，还有字符集和字符集校对规则。如果在创建数据库时没有指定字符集和字符集校对规则，就会使用系统默认的。我们也可以在创建数据库时指定数据库的字符集，关于字符集和校对规则请看 3.4.2 节。

在 MySQL 中创建数据库时指定字符集和字符集校对规则的基本 SQL 语法格式如下。

```
#创建新的数据库
CREATE DATABASE 数据库名 CHARACTER SET 字符集名称 COLLATE 字符集对应校对规则;
```

例如，创建"atguigu_chapter3_two"数据库时指定字符集为"utf8mb4"，校对规则为"utf8mb4_0900_ai_ci"，SQL 语句示例如下。

```
mysql> CREATE DATABASE atguigu_chapter3_two CHARACTER SET utf8mb4
COLLATE utf8mb4_0900_ai_ci;
Query OK, 1 row affected (0.01 sec);
```

3.1.3 修改数据库

关于数据库的信息修改，主要就是字符集和校对规则的修改，不能修改数据库的名称。可以使用 ALTER 语句修改数据库的字符集和校对规则，语法格式如下。

```
#修改数据库字符集和校对规则
ALTER DATABASE 数据库名称 CHARACTER SET 字符集名称 COLLATE 字符集对应校对规则;
```

例如，将"atguigu_chapter3_two"数据库的字符集修改为"utf8"，校对规则修改为"utf8_general_ci"，SQL 语句示例如下。

```
mysql> ALTER DATABASE atguigu_chapter3_two CHARACTER SET utf8
COLLATE utf8_general_ci;
Query OK, 1 row affected, 2 warnings (0.01 sec)
```

修改后使用 SHOW CREATE DATABASE 语句查看"atguigu_chapter3_two"数据库的定义。

```
mysql> SHOW CREATE DATABASE atguigu_chapter3_two\G
*************************** 1. row ***************************
       Database: atguigu_chapter3_two
Create Database: CREATE DATABASE 'atguigu_chapter3_two' /*!40100 DEFAULT CHARACTER SET
utf8 */ /*!80016 DEFAULT ENCRYPTION='N' */
1 row in set (0.00 sec)
```

3.1.4 删除数据库

删除数据库是将已经存在的数据库从磁盘空间上清除，清除后数据库中所有数据将一起被删除。

删除数据库的语法格式如下。

```
#删除数据库
DROP DATABASE 数据库名;
```

例如，删除"atguigu_chapter3_two"数据库，SQL 语句示例如下。

```
mysql> DROP DATABASE atguigu_chapter3_two;
Query OK, 0 rows affected (0.01 sec)
```

在数据库删除后，可以使用 SHOW DATABASES 语句进行查看。

注意，使用 DROP DATABASE 语句时要非常谨慎，因为在执行该语句时，MySQL 不会给出任何提醒确认信息，用 DROP DATABASE 语句删除数据库后，数据库中存储的所有数据表和数据也将一起被删除，而且不能恢复，或者说只能恢复到之前的某个备份。

3.1.5　使用数据库

创建完数据库后，就可以在数据库中创建表、视图、函数、存储过程等数据库对象了，但是通常需要先通过 USE 语句指定针对哪个数据库进行操作，否则会报"No database selected"的错误，或者在创建和使用数据库对象时必须加上"数据库名."的前缀，这样比较麻烦。使用 USE 语句的语法格式如下。

```
#选择要操作的数据库
USE 数据库名;
```

SQL 语句示例如下。

```
mysql> USE atguigu_chapter3;
Database changed
```

注意，要使用的数据库必须存在，否则会报"Unknown database 数据库名"的错误。

3.2　数据表的基本操作

在数据库中，数据表是数据库中最重要、最基本的操作对象，是数据存储的基本单位。数据表被定义为列的集合，数据在表中是按照行和列的格式来存储的。每一行代表一条唯一的记录，每一列代表记录中的一个字段。

3.2.1　创建数据表

在创建完数据库后，接下来的工作就是创建数据表。所谓创建数据表，指的是在已经创建好的数据库中建立新表。创建数据表的过程就是定义数据列（又称为字段）的过程，同时也是定义数据完整性约束的过程。关于约束请看第 8 章。

创建数据表的语句为 CREATE TABLE，语法格式如下。

```
#创建新的数据库表
CREATE TABLE 表名称(
    字段名1 数据类型,
    字段名2 数据类型,
    字段名3 数据类型,
    ...
);
```

在使用 CREATE TABLE 创建表时，必须指定如下信息。

- 如果要创建表的名称，那么在同一个数据库中不能创建同名的表，否则会报"Table '表名' already exists"的错误。

- 数据库中每个字段都要指定名称和数据类型（关于数据类型请看第 5 章），如果创建多个字段（多列），多个字段之间就要用逗号隔开。
- 表名、字段名遵循 SQL 命名规范，不区分大小写，不能使用 SQL 语言中的关键字，请使用合法字符并且尽量见名知意。
- 关于字段的其他属性请看后续章节。

例如，创建学生表"tb_student"，其表结构如表 3-1 所示。

表 3-1　学生表 tb_student 结构

字段名称	数据类型	描述
sid	INT	学生编号
sname	VARCHAR(20)	学生姓名

SQL 语句示例如下。

（1）选择创建表的数据库"atguigu_chapter3"。

```
mysql> USE atguigu_chapter3;
Database changed
```

（2）创建"tb_student"表。

```
mysql> CREATE TABLE tb_student(
    -> sid INT,
    -> sname VARCHAR(20)
    -> );
Query OK, 0 rows affected (0.04 sec)
```

说明，"INT"表示整数类型，"VARCHAR(20)"表示长度不超过 20 个字符的字符串文本。另外，在创建数据表之前，必须使用 USE 语句指定操作是在哪个数据库中进行的，如果没有指明数据库，就会报"No database selected"的错误。如果不想使用 USE 语句，就必须在创建数据表时在表名前面加"数据库名."进行限定。

（3）在"atguigu_chapter3"数据库下创建"tb_teacher"表。

```
mysql> CREATE TABLE atguigu_chapter3.tb_teacher(
    -> tid INT,
    -> tname VARCHAR(20)
    -> );
Query OK, 0 rows affected (0.04 sec)
```

如果接下来 SQL 都是针对一个数据库进行操作的话，还是建议使用 USE 语句，否则每个 SQL 语句中的数据库对象（例如，表）前面都要加"数据库名."，这样太麻烦了。

3.2.2　查看数据表

在创建完数据库表后，可以使用 SHOW 语句查看当前数据库中的表。SHOW 语句语法格式如下。

```
#查看当前数据库的所有表
SHOW TABLES;
```

例如，查看"atguigu_chapter3"数据库的所有表，SQL 语句示例如下。

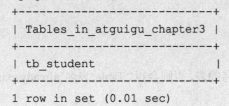

```
#前面已经执行过"USE atguigu_chapter3;"的语句
mysql> SHOW TABLES;
+---------------------------+
| Tables_in_atguigu_chapter3 |
+---------------------------+
| tb_student                |
+---------------------------+
1 row in set (0.01 sec)
```

同样，在 SHOW TABLES 语句之前应该使用 USE 语句指定操作是在哪个数据库中进行的，否则会报 "No database selected" 的错误。如果没有使用 USE 语句，也可以通过如下 SQL 语句查看某个数据库的所有表，语法格式如下。

```
#查看某个数据库的所有表
SHOW TABLES FROM 数据库名;
```

例如，查看 "atguigu_chapter3" 数据库的所有表，SQL 语句示例如下。

```
mysql> SHOW TABLES FROM atguigu_chapter3;
+--------------------------+
| Tables_in_atguigu_chapter3 |
+--------------------------+
| tb_student               |
+--------------------------+
1 row in set (0.00 sec)
```

3.2.3　查看数据表结构

使用 SQL 语句创建好数据表后，可以查看表结构的定义，以确认表的定义是否正确。在 MySQL 中，查看表结构可以使用 DESCRIBE 和 SHOW CREATE TABLE 语句。

DESCRIBE 语句可以查看表的字段信息，其中包括字段名、字段数据类型，以及其他属性信息，这些信息相当于数据表的元数据。DESCRIBE 语句的语法格式如下。

```
#查看表结构语句
DESCRIBE 表名;
```

或者简写成：

```
DESC 表名;  #DESCRIBE 可以简写成 DESC
```

例如，查看 "tb_student" 表的结构，SQL 语句示例如下。

```
mysql> DESCRIBE tb_student;
+---------+-------------+------+-----+---------+-------+
| Field   | Type        | Null | Key | Default | Extra |
+---------+-------------+------+-----+---------+-------+
| sid     | int         | YES  |     | NULL    |       |
| sname   | varchar(20) | YES  |     | NULL    |       |
+---------+-------------+------+-----+---------+-------+
2 rows in set (0.00 sec)
```

其中，各个字段的含义分别解释如下。

- Field：字段名。
- Type：字段数据类型。
- Null：表示该列是否可以存储 Null 值。
- Key：表示该列是否定义索引。如果有的话，通常会有 PRI、UNI、MUL 等几种情况索引。
- Default：表示该列是否有默认值，有的话默认值是多少。
- Extra：表示可以获取的与给定列有关的附加信息。例如，AUTO_INCREMENT 等。
- 关于 Null、Key、Default、Extra 请看第 8 章约束相关内容。

另外，也可以使用 SHOW 语句查看某个数据库表更详细的定义，语法格式如下。

```
#某个数据库表的定义
SHOW CREATE TABLE 表名称;
```

例如，查看 "tb_student" 表的定义，SQL 语句示例如下。

```
mysql> SHOW CREATE TABLE tb_student\G
*************************** 1. row ***************************
       Table: tb_student
Create Table: CREATE TABLE 'tb_student' (
  'sid' int DEFAULT NULL,
  'sname' varchar(20) DEFAULT NULL
) ENGINE=InnoDB DEFAULT CHARSET=utf8mb4 COLLATE=utf8mb4_0900_ai_ci
1 row in set (0.00 sec)
```

从上面数据库表的定义信息中发现，数据库表定义不只是字段，还有字符集、字符集校对规则和存储引擎（例如，InnoDB）等信息。关于数据库存储引擎的详细内容，请关注本书的姊妹篇《剑指 MySQL——架构、调优与运维》。

3.2.4　修改数据表

在创建完表后，表结构就确定了。一般来说，在创建数据表时就应该充分考虑以后的需求变动，合理设置字段和索引（关于索引请关注本书的姊妹篇《剑指 MySQL——架构、调优与运维》），最好不要修改已有数据表的结构，特别是生产环境（项目已上线使用）下的表结构，因为一旦修改，影响就很大。如果是在测试环境（项目在开发阶段）下，可以通过 ALTER 语句修改表结构。ALTER 语句可以实现修改表名称、增加字段、删除字段、修改字段名称，以及数据类型和顺序等属性。

1. 增加字段

互联网应用总会面对频繁添加功能或修改需求的情况，而增加字段则是最常见的解决方法之一。用 ALTER 语句对已有数据表增加字段的语法格式如下。

```
#增加字段
ALTER TABLE 表名称 ADD COLUMN 新字段名 数据类型;
```

例如，给"tb_student"表增加新的字段"score"，其数据类型为"INT"，SQL 语句示例如下。

```
mysql> ALTER TABLE tb_student ADD COLUMN score INT;
Query OK, 0 rows affected (0.05 sec)
Records: 0  Duplicates: 0  Warnings: 0
```

增加字段之后再次查看"tb_student"表结构如下。

```
mysql> DESC tb_student;
+----------+-------------+------+-----+---------+-------+
| Field    | Type        | Null | Key | Default | Extra |
+----------+-------------+------+-----+---------+-------+
| sid      | int         | YES  |     | NULL    |       |
| sname    | varchar(20) | YES  |     | NULL    |       |
| score    | int         | YES  |     | NULL    |       |
+----------+-------------+------+-----+---------+-------+
3 rows in set (0.01 sec)
```

在增加字段时，默认在所有字段末尾增加新字段，可以通过 AFTER 和 FIRST 关键字指定新字段的位置，分别是在某个字段后面或在第一个字段后面。

```
#在另一个字段后面增加新字段
ALTER TABLE 表名称 ADD COLUMN 新字段名 数据类型 AFTER 字段名;
#在现有的所有字段前面增加新字段
ALTER TABLE 表名称 ADD COLUMN 新字段名 数据类型 FIRST;
```

例如，给"tb_student"表增加新的字段"age"，数据类型为"INT"，并且指定"age"在"sname"字段后面。增加字段后重新查询"tb_student"表的结构，SQL 语句示例如下。

```
mysql> ALTER TABLE tb_student ADD COLUMN age INT AFTER sname;
Query OK, 0 rows affected (0.08 sec)
Records: 0  Duplicates: 0  Warnings: 0

mysql> DESC tb_student;
+----------+-------------+------+-----+---------+-------+
| Field    | Type        | Null | Key | Default | Extra |
+----------+-------------+------+-----+---------+-------+
| sid      | int         | YES  |     | NULL    |       |
| sname    | varchar(20) | YES  |     | NULL    |       |
| age      | int         | YES  |     | NULL    |       |
| score    | int         | YES  |     | NULL    |       |
+----------+-------------+------+-----+---------+-------+
4 rows in set (0.00 sec)
```

2. 删除字段

如果确定表中某个字段（某一列）的数据确实不要了，也可以使用 ALTER 语句删除字段（列）。字段删除后，该字段（列）的数据也会被彻底删除，所以关于删除操作一定要慎之又慎。删除字段的语法格式如下。

```
#删除字段
ALTER TABLE 表名称 DROP COLUMN 字段名；
```

例如，删除"tb_student"表的"age"字段，SQL 语句示例如下。

```
mysql> ALTER TABLE tb_student DROP COLUMN age;
Query OK, 0 rows affected (0.07 sec)
Records: 0  Duplicates: 0  Warnings: 0

mysql> DESC tb_student;
+----------+-------------+------+-----+---------+-------+
| Field    | Type        | Null | Key | Default | Extra |
+----------+-------------+------+-----+---------+-------+
| sid      | int         | YES  |     | NULL    |       |
| sname    | varchar(20) | YES  |     | NULL    |       |
| score    | int         | YES  |     | NULL    |       |
+----------+-------------+------+-----+---------+-------+
3 rows in set (0.01 sec)
```

3. 修改字段名、数据类型、位置等

修改字段名称可以通过 CHANGE 关键字实现，而修改字段数据类型、位置等属性则需要通过 MODIFY 关键字实现。

修改字段名的语法格式如下。

```
#修改字段名
ALTER TABLE 表名称 CHANGE COLUMN 字段名 新字段名 数据类型；
```

例如，修改"tb_student"表的"score"字段名为"chinese"，SQL 语句示例如下。

```
mysql> ALTER TABLE tb_student CHANGE COLUMN score chinese INT;
Query OK, 0 rows affected (0.02 sec)
Records: 0  Duplicates: 0  Warnings: 0

mysql> DESC tb_student;
+----------+-------------+------+-----+---------+-------+
| Field    | Type        | Null | Key | Default | Extra |
+----------+-------------+------+-----+---------+-------+
```

```
| sid     | int         | YES  |       | NULL    |        |
| sname   | varchar(20) | YES  |       | NULL    |        |
| chinese | int         | YES  |       | NULL    |        |
+---------+-------------+------+-------+---------+--------+
3 rows in set (0.00 sec)
```

如果表中已经有数据了，那么修改字段的数据类型是非常危险的操作，因为这涉及新的数据类型是否能兼容原来的数据问题。如果确定没有问题的话，那么也可以使用 ALTER 语句进行修改。修改字段数据类型、位置等属性的语法格式如下。

```
#修改字段数据类型和位置等
ALTER TABLE 表名称 MODIFY COLUMN 字段名 新数据类型;
ALTER TABLE 表名称 MODIFY COLUMN 字段名 数据类型 AFTER 另一个字段名;
ALTER TABLE 表名称 MODIFY COLUMN 字段名 数据类型  FIRST;
```

例如，修改"tb_student"表的"sname"字段数据类型为"VARCHAR(30)"，SQL 语句示例如下。

```
mysql> ALTER TABLE tb_student MODIFY COLUMN sname VARCHAR(30);
Query OK, 0 rows affected (0.01 sec)
Records: 0  Duplicates: 0  Warnings: 0

mysql> DESC tb_student;
+---------+-------------+------+-------+---------+--------+
| Field   | Type        | Null | Key   | Default | Extra  |
+---------+-------------+------+-------+---------+--------+
| sid     | int         | YES  |       | NULL    |        |
| sname   | varchar(30) | YES  |       | NULL    |        |
| chinese | int         | YES  |       | NULL    |        |
+---------+-------------+------+-------+---------+--------+
3 rows in set (0.01 sec)
```

4. 修改表名称

表名称的修改是最不常见的操作。但是如果确实需要的话，可以使用如下语句进行修改，语法格式如下。

```
#修改表名称
ALTER TABLE 原表名称 RENAME TO 新表名称;
RENAME TABLE 原表名称 TO 新表名称;
```

SQL 语句示例如下。

（1）修改"tb_student"表为"student"表。

```
mysql> ALTER TABLE tb_student RENAME TO student;
Query OK, 0 rows affected (0.02 sec)

mysql> SHOW TABLES;
+------------------------+
| Tables_in_atguigu_chapter3 |
+------------------------+
| student                |
| tb_teacher             |
+------------------------+
2 rows in set (0.01 sec)
```

（2）修改"student"表为"tb_student"表。

```
mysql> RENAME TABLE student TO tb_student;
Query OK, 0 rows affected (0.02 sec)
```

```
mysql> SHOW TABLES;
+--------------------------+
| Tables_in_atguigu_chapter3 |
+--------------------------+
| tb_student               |
| tb_teacher               |
+--------------------------+
2 rows in set (0.00 sec)
```

5. 修改数据表的编码方式等

ALTER 语句同样可以用来修改表的编码方式等，语法格式如下。

```
#修改数据表字符集和校对规则
ALTER TABLE 数据表名称 CHARACTER SET 字符集名称 COLLATE 字符集对应校对规则;
```

例如，修改"tb_student"表的字符集为"utf8"，校对规则修改为"utf8_general_ci"，SQL 语句示例如下。

```
mysql> SHOW CREATE TABLE tb_student\G
*************************** 1. row ***************************
       Table: tb_student
Create Table: CREATE TABLE 'tb_student' (
  'sid' int DEFAULT NULL,
  'sname' varchar(30) DEFAULT NULL,
  'chinese' int DEFAULT NULL
) ENGINE=InnoDB DEFAULT CHARSET=utf8mb4 COLLATE=utf8mb4_0900_ai_ci
1 row in set (0.00 sec)

mysql> ALTER TABLE tb_student CHARACTER SET utf8 COLLATE utf8_general_ci;
Query OK, 0 rows affected, 2 warnings (0.01 sec)
Records: 0  Duplicates: 0  Warnings: 2

mysql> SHOW CREATE TABLE tb_student\G
*************************** 1. row ***************************
       Table: tb_student
Create Table: CREATE TABLE 'tb_student' (
  'sid' int DEFAULT NULL,
  'sname' varchar(30) CHARACTER SET utf8mb4 COLLATE utf8mb4_0900_ai_ci DEFAULT NULL,
  'chinese' int DEFAULT NULL
) ENGINE=InnoDB DEFAULT CHARSET=utf8mb3
1 row in set (0.00 sec)
```

从上面的结果中发现，修改表结构的字符集和校对规则成功（utf8 是 utf8mb3 的别名），但是"sname"字段的字符集和校对规则仍然是原来的。同样可以使用 ALTER 语句来修改字段的字符集和校对规则。

```
mysql> ALTER TABLE tb_student MODIFY sname VARCHAR(30) CHARACTER
SET utf8 COLLATE utf8_general_ci;
Query OK, 0 rows affected, 2 warnings (0.05 sec)
Records: 0  Duplicates: 0  Warnings: 2

mysql> SHOW CREATE TABLE tb_student\G
*************************** 1. row ***************************
       Table: tb_student
Create Table: CREATE TABLE 'tb_student' (
  'sid' int DEFAULT NULL,
  'sname' varchar(30) CHARACTER SET utf8 COLLATE utf8_general_ci DEFAULT NULL,
  'chinese' int DEFAULT NULL
```

```
) ENGINE=InnoDB DEFAULT CHARSET=utf8mb3
1 row in set (0.02 sec)
```

如果表中已经有数据了，那么关于表或字段的字符集和校对规则的修改就要考虑已有数据是否兼容的问题。

3.2.5 删除数据表

删除数据表不仅会清空表中的所有记录，也会将表结构一并删除。凡是删除操作，都要反复讨论和确认过之后再进行，就算先进行备份后删除也不过分。删除数据表的语句格式如下。

```
#删除数据表
DROP TABLE 表名称;
```

例如，删除 "tb_teacher" 表，SQL 语句示例如下。

```
mysql> DROP TABLE tb_teacher;
Query OK, 0 rows affected (0.03 sec)

mysql> SHOW TABLES;
+---------------------------+
| Tables_in_atguigu_chapter3 |
+---------------------------+
| tb_student                |
+---------------------------+
1 row in set (0.00 sec)
```

3.3 图形化界面方式创建数据库和表

前面介绍了通过命令行创建数据库和数据表的方法。此外，还可以借助 MySQL 图形化工具创建数据库和表，而且这种方式更加简单、方便。下面以 SQLyog 图形化工具为代表展开介绍，使用 SQLyog 连接 MySQL 数据库请看第 2.4.3 节。

3.3.1 图形化界面方式创建数据库

在连接成功后，进入主界面，接下来正式创建数据库。

步骤 1：如图 3-2 所示，在主界面左边的空白处右键单击鼠标弹出快捷菜单，选择"创建数据库"菜单项。

图 3-2 选择"创建数据库"

步骤 2：如图 3-3 所示，填写新数据库的基本信息。一般只需填写数据库名称，如"test"，字符集和排序规则有默认选项。如果有特殊要求，也可以选择自己需要的字符集和校对规则，然后单击"创建"按钮。

步骤 3：此时数据库创建成功，如图 3-4 所示。

图 3-3　填写新数据库的基本信息

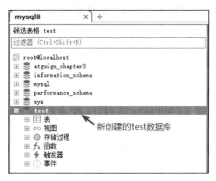

图 3-4　新创建的数据库

步骤 4：在数据库创建成功之后，可以查看或修改数据库属性。选择"test"数据库，右键单击鼠标弹出快捷菜单，选择"改变数据库"菜单选项，如图 3-5 所示，就可以修改和查看数据库属性，如图 3-6 所示。

图 3-5　选择"改变数据库"

图 3-6　修改和查看数据库属性

3.3.2　图形化界面方式创建数据表

数据库创建成功后，就可以在这个数据库下面创建表了。

步骤 1：选择"test"数据库下的"表"对象，右键单击鼠标弹出快捷菜单，选择"创建表"菜单项，如图 3-7 所示。

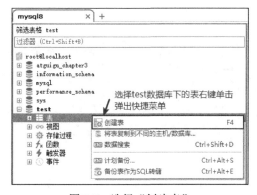

图 3-7　选择"创建表"

步骤 2：单击"创建表"后，在新表的创建页面填写表名称和表的字段等属性信息，如图 3-8 所示。例如，表名称为"tb_student"，并添加两个字段，一个是 int 类型的 sid，另一个是 varchar(20)类型的 sname，分别表示学生编号和学生姓名。表的存储引擎、字符集和校对规则如果不选择，则默认和当前数据库一致。字段信息需要填写字段名和数据类型等基本信息，关于字段其他信息的含义请看后续章节讲解。

图 3-8　填写新表信息

步骤 3：在填写表信息完成后，单击"保存"按钮，如图 3-9 所示，提示表创建成功，并询问是否继续创建新表。

步骤 4：在表创建成功后，也可以查看数据表的定义信息或修改数据表的定义。在表名称（例如，"tb_student"）上右键单击弹出的快捷菜单中选择"改变表"菜单项，如图 3-10 所示，就可以查看表结构的详细信息，也可以修改表的定义，如图 3-11 所示。

图 3-9　提示表创建成功　　　　　图 3-10　选择"改变表"

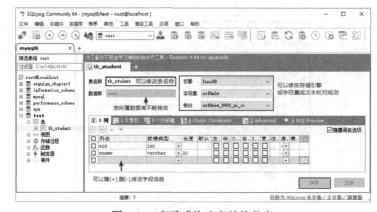

图 3-11　查看或修改表结构信息

3.4　MySQL 8.0 的新特性

3.4.1　系统表全部为 InnoDB 表

从 MySQL 8.0 开始，mysql 系统表和数据字典表使用 InnoDB 存储引擎，存储在 MySQL 数据目录下的 mysql.ibd 表空间文件中。在 MySQL 5.7 之前，这些系统表使用 MyISAM 存储引擎，存储在 mysql 数据库文件目录下各自的表空间文件中。关于数据库存储引擎的详细内容，请关注本书的姊妹篇《剑指 MySQL——架构、调优与运维》。

（1）在 MySQL 5.7 中查看系统表类型，结果如下。

```
mysql> #MySQL5.7
mysql> #查看系统表类型
mysql> SELECT DISTINCT(ENGINE) FROM information_schema.tables;
+--------------------+
| ENGINE             |
+--------------------+
| MEMORY             |
| InnoDB             |
| MyISAM             |
| CSV                |
| PERFORMANCE_SCHEMA |
| NULL               |
+--------------------+
6 rows in set (0.04 sec)
```

（2）在 MySQL 8.0 中查看系统表类型，结果如下。

```
mysql> #MySQL 8.0
mysql> #查看系统表类型
mysql> SELECT DISTINCT(ENGINE) FROM information_schema.tables;
+--------------------+
| ENGINE             |
+--------------------+
| InnoDB             |
| NULL               |
| PERFORMANCE_SCHEMA |
| CSV                |
+--------------------+
4 rows in set (0.00 sec)
```

系统表全部换成事务型的 InnoDB 表，默认的 MySQL 实例将不包含任何 MyISAM 表，除非手动创建 MyISAM 表。

3.4.2　默认字符集改为 utf8mb4

在计算机的世界里只有二进制 0 和 1，为了让计算机可以直接识别人类文字，就产生出了字符集编码表的概念。字符集编码表就是将人类的文字和数字对应表格内字符，将十进制数字转换为二进制数字就简单多了。世界上第一张字符集编码表是 ASCII（American Standard Code for Information Interchange，美国标准信息交换码）表，但是它只能表示 128 个字符，包括英文字母、数字、英文标点符号等。例如，a 对应 97，A 对应 65 等。在计算机流行到世界各地后，人们逐渐发现，ASCII 字符集里的 128 个字符已经不再满足他们的需求了。所以，陆续出现了很多字符集。如 latin1，gbk，utf8 等。在 8.0 版本之前，MySQL 默认的字符集为 latin1，而 8.0 版本默认的字符集为 utf8mb4。

latin1 是 ISO-8859-1 的别名，有些环境下写作 latin-1。ISO-8859-1 编码是单字节编码，不支持中文等多字节字符，但向下兼容 ASCII，其编码范围是 0x00-0xFF、0x00-0x7F 之间完全和 ASCII 一致、0x80-0x9F 之间是控制字符、0xA0-0xFF 之间是文字符号（这里 0x 开头的数字是十六进制表示方式，关于进制知识读者可以关注尚硅谷教育公众号搜索相关视频进行学习）。

MySQL 中 utf8 字符集是 utf8mb3 的别称，使用三个字节编码表示一个字符。自 MySQL 4.1 版本被引入，能够支持绝大多数语言的字符，但依然有些字符不能正确编码，如 emoji 表情字符等，为此 MySQL 5.5 引入了 utf8mb4 字符集。在 MySQL 5.7 对 utf8mb4 进行了大幅优化，并丰富了校验字符集。mb4 就是"most byte 4"的意思，专门用来兼容四字节的 Unicode，utf8mb4 编码是 utf8 编码的超集，兼容 utf8，并且能存储 4 字节的表情字符。如果原来某些库和表的字符集是 utf8，可以直接修改为 utf8mb4，不需要做其他转换。

（1）使用 SHOW 语句查看 MySQL 5.7 数据库的默认编码。

```
mysql> #查看 MySQL 5.7 数据库的默认编码
mysql> SHOW VARIABLES LIKE 'character_set_database';
+------------------------+--------+
| Variable_name          | Value  |
+------------------------+--------+
| character_set_database | latin1 |
+------------------------+--------+
1 row in set, 1 warning (0.00 sec)
```

（2）使用 SHOW 语句查看 MySQL 8.0 数据库的默认编码。

```
mysql> #查看 MySQL 8.0 数据库的默认编码
mysql> SHOW VARIABLES LIKE 'character_set_database';
+------------------------+---------+
| Variable_name          | Value   |
+------------------------+---------+
| character_set_database | utf8mb4 |
+------------------------+---------+
1 row in set, 1 warning (0.00 sec)
```

字符集校对规则是在字符集内用于字符比较和排序的一套规则，如有的规则区分大小写，有的则无视。校对规则特征如下。

- 两个不同的字符集不能有相同的校对规则。
- 每个字符集有一个默认的校对规则。
- 校对规则存在命名约定，以其相关的字符集名开始，中间包括一个语言名，并且以_ci、_cs 或_bin 结尾。其中_ci 表示大小写不敏感、_cs 表示大小写敏感、bin 表示直接比较字符的二进制编码，即区分大小写。

使用 SHOW 语句查看 utf8mb4 字符集的部分校对规则如下。

```
mysql> SHOW COLLATION LIKE 'utf8mb4_0900%';
+-----------------+---------+-----+---------+----------+---------+---------------+
| Collation       | Charset | Id  | Default | Compiled | Sortlen | Pad_attribute |
+-----------------+---------+-----+---------+----------+---------+---------------+
|utf8mb4_0900_ai_ci| utf8mb4 | 255 | Yes     | Yes      | 0       | NO PAD        |
|utf8mb4_0900_as_ci| utf8mb4 | 305 |         | Yes      | 0       | NO PAD        |
|utf8mb4_0900_as_cs| utf8mb4 | 278 |         | Yes      | 0       | NO PAD        |
|utf8mb4_0900_bin | utf8mb4 | 309 |         | Yes      | 1       | NO PAD        |
+-----------------+---------+-----+---------+----------+---------+---------------+
4 rows in set (0.00 sec)
```

3.5　本章小结

　　本章主要介绍了数据库和表的 DDL（数据定义语言），包括数据库和数据表的创建、修改、删除和查看等，并介绍了如何使用图形化工具来创建、修改、删除数据库和数据表。通过本章的学习，相信大家都可以自己动手创建数据库和表了。不管是通过 SQL 语句还是通过图形化界面工具，对于初学者来说，都需要反复练习才能熟练掌握，刚开始容易出错是很正常的，前期练习发生错误并解决它，正是为了以后在实战中不出错，所以放心大胆去练吧。

第4章

数据表的增删改查及事务管理

数据库管理系统（DBMS）被设计用来管理数据的存储、访问和维护数据的完整性，所以 DBMS 的核心就是数据。在第 3 章中，我们学习了数据库和数据表的基本操作，这些语句都是针对数据定义的语句，我们称为 DDL（Data Definition Language，数据定义语言）。在定义好表结构后，就可以针对表中的记录进行操作了。

DML（Data Manipulation Language，数据操作语言）操作是指对数据库中表记录的操作，主要是添加（INSERT）、删除（DELETE）、修改（UPDATE）和查询（SELECT）操作，这些操作是开发人员最基础和常用的操作，简称增删改查。而有些开发人员会把这四种操作以"CRUD"（分别是 Create、Read、Update、Delete 的首字母）来称呼。对于查询语句（SELECT），本章只介绍最基础的用法，在本书第 7 章专门讲解了各种复杂的高级查询。

本章的所有 SQL 演示都基于"atguigu_chapter4"数据库。创建和使用"atguigu_chapter4"数据库的 SQL 语句如下。

```
mysql> CREATE DATABASE atguigu_chapter4;
Query OK, 1 row affected (0.01 sec)

mysql> USE atguigu_chapter4;
Database changed
```

4.1 插入数据

创建好表之后，就可以向表中插入数据记录了，MySQL 中使用 INSERT 语句向数据库表中插入新的数据记录。MySQL 支持多种插入方式：插入完整的记录、插入记录的一部分、插入一条记录和插入多条记录。

4.1.1 给表的所有字段插入数据

MySQL 使用 INSERT 语句添加新记录时要求指定表名称和插入新记录中的数据，基本语法格式如下。

```
#给表的所有字段插入数据
INSERT INTO 表名称 VALUES(值列表);
INSERT INTO 表名称 (表的所有字段列表) VALUES(值列表);
```

INSERT 语句说明如下。

● 向表中所有字段插入值的方法有两种：一种是完全不指定字段名；另一种是指定所有字段名。如果完全不指定字段名，则要求"值列表"中的数据与表结构中的字段顺序、类型、数量一一对应。如果指定所有字段名，则要求"值列表"中的数据与前面指定的"字段列表"中的字段顺序、类型、数量一一对应。虽然不指定字段名看起来更简洁，但是任何表结构的修改都将使得这个 INSERT 语句随之跟着修改，否则就会出错。然而指定所有字段名的方式，在表结构新增字段以及调整字段位置的情况下，仍然不需要修改 INSERT 语句。

- 字段列表的每一个字段之间，以及值列表的每一个值之间都用英文逗号作为分割。
- 值列表中关于文本字符串和日期类型的值需要加英文单引号将值引起来。

例如，创建"tb_student"数据表并给所有字段插入数据，SQL 语句示例如下。

（1）创建"tb_student"数据表，定义 3 个字段 sid、sname 和 chinese，字段类型分别为 int、varchar(30) 和 int。

```
mysql> CREATE TABLE tb_student(
    ->     sid INT,               //学生 id
    ->     sname VARCHAR(30),     //学生姓名
    ->     chinese INT            //语文成绩
    -> );
Query OK, 0 rows affected (0.04 sec)
```

（2）查看"tb_student"表的表结构。

```
mysql> DESC tb_student;
+----------+-------------+------+-----+---------+-------+
| Field    | Type        | Null | Key | Default | Extra |
+----------+-------------+------+-----+---------+-------+
| sid      | int         | YES  |     | NULL    |       |
| sname    | varchar(30) | YES  |     | NULL    |       |
| chinese  | int         | YES  |     | NULL    |       |
+----------+-------------+------+-----+---------+-------+
3 rows in set (0.00 sec)
```

（3）使用完全不指定字段名的方式给"tb_student"表的所有字段插入数据。

```
mysql> INSERT INTO tb_student VALUES(1, '张三', 89);
Query OK, 1 row affected (0.01 sec)
#提示信息表示插入一条记录成功。
```

（4）使用指定所有字段名的方式给"tb_student"表的所有字段插入数据。

```
mysql> INSERT INTO tb_student(sid, sname, chinese) VALUES(2, '李四', 86);
Query OK, 1 row affected (0.01 sec)
#提示信息表示插入一条记录成功。
```

（5）执行插入操作之后，使用 SELECT 语句查看"tb_student"表中的数据（关于 SELECT 语句的具体语法请看第 4.2 节）。

```
mysql> SELECT * FROM tb_student;
+------+-------+---------+
| sid  | sname | chinese |
+------+-------+---------+
|    1 | 张三  |      89 |
|    2 | 李四  |      86 |
+------+-------+---------+
2 rows in set (0.00 sec)
```

可以看到插入记录成功。

4.1.2　给表的部分字段插入数据

给表的部分字段插入数据，就是在 INSERT 语句中通过（部分字段列表）明确指出只给指定的部分字

段插入值，而其他未列出字段则按默认值处理，语法格式如下。

```
#给表的部分字段插入数据
INSERT INTO 表名称 (表的部分字段列表) VALUES(值列表);
```

例如，给"tb_student"表的部分字段插入数据，SQL 语句示例如下。

```
mysql> INSERT INTO tb_student(sid, sname) VALUES(3, '王五');
Query OK, 1 row affected (0.01 sec)
```

提示信息表示插入一条记录成功，使用 SELECT 语句查询表中的记录，查询结果如下。

```
mysql> SELECT * FROM tb_student;
+------+-------+---------+
| sid  | sname | chinese |
+------+-------+---------+
|    1 | 张三  |      89 |
|    2 | 李四  |      86 |
|    3 | 王五  |    NULL |
+------+-------+---------+
3 rows in set (0.00 sec)
```

可以看到插入记录成功，"王五"的"chinese"字段值是默认值 NULL。

4.1.3 插入多条记录

INSERT 语句还支持在一条 INSERT 语句中同时插入多条记录。同样，可以完全不指定字段或明确指定要插入数据的字段，语法格式如下。

```
#给表的所有字段插入多条数据记录
INSERT INTO 表名称 VALUES(值列表 1),(值列表 2), ..., (值列表 n);

#给指定字段插入多条数据记录
INSERT INTO 表名称 (字段列表) VALUES(值列表 1),(值列表 2), ..., (值列表 n);
```

INSERT 语句说明如下。

- 如果完全不指定字段名，则要求"值列表"中的数据与表结构中的字段顺序、类型、数量一一对应。如果指定所有字段名，则要求"值列表"中的数据与前面指定的"字段列表"中的字段顺序、类型、数量一一对应。
- 每一个"（值列表）"对应一条记录，每个"（值列表）"之间使用英文逗号分隔。

例如，给"tb_student"表的所有字段插入多条数据，SQL 语句示例如下。

```
mysql> INSERT INTO tb_student(sid, sname, chinese) VALUES(4, '赵六', 66),(5, '钱七', 77),(6, '孙八', 88),(7, '李九', 99);
Query OK, 4 rows affected (0.01 sec)
Records: 4  Duplicates: 0  Warnings: 0
```

提示信息表示插入 4 条记录成功。当使用 INSERT 同时插入多条记录时，MySQL 会返回一些在执行单行插入时没有的额外信息，这些信息的含义如下。

- Records：表明插入的记录条数。
- Duplicates：表明插入记录时违反唯一性要求而被忽略的记录数。关于唯一性要求请看第 8 章约束部分。
- Warnings：如果插入记录有风险但又不是错误，MySQL 通过警告方式提示。Warnings 表示警告数量。

使用 SELECT 语句查询表中的记录，查询结果如下。

```
mysql> SELECT * FROM tb_student;
+------+-------+---------+
| sid  | sname | chinese |
+------+-------+---------+
|    1 | 张三  |      89 |
|    2 | 李四  |      86 |
|    3 | 王五  |    NULL |
|    4 | 赵六  |      66 |
|    5 | 钱七  |      77 |
|    6 | 孙八  |      88 |
|    7 | 李九  |      99 |
+------+-------+---------+
7 rows in set (0.00 sec)
```
可以看到记录插入成功。

4.2　查询数据

MySQL 使用基本的 SELECT 语句查看数据结果。可以使用 SELECT 语句查看表达式计算结果或函数的返回值，也可以使用 SELECT 语句查看数据表的记录筛选结果。

4.2.1　查看表达式的计算结果

在 MySQL 中可以直接使用 SELECT 语句查看表达式的计算结果，语法格式如下。
```
#查看表达式的计算结果
SELECT 表达式;
```
SQL 语句示例如下。

（1）查看表达式"1+1"的计算结果。
```
mysql> SELECT 1 + 1;
+-------+
| 1 + 1 |
+-------+
|     2 |
+-------+
1 row in set (0.00 sec)
```
（2）查看当前系统时间函数 NOW()的计算结果。
```
mysql> SELECT NOW();
+---------------------+
| NOW()               |
+---------------------+
| 2021-09-09 15:04:00 |
+---------------------+
1 row in set (0.00 sec)
```

4.2.2　查看数据表的所有记录行

在 MySQL 中也可以使用 SELECT 语句查看数据表记录。语法格式如下。
```
#查看数据表的所有记录行
SELECT * FROM 表名称;
```

说明，此处的符号"*"表示查看表中所有字段。

例如，查看数据表"tb_student"的所有记录行，SQL 语句示例如下。

```
mysql> SELECT * FROM tb_student;
+------+-------+---------+
| sid  | sname | chinese |
+------+-------+---------+
|    1 | 张三  |      89 |
|    2 | 李四  |      86 |
|    3 | 王五  |    NULL |
|    4 | 赵六  |      66 |
|    5 | 钱七  |      77 |
|    6 | 孙八  |      88 |
|    7 | 李九  |      99 |
+------+-------+---------+
7 rows in set (0.00 sec)
```

上面的 SELECT 语句查看了"tb_student"表中所有行的所有字段值。

也可以在 SELECT 字段后面列出要查看的字段名，语法格式如下。

```
#查看数据表的部分字段
SELECT 字段列表 FROM 表名称;
```

例如，查看"tb_student"表的"sname"和"chinese"字段的值，SQL 语句示例如下。

```
mysql> SELECT sname,chinese FROM tb_student;
+-------+---------+
| sname | chinese |
+-------+---------+
| 张三  |      89 |
| 李四  |      86 |
| 王五  |    NULL |
| 赵六  |      66 |
| 钱七  |      77 |
| 孙八  |      88 |
| 李九  |      99 |
+-------+---------+
7 rows in set (0.00 sec)
```

4.2.3 查看数据表的部分行

如果我们只想查看数据表的部分行，则可以使用 WHERE 关键字进行记录筛选，WHERE 关键字后面可以编写筛选条件，语法格式如下。

```
#查看数据表的部分记录行
SELECT * FROM 表名称 WHERE 条件;
SELECT 字段列表 FROM 表名称 WHERE 条件;
```

例如，查看"tb_student"表中"chinese"字段值在 80 以上的记录，SQL 语句示例如下。

```
mysql> SELECT * FROM tb_student WHERE chinese > 80;
+------+-------+---------+
| sid  | sname | chinese |
+------+-------+---------+
|    1 | 张三  |      89 |
|    2 | 李四  |      86 |
|    6 | 孙八  |      88 |
|    7 | 李九  |      99 |
+------+-------+---------+
4 rows in set (0.00 sec)
```

4.2.4　关键字 AS 和 DISTINCT

当使用 SELECT 语句查看结果时，可以使用关键字 AS 给查询结果取别名，甚至关键字 AS 也可以省略。

例如，查询"tb_student"表的记录，给 sid、sname、chinese 字段分别取别名为学员、姓名、语文成绩，SQL 语句示例如下。

```
mysql> SELECT sid AS 学号, sname AS 姓名, chinese AS 语文成绩
 FROM tb_student;
+------+-------+----------+
| 学号 | 姓名  | 语文成绩 |
+------+-------+----------+
|    1 | 张三  |       89 |
|    2 | 李四  |       86 |
|    3 | 王五  |     NULL |
|    4 | 赵六  |       66 |
|    5 | 钱七  |       77 |
|    6 | 孙八  |       88 |
|    7 | 李九  |       99 |
+------+-------+----------+
7 rows in set (0.00 sec)
```

当别名中包含空格等字符时，必须给别名加双引号，否则会报语法错误。

```
mysql> SELECT sid AS "学 号", sname AS "姓 名", chinese AS "语文成绩"
 FROM tb_student;
+------+-------+----------+
| 学 号 | 姓 名 | 语文成绩 |
+------+-------+----------+
|    1 | 张三  |       89 |
|    2 | 李四  |       86 |
|    3 | 王五  |     NULL |
|    4 | 赵六  |       66 |
|    5 | 钱七  |       77 |
|    6 | 孙八  |       88 |
|    7 | 李九  |       99 |
+------+-------+----------+
7 rows in set (0.00 sec)
```

如果查询结果中有重复记录，还可以使用关键字 DISTINCT 进行去重。

例如，添加一条重复记录到"tb_student"表中，并分别用不加 DISTINCT 和加 DISTINCT 关键字的方式对比查看结果，SQL 语句示例如下。

```
mysql> #添加一条重复记录到"tb_student"表中
mysql> INSERT INTO tb_student(sid,sname,chinese) VALUES(7,'李九',99);
Query OK, 1 row affected (0.01 sec)

mysql> #不使用distinct去重查询结果
mysql> SELECT * FROM tb_student;
+------+-------+----------+
| sid  | sname | chinese  |
+------+-------+----------+
|    1 | 张三  |       89 |
|    2 | 李四  |       86 |
|    3 | 王五  |     NULL |
|    4 | 赵六  |       66 |
```

```
|     5 |   钱七   |        77 |
|     6 |   孙八   |        88 |
|     7 |   李九   |        99 |
|     7 |   李九   |        99 |
+-------+--------+-----------+
8 rows in set (0.00 sec)

mysql> #使用 distinct 去重查询结果
mysql> SELECT DISTINCT * FROM tb_student;
+-------+--------+-----------+
| sid   | sname  | chinese   |
+-------+--------+-----------+
|     1 |   张三   |        89 |
|     2 |   李四   |        86 |
|     3 |   王五   |      NULL |
|     4 |   赵六   |        66 |
|     5 |   钱七   |        77 |
|     6 |   孙八   |        88 |
|     7 |   李九   |        99 |
+-------+--------+-----------+
7 rows in set (0.00 sec)
```

从上面的查询结果中可以看出，使用 DISTINCT 可以在查询结果中去掉重复记录。

4.3 修改数据

在数据记录添加到表中之后，还可以对数据记录进行修改更新，在 MySQL 中使用 UPDATE 语句修改表中的记录，需要指定修改哪些行、哪些列，语法格式如下。

```
#修改表的数据记录
UPDATE 表名称 SET 字段名 1 = 值 1, 字段名 2 = 值 2, ... ,字段名 n = 值 n WHERE 条件表达式;
```

4.3.1 修改所有记录行

当 UPDATE 语句省略了 WHERE 子句，MySQL 将会更新数据表中的所有记录行。

下面演示修改"tb_student"表的所有数据记录行，SQL 语句示例如下。

（1）在更新操作之前，可以使用 SELETE 语句查看当前数据。

```
mysql> SELECT * FROM tb_student;
+-------+--------+--------------+
| sid   | sname  | chinese      |
+-------+--------+--------------+
|     1 |   张三   |           89 |
|     2 |   李四   |           86 |
|     3 |   王五   |         NULL |
|     4 |   赵六   |           66 |
|     5 |   钱七   |           77 |
|     6 |   孙八   |           88 |
|     7 |   李九   |           99 |
+-------+--------+--------------+
7 rows in set (0.00 sec)
```

（2）修改"tb_student"表的"chinese"字段值为"100"。

```
mysql> UPDATE tb_student SET chinese = 100;
Query OK, 7 rows affected (0.01 sec)
Rows matched: 7  Changed: 7  Warnings: 0
```

提示信息表示 7 条记录被影响。此外，还有额外的信息说明，这些信息的含义如下。

- Rows matched：匹配的记录数。
- Changed：更新的记录数。
- Warnings：表明更新操作有问题的记录数。

（3）使用 SELECT 语句查看执行结果。

```
mysql> SELECT * FROM tb_student;
+------+-------+---------+
| sid  | sname | chinese |
+------+-------+---------+
|    1 | 张三  |     100 |
|    2 | 李四  |     100 |
|    3 | 王五  |     100 |
|    4 | 赵六  |     100 |
|    5 | 钱七  |     100 |
|    6 | 孙八  |     100 |
|    7 | 李九  |     100 |
+------+-------+---------+
7 rows in set (0.00 sec)
```

由结果可以看到，"tb_student"表中"chinese"字段的这列值全部被修改为"100"。这是因为刚刚的 UPDATE 语句只指定了要修改哪些列，并没有特别说明修改哪些行，即省略了 WHERE 子句，MySQL 将更新表中的所有行。

4.3.2　修改部分记录行

当 UPDATE 语句指定了 WHERE 子句的条件时，MySQL 就只会更新数据表中满足 WHERE 条件的记录行。SQL 语句示例如下。

（1）修改"tb_student"表中"sname"为"张三"的"chinese"字段值为"88"。

```
mysql> UPDATE tb_student SET chinese = 88 WHERE sname = '张三';
Query OK, 1 row affected (0.01 sec)
Rows matched: 1  Changed: 1  Warnings: 0
```

提示信息表示 1 条记录被影响。

（2）使用 SELECT 语句查看执行结果。

```
mysql> SELECT * FROM tb_student;
+------+-------+---------+
| sid  | sname | chinese |
+------+-------+---------+
|    1 | 张三  |      88 |
|    2 | 李四  |     100 |
|    3 | 王五  |     100 |
|    4 | 赵六  |     100 |
|    5 | 钱七  |     100 |
|    6 | 孙八  |     100 |
|    7 | 李九  |     100 |
+------+-------+---------+
7 rows in set (0.00 sec)
```

由结果可以看到"tb_student"表中"sname"为"张三"的"chinese"字段值被修改为"88",而其他行的"chinese"字段值并没有变。由此可以看出 UPDATE 语句通过 WHERE 子句指定被更新的记录所需要满足的条件,如果忽略 WHERE 子句,MySQL 将更新表中的所有行。

4.4 删除数据

如果需要从数据表中删除数据记录,则需要使用 DELETE 语句,DELETE 语句同样允许通过 WHERE 子句指定删除条件。DELETE 语句基本语法格式如下。

```
#删除表的数据记录
DELETE FROM 表名称 WHERE 条件表达式;
```

4.4.1 删除部分记录行

同样,DELETE 语句指定了 WHERE 子句,那么 MySQL 就会删除满足 WHERE 子句指定条件的记录行。下面演示删除"tb_student"表部分数据记录行,SQL 语句示例如下。

(1)在删除操作之前,可以使用 SELETE 语句查看当前数据。

```
mysql> SELECT * FROM tb_student;
+------+-------+---------+
| sid  | sname | chinese |
+------+-------+---------+
|    1 | 张三  |      88 |
|    2 | 李四  |     100 |
|    3 | 王五  |     100 |
|    4 | 赵六  |     100 |
|    5 | 钱七  |     100 |
|    6 | 孙八  |     100 |
|    7 | 李九  |     100 |
+------+-------+---------+
7 rows in set (0.00 sec)
```

(2)删除"tb_student"表中"sname"为"李九"的数据记录。

```
mysql> DELETE FROM tb_student WHERE sname = '李九';
Query OK, 1 row affected (0.01 sec)
```

提示信息表示 1 条记录被影响。

(3)使用 SELETE 语句查看执行结果。

```
mysql> SELECT * FROM tb_student;
+------+-------+---------+
| sid  | sname | chinese |
+------+-------+---------+
|    1 | 张三  |      88 |
|    2 | 李四  |     100 |
|    3 | 王五  |     100 |
|    4 | 赵六  |     100 |
|    5 | 钱七  |     100 |
|    6 | 孙八  |     100 |
+------+-------+---------+
6 rows in set (0.00 sec)
```

由结果可以看到"tb_student"表中"sname"为"李九"的数据记录被删除了。由此可以看到，满足 WHERE 子句指定条件的记录行会被删除。

4.4.2　删除所有记录行

同样，DELETE 语句如果省略 WHERE 子句，MySQL 将删除数据表的所有数据。SQL 语句示例如下。

（1）删除"tb_student"表中所有的数据记录。

```
mysql> DELETE FROM tb_student;
Query OK, 6 rows affected (0.01 sec)
```

提示信息表示 6 条记录被影响。

（2）使用 SELETE 语句查看执行结果。

```
mysql> SELECT * FROM tb_student;
Empty set (0.00 sec)
```

查询结果为空，说明删除表中的所有数据记录成功，现在"tb_student"表中已经没有任何数据记录。

如果想要删除表中的所有记录，除了使用 DELETE 语句，还可以使用"TRUNCATE TABLE"语句，语法格式如下。

```
#截断表，即删除表中所有记录
TRUNCATE TABLE 表名称;
```

下面演示使用"TRUNCATE TABLE"语句删除"tb_student"表中的所有记录，SQL 语句示例如下。

（1）在执行删除操作前，先插入（INSERT）一些模拟数据。

```
mysql> INSERT INTO tb_student(sid, sname, chinese) VALUES(1, '张三', 66),(2, '李四',
77),(3, '王五', 88),(4, '赵六', 99);
Query OK, 4 rows affected (0.01 sec)
Records: 4  Duplicates: 0  Warnings: 0
```

提示信息表示 4 条记录插入成功。

（2）使用 SELECT 语句查看删除之前的数据。

```
mysql> SELECT * FROM tb_student;
+------+-------+---------+
| sid  | sname | chinese |
+------+-------+---------+
|    1 | 张三  |      66 |
|    2 | 李四  |      77 |
|    3 | 王五  |      88 |
|    4 | 赵六  |      99 |
+------+-------+---------+
4 rows in set (0.01 sec)
```

（3）使用 TRUNCATE TABLE 语句删除"tb_student"表的所有记录。

```
mysql> TRUNCATE TABLE tb_student;
Query OK, 0 rows affected (0.07 sec)
```

提示信息表示 0 行记录受到影响。为什么是 0 行，难道数据记录没有被删除？

（4）使用 SELECT 语句查看执行结果。

```
mysql> SELECT * FROM tb_student;
Empty set (0.01 sec)
```

查询结果为空，说明删除表中的所有数据记录成功，现在"tb_student"表中已经没有任何数据记录。

原来，使用"TRUNCATE TABLE"语句删除数据表中的所有记录是直接删除原来的表，并重新创建一个表，所以刚刚提示 0 条记录受影响。由于"TRUNCATE TABLE"语句是直接删除表而不是删除记录，因此执行速度比 DELETE 块。但是使用"TRUNCATE TABLE"语句删除数据是不支持事务回滚的（关于事务请看第 4.6 节）。

4.5　计算列数据的插入和更新

所谓的计算列，就是某一列的值是通过别的列计算得来的。例如，"chinese"列的值为 98，"math"列的值为"89"，"english"列的值为"95"，"total"列的值不需要手动插入，定义"(chinese＋math＋english)"的结果为"total"列的值，那么"total"列的值就是计算列。

4.5.1　增加计算列

在 MySQL 8.0 中，"CREATE TABLE"语句和"ALTER TABLE"语句都支持增加计算列。SQL 语句示例如下。

（1）以"tb_student"表为例，使用 ALTER 语句先给"tb_student"表增加"math"和"english"列，然后增加"total"计算列。

```
mysql> ALTER TABLE tb_student ADD COLUMN math INT;
Query OK, 0 rows affected (0.03 sec)
Records: 0  Duplicates: 0  Warnings: 0

mysql> ALTER TABLE tb_student ADD COLUMN english INT;
Query OK, 0 rows affected (0.03 sec)
Records: 0  Duplicates: 0  Warnings: 0

mysql> ALTER TABLE tb_student ADD COLUMN total INT GENERATED ALWAYS AS
(chinese+math+english) VIRTUAL;
Query OK, 0 rows affected (0.03 sec)
Records: 0  Duplicates: 0  Warnings: 0
```

提示信息表示增加列成功了。其中"total"列的值被指定为始终由"(chinese+math+english)"计算产生。

（2）另外，第 4.4 节中，已经把"tb_student"表的所有记录清空了，所以读者也可以使用 DROP 语句先删除"tb_student"表，然后使用 CREATE 语句重新建立一张新表。

```
mysql> DROP TABLE tb_student;
Query OK, 0 rows affected (0.03 sec)

mysql> CREATE TABLE tb_student(
    -> sid INT,
    -> sname VARCHAR(20),
    -> chinese INT,
    -> math INT,
    -> english INT,
    -> total INT GENERATED ALWAYS AS (chinese+math+english) VIRTUAL
    -> );
Query OK, 0 rows affected (0.03 sec)
```

提示信息表示删除原来的"tb_student"表成功，重新创建的"tb_student"也成功了。

（3）使用 DESC 语句查看表结构。

```
mysql> DESC tb_student;
+---------+-------------+------+-----+---------+-------------------+
| Field   | Type        | Null | Key | Default | Extra             |
+---------+-------------+------+-----+---------+-------------------+
| sid     | int         | YES  |     | NULL    |                   |
| sname   | varchar(20) | YES  |     | NULL    |                   |
| chinese | int         | YES  |     | NULL    |                   |
| math    | int         | YES  |     | NULL    |                   |
| english | int         | YES  |     | NULL    |                   |
| total   | int         | YES  |     | NULL    | VIRTUAL GENERATED |
+---------+-------------+------+-----+---------+-------------------+
6 rows in set (0.01 sec)
```

4.5.2　计算列数据的插入和修改

数据表中的计算列定义好后，我们就可以演示计算列数据的插入和修改效果了。SQL 语句示例如下。

（1）向 "tb_student" 表插入演示数据。

```
mysql> INSERT INTO tb_student(sid, sname, chinese, math, english) VALUES(1, '张三',
66, 89, 75),(2, '李四', 77, 45, 89),(3, '王五', 88, 100, 99),(4, '赵六', 99, 78, 96);
Query OK, 4 rows affected (0.01 sec)
Records: 4  Duplicates: 0  Warnings: 0
```

提示信息表示插入 4 条记录成功。在上面的 INSERT 语句中并没有指定计算列 "total" 的数据。

（2）使用 SELECT 语句查看执行结果。

```
mysql> SELECT * FROM tb_student;
+-----+-------+---------+------+---------+-------+
| sid | sname | chinese | math | english | total |
+-----+-------+---------+------+---------+-------+
|   1 | 张三  |      66 |   89 |      75 |   230 |
|   2 | 李四  |      77 |   45 |      89 |   211 |
|   3 | 王五  |      88 |  100 |      99 |   287 |
|   4 | 赵六  |      99 |   78 |      96 |   273 |
+-----+-------+---------+------+---------+-------+
4 rows in set (0.00 sec)
```

从结果中可以看出，"total" 列的数据由 "(chinese + math + english)" 计算所得。

例如，（1）更新 "tb_student" 表中 "sname" 为 "张三" 的 "chinese" 字段值为 "100"。

```
mysql> UPDATE tb_student SET chinese = 100 WHERE sname = '张三';
Query OK, 1 row affected (0.01 sec)
Rows matched: 1  Changed: 1  Warnings: 0
```

提示信息表示 1 条记录受到影响。

（2）使用 SELECT 语句查看执行结果。

```
mysql> SELECT * FROM tb_student;
+-----+-------+---------+------+---------+-------+
| sid | sname | chinese | math | english | total |
+-----+-------+---------+------+---------+-------+
|   1 | 张三  |     100 |   89 |      75 |   264 |
|   2 | 李四  |      77 |   45 |      89 |   211 |
|   3 | 王五  |      88 |  100 |      99 |   287 |
|   4 | 赵六  |      99 |   78 |      96 |   273 |
+-----+-------+---------+------+---------+-------+
4 rows in set (0.00 sec)
```

从结果中可以看出，字段"total"的值始终由"(chinese＋math＋english)"计算所得，即如果"chinese" "math""english"字段的值修改了，"total"字段值会自动重新计算。

4.6　简单事务管理

MySQL 的 InnoDB 存储引擎支持事务管理。所谓的事务就是一个或多个 SQL 语句中涉及的多项操作作为一个执行单元，要么全部成功，要么全部失败。事务具有 4 个特性，简称 ACID 特性。

1. 原子性（Atomicity）

原子性是指事务包含的所有操作要么全部成功，要么全部失败回滚，因此事务的操作如果成功就必须完全应用到数据库，如果操作失败则不能对数据库有任何影响。

2. 一致性（Consistency）

一致性是指事务必须使数据库从一个一致性状态变换到另一个一致性状态，也就是说，一个事务执行之前和执行之后都必须处于一致性状态。举例来说，假设用户 A 和用户 B 两者的钱加起来一共是 1000 元，那么不管 A 和 B 之间如何转账、转几次账，事务结束后两个用户的钱相加起来应该还是 1000 元，这就是事务的一致性。

3. 隔离性（Isolation）

隔离性是当多个用户并发访问数据库时，如同时操作同一张表时，数据库为每个用户开启的事务，不能被其他事务的操作所干扰，多个并发事务之间要相互隔离。关于事务的隔离性，MySQL 数据库提供了 4 个隔离级别：read uncommitted（读未提交）、read committed（读已提交）、repeatable read（可重复读）和 serializable（串行化）。MySQL 默认隔离级别为 repeatable read，并采用 MVCC 多版本控制技术避免数据库的脏读、不可重复读和幻读问题。本节只是讨论事务的简单处理操作，关于高级事务管理和锁机制的问题请关注本书的姊妹篇《剑指 MySQL——架构、调优与运维》。

4. 持久性（Durability）

持久性是指一个事务一旦被提交了，那么对数据库中数据的改变就是永久性的，即便是在数据库系统遇到故障的情况下也不会丢失提交事务的操作。

4.6.1　事务控制

在默认情况下，MySQL 是自动提交（autocommit）的，即如果 SQL 执行成功了，就直接自动生效了。如果需要手动提交和回滚事务，就需要通过明确的事务控制命令来开始事务，这是和 Oracle 等其他数据库的事务管理明显不同的地方。

如果只需要对某些语句进行事务控制，则使用"START TRANSACTION"语句开始一个事务比较方便，这样事务结束后可以回到自动提交的方式。当使用"START TRANSACTION"语句开始一个事务后，执行相应的 SQL 语句，需要执行 ROLLBACK 回滚语句或 COMMIT 提交语句结束事务。开始事务和结束事务的 SQL 语法格式如下。

```
#开启新事务语句
START TRANSACTION;

#回滚结束事务语句
ROLLBACK;
```

```
#提交结束事务语句
COMMIT;
```

如果希望所有的事务都不是自动提交的，那么通过修改 AUTOCOMMIT 来控制事务比较方便，这样就不用在每个事务开始的时候执行"START TRANSACTION"语句。

```
#设置手动提交模式
SET AUTOCOMMIT = 0;
```

如果设置了"SET AUTOCOMMIT = 0"，那么所有 INSERT、UPDATE、DELETE 等支持事务的 SQL 语句都需要通过明确的命令进行提交或回滚，否则这些 SQL 语句就不会生效。"SET AUTOCOMMIT"语句只对当前连接会话有效。

例如，添加一条记录到"tb_student"表，之后回滚，在事务控制演示之前，先使用 SELECT 语句查看"tb_student"表的当前数据。

```
mysql> SELECT * FROM tb_student;
+------+--------+---------+------+---------+-------+
| sid  | sname  | chinese | math | english | total |
+------+--------+---------+------+---------+-------+
|    1 | 张三   |     100 |   89 |      75 |   264 |
|    2 | 李四   |      77 |   45 |      89 |   211 |
|    3 | 王五   |      88 |  100 |      99 |   287 |
|    4 | 赵六   |      99 |   78 |      96 |   273 |
+------+--------+---------+------+---------+-------+
4 rows in set (0.00 sec)
```

下面开启事务，并演示添加记录之后回滚的效果。

（1）开始事务。

```
mysql> START TRANSACTION;
Query OK, 0 rows affected (0.00 sec)
```

（2）添加一条记录到"tb_student"表。

```
mysql> INSERT INTO tb_student(sid, sname, chinese, math, english) VALUES(5, '老王',
78, 89, 86);
Query OK, 1 row affected (0.00 sec)
```

（3）使用 SELECT 语句查看"tb_student"表的当前数据。

```
mysql> SELECT * FROM tb_student;
+------+--------+---------+------+---------+-------+
| sid  | sname  | chinese | math | english | total |
+------+--------+---------+------+---------+-------+
|    1 | 张三   |     100 |   89 |      75 |   264 |
|    2 | 李四   |      77 |   45 |      89 |   211 |
|    3 | 王五   |      88 |  100 |      99 |   287 |
|    4 | 赵六   |      99 |   78 |      96 |   273 |
|    5 | 老王   |      78 |   89 |      86 |   253 |
+------+--------+---------+------+---------+-------+
5 rows in set (0.00 sec)
```

从结果中可以看出，添加记录成功。

（4）回滚结束事务。

```
mysql> ROLLBACK;
Query OK, 0 rows affected (0.01 sec)
```

（5）再次使用 SELECT 语句查看"tb_student"表的当前数据。

```
mysql> SELECT * FROM tb_student;
+------+--------+---------+------+---------+-------+
| sid  | sname  | chinese | math | english | total |
+------+--------+---------+------+---------+-------+
|    1 | 张三   |     100 |   89 |      75 |   264 |
|    2 | 李四   |      77 |   45 |      89 |   211 |
|    3 | 王五   |      88 |  100 |      99 |   287 |
|    4 | 赵六   |      99 |   78 |      96 |   273 |
+------+--------+---------+------+---------+-------+
4 rows in set (0.00 sec)
```

从结果中可以看出，刚刚添加的记录又回滚了，即撤销了。

例如，添加一条记录到"tb_student"表，之后提交。

（1）开始事务。

```
mysql> START TRANSACTION;
Query OK, 0 rows affected (0.00 sec)
```

（2）添加一条记录到"tb_student"表。

```
mysql> INSERT INTO tb_student(sid, sname, chinese, math, english) VALUES(5, '老王',
78, 89, 86);
Query OK, 1 row affected (0.00 sec)
```

（3）使用 SELECT 语句查看"tb_student"表的当前数据。

```
mysql> SELECT * FROM tb_student;
+------+--------+---------+------+---------+-------+
| sid  | sname  | chinese | math | english | total |
+------+--------+---------+------+---------+-------+
|    1 | 张三   |     100 |   89 |      75 |   264 |
|    2 | 李四   |      77 |   45 |      89 |   211 |
|    3 | 王五   |      88 |  100 |      99 |   287 |
|    4 | 赵六   |      99 |   78 |      96 |   273 |
|    5 | 老王   |      78 |   89 |      86 |   253 |
+------+--------+---------+------+---------+-------+
5 rows in set (0.00 sec)
```

从结果中可以看出，添加记录成功。

（4）提交结束事务。

```
mysql> COMMIT;
Query OK, 0 rows affected (0.00 sec)
```

（5）再次使用 SELECT 语句查看"tb_student"表的当前数据。

```
mysql> SELECT * FROM tb_student;
+------+--------+---------+------+---------+-------+
| sid  | sname  | chinese | math | english | total |
+------+--------+---------+------+---------+-------+
|    1 | 张三   |     100 |   89 |      75 |   264 |
|    2 | 李四   |      77 |   45 |      89 |   211 |
|    3 | 王五   |      88 |  100 |      99 |   287 |
|    4 | 赵六   |      99 |   78 |      96 |   273 |
|    5 | 老王   |      78 |   89 |      86 |   253 |
+------+--------+---------+------+---------+-------+
5 rows in set (0.00 sec)
```

从结果中可以看出，添加记录成功。就算我们退出当前客户端连接，再重新登录连接，该记录也仍然存在，即一旦提交就表示永久生效了。

4.6.2 回滚部分事务

在事务中可以通过定义 SAVEPOINT（保存点），指定回滚事务的一个部分，但是不能指定提交事务的一个部分。对于复杂的 SQL 操作，可以定义多个不同的 SAVEPOINT，当满足不同的情况时，可回滚不同的 SAVEPOINT。需要注意的是，如果定义了相同名字的 SAVEPOINT，则后面的 SAVEPOINT 会覆盖之前的定义。对于不再需要的 SAVEPOINT，可以通过"RELEASE SAVEPOINT"命令删除 SAVEPOINT，删除后的 SAVEPOINT 就不能再使用了。

例如，对"tb_student"表进行 INSERT、UPDATE、DELETE 操作，并定义多个 SAVEPOINT，来演示回滚事务的一个部分。先使用 SELECT 语句查看"tb_student"表的当前数据。

```
mysql> SELECT * FROM tb_student;
+------+-------+---------+------+---------+-------+
| sid  | sname | chinese | math | english | total |
+------+-------+---------+------+---------+-------+
|    1 | 张三  |     100 |   89 |      75 |   264 |
|    2 | 李四  |      77 |   45 |      89 |   211 |
|    3 | 王五  |      88 |  100 |      99 |   287 |
|    4 | 赵六  |      99 |   78 |      96 |   273 |
|    5 | 老王  |      78 |   89 |      86 |   253 |
+------+-------+---------+------+---------+-------+
5 rows in set (0.00 sec)
```

下面开启事务，并演示在 INSERT、UPDATE 和 DELETE 操作后分别定义 SAVEPOINT，之后回滚部分事务的效果。

（1）开始事务。

```
mysql> START TRANSACTION;
Query OK, 0 rows affected (0.00 sec)
```

（2）添加一条记录到"tb_student"表。

```
mysql> INSERT INTO tb_student(sid, sname, chinese, math, english)
VALUES(6, '钱七', 99, 68, 94);
Query OK, 1 row affected (0.00 sec)
```

（3）使用 SELECT 语句查看"tb_student"表的当前数据。

```
mysql> SELECT * FROM tb_student;
+------+-------+---------+------+---------+-------+
| sid  | sname | chinese | math | english | total |
+------+-------+---------+------+---------+-------+
|    1 | 张三  |     100 |   89 |      75 |   264 |
|    2 | 李四  |      77 |   45 |      89 |   211 |
|    3 | 王五  |      88 |  100 |      99 |   287 |
|    4 | 赵六  |      99 |   78 |      96 |   273 |
|    5 | 老王  |      78 |   89 |      86 |   253 |
|    6 | 钱七  |      99 |   68 |      94 |   261 |
+------+-------+---------+------+---------+-------+
6 rows in set (0.00 sec)
```

查询结果表明添加成功。

（4）定义第一个 SAVEPOINT，SAVEPOINT 的名字为"insertpoint"。

```
mysql> SAVEPOINT insertpoint;
Query OK, 0 rows affected (0.00 sec)
```

（5）修改"tb_student"表中"sname"字段为"张三"的"math"和"english"字段值为"100"。

```
mysql> UPDATE tb_student SET math=100,english=100 WHERE sname = '张三';
Query OK, 1 row affected (0.00 sec)
Rows matched: 1  Changed: 1  Warnings: 0
```

（6）使用 SELECT 语句查看"tb_student"表的当前数据。

```
mysql> SELECT * FROM tb_student;
+------+--------+---------+------+---------+-------+
| sid  | sname  | chinese | math | english | total |
+------+--------+---------+------+---------+-------+
|   1  | 张三   |    100  |  100 |    100  |  300  |
|   2  | 李四   |     77  |   45 |     89  |  211  |
|   3  | 王五   |     88  |  100 |     99  |  287  |
|   4  | 赵六   |     99  |   78 |     96  |  273  |
|   5  | 老王   |     78  |   89 |     86  |  253  |
|   6  | 钱七   |     99  |   68 |     94  |  261  |
+------+--------+---------+------+---------+-------+
6 rows in set (0.00 sec)
```

查询结果表明修改成功。

（7）定义第二个 SAVEPOINT，SAVEPOINT 的名字为"updatepoint"。

```
mysql> SAVEPOINT updatepoint;
Query OK, 0 rows affected (0.00 sec)
```

（8）删除"tb_student"表中"sid"字段为"5"的记录。

```
mysql> DELETE FROM tb_student WHERE sid = 5;
Query OK, 1 row affected (0.00 sec)
```

（9）使用 SELECT 语句查看"tb_student"表的当前数据。

```
mysql> SELECT * FROM tb_student;
+------+--------+---------+------+---------+-------+
| sid  | sname  | chinese | math | english | total |
+------+--------+---------+------+---------+-------+
|   1  | 张三   |    100  |  100 |    100  |  300  |
|   2  | 李四   |     77  |   45 |     89  |  211  |
|   3  | 王五   |     88  |  100 |     99  |  287  |
|   4  | 赵六   |     99  |   78 |     96  |  273  |
|   6  | 钱七   |     99  |   68 |     94  |  261  |
+------+--------+---------+------+---------+-------+
5 rows in set (0.00 sec)
```

查询结果表明删除成功。

（10）回滚到名字为"insertpoint"的 SAVEPOINT。

```
mysql> ROLLBACK TO insertpoint;
Query OK, 0 rows affected (0.00 sec)
```

（11）使用 SELECT 语句查看"tb_student"表的当前数据。

```
mysql> SELECT * FROM tb_student;
+------+--------+---------+------+---------+-------+
| sid  | sname  | chinese | math | english | total |
+------+--------+---------+------+---------+-------+
|   1  | 张三   |    100  |   89 |     75  |  264  |
|   2  | 李四   |     77  |   45 |     89  |  211  |
|   3  | 王五   |     88  |  100 |     99  |  287  |
|   4  | 赵六   |     99  |   78 |     96  |  273  |
|   5  | 老王   |     78  |   89 |     86  |  253  |
|   6  | 钱七   |     99  |   68 |     94  |  261  |
```

```
+------+------+---------+------+---------+-------+
6 rows in set (0.00 sec)
```

　　从结果中可以看出，名字为"insertpoint"的 SAVEPOINT 之前的 INSERT 操作结果没有被回滚，名字为"insertpoint"的 SAVEPOINT 之后的 UPDATE 和 DELETE 操作被回滚了。

4.6.3　DDL 语句不支持回滚

　　另外，需要说明的是，所有的 DDL 语句是不能回滚的，并且部分 DDL 语句会造成隐式的提交，这一点和 Oracle 的事务管理相同。MySQL 的基础事务管理操作主要是针对插入（INSERT）、修改（UPDATE）、删除（DELETE）等 DML 语句操作。

　　例如，DELETE 和 TRUNCATE 语句的区别演示。SQL 语句示例如下。

　　（1）演示使用 DELETE 语句删除记录并回滚成功。

```
mysql> #开始事务。
mysql> START TRANSACTION;
Query OK, 0 rows affected (0.00 sec)

mysql> #查看 tb_student 记录
mysql> SELECT * FROM tb_student;
+------+-------+---------+------+---------+-------+
| sid  | sname | chinese | math | english | total |
+------+-------+---------+------+---------+-------+
|    1 | 张三  |     100 |   89 |      75 |   264 |
|    2 | 李四  |      77 |   45 |      89 |   211 |
|    3 | 王五  |      88 |  100 |      99 |   287 |
|    4 | 赵六  |      99 |   78 |      96 |   273 |
|    6 | 钱七  |      99 |   68 |      94 |   261 |
+------+-------+---------+------+---------+-------+
5 rows in set (0.00 sec)

mysql> #使用 DELETE 语句删除 tb_student 表记录
mysql> DELETE FROM tb_student;
Query OK, 5 rows affected (0.00 sec)

mysql> #查看 tb_student 记录
mysql> SELECT * FROM tb_student;
Empty set (0.00 sec)

mysql> #回滚事务
mysql> ROLLBACK;
Query OK, 0 rows affected (0.00 sec)

mysql> #查看 tb_student 记录
mysql> SELECT * FROM tb_student;
+------+-------+---------+------+---------+-------+
| sid  | sname | chinese | math | english | total |
+------+-------+---------+------+---------+-------+
|    1 | 张三  |     100 |   89 |      75 |   264 |
|    2 | 李四  |      77 |   45 |      89 |   211 |
```

```
|    3 |  王五  |      88 |  100 |      99 |  287 |
|    4 |  赵六  |      99 |   78 |      96 |  273 |
|    6 |  钱七  |      99 |   68 |      94 |  261 |
+------+--------+---------+------+---------+-------+
5 rows in set (0.00 sec)
```

从上面的结果可以看出，DELETE 语句支持事务回滚。

（2）演示使用 TRUNCATE 语句删除记录并回滚失败。

```
mysql> #查看 tb_student 记录
mysql> SELECT * FROM tb_student;
+------+--------+---------+------+---------+-------+
| sid  | sname  | chinese | math | english | total |
+------+--------+---------+------+---------+-------+
|    1 |  张三  |     100 |   89 |      75 |  264 |
|    2 |  李四  |      77 |   45 |      89 |  211 |
|    3 |  王五  |      88 |  100 |      99 |  287 |
|    4 |  赵六  |      99 |   78 |      96 |  273 |
|    6 |  钱七  |      99 |   68 |      94 |  261 |
+------+--------+---------+------+---------+-------+
5 rows in set (0.00 sec)

mysql> #使用 DELETE 语句删除 tb_student 表记录
mysql> TRUNCATE tb_student;
Query OK, 0 rows affected (0.03 sec)

mysql> #查看 tb_student 记录
mysql> SELECT * FROM tb_student;
Empty set (0.02 sec)

mysql> #回滚事务
mysql> ROLLBACK;
Query OK, 0 rows affected (0.00 sec)

mysql> #查看 tb_student 记录
mysql> SELECT * FROM tb_student;
Empty set (0.00 sec)
```

从上面的结果可以看出，TRUNCATE 语句不支持事务回滚。

4.7 MySQL 8.0 的新特性

4.7.1 数据字典合并并转为事务型

MySQL 8.0 包含一个事务型数据字典，用于存储有关数据库对象的元数据信息。在 MySQL 8.0 之前的版本中，Server 层和 InnoDB 引擎层有两套数据字典表，其中 Server 层部分的数据字典，存储在.frm 文件里面，而 InnoDB 存储引擎层也有自己的数据字典表，在 information_schema 库下面的 tables 表中进行存储。这种方式的最大问题就是数据字典信息改动很难同步，而且两个字典信息库很难保证一致性，根源就在于 DDL 操作不是原子性的，对数据字典的更新不是事务型的。新的数据字典不仅简化了层面结构，而且 Server 层面和 InnoDB 层面的数据字典也进行了合并。MySQL 8.0 将所有已存放于数据字典文件中的信息全部存放到数据库系统表中，即将之前版本的.frm、.opt、.par、.TRN、.TRG 和.isl 文件都移除了，不再通过文件的方式存储数据字典信息。数据字典信息全都存储在 InnoDB 存储引擎里面，实现了原子性的 DDL。InnoDB 也可以保证对于数据字典表的更新是事务型的，并可以通过视图的方式查看数据字典，查询性能提升近百倍。

4.7.2　DDL 操作原子化以支持事务完整性

在 MySQL 8.0 中，InnoDB 表的 DDL 操作原子化以支持事务完整性，即一条 DDL 的 SQL 语句操作要么全部成功，要么全部失败，将 DDL 操作日志写入 data dictionary 数据字典表 mysql.innodb_ddl_log 中，用于回滚操作，该表是隐藏的表，通过 show tables 无法看到。通过设置参数，可将 DDL 操作日志打印输出到 mysql 错误日志中。

下面通过案例演示 MySQL 5.7 和 MySQL 8.0 中 DDL 操作的区别。SQL 语句示例如下。

1. MySQL 5.7

（1）在 MySQL 5.7 版本的 DBMS 系统中先创建数据库"db_temp"，然后创建数据表"tb_temp1"。

```
mysql> CREATE DATABASE db_temp;
Query OK, 1 row affected (0.01 sec)

mysql> USE db_temp;
Database changed

mysql> CREATE TABLE tb_temp1(
    -> id INT,
    -> info VARCHAR(50)
    -> );
Query OK, 0 rows affected (0.04 sec)
```

提示信息表示创建数据库和数据表成功。

（2）使用 SHOW 语句查看"db_temp"数据库的所有数据表。

```
mysql> SHOW TABLES;
+-------------------+
| Tables_in_db_temp |
+-------------------+
| tb_temp1          |
+-------------------+
1 row in set (0.01 sec)
```

（3）删除数据表"tb_temp1"和"tb_temp2"。

```
mysql> DROP TABLE tb_temp1,tb_temp2;
ERROR 1051 (42S02): Unknown table 'db_temp.tb_temp2'
```

提示信息表示 DROP 语句执行发生错误，因为在"db_temp"数据库中"tb_temp2"数据库表不存在。

（4）再次使用 SHOW 语句查看"db_temp"数据库的所有数据表。

```
mysql> SHOW TABLES;
Empty set (0.00 sec)
```

从结果可以看出，虽然在删除数据表时报错了，但是仍然删除了数据表"tb_temp1"。这是因为在 MySQL 5.7 中，DDL 语句不是原子操作，即要么都成功，要么都失败。

2. MySQL 8.0

（1）同样在 MySQL 8.0 的 DBMS 系统中，先创建数据库"db_temp"，然后创建数据表"tb_temp1"。

```
mysql> CREATE DATABASE db_temp;
Query OK, 1 row affected (0.01 sec)

mysql> USE db_temp;
Database changed

mysql> CREATE TABLE tb_temp1(
    -> id INT,
    -> info VARCHAR(50)
    -> );
Query OK, 0 rows affected (0.04 sec)
```

提示信息表示创建数据库和数据表成功。

（2）使用 SHOW 语句查看"db_temp"数据库的所有数据表。

```
mysql> SHOW TABLES;
+------------------+
| Tables_in_db_temp |
+------------------+
| tb_temp1         |
+------------------+
1 row in set (0.01 sec)
```

（3）删除数据表"tb_temp1"和"tb_temp2"。

```
mysql> DROP TABLE tb_temp1,tb_temp2;
ERROR 1051 (42S02): Unknown table 'db_temp.tb_temp2'
```

提示信息表示 DROP 语句执行发生错误，因为在"db_temp"数据库中"tb_temp2"数据库表不存在。

（4）再次使用 SHOW 语句查看"db_temp"数据库的所有数据表。

```
mysql> SHOW TABLES;
+------------------+
| Tables_in_db_temp |
+------------------+
| tb_temp1         |
+------------------+
1 row in set (0.01 sec)
```

从结果可以看出，数据表"tb_temp1"没有被删除。这是因为在 MySQL 8.0 中 DDL 操作已经原子化，即一条 DDL 的 SQL 语句中的数据库操作要么都成功，要么都失败。

4.8 本章小结

通过本章的学习，读者已经可以对数据表的记录做简单的增删改查操作了，并且了解了基础的事务管理的开启事务、提交事务、回滚事务，以及定义保存点并回滚部分事务的操作。本章的所有操作是 SQL 学习中最为基础的，请读者反复练习并掌握，为接下来学习其他 SQL 操作奠定坚实的基础。

第 5 章
MySQL 数据类型

每个常量、变量、参数和字段都有数据类型，它用来指定数据的存储格式、约束、有效范围，以及在使用时选择什么运算符号进行运算。不同的数据管理系统（DBMS）支持的数据类型会有所不同，不同的 MySQL 版本支持的数据类型也会稍有不同，用户可以通过查询相应版本的帮助文件来获得具体信息。本章将以 MySQL 8.0 为例，展开学习表中能够存储什么类型的数据。

本章所有 SQL 演示都是基于"atguigu_chapter5"数据库来实现的。创建和使用"atguigu_chapter5"数据库的 SQL 如下。

```
mysql> CREATE DATABASE atguigu_chapter5;
Query OK, 1 row affected (0.01 sec)

mysql> USE atguigu_chapter5;
Database changed
```

MySQL 支持的数据类型分为几大类：数值类型、日期/时间类型、字符串类型、JSON 数据类型、空间数据类型等。

5.1 数值类型

数值类型主要用来存储数字，不同的数值类型提供不同的取值范围，可以存储的值范围越大，所需的存储空间也越大。MySQL 支持所有标准 SQL 中的数值类型，其中包括严格数据类型（INTEGER、SMALLINT、DECIMAL、NUMERIC）和近似数值类型（FLOAT、REAL、DOUBLE PRECISION）。MySQL 还扩展了 TINYINT、MEDIUMINT 和 BIGINT 等 3 种不同长度的整数类型，并增加了 BIT 类型，用来存储位数据。

对于 MySQL 中的数值类型，还要做如下说明。
- 关键字 INT 是 INTEGER 的同义词。
- 关键字 DEC 和 FIXED 是 DECIMAL 的同义词。
- NUMERIC 和 DECIMAL 类型被视为相同的数据类型。
- DOUBLE 可视为 DOUBLE PRECISION 的同义词，并在 REAL_AS_FLOAT SQL 模式未启用的情况下，将 REAL 也视为 DOUBLE PRECISION 的同义词。关于 SQL 模式请关注本书的姊妹篇《剑指 MySQL——架构、调优与运维》。

5.1.1 整数类型

MySQL 提供的整数类型有 TINYINT、SMALLINT、MEDIUMINT、INT（INTEGER）和 BIGINT。不同的整数类型有不同的取值范围，因为不同类型的整数存储所需的字节数（内存大小）是不同的，如果超出类型范围的操作，则会发生"Out of range"的错误提示。所以，在选择数据类型时要根据应用的实际情况确定其取值范围，然后选择对应的数据类型。不同整数类型存储范围如表 5-1 所示。

表 5-1　MySQL 中的整数类型说明

类型名称	说明	字节数	有符号的取值范围	无符号的取值范围
TINYINT	微整数	1	−128～127	0～255
SMALLINT	小整数	2	−32768～32767	0～65535
MEDIUMINT	中等整数	3	−8388608～8388607	0～16777215
INT	整数	4	−2147483648～2147483647	0～4294967295
BIGINT	大整数	8	−9223372036854775808～9223372036854775807	0～18446744073709551615

例如，下面演示整数类型的存储范围问题，SQL 语句示例如下。

（1）创建临时表"t1_int"，有"num1"和"num2"两个字段，分别指定其数据类型为"TINYINT"和"INT"。

```
mysql> CREATE TABLE t1_int (
    -> num1 TINYINT,
    -> num2 INT
    -> );
Query OK, 0 rows affected (0.09 sec)
```

（2）查看"t1_int"表结构。

```
mysql> DESC t1_int;
+-------+---------+------+-----+---------+-------+
| Field | Type    | Null | Key | Default | Extra |
+-------+---------+------+-----+---------+-------+
| num1  | tinyint | YES  |     | NULL    |       |
| num2  | int     | YES  |     | NULL    |       |
+-------+---------+------+-----+---------+-------+
2 rows in set (0.01 sec)
```

（3）添加一条记录，"num1"和"num2"字段分别赋值为"1"，可以发现格式没有异常。

```
mysql> INSERT INTO t1_int(num1,num2) VALUES(1,1);
Query OK, 1 row affected (0.01 sec)
```

（4）添加一条记录，"num1"和"num2"字段分别赋值为"130"，发现因为"num1"字段数据值超出范围而报"Out of range"错误。

```
mysql> INSERT INTO t1_int(num1,num2) VALUES(130,130);
ERROR 1264 (22003): Out of range value for column 'num1' at row 1
```

（5）查看结果，只有一条记录插入成功。

```
mysql> SELECT * FROM t1_int;
+------+------+
| num1 | num2 |
+------+------+
|    1 |    1 |
+------+------+
1 row in set (0.00 sec)
```

对于整数类型，MySQL 还支持在类型名称后面加小括号(M)，而小括号中的 M 表示显示宽度，M 的取值范围是(0, 255)。例如 int(5)表示当数据宽度小于 5 位的时候在数字前面需要用字符填满宽度。int 类型默认显示宽度为 int(11)，无符号 int 类型默认显示宽度为 int(10)。该项功能需要配合"ZEROFILL"使用，表示用"0"填满宽度，否则指定显示宽度无效。如果一个列指定为"ZEROFILL"，则 MySQL 自动为该列添加"UNSIGNED（无符号）"属性，即只能是正数。读者可能会问，设置了显示宽度，如果插入的数据宽度超过显示宽度限制，会不会截断或插入失败？答案是，不会对插入的数据有任何影响，还是按照类型的实际宽度进行保存，即显示宽度与类型可以存储的值范围无关。从 MySQL 8.0.17 开始，整数数据类型不推荐使用显示宽度属性。

例如，以下例子演示指定显示宽度问题，SQL 语句示例如下。

（1）创建临时表"t2_int"，有"num1，num2 和 num3" 3 个字段，数据类型分别设置为"INT、INT(3)、INT(3)"，并给前面两个字段指定"ZEROFILL"。

```
mysql> CREATE TABLE t2_int (
    -> num1 INT ZEROFILL,
    -> num2 INT(3) ZEROFILL,
    -> num3 INT(3)
    -> );
Query OK, 0 rows affected, 4 warnings (0.04 sec)
```

（2）查看"t2_int"表结构，发现第一个字段默认显示宽度为"10"，第三个字段指定宽度无效，因为第三个字段没有加"ZEROFILL"属性，前面两个字段还自动添加了"UNSIGNED（无符号）"属性。

```
mysql> DESC t2_int;
+-------+------------------------+------+-----+---------+-------+
| Field | Type                   | Null | Key | Default | Extra |
+-------+------------------------+------+-----+---------+-------+
| num1  | int(10) unsigned zerofill| YES |     | NULL    |       |
| num2  | int(3) unsigned zerofill | YES |     | NULL    |       |
| num3  | int                    | YES  |     | NULL    |       |
+-------+------------------------+------+-----+---------+-------+
3 rows in set (0.01 sec)
```

（3）添加一条记录，所有字段值都是 1，可以发现格式没有异常。

```
mysql> INSERT INTO t2_int(num1,num2,num3) VALUES(1,1,1);
Query OK, 1 row affected (0.01 sec)
```

（4）查询结果可以发现，前面两个字段在数值前面用字符"0"填充了剩余的宽度，第三个字段的数据值前面没有 0 填充。

```
mysql> SELECT * FROM t2_int;
+------------+------+------+
| num1       | num2 | num3 |
+------------+------+------+
| 0000000001 | 001  |    1 |
+------------+------+------+
1 row in set (0.00 sec)1 row in set (0.00 sec)
```

（5）添加一条记录，所有字段值都是"1314"，可以发现格式没有异常。

```
mysql> INSERT INTO t2_int(num1,num2,num3) VALUES(1314,1314,1314);
Query OK, 1 row affected (0.01 sec)
```

（6）查询结果可以发现，"num2"字段按照实际的宽度存储。

```
mysql> SELECT * FROM t2_int;
+------------+------+------+
| num1       | num2 | num3 |
+------------+------+------+
| 0000000001 | 001  |    1 |
| 0000001314 | 1314 | 1314 |
+------------+------+------+
2 rows in set (0.00 sec)
```

5.1.2　浮点数和定点数类型

MySQL 中使用浮点数和定点数来表示小数。浮点数有两种类型：单精度浮点数（FLOAT）和双精度浮点数（DOUBLE），定点数只有 DECIMAL。浮点数和定点数都可以用(M, D)来表示。

- M 是精度，表示该值总共显示 M 位，包括整数位和小数位，对于 FLOAT 和 DOUBLE 类型来说，M 的取值范围为 0～255，而对于 DECIMAL 来说，M 的取值范围为 0～65。
- D 是标度，表示小数的位数，取值范围为 0～30，同时必须<=M。

浮点型 FLOAT(M, D) 和 DOUBLE(M, D)是非标准用法，如果考虑数据库迁移，则最好不要使用，而且从 MySQL 8.0.17 开始，FLOAT(M, D) 和 DOUBLE(M, D)用法在官方文档中已经明确不推荐使用，将来可能被移除。另外，关于浮点型 FLOAT 和 DOUBLE 的 UNSIGNED 也不推荐使用了，将来也可能被移除。FLOAT 和 DOUBLE 类型在不指定(M,D)时，默认会按照实际的精度来显示。DECIMAL 类型在不指定(M,D)时，默认为(10, 0)，即只保留整数部分。例如，定义 DECIMAL(5, 2)的类型，表示该列取值范围是-999.99～999.99。如果用户插入数据的小数部分位数超过 D 位，MySQL 会做四舍五入处理，但是如果用户插入数据的整数部分位数超过"M-D"位，则会报"Out of range"的错误。

DECIMAL 实际是以字符串形式存放的，在对精度要求比较高的时候（如货币、科学数据等）使用 DECIMAL 类型会比较好。浮点数相对于定点数的优点是在长度一定的情况下，浮点数能够表示更大的数据范围，它的缺点是会引起精度问题。不同小数类型存储范围说明如表 5-2 所示。

表 5-2　MySQL 中的小数类型存储范围说明

类型名称	字节数	最小值	最大值
FLOAT	4	正：1.175494351E-38 负：-3.402823466E+38	正：3.402823466E+38 负：-1.175494351E-38
DOUBLE	8	正：2.2250738585072014E-308 负：-1.7976931348623157E+308	正：1.7976931348623157E+308 负：-2.2250738585072014E-308
DECIMAL	M+2	有效范围由 M 和 D 决定	

例如，以下例子演示浮点型 FLOAT 的数据插入和显示问题，SQL 语句示例如下。

（1）创建临时表"t3_float"，字段"num1 和 num2"的数据类型分别为"FLOAT、FLOAT(15,2)"。

```
mysql> CREATE TABLE t3_float(
    -> num1 FLOAT,
    -> num2 FLOAT(15,2)
    -> );
Query OK, 0 rows affected, 1 warning (0.03 sec)
```

（2）查看表结构。

```
mysql> DESC t3_float;
+-------+------------+------+-----+---------+-------+
| Field | Type       | Null | Key | Default | Extra |
+-------+------------+------+-----+---------+-------+
| num1  | float      | YES  |     | NULL    |       |
| num2  | float(15,2)| YES  |     | NULL    |       |
+-------+------------+------+-----+---------+-------+
2 rows in set (0.01 sec)
```

（3）插入第一条记录，所有字段值为"123.56"，可以发现格式没有异常。

```
mysql> INSERT INTO t3_float(num1,num2) VALUES(123.56,123.56);
Query OK, 1 row affected (0.00 sec)
```

（4）查询结果显示数据插入正常。

```
mysql> SELECT * FROM t3_float;
+--------+--------+
| num1   | num2   |
+--------+--------+
| 123.56 | 123.56 |
+--------+--------+
1 row in set (0.00 sec)
```

（5）插入第二条记录，所有字段值为"1234567891234.56789"，可以发现格式没有异常。

```
mysql> INSERT INTO t3_float(num1,num2)
    -> VALUES (1234567891234.56789, 1234567891234.56789);
Query OK, 1 row affected (0.00 sec)
```

（6）查询结果发现两个字段的值都做了近似处理，因为 FLOAT 类型是近似数值类型。如果没有指定 (M,D)的话，FLOAT 类型默认有效位大约是 6 位，DOUBLE 默认有效位大约是 17 位（实际精度受具体的硬件和操作系统影响）。

```
mysql> SELECT * FROM t3_float;
+----------------+------------------+
| num1           | num2             |
+----------------+------------------+
|         123.56 |           123.56 |
| 1234570000000  | 1234567954432.00 |
+----------------+------------------+
2 rows in set (0.00 sec)
```

（7）插入第三条记录，所有字段值为"1234567891234567.56789"，整数部分的位数超过"M-D"位，即"15-2=13"位，就会报"Out of range"错误。

```
mysql> INSERT INTO t3_float(num1,num2)
    -> VALUES(1234567891234567.56789, 1234567891234567.56789);
ERROR 1264 (22003): Out of range value for column 'num2' at row 1
```

例如，以下例子演示定点型 DECIMAL 的数据插入和显示问题，SQL 语句示例如下。

（1）创建临时表"t3_decimal"，字段"num1 和 num2"的数据类型分别为"DECIMAL、DECIMAL (20,2)"。

```
mysql> CREATE TABLE t3_decimal(
    -> num1 DECIMAL,
    -> num2 DECIMAL(20,2)
    -> );
Query OK, 0 rows affected (0.03 sec)
```

（2）查看表结构可以发现，num1 的 DECIMAL 类型默认按照 DECIMAL(10,0)处理。

```
mysql> DESC t3_decimal;
+-------+---------------+------+-----+---------+-------+
| Field | Type          | Null | Key | Default | Extra |
+-------+---------------+------+-----+---------+-------+
| num1  | decimal(10,0) | YES  |     | NULL    |       |
| num2  | decimal(20,2) | YES  |     | NULL    |       |
+-------+---------------+------+-----+---------+-------+
2 rows in set (0.01 sec)
```

（3）插入第一条记录，所有字段值都为"123.56"。此时发现，虽然数据插入成功，但是出现了一个 warning（警告）。

```
mysql> INSERT INTO t3_decimal(num1,num2) VALUES(123.56,123.56);
Query OK, 1 row affected, 1 warning (0.00 sec)
```

（4）查看警告信息，发现是因为"num1"字段的值被截断了。

```
mysql> SHOW WARNINGS;
+-------+------+--------------------------------------------+
| Level | Code | Message                                    |
+-------+------+--------------------------------------------+
| Note  | 1265 | Data truncated for column 'num1' at row 1  |
+-------+------+--------------------------------------------+
1 row in set (0.00 sec)
```

（5）查询结果发现"num1"字段只保留了整数部分，并做了四舍五入处理，刚才的警告就是因为它。

```
mysql> SELECT * FROM t3_decimal;
+------+--------+
| num1 | num2   |
+------+--------+
| 124  | 123.56 |
+------+--------+
1 row in set (0.00 sec)
```

（6）插入第二条记录，所有字段值都为"1234567891234.56789"。整数部分的位数超过"M-D"位，即"15-2=13"位，就会报"Out of range"错误。

```
mysql> INSERT INTO t3_decimal(num1,num2)
    -> VALUES(1234567891234.56789, 1234567891234.56789);
ERROR 1264 (22003): Out of range value for column 'num1' at row 1
```

（7）插入第三条记录，字段值分别为"123.56""123456789123456789.56789"。此时发现，虽然数据都插入精确，但是系统出现了一个警告。

```
mysql> INSERT INTO t3_decimal(num1,num2)
    -> VALUES(123.56, 123456789123456789.56789);
Query OK, 1 row affected, 1 warnings (0.01 sec)
```

（8）查询结果可以看出 num2 字段仍然可以精确表示相应位数的整数精度。但是小数点部分超过了 2位，会自动做四舍五入处理，刚才的警告信息就是因为它。

```
mysql> SELECT * FROM t3_decimal;
+------+-----------------------+
| num1 | num2                  |
+------+-----------------------+
| 124  |                123.56 |
| 123  | 123456789123456789.57 |
+------+-----------------------+
2 rows in set (0.00 sec)
```

（9）查看警告信息，发现是因为"num2"字段的值被截断了。

```
mysql> SHOW WARNINGS;
+--------+------+--------------------------------------------+
| Level  | Code | Message                                    |
+--------+------+--------------------------------------------+
| Note   | 1265 | Data truncated for column 'num2' at row 1  |
+--------+------+--------------------------------------------+
1 row in set (0.00 sec)
```

5.1.3　位类型

对于 BIT（位）类型，用于存放位字段值，BIT(M)可以用来存放多位二进制值，M 的范围从 1 到 64，如果不写(M)则默认是 1 位。对于位类型字段，之前版本直接使用 SELECT 语句将不会看到结果，而在 MySQL 8.0 版本中默认以 "0X" 开头的十六进制形式显示，可以通过 BIN()函数显示为二进制格式。

例如，以下演示 BIT 类型的数据插入和显示问题，SQL 语句示例如下。

（1）创建临时表 "t4_bit"，字段 num1 为 BIT 类型，字段 num2 为 BIT(5)类型。

```
mysql> CREATE TABLE t4_bit (
    -> num1 BIT,
    -> num2 BIT(5)
    -> );
Query OK, 0 rows affected (0.03 sec)
```

（2）查看 "t4_bit" 表结构，发现 num1 字段自动按照 BIT(1)处理。

```
mysql> DESC t4_bit;
+-------+--------+------+-----+---------+-------+
| Field | Type   | Null | Key | Default | Extra |
+-------+--------+------+-----+---------+-------+
| num1  | bit(1) | YES  |     | NULL    |       |
| num2  | bit(5) | YES  |     | NULL    |       |
+-------+--------+------+-----+---------+-------+
2 rows in set (0.00 sec)
```

（3）插入第一条记录，字段值都是 "1"。

```
mysql> INSERT INTO t4_bit(num1,num2) VALUES(1,1);
Query OK, 1 row affected (0.00 sec)
```

（4）查询结果如下。

```
mysql> SELECT * FROM t4_bit;
+-----------+-----------+
| num1      | num2      |
+-----------+-----------+
| 0x01      | 0x01      |
+-----------+-----------+
1 row in set (0.00 sec)
```

（5）插入第二条记录，字段值都是 "17"。发现插入失败，报 "Data too long" 的错误提示，因为十进制 "17" 的二进制是 "10001"，而 "num1" 的类型是 "BIT(1)"，超过 1 位了。

```
mysql> INSERT INTO t4_bit(num1,num2) VALUES(17,17);
ERROR 1406 (22001): Data too long for column 'num1' at row 1
```

（6）插入第三条记录，字段值分别是 "0" 和 "17"。

```
mysql> INSERT INTO t4_bit(num1,num2) VALUES(0,17);
Query OK, 1 row affected (0.01 sec)
```

（7）查询结果如下。

```
mysql> SELECT * FROM t4_bit;
+-----------+-----------+
| num1      | num2      |
+-----------+-----------+
| 0x01      | 0x01      |
| 0x00      | 0x11      |
+-----------+-----------+
2 rows in set (0.00 sec)
```

（8）使用 BIN()函数查询结果如下。

```
mysql> SELECT BIN(num1),BIN(num2) FROM t4_bit;
+-----------+-----------+
| BIN(num1) | BIN(num2) |
```

```
+-----------+-------------+
| 1         | 1           |
| 0         | 10001       |
+-----------+-------------+
2 rows in set (0.00 sec)
```

5.2 日期/时间类型

MySQL 有多种表示日期和时间的数据类型，不同的版本可能有所差异，MySQL 8.0 版本支持的日期和时间类型主要有 YEAR、DATE、TIME、DATETIME、TIMESTAMP。每一个类型都有合法的取值范围，如表 5-3 所示。MySQL8 默认的 SQL_MODE 是严格模式，插入不合法日期时间值将会报错。如果 SQL_MODE 是宽松模式，插入不合法值时系统将用"零"值代替。关于 SQL_MODE 请关注本书的姊妹篇《剑指 MySQL——架构、调优与运维》。

表 5-3　MySQL 中的日期时间类型说明

类型名称	说明	字节数	日期格式	取值范围
YEAR	年份	1	YYYY	1901 至 2155
DATE	日期	3	YYYY-MM-DD	1000-01-01 至 9999-12-31
TIME	时间	3	HH:MM:SS	−838:59:59 至 838:59:59
DATETIME	日期时间	8	YYYY-MM-DD HH:MM:SS	1000-01-01 00:00:00 至 9999-12-31 23:59:59
TIMESTAMP	时间戳	4	YYYY-MM-DD HH:MM:SS	1970-01-01 00:00:01 UTC 至 2038-01-19 03:14:07 UTC

这些数据类型的主要区别如下。

- 如果仅仅是表示年份信息，可以只使用 YEAR 类型，这样更节省空间，格式为"YYYY"，例如"2022"。YEAR 允许的值范围是 1901—2155。YEAR 还有格式为"YY"2 位数字的形式，值是 00～69，表示 2000—2069 年，值是 70～99，表示 1970—1999 年，从 MySQL 5.5.27 开始，2 位格式的 YEAR 已经不推荐使用。YEAR 默认格式就是"YYYY"，没必要写成 YEAR(4)，从 MySQL 8.0.19 开始，不推荐使用指定显示宽度的 YEAR(4)数据类型。
- 如果要表示年月日，可以使用 DATE 类型，格式为"YYYY-MM-DD"，例如"2022-02-04"。
- 如果要表示时分秒，可以使用 TIME 类型，格式为"HH:MM:SS"，例如"10:08:08"。
- 如果要表示年月日时分秒的完整日期时间，可以使用 DATETIME 类型，格式为"YYYY-MM-DD HH:MM:SS"，例如"2022-02-04 10:08:08"。
- 如果需要经常插入或更新日期时间为系统日期时间，则通常使用 TIMESTAMP 类型，格式为"YYYY-MM-DD HH:MM:SS"，例如"2022-02-04 10:08:08"。TIMESTAMP 与 DATETIME 的区别在于 TIMESTAMP 的取值范围小，只支持 1970-01-01 00:00:01 UTC 至 2038-01-19 03:14:07 UTC 范围的日期时间值，其中 UTC 是世界标准时间，并且 TIMESTAMP 类型的日期时间值在存储时会将当前时区的日期时间值转换为时间标准时间值，检索时再转换回当前时区的日期时间值，这会更友好。而 DATETIME 则只能反映出插入时当地的时区，其他时区的人查看数据必然会有误差。另外，TIMESTAMP 的属性受 MySQL 版本和服务器 SQLMode 的影响很大。

例如，下面演示"YEAR"类型的插入和显示问题，SQL 语句示例如下。

（1）创建临时表"t5_year"，字段"d1"的类型为"YEAR"。

```
mysql> CREATE TABLE t5_year(
    -> d1 YEAR
    -> );
Query OK, 0 rows affected (0.03 sec)
```

（2）查看表结构。

```
mysql> DESC t5_year;
+-------+------+------+-----+---------+-------+
| Field | Type | Null | Key | Default | Extra |
+-------+------+------+-----+---------+-------+
| d1    | year | YES  |     | NULL    |       |
+-------+------+------+-----+---------+-------+
1 row in set (0.00 sec)
```

（3）添加 6 条如下记录。

```
mysql> INSERT INTO t5_year(d1)
    > VALUES(2008), ('2009'), (0), ('0'), (90), ('22');
Query OK, 6 rows affected (0.01 sec)
Records: 6 Duplicates: 0 Warnings: 0
```

（4）查询添加结果。从结果中可以看出 YEAR 类型的字段值可以用字符串形式表示，即加单引号表示法，也可以使用数字形式表示，即直接写年份数字。区别在于 0 和'0'，数字 0 是处理为"0000"，而'0'则处理为"2000"。

```
mysql> SELECT * FROM t5_year;
+------+
| d1   |
+------+
| 2008 |
| 2009 |
| 0000 |
| 2000 |
| 1990 |
| 2022 |
+------+
6 rows in set (0.00 sec)
```

（5）添加第 7 条记录失败。因为"3000"已经超过 YEAR 类型表示范围，所以提示"Out of range"错误。

```
mysql> INSERT INTO t5_year(d1) VALUES(3000);
ERROR 1264 (22003): Out of range value for column 'd1' at row 1
```

例如，下面演示"DATE""TIME""DATETIME""TIMESTAMP"类型，SQL 语句示例如下。

（1）创建临时表"t5_date_time"，字段"d1"至"d4"的类型依次为"DATE""TIME""DATETIME""TIMESTAMP"类型。

```
mysql> CREATE TABLE t5_date_time(
    -> d1 DATE,
    -> d2 TIME,
    -> d3 DATETIME,
    -> d4 TIMESTAMP
    -> );
Query OK, 0 rows affected (0.04 sec)
```

（2）查看表结构。

```
mysql> DESC t5_date_time;
+-------+-----------+------+-----+---------+-------+
| Field | Type      | Null | Key | Default | Extra |
+-------+-----------+------+-----+---------+-------+
```

```
| d1       | date        | YES |     | NULL |     |
| d2       | time        | YES |     | NULL |     |
| d3       | datetime    | YES |     | NULL |     |
| d4       | timestamp   | YES |     | NULL |     |
+----------+-------------+-----+-- --+------+-----+
4 rows in set (0.01 sec)
```

（3）添加第 1 条记录。

```
mysql> INSERT INTO t5_date_time(d1,d2,d3,d4)
    -> VALUES('2022-2-14', '8:30:0', '2022-2-14 8:30:0', '2022-2-14 8:30:0');
Query OK, 1 row affected (0.01 sec)
```

（4）查询添加结果。

```
mysql> SELECT * FROM t5_date_time;
+------------+----------+---------------------+---------------------+
| d1         | d2       | d3                  | d4                  |
+------------+----------+---------------------+---------------------+
|2022-02-14  | 08:30:00 | 2022-02-14 08:30:00 | 2022-02-14 08:30:00|
+------------+----------+---------------------+---------------------+
1 row in set (0.00 sec)
```

（5）添加第 2 条记录。

```
mysql> INSERT INTO t5_date_time(d1,d2,d3,d4)
    -> VALUES('2008%8%8', '8:8:8', '2008@8@8 8@8@8', '2008#8#8 8#8#8');
Query OK, 1 row affected (0.00 sec)
```

（6）查看添加结果。从结果中可以看出，上面的添加记录操作是成功的，数据显示也是正确的。这里要说明的是，除了"TIME"类型，其他的日期时间类型，日期值的间隔符不仅限于"-"，时间值的间隔符不仅限于"："，也可以是"%""#"等。

```
mysql> SELECT * FROM t5_date_time;
+------------+----------+---------------------+---------------------+
| d1         | d2       | d3                  | d4                  |
+------------+----------+---------------------+---------------------+
|2022-02-14  | 08:30:00 | 2022-02-14 08:30:00 | 2022-02-14 08:30:00|
|2008-08-08  | 08:08:08 | 2008-08-08 08:08:08 | 2008-08-08 08:08:08|
+------------+----------+---------------------+---------------------+
2 rows in set (0.00 sec)
```

（7）添加第 3 条记录。

```
mysql> INSERT INTO t5_date_time(d1,d2,d3,d4)
    -> VALUES('20200808','123005', '20200808123005', '20200808123005');
Query OK, 1 row affected (0.01 sec)
```

（8）查看添加结果。从结果中可以看成，上面的添加记录操作是成功的，数据显示也是正确的。这里要说明的是，在表示日期时间值时，也可以省略分隔符。但是省略时，最好年份使用 4 位数字，月份、日期等使用 2 位数字，不够两位的用 0 补充，例如，"2020-8-8"表示成"20200808"，否则容易导致无法正确解析日期时间值。

```
mysql> SELECT * FROM t5_date_time;
+------------+----------+---------------------+---------------------+
| d1         | d2       | d3                  | d4                  |
+------------+----------+---------------------+---------------------+
| 2022-02-14 | 08:30:00 | 2022-02-14 08:30:00 | 2022-02-14 08:30:00 |
| 2008-08-08 | 08:08:08 | 2008-08-08 08:08:08 | 2008-08-08 08:08:08 |
| 2020-08-08 | 12:30:05 | 2020-08-08 12:30:05 | 2020-08-08 12:30:05 |
+------------+----------+---------------------+---------------------+
3 rows in set (0.00 sec)
```

（9）设置当前时区为"+9:00"。

```
mysql> SET time_zone = "+9:00";
Query OK, 0 rows affected (0.01 sec)
```

（10）查看"t5_date_time"表数据。从结果中可以发现"TIMESTAMP"列存储时会对当前时区进行转换，检索时转换回当前时区。

```
mysql> SELECT * FROM t5_date_time;
+------------+----------+---------------------+---------------------+
| d1         | d2       | d3                  | d4                  |
+------------+----------+---------------------+---------------------+
| 2022-02-14 | 08:30:00 | 2022-02-14 08:30:00 | 2022-02-14 09:30:00 |
| 2008-08-08 | 08:08:08 | 2008-08-08 08:08:08 | 2008-08-08 09:08:08 |
| 2020-08-08 | 12:30:05 | 2020-08-08 12:30:05 | 2020-08-08 13:30:05 |
+------------+----------+---------------------+---------------------+
3 rows in set (0.00 sec)
```

5.3　字符串类型

MySQL 的字符串类型有 CHAR、VARCHAR、BINARY、VARBINARY、BLOB、TEXT、ENUM、SET 等。MySQL 的字符串类型可以用来存储文本字符串数据，还可以存储二进制字符串。

文本字符串类型概述如表 5-4 所示。

表 5-4　MySQL 中的文本字符串类型说明

文本字符串类型	说明	描述
CHAR(M)	固定长度	M 为字符数，0<=M<=255，如果(M)省略则默认是 1 个字符
VARCHAR(M)	可变长度	M 为字符数，不同的字符编码方式 M 的范围不同，但是总字节数不能超过行的字节长度限制 65535，另外还要考虑额外字节开销，VARCHAR 类型的数据除了存储数据本身外，还需要 1 或 2 个字节来存储数据的字节数。VARCHAR 类型必须指定(M)，否则报错
TINYTEXT	小文本	L+1 字节，L< 2^8
TEXT	文本	L+2 字节，L<2^16
MEDIUMTEXT	中等文本	L+3 字节，L<2^24
LONGTEXT	大文本	L+4 字节，L<2^32
ENUM	枚举	从预定义的文本字符串列表中选择一个成员，枚举的字符串列表最多可以有 65535 个成员，例如，ENUM ('尚硅谷' 'atguigu' '谷粒学院')
SET	集合	从预定义的文本字符串列表中选择任意个成员，集合的字符串列表最多可以定义 64 个成员，例如，SET('尚硅谷' 'atguigu' '谷粒学院')

二进制字符串类型概述如表 5-5 所示。

表 5-5　MySQL 中的二进制字符串类型说明

二进制字符串类型	说明	描述
BINARY(M)	固定长度	M 为字节数，0 <= M <= 255，如果(M)省略则默认是 1 个字节
VARBINARY(M)	可变长度	M 为字节数，总字节数不能超过行的字节长度限制 65535，另外还要考虑额外字节开销，VARBINARY 类型的数据除了存储数据本身，还需要 1 或 2 个字节来存储数据的字节数。VARBINARY 类型必须指定(M)，否则报错
TINYBLOB	小 BLOB	L+1 字节，L< 2^8
BLOB	BLOB	L+2 字节，L<2^16
MEDIUMBLOB	中等 BLOB	L+3 字节，L<2^24
LONGBLOB	大 BLOB	L+4 字节，L<2^32

5.3.1　CHAR 和 VARCHAR 类型

　　CHAR(M)为固定长度的字符串，M 表示最多能存储的字符数，取值范围是 0～255 个字符，如果未指定(M)表示只能存储 1 个字符。例如，CHAR(4)定义了一个固定长度的字符串列，其包含的字符个数最大为4，如果存储的值少于 4 个字符，右侧将用空格填充以达到指定的长度，当查询显示 CHAR 值时，尾部的空格将被删掉。

　　VARCHAR(M)为可变长度的字符串，M 表示最多能存储的字符数，M 的范围由最长的行的大小（通常是 65535）和使用的字符集确定。例如，utf8mb4 字符编码单个字符所需最长字节值为 4 个字节，所以 M 的范围是[0, 16383]。而 VARCHAR 类型的字段实际占用的空间为字符串的实际长度加 1 或 2 个字节，这 1 或 2 个字节用于描述字符串值的实际字节数，即字符串值在[0,255]个字节范围内，那么额外增加 1 个字节，否则需要额外增加 2 个字节，如表 5-6 所示。

表 5-6　CHAR 和 VARCHAR 实际存储说明

值	CHAR(4)	实际存储空间	VARCHAR(4)	实际存储空间
''	' '	4 个字节	''	1 个字节
'ab'	'ab '	4 个字节	'ab'	3 个字节
'abcd'	'abcd'	4 个字节	'abcd'	5 个字节

　　例如，身份证号、手机号码、QQ 号、用户名 username、密码 password、银行卡号等固定长度的文本字符串适合使用 CHAR 类型，而评论、朋友圈、微博不定长度的文本字符串更适合使用 VARCHAR 类型。

　　例如，以下演示 CHAR 和 VARCHAR 类型的数据插入和显示问题，SQL 语句示例如下。

（1）创建临时表"t6_char_varchar"，字段 c1、c2 分别为 CHAR、CHAR(8)类型，字段 v1、v2 分别为VARCHAR、VARCHAR(8)类型。

```
mysql> CREATE TABLE t6_char_varchar(
    -> c1 CHAR,
    -> c2 CHAR(8),
    -> v1 VARCHAR,
    -> v2 VARCHAR(8)
    -> );
ERROR 1064 (42000): You have an error in your SQL syntax; check the manual that
corresponds to your MySQL server version for the right syntax to use near ',v2 VARCHAR(8))'
at line 4
```

　　执行创建表的 CREATE 语句时报错，这是因为 c1 字段指定为 CHAR 时会自动按照 CHAR(1)处理，但是 VARCHAR 类型如果没有指定(M)则会报错。

（2）创建临时表"t6_char_varchar"，字段 c1、c2 分别为 CHAR、CHAR(8)类型，字段 v1、v2 分别为VARCHAR(1)、VARCHAR(8)类型。

```
mysql> CREATE TABLE t6_char_varchar(
    -> c1 CHAR,
    -> c2 CHAR(8),
    -> v1 VARCHAR(1),
    -> v2 VARCHAR(8)
    -> );
Query OK, 0 rows affected (0.03 sec)
```

（3）查看表结构，发现 c1 字段自动按照 CHAR(1)处理。

```
mysql> DESC t6_char_varchar;
+-------+-------------+------+-----+---------+-------+
| Field | Type        | Null | Key | Default | Extra |
+-------+-------------+------+-----+---------+-------+
| c1    | char(1)     | YES  |     | NULL    |       |
| c2    | char(8)     | YES  |     | NULL    |       |
| v1    | varchar(1)  | YES  |     | NULL    |       |
| v2    | varchar(8)  | YES  |     | NULL    |       |
+-------+-------------+------+-----+---------+-------+
4 rows in set (0.00 sec)
```

（4）添加一条记录，"c1" 和 "v1" 字段分别赋值为 "a" "b"，"c2" 和 "v2" 分别赋值为 "abcd" "abcd"。

```
mysql> INSERT INTO t6_char_varchar(c1,c2,v1,v2)
    -> VALUES('a','abcd','b','abcd');
Query OK, 1 row affected (0.00 sec)
```

（5）查看结果，可以看到刚刚添加的记录。

```
mysql> SELECT * FROM t6_char_varchar;
+------+------+------+------+
| c1   | c2   | v1   | v2   |
+------+------+------+------+
| a    | abcd | b    | abcd |
+------+------+------+------+
1 row in set (0.00 sec)
```

（6）添加第二条记录，"c1" 和 "v1" 字段分别赋值为 " "（一个空格），"c2" 和 "v2" 分别赋值为 "abcd" 和 " "（一个空格）。

```
mysql> INSERT INTO t6_char_varchar(c1,c2,v1,v2)
    -> VALUES(' ','abcd ',' ','abcd ');
Query OK, 1 row affected (0.00 sec)
```

（7）查看添加结果。这里使用了 CONCAT(字符串列表)的函数，作用是拼接( )中的几个字符串，例如 CONCAT('[',c1,']')，表示拼接字符串 "["，c1 字段的字符串值和 "]"，这样可以看到字段值中是否包含空格（关于函数的具体使用请看第 6 章）。这里也使用了 AS 关键字给查询结果的字段列表取别名，使得查询结果意思更清晰。

```
mysql> SELECT
    -> CONCAT('[',c1,']') AS "[c1]",CONCAT('[',c2,']') AS "[c2]",
    -> CONCAT('[',v1,']') AS "[v1]",CONCAT('[',v2,']') AS "[v2]"
    -> FROM t6_char_varchar;
+--------+---------+------+------------+
| [c1]   | [c2]    | [v1] | [v2]       |
+--------+---------+------+------------+
| [a]    | [abcd]  | [b]  | [abcd]     |
| []     | [abcd]  | [ ]  | [abcd ]    |
+--------+---------+------+------------+
2 rows in set (0.00 sec)
```

从上面的查询结果中可以发现，当查询显示 CHAR 类型的字段值时，尾部的空格将被删掉，而 VARCHAR 类型则不会。

（8）添加第三条记录，所有字段都赋值为 "尚硅谷"。添加第四条记录，"c1" 和 "v1" 字段分别赋值为 "尚"，"c2" 字段赋值为 "尚硅谷"，"v2" 赋值为 "让天下没有难学技术"。

```
mysql> INSERT INTO t6_char_varchar(c1,c2,v1,v2)
    -> VALUES('尚硅谷','尚硅谷','尚硅谷','尚硅谷');
```

```
ERROR 1406 (22001): Data too long for column 'c1' at row 1

mysql> INSERT INTO t6_char_varchar(c1,c2,v1,v2)
    ->  VALUES('尚','尚硅谷','尚','让天下没有难学技术');
ERROR 1406 (22001): Data too long for column 'v2' at row 1
```

以上两条记录都添加失败，因为当字段值的字符数量超过(M)时，就会报"Data too long"的错误。

（9）查询字段"c1"值为"a"的记录。

```
mysql> SELECT * FROM t6_char_varchar WHERE c1 = 'a';
+------+------+------+------+
| c1   | c2   | v1   | v2   |
+------+------+------+------+
| a    | abcd | b    | abcd |
+------+------+------+------+
1 row in set (0.00 sec)
```

从上面的查询结果可以看出"a"值可以正确匹配。

（10）查询字段"c1"值为"A"的记录。

```
mysql> SELECT * FROM t6_char_varchar WHERE c1 = 'A';
+------+------+------+------+
| c1   | c2   | v1   | v2   |
+------+------+------+------+
| a    | abcd | b    | abcd |
+------+------+------+------+
1 row in set (0.00 sec)
```

从查询结果来看，发现 CHAR 类型的字段值不区分大小写，那是因为 MySQL 8.0 默认字符集是 utf8mb4，默认校对规则是 utf8mb4_0900_ai_ci。

另外，存储引擎对于选择 CHAR 和 VARCHAR 是有影响的，关于存储引擎的详细介绍请关注本书的姊妹篇《剑指 MySQL——架构、调优与运维》。

- 对于 MyISAM 存储引擎，最好使用固定长度的数据列代替可变长度的数据列。这样可以使整个表静态化，从而使数据检索更快，用空间换时间。
- 对于 InnoDB 存储引擎，使用可变长度的数据列，因为 InnoDB 数据表的存储格式不分固定长度和可变长度，因此使用 CHAR 不一定比使用 VARCHAR 更好，但由于 VARCHAR 是按照实际的长度存储的，比较节省空间，所以对磁盘 I/O 和数据存储总量比较好。

5.3.2 BINARY 和 VARBINARY 类型

BINARY 和 VARBINARY 类似于 CHAR 和 VARCHAR，只是它们存储的是二进制字符串。

BINARY (M)为固定长度的二进制字符串，M 表示最多能存储的字节数，取值范围是 0～255 个字节，如果未指定(M)表示只能存储 1 个字节。例如，BINARY (8)，表示最多能存储 8 个字节，如果字段值不足 (M)个字节，将在右边填充"\0"以补齐指定长度。

VARBINARY (M)为可变长度的二进制字符串，M 表示最多能存储的字节数，总字节数不能超过行的字节长度限制 65535，另外还要考虑额外字节开销，VARBINARY 类型的数据除了存储数据本身，还需要 1 或 2 个字节来存储数据的字节数。VARBINARY 类型和 VARCHAR 类型一样必须指定(M)，否则报错。

例如，以下演示 BINARY 和 VARBINARY 类型的数据插入和显示问题，SQL 语句示例如下。

（1）创建临时表"t6_binary_varbinary"，字段"b1""b2"分别为 BINARY、BINARY(8)类型，字段"v1" "v2"分别为 VARBINARY、VARBINARY(8)类型。

```
mysql> CREATE TABLE t6_binary_varbinary(
    -> b1 BINARY,
    -> b2 BINARY(8),
```

```
    -> v1 VARBINARY,
    -> v2 VARBINARY(8)
    -> );
ERROR 1064 (42000): You have an error in your SQL syntax; check the manual that
corresponds to your MySQL server version for the right syntax to use near ',v2
VARBINARY(8))' at line 4
```

执行创建表的 CREATE 语句时报错，这是因为 "b1" 字段指定为 BINARY 时会自动按照 BINARY(1) 处理，但是 VARBINARY 类型如果没有指定(M)则会报错。

（2）创建临时表 "t6_binary_varbinary"，字段 "b1" "b2" 分别为 BINARY、BINARY(8)类型，字段 "v1" "v2" 分别为 VARBINARY(1)、VARBINARY(8)类型。

```
mysql> CREATE TABLE t6_binary_varbinary(
    -> b1 BINARY,
    -> b2 BINARY(8),
    -> v1 VARBINARY(1),
    -> v2 VARBINARY(8)
    -> );
Query OK, 0 rows affected (0.05 sec)
```

（3）查看表结构。发现 "b1" 字段自动按照 binary(1)处理。

```
mysql> DESC t6_binary_varbinary;
+-------+--------------+------+-----+---------+-------+
| Field | Type         | Null | Key | Default | Extra |
+-------+--------------+------+-----+---------+-------+
| b1    | BINARY(1)    | YES  |     | NULL    |       |
| b2    | BINARY(8)    | YES  |     | NULL    |       |
| v1    | VARBINARY(1) | YES  |     | NULL    |       |
| v2    | VARBINARY(8) | YES  |     | NULL    |       |
+-------+--------------+------+-----+---------+-------+
4 rows in set (0.02 sec)
```

（4）添加第一条记录，"b1" 和 "v1" 字段赋值都为 "a"，"b2" 和 "v2" 字段赋值都为 "atguigu"。

```
mysql> INSERT INTO t6_binary_varbinary(b1,b2,v1,v2)
    -> VALUES ('a','atguigu','a','atguigu');
Query OK, 1 row affected (0.01 sec)
```

（5）查看添加结果。

```
mysql> SELECT * FROM t6_binary_varbinary;
+-----------+--------------------+-----------+------------------+
| b1        | b2                 | v1        | v2               |
+-----------+--------------------+-----------+------------------+
| 0x61      | 0x6174677569677500 | 0x61      | 0x61746775696775 |
+-----------+--------------------+-----------+------------------+
1 row in set (0.00 sec)
```

在 MySQL 8.0 中二进制字符串默认以 "0X" 开头的十六进制形式显示，可以通过 CAST 函数（关于函数的具体使用请看第 6 章）将二进制字符串显示为文本字符串。

```
mysql> SELECT CAST(b1 AS CHAR) AS b1,
    -> CAST(b2 AS CHAR) AS b2,
    -> CAST(v1 AS CHAR) AS v1,
    -> CAST(v2 AS CHAR) AS v2
    -> FROM t6_binary_varbinary;
+------+---------+------+---------+
| b1   | b2      | v1   | v2      |
+------+---------+------+---------+
| a    | atguigu | a    | atguigu |
+------+---------+------+---------+
1 row in set (0.00 sec)
```

（6）添加第二条记录，"b1"和"v1"字段赋值都为"a"，"b2"和"v2"字段赋值都为"atguigu666"。

```
mysql> INSERT INTO t6_binary_varbinary(b1,b2,v1,v2)
    -> VALUES ('a','atguigu666','a','atguigu666');
ERROR 1406 (22001): Data too long for column 'b2' at row 1
```

第二条记录添加失败，因为当字段值的字节数量超过(M)时，就会报"Data too long"的错误。"b2"字段是 binary(8)类型，最多只能存储 8 个字节是二进制字符串。值"atguigu666"一共有 10 个字节，超过 8 个字节的范围，所以添加失败。

（7）查询字段"b1"值为"a"的记录。

```
mysql> SELECT * FROM t6_binary_varbinary WHERE b1 = 'a';
+------+----------+------+------+
| b1   | b2       | v1   | v2   |
+------+----------+------+------+
| a    | abcd     | a    | abcd |
+------+----------+------+------+
1 row in set (0.00 sec)
```

从上面的查询结果可以看出"a"值可以正确匹配。

（8）查询字段"b1"值为"A"的记录。

```
mysql> SELECT * FROM t6_binary_varbinary WHERE b1 = 'A';
Empty set (0.00 sec)
```

从查询结果来看，发现 BINARY 类型的字段值严格区分大小写，那是因为 BINARY 类型和 VARBINARY 类型的字段是基于二进制（_bin）的校对规则，而大小写字母的编码值是不同的，那么编码值对应的二进制值也是不同的。

5.3.3 BLOB 和 TEXT 类型

BLOB 是一个二进制大对象，用来存储可变数量的二进制字符串，分为 TINYBLOB、BLOB、MEDIUMBLOB、LONGBLOB 四种类型。TINYTEXT、TEXT、MEDIUMTEXT 和 LONGTEXT 四种文本类型，它们分别对应于以上四种 BLOB 类型，具有相同的最大长度和存储要求。

BLOB 类型与 TEXT 类型的区别如下。

（1）BLOB 类型存储的是二进制字符串，TEXT 类型存储的是文本字符串。BLOB 类型还可以存储图片和声音等二进制数据。

（2）BLOB 类型没有字符集，并且排序和比较基于列值字节的数值，TEXT 类型有一个字符集，并且根据字符集对值进行排序和比较。

例如，以下演示 BLOB 和 TEXT 类型的数据插入和显示问题，SQL 语句示例如下。

（1）创建临时表"t6_blob_text"，字段"b1""t1"分别为 BLOB、TEXT 类型。

```
mysql> CREATE TABLE t6_blob_text(
    -> b1 BLOB,
    -> t1 TEXT
    -> );
Query OK, 0 rows affected (0.03 sec)
```

（2）查看表结构。

```
mysql> DESC t6_blob_text;
+-------+------+------+-----+---------+-------+
```

```
| Field | Type | Null | Key | Default | Extra |
+-------+------+------+-----+---------+-------+
| b1    | BLOB | YES  |     | NULL    |       |
| t1    | TEXT | YES  |     | NULL    |       |
+-------+------+------+-----+---------+-------+
2 rows in set (0.00 sec)
```

（3）添加两条记录。

```
mysql> INSERT INTO t6_blob_text (b1,t1) VALUES ('a','a'),('ab','ab');
Query OK, 2 rows affected (0.01 sec)
Records: 2  Duplicates: 0  Warnings: 0
```

（4）查看表数据。

```
mysql> SELECT * FROM t6_blob_text;
+------+------+
| b1   | t1   |
+------+------+
| a    | a    |
| ab   | ab   |
+------+------+
3 rows in set (0.00 sec)
```

（5）BLOB 类型的数据支持存储图片等数据。存储图片等数据需要借助图形界面工具来实现，下面以 SQLyog 图形界面工具为例演示操作步骤。

第 1 步，选择"atguigu_chapter5"数据库的"t6_blob_text"数据表，双击要编辑的 BLOB 类型的字段 b1 单元格，如图 5-1 所示。

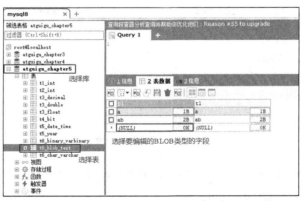

图 5-1　选择要编辑的 BLOB 类型的字段的单元格

第 2 步，选择"从文件导入"按钮，打开"Open File"对话框，选择图片文件。默认情况下"从文件导入"按钮不可用，去掉"设置为空"前面的对勾就可以了，如图 5-2 所示。

图 5-2　导入图片

第 3 步，导入图片成功，如图 5-3 所示。

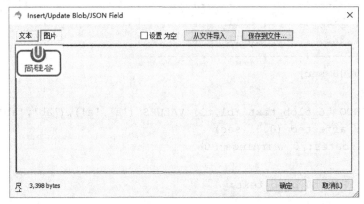

图 5-3　导入图片成功

注意，BLOB 类型的数据除了受到类型本身大小的限制外，还会受到服务器端"max_allowed_packet"变量值限定的字节值大小限制。如果从客户端给服务器端上传的 BLOB 数据大小超过该值时，会报如图 5-4 所示的错误。

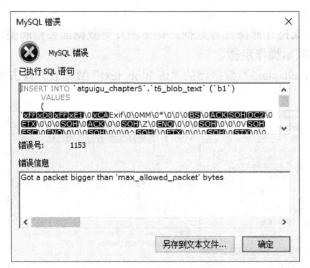

图 5-4　从客户端导入图片大小超过 max_allowed_packet 限制

如果确实需要上传并存储更大的图片，可以通过停止 MySQL 服务并修改 my.ini 配置文件的"max_allowed_packet"值大小来解决这个问题，例如，将"max_allowed_packet"的默认值 4M 修改为"max_allowed_packet=16M"，如图 5-5 所示。

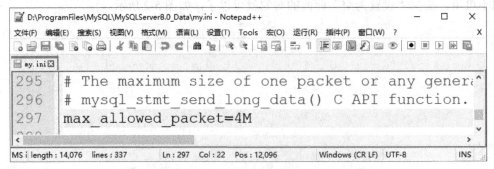

图 5-5　修改 my.ini 文件的 max_allowed_packet 限制

5.3.4　ENUM 和 SET 类型

无论是数值类型、日期类型、普通的文本类型，可取值的范围都非常大，但是有时候我们指定在固定的几个值范围内选择一个或多个，那么就需要使用 ENUM 枚举类型和 SET 集合类型了。比如性别只有"男"或"女"；上下班交通方式可以有"地铁""公交""出租车""自行车""步行"等。枚举和集合类型字段声明的语法格式如下。

```
字段名 ENUM('值1','值2', ...'值n')
字段名 SET('值1','值2', ...'值n')
```

ENUM 类型的字段在赋值时，只能在指定的枚举列表中取值，而且一次只能取一个。枚举列表最多可以有 65535 个成员。ENUM 值在内部用整数表示，每个枚举值均有一个索引值，MySQL 存储的就是这个索引编号。例如，定义 ENUM 类型的列('first', 'second', 'third')，该列可以取的值和每一个值的索引如表 5-7 所示。

表 5-7　ENUM 类型成员对应值说明

值	索引
NULL	NULL
''	0
'first'	1
'second'	2
'third'	3

SET 类型的字段在赋值时，可从定义的值列表中选择 1 个或多个值的组合。SET 列最多可以有 64 个成员。SET 值在内部也用整数表示，分别是 1，2，4，8……都是 2 的 n 次方值，因为这些整数值对应的二进制都是只有 1 位是 1，其余是 0，如表 5-8 所示。

表 5-8　SET 类型成员对应整数值说明

集合成员	二进制值	十进制值
'地铁'	0001	1
'公交'	0010	2
'步行'	0100	4
'出租车'	1000	8

例如，以下演示 ENUM 类型和 SET 类型的数据插入和显示问题，SQL 语句示例如下。

（1）创建临时表"t6_enum_set"，"gender"字段定义为 ENUM 类型，值范围是('男', '女')，"transport"字段定义为 SET 类型，值范围是('地铁', '公交', '步行')。

```
mysql> CREATE TABLE t6_enum_set(
    ->     gender ENUM('男','女'),
    ->     transport SET('地铁','公交','步行')
    -> );
Query OK, 0 rows affected (0.03 sec)
```

（2）查看表结构。

```
mysql> DESC t6_enum_set;
+-----------+----------------+------+-----+---------+-------+
| Field     | Type           |Null |Key |Default |Extra |
+-----------+----------------+------+-----+---------+-------+
| gender    | enum('男','女') | YES |     | NULL    |       |
```

```
| transport   | set('地铁','公交','步行') | YES |      | NULL    |      |
+------------+------------------------+-----+----+---------+------+
2 rows in set (0.01 sec)
```

（3）添加第 1 条记录。

```
mysql> INSERT INTO t6_enum_set (gender,transport)
    > VALUES('男','公交,步行');
Query OK, 1 row affected (0.00 sec)
```

（4）添加第 2 条记录。

```
mysql> INSERT INTO t6_enum_set(gender,transport) VALUES(2,7);
Query OK, 1 row affected (0.01 sec)
```

（5）查看数据。

```
mysql> SELECT * FROM t6_enum_set;
+--------+------------------+
| gender | transport        |
+--------+------------------+
| 男     | 公交,步行         |
| 女     | 地铁,公交,步行     |
+--------+------------------+
2 rows in set (0.00 sec)
```

从上面的结果可以看出，插入枚举和集合类型的数据时，可以直接从值列表中选择文本字符串插入，也可以选择使用对应的整数值进行插入。对于枚举类型的 gender 来说，整数值 2 代表的是成员"女"。对应集合类型的 transport 来说，整数值 7 代表的是"地铁,公交,步行"，因为 7 的二进制值是"111"，它是"001、010、100"三个值的组合。

（6）插入第 3 条和第 4 条记录。

```
mysql> INSERT INTO t6_enum_set(gender,transport) VALUES('好','飞');
ERROR 1265 (01000): Data truncated for column 'gender' at row 1

mysql> INSERT INTO t6_enum_set(gender,transport) VALUES('男','飞');
ERROR 1265 (01000): Data truncated for column 'transport' at row 1
```

以上两条插入语句均失败，这是因为无论是枚举类型还是集合类型，插入值时都必须从预定义的值列表中选择对应的值，不能插入预定义值以外的数据。

5.3.5　二进制字符串和文本字符串

二进制字符串是存储客户端给服务器端传输的字符串的原始二进制值，而文本字符串则会按照表和字段的字符集编码方式对客户端给服务器传输的字符串进行转码处理。

例如，演示二进制字符串和文本字符串的区别，SQL 语句示例如下。

（1）创建临时表"t6_string_code"，字段 s1、s2、s3、s4 的类型分别为 CHAR、BINARY(3)、BLOB、TEXT。其中 CHAR 和 TEXT 是文本字符串，BINARY 和 BLOB 是二进制字符串。

```
mysql> CREATE TABLE t6_string_code(
    ->     s1 CHAR,
    ->     s2 BINARY(3),
    ->     s3 BLOB,
    ->     s4 TEXT
    -> );
Query OK, 0 rows affected (0.03 sec)
```

（2）添加两条记录。

```
mysql> INSERT INTO t6_string_code(s1,s2,s3,s4)
    -> VALUES('a','a','a','a'),('尚','尚','尚','尚');
Query OK, 2 rows affected (0.01 sec)
Records: 2  Duplicates: 0  Warnings: 0
```

（3）查看表数据。

```
mysql> SELECT * FROM t6_string_code;
+------+------------+--------+--------+
| s1   | s2         | s3     | s4     |
+------+------------+--------+--------+
| a    | 0x610000   | 0x61   | a      |
| 尚   | 0xC9D000   | 0xC9D0 | 尚     |
+------+------------+--------+--------+
2 rows in set (0.00 sec)
```

（4）在 MySQL 8.0 中二进制字符串默认以"0X"开头的十六进制形式显示，可以通过 CAST 函数（关于函数的具体使用请看第 6 章）将二进制字符串显示为文本字符串。

```
mysql> SELECT s1,CAST(s2 AS CHAR) AS s2,
    -> CAST(s3 AS CHAR) AS s3,s4
    -> FROM t6_string_code;
+------+------+------+------+
| s1   | s2   | s3   | s4   |
+------+------+------+------+
| a    | a    | a    | a    |
| 尚   | 尚   | 尚   | 尚   |
+------+------+------+------+
2 rows in set (0.00 sec)
```

从上面的结果看似乎一切正常。

（5）下面从 SQLyog 图形界面工具查看"t6_string_code"表数据，如图 5-6 所示。

图 5-6　图形界面工具 SQLyog 中查看 t6_string_code 表数据

从图形界面工具中发现第二条记录竟然是乱码。这是因为我们刚才是在命令行客户端添加的数据，而命令行客户端的字符集是 GBK，而表的字符集是 utf8mb4。

（6）下面从 SQLyog 图形界面工具添加一条记录，四个字段的值都是"尚"，如图 5-7 所示。

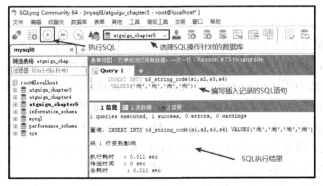

图 5-7　图形界面工具 SQLyog 中插入数据

（7）通过 CAST 函数查看"t6_string_code"表数据。

```
mysql> SELECT s1,CAST(s2 AS CHAR) AS s2,
    -> CAST(s3 AS CHAR) AS s3,s4
    -> FROM t6_string_code;
+------+------+------+------+
| s1   | s2   | s3   | s4   |
+------+------+------+------+
| a    | a    | a    | a    |
| 尚   | 尚   | 尚   | 尚   |
| 尚   | 灏   | 灏   | 尚   |
+------+------+------+------+
3 rows in set (0.00 sec)
```

从上面查询结果发现第 3 条记录乱码，这是因为命令行客户端的字符集是 GBK，而 SQLyog 客户端的字符集是 utf8mb4。

（8）原样查看"t6_string_code"表数据。

```
mysql> SELECT * FROM t6_string_code;
+------+------------+------------+------+
| s1   | s2         | s3         | s4   |
+------+------------+------------+------+
| a    | 0x610000   | 0x61       | a    |
| 尚   | 0xC9D000   | 0xC9D0     | 尚   |
| 尚   | 0xE5B09A   | 0xE5B09A   | 尚   |
+------+------------+------------+------+
3 rows in set (0.00 sec)
```

从上面的结果发现，第 2 条和第 3 条记录的"s2"和"s3"字段值不一样。这是因为第 2 条记录的"尚"是在命令行客户端以 GBK 方式编码的二进制值，第 3 条记录的"尚"是在图形界面工具客户端以 utf8mb4 方式编码的二进制值。因此，如果使用的是 BINARY，VARBINARY，BLOB 系列的二进制字符串类型，在插入文本时，一定要保证客户端的字符集编码和表的字符集编码一致，否则就会有问题。

（9）添加第 4 条记录，将"s2"字段赋值为"尚硅谷"。

```
mysql> INSERT INTO t6_string_code(s1,s2,s3,s4)
    -> VALUES('尚','尚硅谷','尚','尚');
ERROR 1406 (22001): Data too long for column 's2' at row 1
```

从上面执行结果可以看出，第 4 条记录添加失败。这是因为汉字无论在 GBK 编码或 utf8mb4 编码方式中都需要多字节处理，在 GBK 中一个汉字处理成 2 个字节，在 utf8mb4 中一个汉字处理成 3 个字节，所以"尚硅谷"超过 3 个字节范围。

5.4 空间类型

MySQL 空间类型扩展支持地理特征的生成、存储和分析。这里的地理特征表示世界上具有位置的任何东西，可以是一个实体，例如一座山；可以是空间，例如一座办公楼；也可以是一个可定义的位置，例如一个十字路口等。MySQL 中使用 Geometry（几何）来表示所有地理特征。Geometry 指一个点或点的集合，代表世界上任何具有位置的事物。

MySQL 的空间数据类型（Spatial Data Type）对应于 OpenGIS 类，包括 GEOMETRY、POINT、LINESTRING、POLYGON 等单值类型以及 MULTIPOINT、MULTILINESTRING、MULTIPOLYGON、GEOMETRYCOLLECTION 存放不同几何值的集合类型。

- Geometry：所有空间集合类型的基类，其他类型如 Point，LineString，Polygon 都是 Geometry 的子类。

- Point：顾名思义就是点，有一个坐标值。例如 POINT(121.213342 31.234532)，POINT(30 10)，坐标值支持 DECIMAL 类型，经度（longitude）在前，维度（latitude）在后，用空格分隔。
- LineString：表示线，由一系列点连接而成。如果线从头至尾没有交叉，就说这个线是简单的（simple）；如果起点和终点重叠，就说这个线是封闭的（closed）。例如 LINESTRING(30 10,10 30,40 40)，点与点之间用逗号分隔，一个点中的经纬度用空格分隔，与 POINT 格式一致。
- Polygon：多边形。可以是一个实心平面形，即没有内部边界；也可以有空洞，类似纽扣。最简单的就是只有一个外边界的情况，例如 POLYGON((0 0,10 0,10 10, 0 10))。
- MultiPoint、MultiLineString、MultiPolygon、GeometryCollection 这 4 种类型都是集合类，是多个 Point、LineString 或 Polygon 组合而成。

下面给读者展示几种常见的几何图形元素，如图 5-8 所示。

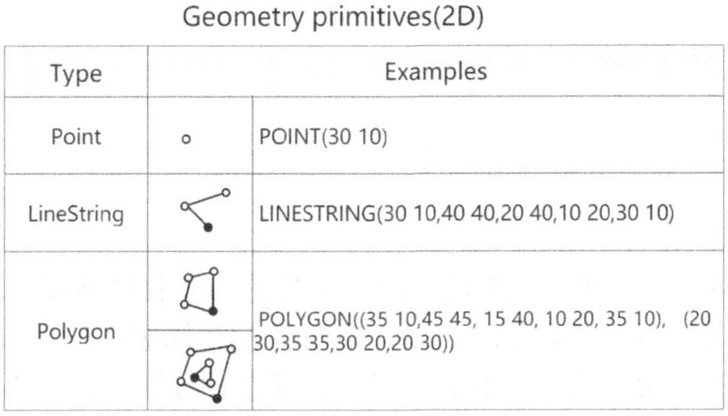

Geometry primitives(2D)

Type		Examples
Point	∘	POINT(30 10)
LineString		LINESTRING(30 10,40 40,20 40,10 20,30 10)
Polygon		POLYGON((35 10,45 45, 15 40, 10 20, 35 10),　(20 30,35 35,30 20,20 30))

图 5-8　常见的几何图形元素

下面给读者展示的是多个同类或异类几何图形元素的组合，如图 5-9 所示。

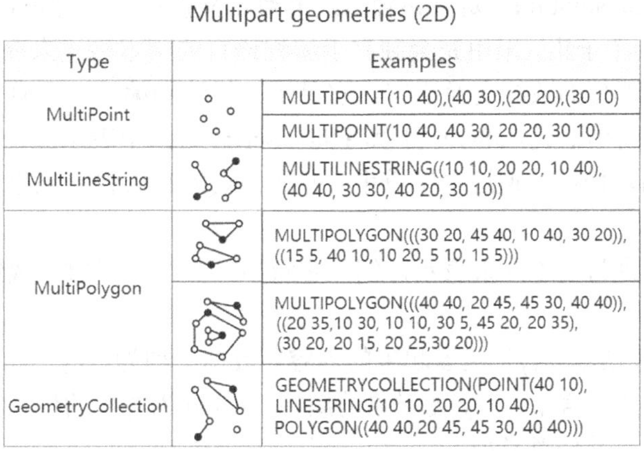

Multipart geometries (2D)

Type		Examples
MultiPoint		MULTIPOINT(10 40),(40 30),(20 20),(30 10)
		MULTIPOINT(10 40, 40 30, 20 20, 30 10)
MultiLineString		MULTILINESTRING((10 10, 20 20, 10 40), (40 40, 30 30, 40 20, 30 10))
MultiPolygon		MULTIPOLYGON(((30 20, 45 40, 10 40, 30 20)), ((15 5, 40 10, 10 20, 5 10, 15 5)))
		MULTIPOLYGON(((40 40, 20 45, 45 30, 40 40)), ((20 35,10 30, 10 10, 30 5, 45 20, 20 35), (30 20, 20 15, 20 25,30 20)))
GeometryCollection		GEOMETRYCOLLECTION(POINT(40 10), LINESTRING(10 10, 20 20, 10 40), POLYGON((40 40,20 45, 45 30, 40 40)))

图 5-9　几何图形元素的组合

空间数据的数据格式包括两种标准的格式：WKT（Well-Known Text 文本格式）和 WKB（Well-Known Binary 二进制格式）。MySQL 中需要使用特定的创建函数才能将 WKT 串转换为对应格式。关于空间函数请看 6.2.8 节。

- ST_GeomFromText(wkt)：创建一个任何类型的几何对象 Geometry。
- ST_PointFromText(wkt)：创建一个 Point 对象。
- ST_LineStringFromText(wkt)：创建一个 LineString 对象。
- ST_PolygonFromText(wkt)：创建一个 Polygon 对象。

例如，演示最简单的 POINT 类型的插入和显示。

（1）创建临时表 "t7_geom"，定义字段 p 的类型为 POINT。

```
mysql> CREATE TABLE t7_geom (p POINT);
Query OK, 0 rows affected (0.03 sec)
```

（2）添加一条记录，使用 ST_PointFromText(wkt)将 WKT 格式的值转换为内部几何格式。

```
mysql> INSERT INTO t7_geom (p) VALUES (ST_POINTFROMTEXT('POINT(1 1)'));
Query OK, 1 row affected (0.01 sec)
```

（3）查看数据，使用 ST_ASTEXT(几何对象)函数将几何对象转换为 WKT 串方便查看。

```
mysql> SELECT ST_ASTEXT(p) FROM t7_geom;
+--------------+
| ST_ASTEXT(p) |
+--------------+
| POINT(1 1)   |
+--------------+
1 row in set (0.00 sec)
```

5.5 JSON 类型

软件行业唯一不变的就是变化，比如功能上线之后，客户或项目经理需要对已有的功能增加一些合理的需求，完成这些工作需要通过添加字段解决，或者某些功能的实现需要通过增加字段来降低实现的复杂性等。这些问题都会改动线上的数据库表结构，一旦改动就会导致锁表，会使所有的写入操作一直等待，直到表锁关闭，特别是对于数据量大的热点表，添加一个字段可能会因为锁表时间过长而导致部分请求超时，这可能会对企业间接造成经济上的损失。这个时候我们可以预留一些字段来避免这个问题，预留的字段可以设置为具有良好扩展性的 JSON 类型。

JSON（Java Script Object Notation）是一种轻量级的数据交换格式。它是基于 ECMAScript（欧洲计算机协会制定的 JS 规范）的一个子集，采用完全独立于编程语言的文本格式来存储和表示数据。简洁和清晰的层次结构使得 JSON 成为理想的数据交换语言。它易于人阅读和编写，同时也易于机器解析和生成，并有效地提升网络传输效率。简单地说，JSON 可以将 JavaScript 对象中表示的一组数据转换为字符串，然后就可以在网络或者程序之间轻松地传递这个字符串，并在需要的时候将它还原为各编程语言所支持的数据格式。

任何支持的类型都可以通过 JSON 来表示，例如字符串、数字、对象、数组等，其中对象和数组是比较特殊且常用的两种类型。

- 对象在 JS 中是使用大括号 "{}" 包裹起来的内容，数据结构为{key1: value1, key2: value2, ...}的键值对结构。在面向对象的语言中，key 为对象的属性，value 为对应的值。键名可以使用整数和字符串来表示。值的类型可以是任意类型。
- 数组在 JS 中是中括号 "[]" 包裹起来的内容，数据结构为 ["java", "javascript", "mysql", ...] 的索引结构。同样，值的类型可以是任意类型。

一些合法的 JSON 的实例：

```
{"id": 1, "name": "张三","numers": [1, 2, 3]}   #对象类型
[1, 2, "3", {"a": 4}]                          #数组类型
3.14                                           #小数数值类型
1                                              #整数数值类型
"plain_text"                                   #字符串类型
```

在 MySQL 5.7 之前，如果需要在数据库中存储 JSON 数据只能使用 VARCHAR 或 TEXT 字符串类型。从 MySQL 5.7.8 之后开始支持 JSON 数据类型，和原来 JSON 格式的字符串相比，JSON 类型有以下的优点。

- 自动验证。错误的 JSON 格式会报错。
- 存储格式优化。数据保存为二进制格式，文件存储很紧凑，读取速度快。
- 可以通过键名或数组索引查询和修改对应的值，不用把整个字符串都读出来。

MySQL 的 JSON 类型具有如下特点。

- JSON 类型的数据需要的磁盘空间和 longblob 或 longtext 差不多，但是还要考虑额外的字节开销，用于存储查找 JSON 值所需的元数据和字典。例如，存储在 JSON 文档中的字符串需要额外存储 4 到 10 字节，具体取决于字符串的长度和存储对象或数组的大小。另外，从客户端给服务器端传输 JSON 数据时，还要受 "max_allowed_packet" 变量值的限制。
- JSON 的 key 必须是字符串格式。value 可以是任意类型。
- JSON 类型的数据默认使用 utf8mb4 字符集，utf8mb4-bin 排序，其他字符集使用 JSON 格式需要做字符集转换。ascii 或 utf8 不用转换，因为它们是 utf8mb4 的子集。
- JSON 类型的数据是大小写敏感，这一点同样适用于 true，false，null 这些常量值，它们在 JSON 里都必须小写。在 MySQL 中 null，Null，NULL 都是 null，但是在 JSON 类型中 "Null" 无法转成 null，只有 "null" 才能转成 null。
- JSON 格式中包含单引号或双引号时，需要用一条反斜线来转义。
- JSON 格式会丢弃一些额外的空格，并且会把键值对排序。

例如，下面演示 JSON 数据的存储问题，SQL 语句示例如下。

（1）创建临时表 "t8_json"，包含字段 "j"，定义为 JSON 类型。

```
mysql> CREATE TABLE t8_json( j JSON );
Query OK, 0 rows affected (0.05 sec)
```

（2）添加一条对象类型的 JSON 记录。在 MySQL 中字符串、日期类型通常使用单引号，JSON 类型的数据也用单引号，那么 JSON 串中的字符串就需要使用双引号。

```
mysql> INSERT INTO t8_json (j) VALUES('{"k1": "v1", "k2": "v2"}');
Query OK, 1 row affected (0.01 sec)
```

（3）添加一条数组类型的 JSON 记录。

```
mysql> INSERT INTO t8_json (j)
    -> VALUES('["abc", 11, null, true, false]');
Query OK, 1 row affected (0.01 sec)
```

（4）添加一条记录，数组类型中嵌套了对象和数组。

```
mysql> INSERT INTO t8_json (j)
    ->VALUES('[88, {"id": "AB200", "cost": 86.99}, ["hot", "cold"]]');
Query OK, 1 row affected (0.01 sec)
```

（5）添加一条记录，对象类型中嵌套了对象和数组。

```
mysql> INSERT INTO t8_json (j)
    -> VALUES('{"k1": "value", "k2": [10, 20], "k3": {"id":101, "name":"尚硅谷"}}');
Query OK, 1 row affected (0.01 sec)
```

（6）查看数据。

```
mysql> SELECT * FROM t8_json;
+-----------------------------------------------------------+
| j                                                         |
+-----------------------------------------------------------+
|{"k1": "v1", "k2": "v2"}                                   |
|["abc", 11, null, true, false]                             |
|[88, {"id": "AB200", "cost": 86.99}, ["hot", "cold"]]      |
|{"k1":"value","k2": [10, 20], "k3":{"id":101, "name":"尚硅谷"}} |
+-----------------------------------------------------------+
4 rows in set (0.00 sec)
```

在 MySQL 8.0 中，不断对 JSON 类型进行改良，具体如下。

- 在 MySQL 8.0.13 之前，JSON 类型的值不能有非 NULL 默认值。
- 在 MySQL 8.0.17 及更高版本中，InnoDB 存储引擎支持 JSON 数组上的多值索引。
- 在 MySQL 8.0.3 之前，在将值插入 JSON 列时会执行"第一个重复键获胜"规范化。在这个之后，保留最后一个重复键的值。

（7）添加两条记录包含重复键的记录。

```
mysql> INSERT INTO t8_json (j)
    -> VALUES('{"x": 17, "x": "red"}'),
    -> ('{"x": 17, "x": "red", "x": [1, 3, 5]}');
Query OK, 2 rows affected (0.01 sec)
Records: 2  Duplicates: 0  Warnings: 0
```

（8）查看数据。

```
mysql> SELECT * FROM t8_json;
+----------------------------------------------------------------+
| j                                                              |
+----------------------------------------------------------------+
|{"k1": "v1", "k2": "v2"}                                        |
|["abc", 11, null, true, false]                                  |
|[88, {"id": "AB200", "cost": 86.99}, ["hot", "cold"]]           |
|{"k1":"value","k2": [10, 20], "k3":{"id":101, "name":"尚硅谷"}} |
|{"x": "red"}                                                    |
|{"x": [1, 3, 5]}                                                |
+----------------------------------------------------------------+
```

关于 JSON 类型数据的检索、修改等更多应用请看 6.2.7 节。

5.6　综合案例：员工表

前面几节学习了 MySQL 的各种数据类型，下面使用一个综合案例来展示一下多种数据类型的使用。创建员工表"t_staff"，表中各个字段定义说明如表 5-9 所示。

表 5-9　"t_staff"表结构说明

序号	注释	字段名	数据类型
1	员工编号	eid	int
2	员工姓名	ename	varchar(20)
3	薪资	salary	double
4	奖金比例	commission_pct	decimal(3,2)
5	出生日期	birthday	date
6	性别	gender	enum('男','女')
7	手机号码	tel	char(11)
8	邮箱	email	varchar(32)
9	住址	address	varchar(150)
10	工作地点	work_place	set('北京','深圳','上海','武汉')
11	额外信息	extra	json

创建员工表"t_staff"的 SQL 语句示例如下：

```
CREATE TABLE 't_staff' (
```

```
'eid' int,
'ename' varchar(20),
'salary' double,
'commission_pct' decimal(3,2),
'birthday' date,
'gender' enum('男','女'),
'tel' char(11),
'email' varchar(32),
'address' varchar(150),
'work_place' set('北京','深圳','上海','武汉'),
'extra' json
) ENGINE=InnoDB DEFAULT CHARSET=utf8mb4 COLLATE=utf8mb4_0900_ai_ci;
```

员工表 "t_staff" 的字段比较多，数据类型也很丰富，添加模拟数据也是工作量很大的事情，因此下面给大家介绍一下两种导入已有的 SQL 脚本的方式。读者可以在本书的序言中查看 SQL 脚本的下载方式。

5.6.1　使用命令行导入 SQL 脚本

在使用命令行导入 SQL 脚本之前，请使用记事本或 NotePad++等文本编辑器打开 SQL 脚本查看 SQL 脚本中是否有 USE 语句，如果没有，那么在命令行中需要先使用 USE 语句指定具体的数据库，否则会报 "No database selected" 的错误。下面分别演示 SQL 脚本中没有 USE 语句和有 USE 语句的导入情况。

情况一：SQL 脚本中没有 USE 语句。

导入下载的 "atguigu_chapter5_t_staff_no_use.sql" 脚本。因为这个 SQL 脚本中没有 USE 使用数据库的语句，所以在命令行中需要使用 USE 语句，确定将员工表导入到哪个数据库中。

```
mysql> USE atguigu_chapter5;
Database changed
mysql> source D:\atguigu\sql\atguigu_chapter5_t_staff_no_use.sql

Query OK, 0 rows affected (0.00 sec)


Query OK, 0 rows affected (0.04 sec)


Query OK, 25 rows affected (0.01 sec)
Records: 25  Duplicates: 0  Warnings: 0
```

"Query OK…" 不只上面这些，因为篇幅问题这里省略了很多 SQL 执行结果反馈信息。

情况二：SQL 脚本中有 USE 语句。

导入下载的 "atguigu_chapter5_t_staff_has_use.sql" SQL 脚本。因为这个 SQL 脚本中有 CREATE 创建数据库和 USE 使用数据库的语句，所以在命令行导入脚本时，就不用 USE 语句指定数据库了。

```
mysql> source D:\atguigu\sql\atguigu_chapter5_t_staff_has_use.sql
Query OK, 1 row affected (0.00 sec)

Database changed
Query OK, 0 rows affected (0.03 sec)

Query OK, 5 rows affected (0.00 sec)
Records: 5  Duplicates: 0  Warnings: 0
```

"Query OK…" 不只上面这些，因为篇幅问题这里省略了很多 SQL 执行结果反馈信息。

5.6.2　图形界面工具导入 SQL 脚本

各种图形界面工具也都提供导入 SQL 脚本的功能。下面使用 SQLyog 图形界面工具分别演示 SQL 脚本中没有 USE 语句和有 USE 语句的导入情况。

情况一：SQL 脚本中没有 USE 语句。

导入下载的"atguigu_chapter5_t_staff_no_use.sql"脚本。因为这个 SQL 脚本中没有 USE 使用数据库的语句，所以在 SQL 图形界面工具中，需要先选中数据库。

第 1 步，选中数据库"atguigu_chapter5"，然后单击鼠标右键，在弹出的快捷菜单中选择"导入"→"执行 SQL 脚本…"的菜单选项，如图 5-11 所示。

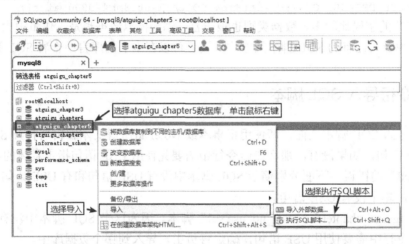

图 5-11　选择"atguigu_chapter5"数据库后选择执行 SQL 脚本

第 2 步，弹出选择 SQL 脚本的"从一个文件执行查询"对话框，找到已经下载到本地的"atguigu_chapter5_t_staff_no_use.sql" SQL 脚本文件，然后选中"执行"按钮，如图 5-12 所示。

图 5-12　选择下载好的"atguigu_chapter5_t_staff_no_use.sql"脚本

第 3 步，确认要执行 SQL 脚本的数据库是否是正确的数据库，如果正确就选择"是"，否则选择"否"，如图 5-13 所示。

图 5-13　确认要执行"atguigu_chapter5_t_staff_no_use.sql"脚本的数据库是否正确

第 4 步，导入成功，如图 5-14 所示。

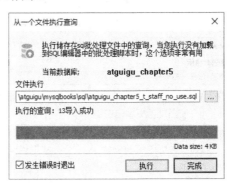

图 5-14　执行"atguigu_chapter5_t_staff_no_use.sql"脚本成功后完成

第 5 步，查看导入的表。SQLyog 的数据库对象导航区的空白处，右键单击选择"刷新对象浏览器"，如图 5-15 所示，可以在"atguigu_chapter5"数据库下看到新导入的"t_staff"员工表，如图 5-16 所示。

图 5-15　在 SQLyog 中的数据库对象导航窗口空白处右键单击选择"刷新对象浏览器"

图 5-16　在"atguigu_chapter5"数据库下查看新导入的"t_staff"表

情况二：SQL 脚本中有 USE 语句。

导入下载的"atguigu_chapter5_t_staff_has_use.sql"SQL 脚本。因为这个 SQL 脚本中有 CREATE 创建数据库和 USE 使用数据库的语句，所以，在 SQLyog 图形界面工具中"不能"选择任何数据库。

第 1 步，在 SQLyog 的数据库对象导航区的"空白处"，右键单击选择"执行 SQL 脚本"选项，如图 5-17 所示。

第 2 步，弹出选择 SQL 脚本的"从一个文件执行查询"对话框，找到本地存储的 SQL 脚本文件，然后单击"执行"按钮，如图 5-18 所示。

图 5-17　在 SQLyog 中的数据库对象导航窗口空白处右键单击选择"执行 SQL 脚本"

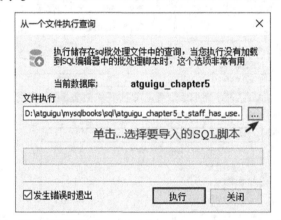

图 5-18　选择下载好的"atguigu_chapter5_t_staff_has_use.sql"脚本

第 3 步，导入成功，如图 5-19 所示。

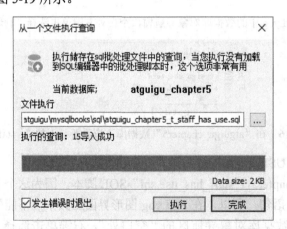

图 5-19　执行"atguigu_chapter5_t_staff_has_use.sql"脚本成功后完成

第 4 步，查看导入的库和表。SQLyog 的数据库对象导航窗口的空白处，右键单击选择"刷新"，可以查看新导入的"atguigu_chapter5_test2"数据库，如图 5-20 所示。

图 5-20　查看新导入的"atguigu_chapter5_test2"数据库

5.6.3　使用来自其他数据库引擎的数据类型

为了方便使用其他厂商为 SQL 实现编写的代码，MySQL 映射数据类型如表 5-10 所示。这些映射使从其他数据库系统将表定义导入 MySQL 变得更容易。

表 5-10　MySQL 使用来自其他数据库引擎的数据类型的对应关系

其他数据库的类型	MySQL 数据类型
BOOL	TINYINT
BOOLEAN	TINYINT
CHARACTER　　VARYING(M)	VARCHAR(M)
FIXED	DECIMAL
FLOAT4	FLOAT
FLOAT8	DOUBLE
INT1	TINYINT
INT2	SMALLINT
INT3	MEDIUMINT
INT4	INT
INT8	BIGINT
LONG　　VARBINARY	MEDIUMBLOB
LONG　　VARCHAR	MEDIUMTEXT
LONG	MEDIUMTEXT
MIDDLEINT	MEDIUMINT
NUMERIC	DECIMAL

5.7　本章小结

本章介绍了 MySQL 提供的丰富的数据类型，以及各种数据类型的特点和使用方法，为了优化存储、提供数据性能，在任何情况下均应使用最精确的类型，即在所有可以表示该列值的类型中，该类型占用的存储空间最少。

第6章

MySQL 运算符和系统函数

运算符连接表达式中的各个操作数，其作用是用来指明对操作数所进行的运算。运用运算符可以更加灵活地使用表中的数据，MySQL 支持的运算符很丰富，主要分为四大类：算术运算符、比较运算符、逻辑运算符和位运算符。

当要求对数据进行的处理操作比较复杂时，往往需要使用函数。MySQL 提供了众多功能强大、方便易用的函数。使用这些函数，可以极大地提高用户对数据库的管理效率。我们把这些 MySQL 提供的函数称为系统函数，它们根据功能不同可以分为数学函数、字符串函数、日期和时间函数、条件判断函数、系统信息函数和加密函数、JSON 函数、窗口函数等。

本章的所有 SQL 演示都基于"atguigu_chapter6"数据库。为了更好地演示效果，下面导入提前准备好的"t_employee"表的 SQL 脚本"atguigu_chapter6_t_employee.sql"（如何导入脚本请看第 5.6 节）。请读者先熟悉"t_employee"表结构以便能够更好地进行本章的 SQL 练习，"t_employee"表结构如图 6-1 所示。

图 6-1 "t_employee"表结构说明

6.1 运算符

运算符用来告诉 MySQL 执行特定的运算或逻辑判断。MySQL 的运算符不仅仅是一些符号（例如，%、&等），还有一些关键字（例如，MOD、AND 等）。注意所有的运算符都要使用英文半角输入状态输入，不能使用中文或全角输入状态输入。

运算符和操作数构成了表达式。例如，a+b 是一个表达式，a>b 也是一个表达式。需要注意的是，包含 NULL 的表达式总是产生 NULL 值，除了几个特定函数和运算符。例如，"<=>"、ISNULL 函数。

6.1.1　算术运算符

算术运算符用于各种数值运算，包括加、减、乘、除、求余（又称为模运算），如表 6-1 所示。

表 6-1　MySQL 中的算术运算符

运算符	说明	功能描述
+	MySQL 中用+表示加法	加法
-	MySQL 中用-表示减法	减法
*	MySQL 中用*表示乘法而不是×	乘法
/	MySQL 中用斜杠表示除法而不是÷	除法，返回商
DIV	MySQL 中也可以用 DIV 表示除法	除法，返回商，只返回整数部分
%	MySQL 中用百分号表示求余数	取余，返回余数
MOD	MySQL 中也可以用 MOD 表示求余数	取余，返回余数

下面演示除和求余的运算符，SQL 语句示例如下。

```
mysql> SELECT 64 / 3, 64 DIV 3;
+----------+----------+
| 64 / 3   | 64 DIV 3 |
+----------+----------+
| 21.3333  | 21       |
+----------+----------+
1 row in set (0.00 sec)

mysql> SELECT 64 % 3, 64 MOD 3;
+--------+----------+
| 64 % 3 | 64 MOD 3 |
+--------+----------+
|      1 |        1 |
+--------+----------+
1 row in set (0.00 sec)

mysql> SELECT 6.6 / 3.9, 6.6 DIV 3.9;
+-----------+-------------+
| 6.6 / 3.9 | 6.6 DIV 3.9 |
+-----------+-------------+
|   1.69231 |           1 |
+-----------+-------------+
1 row in set (0.00 sec)

mysql> SELECT 6.6 % 3.9 , 6.6 MOD 3.9;
+-----------+-------------+
| 6.6 % 3.9 | 6.6 MOD 3.9 |
+-----------+-------------+
|       2.7 |         2.7 |
+-----------+-------------+
1 row in set (0.00 sec)
```

从上面的结果可以看出，使用运算符"/"计算除可以得到带小数结果的商，而使用关键字"DIV"计算除只能得到整数结果的商。而使用运算符"%"和关键字"MOD"求余运算结果都一样。

下面演示有 NULL 值参与的算术运算，SQL 语句示例如下。

```
mysql> SELECT NULL + 2, NULL - 2, NULL * 2,
    -> NULL / 2, NULL DIV 2, NULL % 2, NULL MOD 2;
+----------+----------+----------+----------+------------+----------+------------+
|NULL + 2 |NULL - 2 |NULL * 2 |NULL / 2 |NULL DIV 2 |NULL % 2 |NULL MOD 2 |
+----------+----------+----------+----------+------------+----------+------------+
|  NULL   |  NULL   |  NULL   |  NULL   |   NULL    |  NULL   |   NULL    |
+----------+----------+----------+----------+------------+----------+------------+
1 row in set (0.00 sec)
```

从上面的结果可以看出，凡是有 NULL 值参与的运算结果都是 NULL。

6.1.2 比较运算符

熟悉了简单的算术运算符，再来看一下比较运算符。比较运算符的表达式通常用于条件判断，计算结果是 0 或 1，0 表示条件不成立，1 表示条件成立。MySQL 的比较运算符非常多，如表 6-2 所示。注意如果某个比较运算符由多个符号组成，如"<=>"，那么运算符的几个符号中间不能有空格，即几个符号必须是紧挨着的。

表 6-2 MySQL 中的比较运算符

运算符	功能描述
=	等于
<=>	安全的等于
<>或!=	不等于
<=	小于等于
>=	大于等于
>	大于
<	小于
IS NULL	判断一个值是否为空
IS NOT NULL	判断一个值是否不空
BETWEEN x AND y	判断一个值是否在[x, y]之间
NOT BETWEEN x AND y	判断一个值是否不在[x, y]之间
IN	判断一个值是否是列表中的任意一个值
NOT IN	判断一个值是否不是列表中的任意一个值
LIKE	模糊匹配，LIKE 一般会搭配通配符"%"或"_"使用，其中"%"表示任意个字符，"_"代表一个字符
REGEXP 或 RLIKE	正则表达式匹配

下面演示比较运算符的使用，SQL 语句示例如下。

（1）在"t_employee"表中查询薪资 salary 高于 15000 元的员工姓名和薪资。

```
mysql> SELECT ename,salary FROM t_employee WHERE salary > 15000;
+--------+--------+
| ename  | salary |
+--------+--------+
|  孙洪亮 | 28000  |
```

```
|   贾宝玉   |   15700 |
|   黄冰茹   |   15678 |
|   李冰冰   |   18760 |
|   谢吉娜   |   18978 |
|   舒淇格   |   16788 |
|   章嘉怡   |   15099 |
+--------+--------+
7 rows in set (0.00 sec)
```

（2）在"t_employee"表中查询部门编号 did 不等于 1 的员工姓名和部门编号。不等于可以使用"!="或"<>"表示，结果都是一样的。

```
mysql> SELECT ename,did FROM t_employee WHERE did != 1;
+----------+---------+
| ename    | did     |
+----------+---------+
|   黄熙萌   |    3    |
|   谢吉娜   |    2    |
|   董吉祥   |    2    |
|   彭超越   |    3    |
|   李诗雨   |    3    |
|   舒淇格   |    4    |
|   周旭飞   |    4    |
|   章嘉怡   |    5    |
|   白露     |    5    |
|   刘烨     |    3    |
|   吉日格勒 |    5    |
+----------+---------+
11 rows in set (0.00 sec)
```

（3）在"t_employee"表中查询员工奖金比例，commission_pct 是 NULL 的员工姓名、薪资、奖金比例。判断 NULL 值不能使用"="""!="等比较运算符，只能使用 IS NULL、IS NOT NULL 和"<=>"。

```
mysql> SELECT ename, salary, commission_pct FROM t_employee
    -> WHERE commission_pct IS NULL;
+----------+---------+------------------+
| ename    | salary  | commission_pct   |
+----------+---------+------------------+
|   邓超远   |   8000  |        NULL      |
|   黄熙萌   |   9456  |        NULL      |
|   陈浩     |   8567  |        NULL      |
|   韩庚年   |  12000  |        NULL      |
|   李小磊   |   7897  |        NULL      |
|   陆风     |   8789  |        NULL      |
|   黄冰茹   |  15678  |        NULL      |
|   孙红梅   |   9000  |        NULL      |
|   李冰冰   |  18760  |        NULL      |
|   董吉祥   |   8978  |        NULL      |
|   彭超越   |   9878  |        NULL      |
|   李诗雨   |   9000  |        NULL      |
|   周旭飞   |   7876  |        NULL      |
|   白露     |   9787  |        NULL      |
|   陈纲     |  13090  |        NULL      |
|   吉日格勒 |  10289  |        NULL      |
```

```
|  额日古那   |  9087  |      NULL      |
+----------+--------+----------------+
17 rows in set (0.00 sec)
```

（4）在"t_employee"表中查询薪资 salary 在[10000,15000]之间的员工姓名和薪资。

```
mysql> SELECT ename,salary FROM t_employee
    -> WHERE salary BETWEEN 10000 AND 15000;
+----------+--------+
| ename    | salary |
+----------+--------+
|  韩庚年   | 12000  |
|  刘烨     | 13099  |
|  陈纲     | 13090  |
|  吉日格勒 | 10289  |
+----------+--------+
4 rows in set (0.00 sec)
```

（5）在"t_employee"表中查询 ename 是"韩庚年""贾宝玉""舒淇格"的员工姓名和薪资。

```
mysql> SELECT ename,salary FROM t_employee
    -> WHERE ename IN('韩庚年','贾宝玉','舒淇格');
+--------+--------+
| ename  | salary |
+--------+--------+
|  韩庚年 | 12000  |
|  贾宝玉 | 15700  |
|  舒淇格 | 16788  |
+--------+--------+
3 rows in set (0.00 sec)
```

（6）在"t_employee"表中查询部门编号 did 不是"1,3,4"这些值的员工姓名和部门编号、薪资情况。

```
mysql> SELECT ename,did,salary FROM t_employee
    -> WHERE did NOT IN(1,3,4);
+----------+------+--------+
| ename    | did  | salary |
+----------+------+--------+
|  谢吉娜   |   2  | 18978  |
|  董吉祥   |   2  |  8978  |
|  章嘉怡   |   5  | 15099  |
|  白露     |   5  |  9787  |
|  吉日格勒 |   5  | 10289  |
+----------+------+--------+
5 rows in set (0.00 sec)
```

（7）在"t_employee"表中查询员工姓名 ename 中包含"冰"字的员工姓名和电话。

```
mysql> SELECT ename,tel FROM t_employee WHERE ename LIKE '%冰%';
+--------+--------------+
| ename  | tel          |
+--------+--------------+
|  黄冰茹 | 13787876565  |
|  李冰冰 | 13790909887  |
+--------+--------------+
2 rows in set (0.00 sec)
```

（8）在"t_employee"表中查询员工姓名 ename 以"陈"开头，"陈"字后面有一个字的员工姓名和电话。

```
mysql> SELECT ename,tel FROM t_employee WHERE ename LIKE '陈_';
+--------+-------------+
| ename  | tel         |
+--------+-------------+
| 陈浩   | 13409876545 |
| 陈纲   | 18712345632 |
+--------+-------------+
2 rows in set (0.00 sec)
```

正则表达式通常被用来检索或替换那些符合某个模式的文本内容，根据指定的正则模式匹配文本中符合要求的特殊字符。例如，从一个文本文件中提取电话号码，查找一篇文章中重复的单词或者替换用户输入的某些敏感词语等，这些地方都可以使用正则表达式。正则表达式强大而且灵活，可以应用于非常复杂的查询。MySQL 中使用 REGEXP 关键字指定正则表达式的字符串匹配模式。如表 6-3 列出了 REGEXP 运算符中常用字符匹配列表。

表 6-3　正则表达式常用字符匹配列表

选项	说明	例子	匹配值示例
^	匹配文本的开始字符	'^a'匹配以字母 a 开头的字符串	atguigu, apple
$	匹配文本的结束字符	'u$'匹配以字母 u 结尾的字符串	atguigu, you
.	匹配任何单个字符	'y.u'匹配 y 和 u 之间有任意一个字符	you, ylu, ybu
*	匹配前面的字符出现 0～n 次	'a*u'匹配 u 之前 a 出现 0 或多次	you, atguigu, aou
+	匹配前面的字符出现 1～n 次	'a+'匹配 a 出现 1 次或多次	atguigu, aau
文本	匹配包含指定文本的字符串	'rg'匹配包含'rg'的字符串	jrgl, ergn
[字符集合]	匹配字符集合中的任意一个字符	'[abc]'匹配包含'a'或'b'或'c'的字符串	atguigu, book, car
[^字符集合]	匹配不在字符集合中的任何字符	'[^a-z]'匹配包含 a～z 以外的任意字符	a#bc, d56k
字符串{n,}	匹配前面的字符串至少 n 次	'a{2,}'匹配连续出现 2 个或更多个 a	baad, aaaaaato
字符串{n,m}	匹配前面的字符串至少 n 次，至多 m 次	'a{2,4}'匹配连续出现至少 2 个至多 4 次的 a 字符	baad, aaato
\d	匹配数字	'\\d'匹配数字 0～9 的任意数字	342, agg3lda

（9）在"t_employee"表中查询员工邮箱名以"h"开头的员工姓名和邮箱。

```
mysql> SELECT ename,E-mail FROM t_employee WHERE E-mail REGEXP '^h';
+--------+-----------------+
| ename  | E-mail          |
+--------+-----------------+
| 何进   | hj@atguigu.com  |
| 黄熙萌 | hxm@atguigu.com |
| 韩庚年 | hgn@atguigu.com |
| 黄冰茹 | hbr@atguigu.com |
+--------+-----------------+
4 rows in set (0.00 sec)
```

（10）在"t_employee"表中查询员工姓名以"萌"字结尾的员工姓名。

```
mysql> SELECT ename FROM t_employee WHERE ename REGEXP '萌$';
+--------+
| ename  |
+--------+
| 黄熙萌 |
+--------+
1 row in set (0.00 sec)
```

（11）在"t_employee"表中查询员工地址中"西"和"旗"之间有一个字的员工姓名和员工地址。

```
mysql> SELECT ename,address FROM t_employee WHERE address REGEXP '
西.旗';
+--------+----------+
| ename  | address  |
+--------+----------+
| 李小磊 | 西山旗   |
| 彭超越 | 西二旗   |
+--------+----------+
2 rows in set (0.00 sec)
```

（12）在"t_employee"表中查询员工手机号码以"13"开头，在"13"之后"7"出现 0 次或多次，紧接着后面有一个"8"。

```
mysql> SELECT ename,tel FROM t_employee WHERE tel REGEXP '137*8';
+--------+-------------+
| ename  | tel         |
+--------+-------------+
| 孙洪亮 | 13789098765 |
| 黄冰茹 | 13787876565 |
| 董吉祥 | 13876544333 |
+--------+-------------+
3 rows in set (0.00 sec)
```

（13）在"t_employee"表中查询员工手机以"13"开头的号码，在"13"之后"7"出现 1 次或多次，紧接着后面有一个"8"。

```
mysql> SELECT ename,tel FROM t_employee WHERE tel REGEXP '137+8';
+--------+-------------+
| ename  | tel         |
+--------+-------------+
| 孙洪亮 | 13789098765 |
| 黄冰茹 | 13787876565 |
+--------+-------------+
2 rows in set (0.00 sec)
```

（14）在"t_employee"表中查询员工邮箱名中包含"rg"两个字符的员工姓名和员工邮箱。

```
mysql> SELECT ename,E-mail FROM t_employee WHERE E-mail REGEXP 'rg';
+----------+--------------------+
| ename    | E-mail             |
+----------+--------------------+
| 吉日格勒 | jrgl@163.com       |
| 额日古那 | ergn@atguigu.com   |
+----------+--------------------+
2 rows in set (0.00 sec)
```

（15）在"t_employee"表中查询员工邮箱名中包含"ypz"中任意一个字符的员工姓名和邮箱。

```
mysql> SELECT ename,E-mail FROM t_employee WHERE E-mail REGEXP '[ypz]';
+--------+---------------------+
| ename  | E-mail              |
+--------+---------------------+
| 邓超远 | dcy666@atguigu.com  |
| 贾宝玉 | jby@atguigu.com     |
| 李小磊 | lyf@atguigu.com     |
| 彭超越 | pcy@atguigu.com     |
| 李诗雨 | lsy@atguigu.com     |
| 章嘉怡 | zjy@atguigu.com     |
```

```
| 刘烨     | ly@atguigu.com       |
+---------+----------------------+
7 rows in set (0.00 sec)
```

（16）在"t_employee"表中查询员工邮箱名 E-mail 中包含"a-z.@"以外字符的员工姓名和邮箱，例如"dcy666@atguigu.com"中包含"666"。

```
mysql> SELECT ename,E-mail FROM t_employee WHERE E-mail REGEXP '[^a-z.@]';
+-----------+----------------------+
| ename     | E-mail               |
+-----------+----------------------+
| 邓超远    | dcy666@atguigu.com   |
| 陈浩      | ch888@atguigu.com    |
| 吉日格勒  | jrgl@163.com         |
+-----------+----------------------+
3 rows in set (0.00 sec)
```

（17）在"t_employee"表中查询员工手机号码中数字"3"连续出现 2 次以上的员工姓名和电话。

```
mysql> SELECT ename,tel FROM t_employee WHERE tel REGEXP '3{2,}';
+---------+--------------+
| ename   | tel          |
+---------+--------------+
| 董吉祥  | 13876544333  |
+---------+--------------+
1 row in set (0.00 sec)
```

（18）在"t_employee"表中查询员工邮箱名中包含数字的员工姓名和邮箱。

```
mysql> SELECT ename, E-mail FROM t_employee WHERE E-mail REGEXP '\\d';
+-----------+----------------------+
| ename     | E-mail               |
+-----------+----------------------+
| 邓超远    | dcy666@atguigu.com   |
| 陈浩      | ch888@atguigu.com    |
| 吉日格勒  | jrgl@163.com         |
+-----------+----------------------+
3 rows in set (0.00 sec)
```

6.1.3　逻辑运算符

逻辑运算符又称为布尔运算符，用来确认表达式的真或假。MySQL 支持 4 种逻辑运算符，如表 6-4 所示。

表 6-4　MySQL 中的逻辑运算符说明

运算符	功能描述
NOT 或 ！	逻辑非
AND 或 &&	逻辑与
OR 或 ‖	逻辑或
XOR	逻辑异或

下面演示逻辑运算符的使用。

（1）在"t_employee"表中查询邮箱地址 E-mail 不是以"@atguigu.com"结尾的员工姓名和邮箱。

```
mysql> SELECT ename, E-mail FROM t_employee
    -> WHERE NOT E-mail LIKE '%@atguigu.com';
```

```
+----------+--------------+
| ename    | E-mail       |
+----------+--------------+
| 吉日格勒  | jrgl@163.com |
+----------+--------------+
1 row in set (0.00 sec)
```

NOT 也可以改为"!",但是通常需要对后面的表达式加"()",因为"!"的优先级非常高。

```
mysql> SELECT ename, E-mail FROM t_employee
    -> WHERE ! (E-mail LIKE '%@atguigu.com');
+----------+--------------+
| ename    | E-mail       |
+----------+--------------+
| 吉日格勒  | jrgl@163.com |
+----------+--------------+
1 row in set, 1 warning (0.00 sec)
```

（2）在"t_employee"表中查询员工姓名 ename 中包含"白"字或"红"字的员工姓名和性别。OR 也可以改为"||",效果一样。

```
mysql> SELECT ename,gender FROM t_employee
    -> WHERE ename LIKE '%白%' OR ename LIKE '%红%';
+--------+--------+
| ename  | gender |
+--------+--------+
| 孙红梅 | 女     |
| 白露   | 女     |
+--------+--------+
2 rows in set, 1 warning (0.00 sec)
```

（3）在"t_employee"表中查询员工奖金比例 commission_pct 高于 0.2 并且薪资在 15000 元以上的员工的姓名、性别、薪资、奖金比例。AND 也可以改为"&&",效果一样。

```
mysql> SELECT ename, gender, salary, commission_pct FROM t_employee
    -> WHERE salary > 15000 AND commission_pct > 0.2;
+--------+--------+--------+----------------+
| ename  | gender | salary | commission_pct |
+--------+--------+--------+----------------+
| 孙洪亮 | 男     | 28000  | 0.65           |
| 贾宝玉 | 男     | 15700  | 0.24           |
| 谢吉娜 | 女     | 18978  | 0.25           |
+--------+--------+--------+----------------+
3 rows in set (0.00 sec)
```

（4）在"t_employee"表中查询员工奖金比例 commission_pct 高于 0.2 异或薪资在 15000 元以上的员工的姓名、性别、薪资、奖金比例,即两个条件必须满足一个,也只能满足一个。

```
mysql> SELECT ename, gender, salary, commission_pct FROM t_employee
    -> WHERE salary > 15000 XOR commission_pct > 0.2;
+--------+--------+--------+----------------+
| ename  | gender | salary | commission_pct |
+--------+--------+--------+----------------+
| 李晨熙 | 女     | 9000   | 0.40           |
| 舒淇格 | 女     | 16788  | 0.10           |
| 章嘉怡 | 女     | 15099  | 0.10           |
| 刘烨   | 男     | 13099  | 0.32           |
+--------+--------+--------+----------------+
4 rows in set (0.00 sec)
```

6.1.4　位运算符

位运算符是将给定的操作数转化为二进制后，对各个操作数每一个二进制位都进行指定的逻辑运算，得到的二进制结果再转换为十进制数。MySQL 中支持 6 种位运算符，如表 6-5 所示。

表 6-5　MySQL 中的位运算符说明

运算符	功能描述
&	按位与
|	按位或
^	按位异或
<<	按位左移
>>	按位右移
~	按位取反

下面演示位运算符的使用。

1. 按位与运算符

对应的二进制位都为 1，则该位的运算结果为 1，否则为 0。例如，整数 10 的二进制为 00001010，15 的二进制为 00001111，按位与运算之后结果为 000010110，即十进制数 10。

```
整数 10 的二进制 0 0 0 0 1 0 1 0
整数 15 的二进制 0 0 0 0 1 1 1 1
进行按位与运算：------------------
结果是　　　　　 0 0 0 0 1 0 1 0　　对应十进制整数 10
```

验证位运算结果也可以借助 Windows 操作系统自带的计算器功能，如图 6-2 所示。

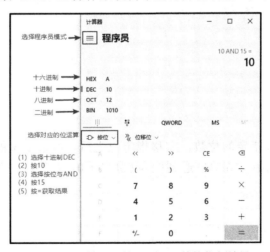

图 6-2　用计算器计算 10 和 15 的按位与结果

示例代码：

```
mysql> SELECT 10 & 15,9 & 4 & 2;
+---------+-----------+
| 10 & 15 | 9 & 4 & 2 |
+---------+-----------+
| 10      | 0         |
+---------+-----------+
```

2. 按位或运算符

对应的二进制位有一个或两个为 1，则该位的运算结果为 1，否则为 0。

示例代码：

```
mysql> SELECT 10 | 15,9 | 4 | 2;
+---------+-----------+
| 10 | 15 | 9 | 4 | 2 |
+---------+-----------+
| 15      | 15        |
+---------+-----------+
```

3. 按位异或运算符

对应的二进制位不相同时，结果为 1，否则为 0。

示例代码：

```
mysql> SELECT 10 ^ 15,1 ^ 0,1 ^ 1;
+---------+-------+-------+
| 10 ^ 15 | 1 ^ 0 | 1 ^ 1 |
+---------+-------+-------+
| 5       | 1     | 0     |
+---------+-------+-------+
```

4. 按位左移运算符

使指定的二进制位都左移指定的位数，左移指定位之后，左边高位的数值将被移出并丢弃，右边低位空出的位置用 0 补齐。例如，1 的二进制值为 00000001，左移两位之后变成 00000100，即十进制数 4。

示例代码：

```
mysql> SELECT 1 << 2,4 << 2;
+--------+--------+
| 1 << 2 | 4 << 2 |
+--------+--------+
| 4      | 16     |
+--------+--------+
```

5. 按位右移运算符

使指定的二进制位都右移指定的位数，右移指定位之后，右边低位的数值将被移出并丢弃，左边高位空出的职位用 0 补齐。例如，16 的二进制值为 00010000，右移两位之后变为 00000100，即十进制数 4。

示例代码：

```
mysql> SELECT 1 >> 1,16 >> 2;
+--------+---------+
| 1 >> 1 | 16 >> 2 |
+--------+---------+
| 0      | 4       |
+--------+---------+
```

6. 按位取反运算符

将对应的二进制数逐位反转，即 1 取反后变 0，0 取反后变 1。例如，1 的二进制值为 00000001，取反后变为 11111110。

示例代码：

```
mysql> SELECT 5 & ~1 ;
+--------+
| 5 & ~1 |
+--------+
| 4      |
+--------+
```

6.1.5　运算符优先级

前面介绍了 MySQL 支持的各种运算符的使用方法，在实际应用中，很可能将这些运算符进行混合运算，那么哪个先计算哪个后计算呢？如表 6-6 所示，列出了所有的运算符，优先级从高到低排序，同一行中的运算符具有相同的优先级。

表 6-6　MySQL 中的运算符优先级说明

优先级	运算符（同一行中的运算符具有相同的优先级）
1	!
2	-(负号)、～(按位取反)
3	^
4	*、/、%、DIV、MOD
5	-(减号)、+
6	<<、>>
7	&
8	|
9	=(比较运算)、<=>、>=、<>、<=、<>、!=、IS、LIKE、IN、REGEXP
10	BETWEEN
11	NOT
12	&&、AND
13	XOR
14	||、OR
15	=(赋值运算)

在实际运行的时候，可以参考表 6-6 中的优先级，但是实际上，很少有人能够将这些优先级熟练记忆，很多时候我们都是使用 "( )" 将需要优先运算的表达式括起来，这样既起到了优先的作用，又使得表达式看起来更加易于理解。

6.2　单行函数

在 MySQL 中，函数相当于一段预定义的程序，这段程序可以根据既定的逻辑做相应的数据处理，调用这段程序就是为了获取一个计算结果。MySQL 提供了大量丰富的函数，在进行数据库管理以及数据的查询和操作时将会经常用到各种函数，调用函数往往能使用户的数据处理工作事半功倍。

如果调用的函数对 SQL 语句影响的每一行都进行处理，并针对这一行返回一个结果，即 SQL 语句影响多少行就返回多少个结果，这样的函数称为单行函数。如果调用的函数对 SQL 语句影响的所有行进行综合处理，最终返回一个结果，即无论 SQL 语句影响多少行都只返回一个结果，这样的函数称为聚合函数，或者多行函数、组函数，如图 6-3 所示。

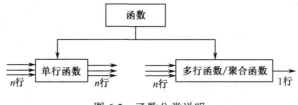

图 6-3　函数分类说明

单行函数从功能方面主要分为数学函数、字符串函数、日期时间函数、条件判断函数、系统信息函数、加密函数等。

6.2.1　数学函数

数学函数主要用来处理数值数据，这些函数能处理很多数值方面的运算，如果没有这些函数的支持，用户在编写有关数值运算方面将会困难重重。主要的数学函数有绝对值函数、三角函数、对数函数、幂运算函数、平方根函数、获取整数函数、获取随机数函数、四舍五入和截断数值函数等。如表 6-7 所示，列出了在 MySQL 中会经常使用的部分数学函数，还有很多数学函数没有列出来，如果需要可以查看官方 API 文档。

表 6-7　MySQL 中的部分数学函数说明

数学函数	功能描述
ABS(x)	返回 x 的绝对值
CEIL(x)	返回大于 x 的最小整数值
FLOOR(x)	返回小于 x 的最大整数值
MOD(x,y)	返回 x 除以 y 的余数
RAND()	返回 0~1 的随机数
ROUND(x,y)	返回参数 x 四舍五入后包含 y 位小数的值，y 不指定时表示四舍五入到整数
TRUNCATE(x,y)	返回数字 x 截断为 y 位小数的结果，y 不指定时表示截取所有小数部分
SQRT(x)	返回 x 的平方根
POW(x,y)	返回 x 的 y 次方

下面演示部分数学函数的使用。

（1）在"t_employee"表中薪资大于 15000 元的男员工无故旷工一天扣多少钱，分别用 CEIL、FLOOR、ROUND、TRUNCATE 函数。假设本月工作日总天数是 22 天，旷工一天扣的钱为"salary/22"。

```
mysql> SELECT salary, salary / 22,
    ->   CEIL(salary / 22) AS c,
    ->   FLOOR(salary / 22) AS f,
    ->   ROUND(salary / 22,2) AS r,
    ->   TRUNCATE(salary / 22,2) AS t
    -> FROM t_employee WHERE salary > 15000 AND gender = '男';
+--------+--------------------+------+------+---------+---------+
| salary | salary / 22        | c    | f    | r       | t       |
| 28000  | 1272.7272727272727 |1273  | 1272 | 1272.73 | 1272.72 |
| 15700  | 713.6363636363636  | 714  | 713  | 713.64  | 713.63  |
+--------+--------------------+------+------+---------+---------+
2 rows in set (0.00 sec)
```

（2）演示 ABS、RAND、ROUND、SQRT、POW 函数的功能。

```
mysql> SELECT ABS(-5) AS a1,
    -> ABS(5) AS a2,
    ->  RAND() AS r,
    -> ROUND(RAND(),2) AS rr,
    ->  SQRT(5) AS s,
    -> ROUND(SQRT(5),3) AS rs,
    ->  POW(2,3) AS p;
+---+-----+-------------------+------+-----------------+-------+---+
| a1| a2 | r                 | rr   | s               | rs    |p  |
+---+-----+-------------------+------+-----------------+-------+---+
| 5 |  5  | 0.7873756948740926|0.41  |2.23606797749979 | 2.236 |8  |
+---+-----+-------------------+------+-----------------+-------+---+
1 row in set (0.00 sec)
```

注意，RAND 函数产生的结果每次都是随机的，如果读者运行结果和上面不同是正常的。

6.2.2　字符串函数

在 MySQL 中，字符串函数是最丰富的一类函数，主要用来处理数据库中的字符串数据。MySQL 中的字符串函数有计算字符串长度函数、字符串合并函数、字符串替换函数、字符串比较函数、查找指定字符串位置函数等。如表 6-8 所示，列出了部分常用的字符串函数。

表 6-8　MySQL 中的部分字符串函数

函数	功能描述
CONCAT(s1,s2,…sn)	连接 s1,s2,…sn 为一个字符串
CONCAT_WS(s,s1,s2,…sn)	同 CONCAT(s1,s2,…)函数，但每个字符串间要加上 s
CHAR_LENGTH(s)	返回字符串 s 的字符数
LENGTH(s)	返回字符串 s 的字节数，和字符集有关
LOCATE(str1,str)或 POSITION(str1 in str)或 INSTR(str,str1)	返回子字符串 str1 在 str 中的开始位置
UPPER(s)或 UCASE(s)	将字符串 s 的所有字母转成大写字母
LOWER(s)或 LCASE(s)	将字符串 s 的所有字母转成小写字母
LEFT(s,n)	返回字符串 s 最左边的 n 个字符
RIGHT(s,n)	返回字符串 s 最右边的 n 个字符
LPAD(str,len,pad)	用字符串 pad 对 str 最左边进行填充，直到 str 的长度达到 len
RPAD(str,len,pad)	用字符串 pad 对 str 最右边进行填充，直到 str 的长度达到 len
LTRIM(s)	去掉字符串 s 左侧的空格
RTRIM(s)	去掉字符串 s 右侧的空格
TRIM(s)	去掉字符串 s 开始与结尾的空格
TRIM([BOTH] s1 FROM s)	去掉字符串 s 开始与结尾的 s1
TRIM([LEADING] s1 FROM s)	去掉字符串 s 开始处的 s1
TRIM([TRAILING]s1 FROM s)	去掉字符串 s 结尾处的 s1
INSERT(str,index,len,instr)	将字符串 str 从 index 位置开始 len 个字符的替换为字符串 instr
REPLACE(str,a,b)	用字符串 b 替换字符串 str 中所有出现的字符串 a
REPEAT(str,n)	返回 str 重复 n 次的结果
REVERSE(s)	将字符串反转
STRCMP(s1,s2)	比较字符串 s1,s2
SUBSTRING(s,index,len)	返回从字符串 s 的 index 位置截取 len 个字符

下面演示部分字符串函数的使用。

（1）在"t_employee"表中查询员工姓名 ename 和电话 tel，并使用 CONCAT 函数，CONCAT_WS 函数。其中，CONCAT(s1, s2, ...)函数表示连接()中的各个字符串，而 CONCAT_WS(s, s1, s2, ...)函数表示连接()中的 s1，s2 等字符串，并且字符串之间使用 s 进行分隔。

```
mysql> SELECT CONCAT(ename,tel),CONCAT_WS('-',ename,tel)
    -> FROM t_employee
    -> WHERE gender = '男' AND salary > 15000;
+-------------------+--------------------------+
| CONCAT(ename,tel) | CONCAT_WS('-',ename,tel) |
+-------------------+--------------------------+
| 孙洪亮13789098765 | 孙洪亮-13789098765       |
| 贾宝玉15490876789 | 贾宝玉-15490876789       |
+-------------------+--------------------------+
2 rows in set (0.00 sec)
```

（2）在"t_employee"表中查询薪资高于 15000 元的男员工姓名，并把姓名处理成"张 xx"的样式。LEFT(s, n)函数表示取字符串 s 最左边的 n 个字符，而 RPAD(s, len, p)函数表示在字符串 s 的右边填充 p，使得字符串长度达到 len。

```
mysql> SELECT RPAD(LEFT(ename,1),3,'x')
    -> FROM t_employee
    -> WHERE gender = '男' AND salary > 15000;
+---------------------------+
| RPAD(LEFT(ename,1),3,'x') |
+---------------------------+
| 孙xx                      |
| 贾xx                      |
+---------------------------+
2 rows in set (0.00 sec)
```

（3）在"t_employee"表中查询薪资高于 10000 元的男员工姓名、姓名包含的字符数和占用的字节数。其中，CHAR_LENGTH(s)函数表示返回字符串 s 的字符数，LENGTH(s)函数表示返回值字符串 s 的字节长度，基于 UTF8mb4 编码的字符，一个汉字是 3 个字节，一个数字或字母是 1 个字节。

```
mysql> SELECT ename, CHAR_LENGTH(ename),LENGTH(ename)
    -> FROM t_employee
    -> WHERE gender = '男' AND salary > 10000;
+-----------+--------------------+---------------+
| ename     | CHAR_LENGTH(ename) | LENGTH(ename) |
+-----------+--------------------+---------------+
| 孙洪亮    |                  3 |             9 |
| 韩庚年    |                  3 |             9 |
| 贾宝玉    |                  3 |             9 |
| 刘烨      |                  2 |             6 |
| 陈纲      |                  2 |             6 |
| 吉日格勒  |                  4 |            12 |
+-----------+--------------------+---------------+
6 rows in set (0.00 sec)
```

（4）在"t_employee"表中查询薪资高于 15000 元的男员工的邮箱，并把邮箱中的"@atguigu.com"去掉。

```
mysql> SELECT ename, TRIM(TRAILING '@atguigu.com' FROM E-mail)
    -> FROM t_employee
    -> WHERE gender = '男' AND salary > 15000;
```

```
+--------+-------------------------------------+
| ename  | TRIM(TRAILING '@atguigu.com' FROM E-mail)|
+--------+-------------------------------------+
| 孙洪亮 |    shl                              |
| 贾宝玉 |    jby                              |
+--------+-------------------------------------+
2 rows in set (0.00 sec)
```

（5）在"t_employee"表中查询薪资高于 15000 元的男员工的邮箱，并把"atguigu"替换为"shangguigu"。
REPLACE(s, a, b)函数表示把字符串 s 中的 a 字符子串替换为 b 字符子串。

```
mysql> SELECT ename, REPLACE(E-mail,'atguigu','shangguigu')
    -> FROM t_employee
    -> WHERE gender = '男' AND salary > 15000;
+--------+----------------------------------------+
| ename  | REPLACE(E-mail,'atguigu','shangguigu')  |
+--------+----------------------------------------+
| 孙洪亮 | shl@shangguigu.com                     |
| 贾宝玉 | jby@shangguigu.com                     |
+--------+----------------------------------------+
2 rows in set (0.00 sec)
```

（6）在"t_employee"表中查询薪资高于 15000 元的男员工的邮箱，并把邮箱转为大写。UPPER(s)或
UCASE(s)函数可以将字符串 s 转为大写形式，反过来 LOWER(s)或 LCASE(s)函数可以将字符串 s 转为小
写形式。

```
mysql> SELECT ename, UPPER(E-mail)
    -> FROM t_employee
    -> WHERE gender = '男' AND salary > 15000;
+--------+-----------------+
| ename  | UPPER(E-mail)   |
+--------+-----------------+
| 孙洪亮 | SHL@ATGUIGU.COM |
| 贾宝玉 | JBY@ATGUIGU.COM |
+--------+-----------------+
2 rows in set (0.00 sec)
```

（7）在"t_employee"表中查询薪资高于 10000 元的男员工姓名和邮箱，并将邮箱名"@"之后的邮
箱域名替换为"atguigu.cn"。字符串函数 INSERT(str, index, len, instr)函数表示将字符串 str 从 index 位置
开始 len 个字符替换为字符串 instr。POSITION(s IN str)函数表示返回字符串 s 在字符串 str 中的索引位置。
CHAR_LENGTH(s)函数表示获取字符串 s 的字符个数。那么表达式"POSITION('@' IN E-mail)"表示获取
邮箱 E-mail 中"@"的索引位置，表达式"CHAR_LENGTH(E-mail)-POSITION('@' IN E-mail)+1"表示获
取邮箱中从"@"开始之后有几个字符。

```
mysql> SELECT ename,E-mail,
    ->   INSERT(E-mail,
    ->     POSITION('@' IN E-mail),
    ->     CHAR_LENGTH(E-mail)-POSITION('@' IN E-mail)+1,
    ->     '@atguigu.cn')
    ->     AS "E-mail_name@atguigu.cn"
    -> FROM t_employee
    -> WHERE gender = '男' AND salary > 10000;
+--------+------------------+-----------------------+
| ename  | E-mail           | E-mail_name@atguigu.cn|
+--------+------------------+-----------------------+
| 孙洪亮 | shl@atguigu.com  | shl@atguigu.cn        |
```

```
|   韩庚年   | hgn@atguigu.com   | hgn@atguigu.cn    |
|   贾宝玉   | jby@atguigu.com   | jby@atguigu.cn    |
|   刘烨     | ly@atguigu.com    | ly@atguigu.cn     |
|   陈纲     | cg@atguigu.com    | cg@atguigu.cn     |
|   吉日格勒 | jrgl@163.com      | jrgl@atguigu.cn   |
+-----------+-------------------+-------------------+
6 rows in set (0.00 sec)
```

（8）在"t_employee"表中查询薪资高于 10000 元的男员工姓名和邮箱，并把邮箱名"@"字符之前的字符串截取出来。

```
mysql> SELECT ename,E-mail,
    -> SUBSTRING(E-mail,1, POSITION('@' IN E-mail)-1) AS E-mail_name
    -> FROM t_employee
    -> WHERE gender = '男' AND salary > 10000;
+-----------+-------------------+--------------+
| ename     | E-mail            | E-mail_name  |
+-----------+-------------------+--------------+
|   孙洪亮  | shl@atguigu.com   | shl          |
|   韩庚年  | hgn@atguigu.com   | hgn          |
|   贾宝玉  | jby@atguigu.com   | jby          |
|   刘烨    | ly@atguigu.com    | ly           |
|   陈纲    | cg@atguigu.com    | cg           |
|   吉日格勒| jrgl@163.com      | jrgl         |
+-----------+-------------------+--------------+
6 rows in set (0.00 sec)
```

（9）判断字符串"ahaha"是否是回文字符串。回文字符串是一个正读和反读都一样的字符串。REVERSE(s)函数表示反转字符串 s。STRCMP(s1, s2)函数表示比较两个字符串的大小，如果两个字符串 s1 和 s2 中所有字符都相同，则返回 0；如果依次比较每一个字符的过程中，出现的不相同的字符，s1 中的字符小于 s2 中的字符则返回-1，否则返回 1。

```
mysql> SELECT STRCMP('ahaha', REVERSE('ahaha'));
+-----------------------------------+
| STRCMP('ahaha', REVERSE('ahaha')) |
+-----------------------------------+
|                                 0 |
+-----------------------------------+
1 row in set (0.01 sec)
```

6.2.3 日期时间函数

日期和时间函数主要用来处理日期和时间，一般的日期函数除了使用 DATE 类型的参数，还可以使用 DATETIME 或者 TIMESTAMP 类型的参数，但会忽略这些值的时间部分。相同的 TIME 类型值为参数的函数，可以接收 TIMESTAMP 类型的参数，但会忽略日期部分，许多日期时间函数可以同时接受数字和字符串类型的两种参数。如表 6-9 所示，列出了部分常用的日期时间函数。

表 6-9　MySQL 中的部分日期时间函数说明

函数	功能描述
CURDATE()或 CURRENT_DATE()	返回当前系统日期
CURTIME()或 CURRENT_TIME()	返回当前系统时间
NOW()/SYSDATE()/CURRENT_TIMESTAMP()/ LOCALTIME()/LOCALTIMESTAMP()	返回当前系统日期时间

函数	功能描述
UTC_DATE()/UTC_TIME()	返回当前 UTC 日期值/时间值
UNIX_TIMESTAMP(date)	返回一个 UNIX 时间戳
YEAR(date)/MONTH(date)/DAY(date)/ HOUR(time)/MINUTE(time)/SECOND(time)	返回具体的时间值
EXTRACT(type FROM date)	从日期中提取一部分值
DAYOFMONTH(date)/DAYOFYEAR(date)	返回一月/年中第几天
WEEK(date)/WEEKOFYEAR(date)	返回一年中的第几周
DAYOFWEEK()	返回周几，注意，周日是 1，周一是 2，……，周六是 7
WEEKDAY(date)	返回周几，注意，周一是 0，周二是 1，……，周日是 6
DAYNAME(date)	返回星期，MONDAY，TUESDAY，……，SUNDAY
MONTHNAME(date)	返回月份，January，……
DATEDIFF(date1,date2)/TIMEDIFF(time1,time2)	返回 date1-date2 的日期间隔/返回 time1-time2 的时间间隔
DATE_ADD(date,INTERVAL expr type)或 ADDDATE/DATE_SUB/SUBDATE	返回与给定日期相差 INTERVAL 时间段的日期
ADDTIME(time,expr)/SUBTIME(time,expr)	返回给定时间加上/减去 expr 的时间值
DATE_FORMAT(datetime,fmt)/TIME_FORMAT(time,fmt)	按照字符串 fmt 格式化日期 datetime 值/时间 time 值
STR_TO_DATE(str,fmt)	按照字符串 fmt 对 str 进行解析，解析为一个日期
GET_FORMAT(val_type,format_type)	返回日期时间字符串的显示格式

下面演示部分日期时间函数的使用。

（1）获取系统日期。CURDATE()和 CURRENT_DATE()函数都可以获取当前系统日期。当我们将日期值 "+0" 就会将当前日期值转换为数值型。

```
mysql> SELECT CURDATE(),CURRENT_DATE(),CURDATE()+0;
+------------+----------------+-------------+
| CURDATE()  | CURRENT_DATE() | CURDATE()+0 |
+------------+----------------+-------------+
| 2021-09-16 | 2021-09-16     |    20210916 |
+------------+----------------+-------------+
1 row in set (0.00 sec)
```

（2）获取系统时间。CURTIME()和 CURRENT_TIME()函数都可以获取当前系统时间。当我们将时间值 "+0" 就会将当前时间值转换为数值型。

```
mysql> SELECT CURTIME(),CURRENT_TIME(),CURTIME()+0;
+-----------+----------------+-------------+
| CURTIME() | CURRENT_TIME() | CURTIME()+0 |
+-----------+----------------+-------------+
| 11:55:25  | 11:55:25       |      115525 |
+-----------+----------------+-------------+
1 row in set (0.00 sec)
```

（3）获取系统日期时间值。CURRENT_TIMESTAMP()、LOCALTIME()、SYSDATE()和 NOW()这 4 个函数的作用相同，都返回当前系统的日期和时间值。

SQL 示例 1：

```
mysql> SELECT CURRENT_TIMESTAMP(),LOCALTIME();
+---------------------+---------------------+
| CURRENT_TIMESTAMP() | LOCALTIME()         |
+---------------------+---------------------+
| 2021-09-16 11:58:41 | 2021-09-16 11:58:41 |
+---------------------+---------------------+
```

```
1 row in set (0.00 sec)
```

SQL 示例 2：

```
mysql> SELECT SYSDATE(),NOW(), NOW()+0;
+---------------------+---------------------+----------------+
| SYSDATE()           | NOW()               | NOW()+0        |
+---------------------+---------------------+----------------+
| 2021-09-16 11:59:48 | 2021-09-16 11:59:48 | 20210916115948 |
+---------------------+---------------------+----------------+
1 row in set (0.00 sec)
```

（4）获取当前 UTC（世界标准时间）日期或时间值。本地时间是根据地球上不同时区所处的位置调整 UTC 得来的。例如，北京时间比 UTC 时间晚 8 个小时。

```
mysql> SELECT UTC_DATE(),CURDATE(),UTC_TIME(), CURTIME();
+------------+------------+------------+------------+
| UTC_DATE() | CURDATE()  | UTC_TIME() | CURTIME()  |
+------------+------------+------------+------------+
| 2021-09-16 | 2021-09-16 | 04:11:44   | 12:11:44   |
+------------+------------+------------+------------+
1 row in set (0.00 sec)
```

（5）获取 UNIX 时间戳。UNIX_TIMESTAMP()函数，若无参数调用，则返回一个 UNIX 时间戳。UNIX 时间戳（Unix timestamp），或称 UNIX 时间（Unix time）、POSIX 时间（POSIX time），是一种时间表示方式，定义为从 GMT（Green wich mean time 格林尼治标准时间）1970 年 01 月 01 日 00 时 00 分 00 秒起至现在的总秒数，不考虑闰秒。UNIX 时间戳不仅被使用在 UNIX 系统、类 UNIX 系统中，也在许多其他操作系统中被广泛采用。UNIX_TIMESTAMP(date)函数，若有参调用，则返回指定 date 的 UNIX 时间戳。

```
mysql> SELECT UNIX_TIMESTAMP(), UNIX_TIMESTAMP('2020-2-4 8:8:8');
+------------------+---------------------------------+
| UNIX_TIMESTAMP() | UNIX_TIMESTAMP('2020-2-4 8:8:8') |
+------------------+---------------------------------+
|       1631784766 |                      1580774888 |
+------------------+---------------------------------+
1 row in set (0.00 sec)
```

（6）获取具体的时间值。例如，年、月、日、时、分、秒。分别是 YEAR(date)、MONTH(date)、DAY(date)、HOUR(time)、MINUTE(time)、SECOND(time)。其中的 date 日期或 time 时间参数也可以换成 datetime 或 timestamp 类型的日期时间值。

SQL 示例 1：

```
mysql> SELECT CURDATE() AS "日期",
    -> YEAR(CURDATE()) AS "年",
    -> MONTH(CURDATE()) AS "月",
    -> DAY(CURDATE()) AS "日";
+------------+------+------+------+
| 日期       | 年   | 月   | 日   |
+------------+------+------+------+
| 2021-09-16 | 2021 |    9 |   16 |
+------------+------+------+------+
1 row in set (0.00 sec)
```

SQL 示例 2：

```
mysql> SELECT CURTIME() AS "时间",
    -> HOUR(CURTIME()) AS "时",
    -> MINUTE(CURTIME()) AS "分",
    -> SECOND(CURTIME()) AS "秒";
```

```
+----------+------+------+------+
|   时间   |  时  |  分  |  秒  |
+----------+------+------+------+
| 17:45:34 |  17  |  45  |  34  |
+----------+------+------+------+
1 row in set (0.00 sec)
```

（7）获取日期时间的指定值。EXTRACT(type FROM date/time)函数所使用的日期时间类型如表 6-10 所示。参数 date 和 time 分别对应日期值和时间值，也可以是 datetime 类型或 timestamp 类型的日期时间值。

表 6-10　EXTRACT 函数中日期时间类型说明

参数类型	描述	参数类型	描述
YEAR	年	YEAR_MONTH	年月
MONTH	月	DAY_HOUR	日时
DAY	日	DAY_MINUTE	日时分
HOUR	时	DAY_SECOND	日时分秒
MINUTE	分	HOUR_MINUTE	时分
SECOND	秒	HOUR_SECOND	时分秒
WEEK	星期	MINUTE_SECOND	分秒
QUARTER	一刻		

SQL 示例如下：

```
mysql> SELECT EXTRACT(YEAR FROM CURDATE()) AS 'year',
    -> EXTRACT(YEAR_MONTH FROM CURDATE()) AS 'yearmonth',
    -> EXTRACT(HOUR_SECOND FROM CURTIME()) AS 'hoursecond';
+------+-----------+------------+
| year | yearmonth | hoursecond |
+------+-----------+------------+
| 2021 |    202109 |     135731 |
+------+-----------+------------+
1 row in set (0.00 sec)
```

（8）获取星期值。DAYNAME(date)函数表示获取星期名。DAYOFWEEK(date)函数表示获取星期数字值，这个函数返回的星期值：周日是 1，周一是 2，依次类推。WEEKDAY(date)函数也表示获取星期数字值，这个函数返回的星期值：周一是 0，周二是 1，依次类推。WEEKOFYEAR(date)和 WEEK(date)函数表示返回该星期是这一年的第几个星期。参数 date 代表日期值，也可以是 datetime 类型或 timestamp 类型的日期时间值。

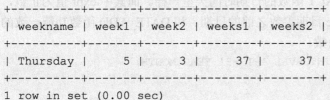

```
mysql> SELECT DAYNAME(CURDATE()) AS weekname,
    -> DAYOFWEEK(CURDATE()) AS week1,
    -> WEEKDAY(CURDATE())  AS week2,
    -> WEEKOFYEAR(CURDATE()) AS weeks1,
    -> WEEK(CURDATE()) AS weeks2;
+----------+-------+-------+--------+--------+
| weekname | week1 | week2 | weeks1 | weeks2 |
+----------+-------+-------+--------+--------+
| Thursday |     5 |     3 |     37 |     37 |
+----------+-------+-------+--------+--------+
1 row in set (0.00 sec)
```

其中 WEEK(date, Mode)函数还可以有两个参数，第二个参数 Mode 指定该星期是否起始于周日或周一，以及返回值的范围是否为 0～53 或 1～53。若第二个参数省略，则使用 default_week_format 系统变量的值，该变量默认值是 0，如表 6-11 所示。

表 6-11　WEEK 函数中 Mode 参数说明

Mode	一周的第一天	范围	描述
0	周日	0～53	本年度中有一个周日
1	周一	1～53	本年度中有 3 天以上

SQL 示例如下：

```
mysql> SELECT WEEK('2022-10-2',1),WEEK('2022-10-2',0);
+---------------------+---------------------+
| WEEK('2022-10-2',1) | WEEK('2022-10-2',0) |
+---------------------+---------------------+
|                  39 |                  40 |
+---------------------+---------------------+
1 row in set (0.00 sec)
```

（9）获取天数。MONTHNAME(date)函数表示获取这个日期的月份名称。DAYOFMONTH(date)函数表示获取这一天是这个月的第几天。DAYOFYEAR(date)函数表示获取这一天是这一年的第几天。参数 date 代表日期值，也可以是 datetime 类型或 timestamp 类型的日期时间值。

```
mysql> SELECT MONTHNAME(CURDATE()) AS "月",
    -> DAYOFMONTH(CURDATE()) AS "这个月第几天",
    -> DAYOFYEAR(CURDATE()) AS "这一年第几天";
+-----------+--------------+--------------+
| 月        | 这个月第几天 | 这一年第几天 |
+-----------+--------------+--------------+
| September |           16 |          259 |
+-----------+--------------+--------------+
1 row in set (0.00 sec)
```

（10）获取两个日期或时间之间的间隔。DATEDIFF(date1, date2)函数表示返回两个日期间隔的天数。TIMEDIFF(time1, time2)函数表示返回两个时间间隔的时分秒。

```
mysql> SELECT
    -> DATEDIFF('2022-2-2',CURDATE()) AS "距离北京冬奥会开赛还有几天",
    -> TIMEDIFF(CURTIME(), '0:0:0') AS "距离明天还有几小时";
+----------------------------+--------------------+
| 距离北京冬奥会开赛还有几天 | 距离明天还有几小时 |
+----------------------------+--------------------+
|                        139 | 17:50:08           |
+----------------------------+--------------------+
1 row in set (0.00 sec)
```

（11）返回距离某个日期值一段日期之后的另一个日期值。DATE_ADD(date, INTERVAL expr type)函数表示返回距离参数 date 日期 type 类型的 expr 值之后的新日期值。其中 type 类型参数有"YEAR""MONTH""YEAR_MONTH"等，和 EXTRACT 函数的日期时间类型一样。而其中 expr 值为正数，表示在 date 日期参数之后的日期；负数表示在 date 日期参数之前的日期。和 DATE_ADD 函数功能一致的还有 ADDDATE、DATE_SUB 函数和 SUBDATE 函数。

```
mysql> SELECT DATE_ADD(CURDATE(), INTERVAL '-1_-3' YEAR_MONTH)
    -> AS "1年3个月之前的日期",
    -> CURDATE() AS "当前日期",
    -> DATE_ADD(CURDATE(), INTERVAL '1_3' YEAR_MONTH)
    -> AS "1年3个月之后的日期";
```

```
+--------------------+------------+--------------------+
| 1 年 3 个月之前的日期  | 当前日期    | 1 年 3 个月之后的日期  |
+--------------------+------------+--------------------+
| 2020-06-16         | 2021-09-16 | 2022-12-16         |
+--------------------+------------+--------------------+
1 row in set (0.00 sec)
```

（12）返回在某个时间值上加上或减去指定实际差值的另一个时间值。ADDTIME(time, expr)函数表示返回在指定时间 time 基础上加上 expr 差值后的时间。SUBTIME(time, expr)函数表示返回在指定时间 time 基础上减去 expr 差值后的时间。

```
mysql>  SELECT ADDTIME(NOW(),'2:2:2')
    -> AS "2 时 2 分 2 秒之后的时间",
    -> CURTIME() AS "当前时间",
    -> SUBTIME(NOW(), '2:2:2')
    -> AS "2 时 2 分 2 秒之前的时间";
+----------------------+----------+----------------------+
| 2 时 2 分 2 秒之后的时间 | 当前时间  | 2 时 2 分 2 秒之前的时间 |
+----------------------+----------+----------------------+
| 2021-09-17 00:59:49  | 22:57:47 | 2021-09-16 20:55:45  |
+----------------------+----------+----------------------+
1 row in set (0.00 sec)
```

（13）根据 format 指定格式显示日期值。DATE_FORMAT(datetime, format)函数表示根据 format 指定格式显示日期值，format 参数说明如表 6-12 所示。

表 6-12　DATE_FORMAT 函数中 format 参数说明

格式符	说明	格式符	说明
%Y	4 位数字表示年份	%y	两位数字表示年份
%M	月名表示月份（January,……）	%m	两位数字表示月份（01, 02, 03,……）
%b	缩写的月名（Jan., Feb.,……）	%c	数字表示月份（1, 2, 3,……）
%D	英文后缀表示月中的天数（1st, 2nd, 3rd,……）	%d	两位数字表示表示月中的天数（01, 02,……）
%e	数字形式表示月中的天数（1, 2, 3,……）	%p	AM 或 PM
%H	两位数字表示小数，24 小时制（01, 02, 03,……）	%h 和%I	两位数字表示小时，12 小时制（01, 02, 03,……）
%k	数字形式的小时，24 小时制（1, 2, 3,……）	%l	数字表示小时，12 小时制（1, 2, 3,……）
%i	两位数字表示分钟（00, 01, 02,……）	%S 和%s	两位数字表示秒（00, 01, 02,……）
%T	时间，24 小时制（hh:mm:ss）	%r	时间，12 小时制（hh:mm:ss）后加 AM 或 PM
%W	一周中的星期名称（Sunday,……）	%a	一周中的星期缩写（Sun., Mon., Tues.,……）
%w	以数字表示周中的天数（0=Sunday, 1=Monday,……）	%j	以 3 位数字表示年中的天数（001, 002,……）
%U	以数字表示的第几周（1, 2, 3,……） 其中 Sunday 为周中的第一天	%u	以数字表示年中的年份（1, 2, 3,……） 其中 Monday 为周中第一天
%V	一年中第几周（01～53），周日为每周的第一天，和%X 同时使用	%X	4 位数形式表示该周的年份，周日为每周第一天，和%V 同时使用
%v	一年中第几周（01～53），周一为每周的第一天，和%x 同时使用	%x	4 位数形式表示该周的年份，周一为每周第一天，和%v 同时使用
%%	表示%		

SQL 示例如下：

```
mysql> SELECT DATE_FORMAT(NOW(), '%y %a %b %D %l %i %p %js');
+-----------------------------------------------+
| DATE_FORMAT(NOW(), '%y %a %b %D %l %i %p %js') |
+-----------------------------------------------+
| 21 Thu Sep 16th 11 08 PM 259s                 |
+-----------------------------------------------+
1 row in set (0.00 sec)
```

相反，STR_TO_DATE（str, format）函数表示将字符串 str 用 format 格式转为日期时间类型的值。

```
mysql> SELECT
    -> STR_TO_DATE('2021.09.16 23.41.58', '%Y.%m.%d %H.%i.%s');
+-------------------------------------------------------+
| STR_TO_DATE('2021.09.16 23.41.58', '%Y.%m.%d %H.%i.%s') |
+-------------------------------------------------------+
| 2021-09-16 23:41:58                                   |
+-------------------------------------------------------+
1 row in set (0.00 sec)
```

根据 format 指定格式显示时间值。TIME_FORMAT（time, format）函数表示根据 format 指定格式显示时间值。TIME_FORMAT 函数只处理时间。

```
mysql> SELECT TIME_FORMAT(NOW(), '%h %i %s %p');
+----------------------------------+
| TIME_FORMAT(NOW(), '%h %i %s %p') |
+----------------------------------+
| 11 35 32 PM                      |
+----------------------------------+
1 row in set (0.00 sec)
```

GET_FORMAT（val_type, format_type）函数可以返回日期时间字符串的显示格式。其中 val_type 表示日期数据类型，包括 DATE、TIME 和 DATETIME。而 format_type 表示格式化显示类型，包括 EUR、INTERVAL、ISO、JIS 和 USA。GET_FORMAT 函数根据两个值类型组合返回字符串显示格式，如表 6-13 所示。

表 6-13 GET_FORMAT 函数中 val_type 和 format_type 参数说明

值类型	格式化类型	显示格式字符串
DATE	EUR	%d.%m.%Y
DATE	INTERVAL	%Y%m%d
DATE	ISO	%Y-%m-%d
DATE	JIS	%Y-%m-%d
DATE	USA	%m.%d.%Y
TIME	EUR	%H.%i.%s
TIME	INTERVAL	%H%i%s
TIME	ISO	%H:%i:%s
TIME	JIS	%H:%i:%s
TIME	USA	%h:%i:%s %p
DATETIME	EUR	%Y-%m-%d %H.%i.%s
DATETIME	INTERVAL	%Y%m%d %H%i%s
DATETIME	ISO	%Y-%m-%d %H:%i:%s
DATETIME	JIS	%Y-%m-%d %H:%i:%s
DATETIME	USA	%Y-%m-%d %H.%i.%s

SQL 示例如下。

```
mysql> SELECT DATE_FORMAT(NOW(), GET_FORMAT(DATETIME, 'EUR'));
+------------------------------------------------+
| DATE_FORMAT(NOW(), GET_FORMAT(DATETIME, 'EUR')) |
+------------------------------------------------+
|            2021-09-16 23.41.58                  |
+------------------------------------------------+
1 row in set (0.00 sec)
```

（14）在"t_employee"表中查询入职时间超过 5 年的 40 岁以上员工的姓名、生日和入职时间。

```
mysql> SELECT ename, birthday, hiredate
    -> FROM t_employee
    -> WHERE DATEDIFF(CURDATE(),birthday) > 40 * 365
    ->  AND DATEDIFF(CURDATE(),hiredate) > 5 * 365;
+--------+------------+------------+
| ename  | birthday   | hiredate   |
+--------+------------+------------+
| 孙洪亮  | 1980-10-08 | 2011-07-28 |
| 陈浩    | 1978-08-02 | 2015-01-01 |
| 舒淇格  | 1978-09-04 | 2013-04-05 |
+--------+------------+------------+
3 rows in set (0.00 sec)
```

（15）在"t_employee"表中查询本月生日的员工姓名和生日。

```
mysql> SELECT ename, birthday, hiredate
    -> FROM t_employee
    -> WHERE MONTH(birthday) = MONTH(CURDATE());
+--------+------------+------------+
| ename  | birthday   | hiredate   |
+--------+------------+------------+
| 黄熙萌  | 1986-09-07 | 2015-08-08 |
| 李小磊  | 1984-09-01 | 2015-04-01 |
| 舒淇格  | 1978-09-04 | 2013-04-05 |
| 白露    | 1989-09-04 | 2014-06-05 |
+--------+------------+------------+
4 rows in set (0.00 sec)
```

6.2.4　条件判断函数

条件判断函数也称为控制流程函数，根据满足的不同条件，执行相应的流程。MySQL 中的条件判断函数有 IF、IFNULL 和 CASE，如表 6-14 所示。

表 6-14　GET_FORMAT 函数中 val_type 和 format_type 参数说明

函数	功能
IF(value,t,f)	如果 value 是真，返回 t，否则返回 f
IFNULL(value1,value2)	如果 value1 不为空，返回 value1，否则返回 value2
CASE WHEN 条件 1 THEN result1 WHEN 条件 2 THEN result2……ELSE resultn END	依次判断条件，哪个条件满足了，就返回对应的 result，所有条件都不满足则返回 ELSE 的 result。如果没有单独的 ELSE 子句，当所有 WHEN 后面的条件都不满足时，则返回 NULL 值结果
CASE expr WHEN 常量值 1 THEN 值 1 WHEN 常量值 2 THEN 值 2……ELSE 值 n END	判断表达式 expr 与哪个常量值匹配，找到匹配的就返回对应值，都不匹配则返回 ELSE 的值。如果没有单独的 ELSE 子句，当所有 WHEN 后面的常量值都不匹配时，则返回 NULL 值结果

下面演示条件判断函数。

（1）在"t_employee"表中查询年龄超过 40 岁的员工姓名和薪资情况，薪资超过 20000 元的显示"高等"，否则显示"中等"。IF（expr, t, f）函数表示当条件表达式 expr 结果为 true 时，返回 t 的结果值，否则返回 f 的结果值。

```
mysql> SELECT ename, IF(salary > 20000, '高等','中等')
    -> FROM t_employee
    -> WHERE DATEDIFF(CURDATE(),birthday) > 40 *365;
+--------+------------------------------------+
| ename  | IF(salary>20000, '高等','中等')     |
+--------+------------------------------------+
| 孙洪亮  |        高等                          |
| 陈浩    |        中等                          |
| 舒淇格  |        中等                          |
+--------+------------------------------------+
3 rows in set (0.00 sec)
```

（2）在"t_employee"表中查询年龄超过 40 岁的员工姓名和年薪，年薪的计算公式为"薪资*12*（1+奖金比例）"。奖金比例 commission_pct 有可能为 NULL 值，如果是 NULL 值，计算结果都是 NULL。IFNULL（expr, value）函数表示当表达式 expr 是非 NULL 时，返回 expr 表达式的值，当表达式 expr 是 NULL 时，返回 value 值。即"IFNULL(commission_pct,0)"表示当奖金比例 commission_pct 非 NULL 时，就用奖金比例值计算，否则用 0 计算。

```
mysql> SELECT ename,
    -> salary *12 *(1+ IFNULL(commission_pct,0)) AS "年薪"
    -> FROM t_employee
    -> WHERE DATEDIFF(CURDATE(),birthday) > 40 *365;
+--------+------------+
| ename  | 年薪       |
+--------+------------+
| 孙洪亮  |   554400   |
| 陈浩    |   102804   |
| 舒淇格  |   221601.6 |
+--------+------------+
3 rows in set (0.00 sec)
```

（3）在"t_employee"表中查询年龄超过 40 岁的员工姓名和薪资情况，薪资超过 20000 元的显示"高等"，薪资在[15000, 20000]元之间显示"中等"，否则显示"低等"。IF 函数只能处理两种情况，当条件判断分为 2 种以上的情况时，就需要使用 CASE 函数代替了。

```
CASE WHEN 条件1 THEN 结果1
     WHEN 条件2 THEN 结果2
WHEN 条件3 THEN 结果3
     ...
     ELSE 结果n+1
END
```

CASE 与 END 是一个完整的条件判断结构，每一个 WHEN 后面写条件表达式，条件表达式的结果是 TRUE 或 FALSE，分别表示条件成立或不成立，THEN 后面写结果表达式。依次按顺序判断 WHEN 后面的条件，如果有条件满足了，就直接结束判断并返回对应 THEN 后面的结果，当所有 WHEN 后面的条件都不满足时，返回 ELSE 后面的结果表达式。如果没有单独的 ELSE 子句，当所有 WHEN 后面的条件都不满足时则返回 NULL 值结果。

```
mysql> SELECT ename, salary,
    -> CASE WHEN salary > 20000 THEN '高等'
```

```
    ->         WHEN salary BETWEEN 15000 AND 20000 THEN '中等'
    ->         ELSE '低等'
    -> END AS "薪资情况"
    -> FROM t_employee
    -> WHERE DATEDIFF(CURDATE(),birthday) > 40 * 365;
+--------+--------+----------+
| ename  | salary | 薪资情况  |
+--------+--------+----------+
| 孙洪亮  |  28000 | 高等      |
| 陈浩    |   8567 | 低等      |
| 舒淇格  |  16788 | 中等      |
+--------+--------+----------+
3 rows in set (0.00 sec)
```

（4）在 "t_employee" 表中查询入职 7 年以上的员工姓名、工作地点、轮岗的工作地点数量情况。CASE 函数还有另一种形式。

```
CASE 表达式
WHEN 常量值 1 THEN 结果 1
      WHEN 常量值 2 THEN 结果 2
       WHEN 常量值 3 THEN 结果 3
      ...
      ELSE 结果 n+1
END
```

CASE 与 END 是一个完整的条件判断结构，CASE 后面有一个表达式，表达式结果可能是几种不同的常量值，WHEN 后面写常量值，THEN 后面写结果表达式。用 CASE 后面表达式的结果分别与 WHEN 后面的常量值进行匹配，如果匹配了，就直接结束判断返回对应 THEN 后面的结果，当所有 WHEN 后面的常量值都不匹配时，返回 ELSE 后面的结果。如果没有最后单独的 ELSE 子句，当所有 WHEN 后面的常量值都不匹配时返回 NULL 值。

第二种形式的 CASE 与第一种形式的 CASE 不同的是：第一种形式的条件表达式有多个，而且条件表达式的结果只有成立和不成立两种情况，第二种形式的表达式只有一个，但是表达式结果分为不同的常量值情况。

```
mysql> SELECT ename, work_place,
    -> CASE CHAR_LENGTH(work_place)
    ->     WHEN 2 THEN '1个'
    ->     WHEN 5 THEN '2个'
    ->     WHEN 8 THEN '3个'
    ->     ELSE '4个或4个以上'
    -> END AS "轮岗的工作地点数量"
    -> FROM t_employee
    -> WHERE DATEDIFF(CURDATE(),hiredate) > 7 * 365;
+--------+----------------------+----------------------------+
| ename  | work_place           | 轮岗的工作地点数量           |
+--------+----------------------+----------------------------+
| 孙洪亮  | 北京,深圳             | 2个                         |
| 邓超远  | 北京,深圳,上海,武汉    | 4个或4个以上                 |
| 陆风    | 北京                 | 1个                         |
| 黄冰茹  | 深圳                 | 1个                         |
| 孙红梅  | 上海                 | 1个                         |
| 李诗雨  | 北京,深圳,武汉        | 3个                         |
| 舒淇格  | 北京,深圳,武汉        | 3个                         |
```

```
|   周旭飞   |  北京,深圳              |  2个                 |
|   白露     |  上海                   |  1个                 |
+----------+------------------------+---------------------+
9 rows in set (0.00 sec)
```

6.2.5 加密函数

加密函数主要用来对数据进行加密处理，以保证某些重要数据不被别人获取。这些函数在保证数据库安全时非常有用。

MySQL 中提供的加密解密函数非常多，主要分为三大类：

- 第一类是只支持正向加密不支持反向解密的函数（如表 6-15 所示）。
- 第二类是支持加密和解密的函数，例如普通加密和解密算法的加密 COMPRESS()和解密 UNCOMPRESS()、支持 AES 算法的加密 AES_ENCRYPT()和解密 AES_DECRYPT()、支持签名加密 ASYMMETRIC()和解密 ASYMMETRIC_DECRYPT()等。
- 第三类是创建公钥的 CREATE_ASYMMETRIC_PUB_KEY()函数和创建私钥 CREATE_ASYMMETRIC_PRIV_KEY()函数、生成随机向量值的 RANDOM_BYTES()函数等。

鉴于本书主要讲解 MySQL 基础知识，所以下面只介绍第一类加密函数。

表 6-15　MySQL 加密函数说明

函数	功能描述
PASSWORD(str)	返回字符串 str 的加密字符串，41 位十六进制值得密码字符串（MySQL 8.0 已经不支持）
MD5(str)	返回字符串 str 的 md5 算法加密字符串，32 位十六进制值的密码字符串
SHA(str)	返回字符串 str 的 sha 算法加密字符串，40 位十六进制值的密码字符串
SHA2(str,hash_length)	返回字符串 str 的 sha 算法加密字符串，密码字符串的长度是 hash_length/4。hash_length 可以是 224、256、384、512、0，其中 0 等同于 256

下面演示加密函数的使用。

（1）使用 PASSWORD 函数返回字符串"123456"的加密字符串。PASSWORD(str)函数表示将明文字符串 str 加密成 41 位十六进制数字组成的加密字符串。然而 PASSWORD 函数早期生成的加密字符串长度为 16 位，后来升级到 41 位，而在 MySQL 8.0 中完全移除这个函数。MySQL 8.0 之前的版本中 mysql 系统库的 user 用户名表的密码字段的加密规则就是 mysql_native_password，即 PASSWORD 函数，而在 MySQL 8.0 之后，加密规则是 caching_sha2_password。在 MySQL 5.7 运行以下 SQL 语句。

```
mysql> SELECT PASSWORD('123456');
+-------------------------------------------+
| password('123456')                        |
+-------------------------------------------+
| *6BB4837EB74329105EE4568DDA7DC67ED2CA2AD9 |
+-------------------------------------------+
1 row in set, 1 warning (0.00 sec)
```

（2）使用 MD5 函数返回字符串"123456"的加密字符串。MD5(str)函数表示将明文字符串 str 用 MD5 算法加密成 128 位的二进制数字，为了便于展示和读写，一般把 128 位二进制数字转换为 32 位十六进制数字组成的加密字符串。通常用在密码存储和文件的完整性校验上。

```
mysql> SELECT MD5('123456');
+----------------------------------+
| MD5('123456')                    |
+----------------------------------+
```

```
| e10adc3949ba59abbe56e057f20f883e |
+----------------------------------+
1 row in set (0.00 sec)
```

（3）使用 SHA 函数返回字符串"123456"的加密字符串。安全哈希算法（Secure Hash Algorithm，SHA）主要适用于数字签名标准（Digital Signature Standard，DSS）里面定义的数字签名算法（Digital Signature Algorithm DSA）。对于长度小于 2^64 位的消息，SHA1 会产生一个 160 位（为了便于展示和读写一般把 160 位二进制数字转换为 40 位十六进制数字）的消息摘要。该算法经过加密专家多年来的发展和改进已日益完善，并被广泛使用。该算法的思想是接收一段明文，然后以一种不可逆的方式将它转换成一段密文，也可以简单地理解为取一串输入码（称为预映射或信息），并把它们转化为长度较短、位数固定的输出序列，即散列值（也称为信息摘要或信息认证代码）的过程。SHA-1 是不可逆的、防冲突，并具有良好的雪崩效应。单向散列函数的安全性在于其产生散列值的操作过程具有较强的单向性。

```
mysql> SELECT SHA('123456');
+------------------------------------------+
| SHA('123456')                            |
+------------------------------------------+
| 7c4a8d09ca3762af61e59520943dc26494f8941b |
+------------------------------------------+
1 row in set (0.00 sec)
```

（4）使用 SHA2 函数返回字符串"123456"的加密字符串。SHA-2 的名称来自安全散列算法 2（英语：Secure Hash Algorithm 2）的缩写。属于 SHA 算法之一，是 SHA-1 的后继者。其下又可再分为六个不同的算法标准，包括 SHA-224、SHA-256、SHA-384、SHA-512、SHA-512/224、SHA-512/256。SHA2(str, hash_length) 函数使用 hash_length 作为长度加密字符串 str。hash_length 参数支持的值有 224、256、384、512、0，其中 0 等同于 256。256 表示 256 位二进制，转换为十六进制数字是 64 位。

```
mysql> SELECT SHA2('123456',0);
+------------------------------------------------------------------+
| SHA2('123456',0)                                                 |
+------------------------------------------------------------------+
|8d969eef6ecad3c29a3a629280e686cf0c3f5d5a86aff3ca12020c923adc6c92|
+------------------------------------------------------------------+
1 row in set (0.00 sec)
```

6.2.6　系统信息函数

当我们在使用 MySQL 的过程中，想要获取数据库的版本号、当前用户名和连接数等信息时，可以使用系统信息函数。如表 6-16 所示，列出了部分常用的系统信息函数。

表 6-16　MySQL 系统信息函数说明

函数	功能描述
VERSION()	返回当前数据库版本
CONNECTION_ID	返回 MySQL 服务器当前连接的次数
USER()/CURRENT_USER()/SYSTEM_USER()/SESSION_USER()	返回当前登录用户名
DATABASE()/SCHEMA()	返回当前数据库名

下面演示系统信息函数的使用。
（1）查看当前 MySQL 版本号。
```
mysql> SELECT VERSION();
```

```
+-----------+
| VERSION() |
+-----------+
| 8.0.26    |
+-----------+
1 row in set (0.00 sec)
```

（2）返回 MySQL 服务器当前连接的次数。每个连接都有一个唯一的 ID。

```
mysql> SELECT CONNECTION_ID();
+-----------------+
| CONNECTION_ID() |
+-----------------+
| 76              |
+-----------------+
1 row in set (0.00 sec)
```

可以使用"SHOW PROCESSLIST"命令输出当前用户的连接信息。PROCESSLIST 命令的输出结果显示了有哪些客户端进程在运行，不仅可以查看当前所有的连接数，还可以查看当前的连接状态、帮助识别出有问题的 SQL 语句等。

- Id 表示用户登录 MySQL 时，系统分配的"connection id"。
- User 显示当前用户。如果不是 root，这个命令就只显示用户权限范围内的 SQL 语句。
- Host 显示这个语句是从哪个 IP 的哪个端口发出的，可以用来追踪出现问题语句的用户。
- db 显示这个进程目前连接的是哪个数据库。
- Command 显示当前连接执行的命令，一般取值有休眠（Sleep）、查询（Query）、连接（Connect）。
- Time 显示这个状态持续的时间。
- State 显示当前连接的 SQL 语句状态。
- Info 显示执行的 SQL 语句。

```
mysql> SHOW PROCESSLIST\G
*************************** 1. row ***************************
     Id: 5
   User: event_scheduler
   Host: localhost
     db: NULL
Command: Daemon
   Time: 626838
  State: Waiting on empty queue
   Info: NULL
*************************** 2. row ***************************
     Id: 76
   User: root
   Host: localhost:56020
     db: atguigu_chapter6
Command: Query
   Time: 0
  State: init
   Info: SHOW PROCESSLIST
*************************** 3. row ***************************
     Id: 80
   User: root
   Host: localhost:54827
     db: atguigu_chapter6
Command: Sleep
```

```
       Time: 217
      State:
       Info: NULL
*************************** 4. row ***************************
         Id: 81
       User: root
       Host: localhost:54828
         db: NULL
    Command: Sleep
       Time: 2470
      State:
       Info: NULL
4 rows in set (0.00 sec)
```

（3）查看当前使用的数据库。DATABASE()和 SCHEMA()函数返回当前使用的数据库名。

```
mysql> SELECT DATABASE(),SCHEMA();
+------------------+------------------+
| DATABASE()       | SCHEMA()         |
+------------------+------------------+
| atguigu_chapter6 | atguigu_chapter6 |
+------------------+------------------+
1 row in set (0.00 sec)
```

（4）查看当前登录用户名称。USER()、CURRENT_USER()和 SYSTEM_USER()函数都可以返回当前连接登录时被 MySQL 服务器验证的用户名和主机名的组合。

```
mysql> SELECT USER(),CURRENT_USER(),SYSTEM_USER();
+----------------+----------------+----------------+
| USER()         | CURRENT_USER() | SYSTEM_USER()  |
+----------------+----------------+----------------+
| root@localhost | root@localhost | root@localhost |
+----------------+----------------+----------------+
1 row in set (0.00 sec)
```

6.2.7　JSON 函数

从 MySQL 5.7.8 之后，MySQL 开始支持 JSON 数据类型，并提供了操作 JSON 类型的数据的相关函数，如表 6-17 所示，列出了部分常用的 JSON 函数。

表 6-17　MySQL 中常用的 JSON 函数说明

分类	函数	功能描述
创建 JSON	JSON_OBJECT(k1, v1, k2, v2, ...)	创建 JSON 对象
	JSON_ARRAY(v1, v2, v3, ...)	创建 JSON 数组
修改 JSON	JSON_SET(json_doc, path, val [, path, val]...)	修改 json_doc json_doc 对应 path 的 JSON 数据
	JSON_INSERT(json_doc, path, val [, path, val]...)	插入 json_doc 对应 path 的 JSON 数据
	JSON_REPLACE(json_doc, path, val [, path, val]...)	替换 json_doc 对应 path 的 JSON 数据
	JSON_REMOVE(json_doc, path [, path]...)	删除 json_doc 对应 path 的 JSON 数据
	JSON_MERGE (json_doc, json_doc [, json_doc]...)	合并 JSON 数据
	JSON_ARRAY_APPEND(json_doc, path, val [, path, val]...)	在 json_doc 对应 path 的 JSON 数组末尾追加元素
	JSON_ARRAY_INSERT(json_doc, path, val [, path, val]...)	在 json_doc 对应 path 的 JSON 数组插入元素

分类	函数	功能描述
查询 JSON	JSON_KEYS(json_doc [, path])	返回 json_doc 中指定 path 的 key
	JSON_CONTAINS(json_doc, val [, path])	判断 json_doc 中是否包含对应的 JSON 值，满足返回 1，否则返回 0
	JSON_CONTAINS_PATH(json_doc, one/all, path [, path]…)	判断 json_doc 中是否包含 1 个或全部的 path，满足返回 1，否则返回 0
	JSON_SEARCH(json_doc, one_or_all, search_str [, escape_char [, path]…])	在 json_doc 中返回符合条件的节点
	JSON_EXTRACT(json_doc, path [, path]…)	获得 json_doc 中某个或多个节点的值
返回 JSON 属性	JSON_DEPTH	返回 JSON 文档的最大深度
	JSON_LENGTH	返回 JSON 文档的长度
	JSON_TYPE	返回 JSON 值得类型
	JSON_VALID	判断是否为合法 JSON 文档

下面演示部分 JSON 函数的使用。

（1）创建 t_json 表。

```
mysql> CREATE TABLE t_json(
    -> id INT,
    -> js json
    -> );
Query OK, 0 rows affected (0.06 sec)
```

（2）直接使用 JSON 格式的字符串插入 JSON 数据。

```
mysql> INSERT INTO t_json (id,js) VALUES(1,'"atguigu"');
Query OK, 1 row affected (0.02 sec)

mysql> INSERT INTO t_json (id,js) VALUES(2, '8');
Query OK, 1 row affected (0.01 sec)

mysql> INSERT INTO t_json (id,js) VALUES (3,
    -> '{"name":"atguigu","course":["java","h5","bigdata","ui"]}');
Query OK, 1 row affected (0.00 sec)

mysql> INSERT INTO t_json (id,js) VALUES
    -> (4,'[2013,{"url":"http://www.atguigu.com"}]');
Query OK, 1 row affected (0.01 sec)
```

（3）使用 JSON 函数创建 JSON 对象或 JSON 数组插入 JSON 数据。JSON_OBJECT(key1, value1, key2, value2…)函数表示创建 JSON 对象，参数依次是一个 key，一个 value 的顺序。JSON_ARRAY(v1, v2, v3…)函数表示创建 JSON 数组，参数是数组的元素值。

```
mysql> INSERT INTO t_json (id,js)
    -> VALUES(5,JSON_OBJECT(1,'java',2,'h5',3,'bigdata'));
Query OK, 1 row affected (0.01 sec)

mysql> INSERT INTO t_json (id,js)
    -> VALUES(6,JSON_OBJECT('address',JSON_ARRAY('北京','上海','深圳','武汉')));
Query OK, 1 row affected (0.01 sec)
```

（4）查询插入结果。

```
mysql> SELECT * FROM t_json\G
*************************** 1. row ***************************
```

```
id: 1
js: "atguigu"
*********************** 2. row **************************
id: 2
js: 8
*********************** 3. row **************************
id: 3
js: {"name": "atguigu", "course": ["java", "h5", "bigdata", "ui"]}
*********************** 4. row **************************
id: 4
js: [2013, {"url": "http://www.atguigu.com"}]
*********************** 5. row **************************
id: 5
js: {"1": "java", "2": "h5", "3": "bigdata"}
*********************** 6. row **************************
id: 6
js: {"address": ["北京", "上海", "深圳", "武汉"]}
6 rows in set (0.00 sec)
```

（5）修改 id 为 1 的 JSON 数据为"shangguigu"。修改 id 为 3 的 JSON 数据，key 为"name"的 value 修改为"shangguigu"，key 为"age"的 value 修改为"8"。修改 id 为 4 的 JSON 数据，下标为[0]的元素为"2013-3-15"。JSON_SET(json_doc, path, val　[, path, val] …)函数表示修改 JSON 类型的 json_doc 数据。path（路径）中$代表整个 json_doc，还可以用 JavaScript 的方式指定对象属性或者数组下标等。执行效果，类似 JSON 的语法$="shangguigu", $.name="shangguigu", $.age=8, $[0]= "2013-3-15"。JSON_SET 函数修改 JSON 对象时，key 存在，替换原来的 value，key 不存在，会添加新的一对 key：value。

```
mysql> UPDATE t_json
    -> SET js = JSON_SET(js,'$','shangguigu')
    -> WHERE id = 1;
Query OK, 1 row affected (0.01 sec)
Rows matched: 1 Changed: 1 Warnings: 0

mysql> UPDATE t_json
    -> SET js = JSON_SET(js,'$.name','shanguigu','$.age',8)
    -> WHERE id = 3;
Query OK, 1 row affected (0.00 sec)
Rows matched: 1 Changed: 1 Warnings: 0

mysql> UPDATE t_json
    -> SET js = JSON_SET(js,'$[0]','2013-3-15')
    -> WHERE id = 4;
Query OK, 1 row affected (0.01 sec)
Rows matched: 1 Changed: 1 Warnings: 0
```

（6）查看修改结果。
```
mysql> SELECT * FROM t_json\G
*********************** 1. row **************************
id: 1
js: "shangguigu"
*********************** 2. row **************************
id: 2
js: 8
*********************** 3. row **************************
```

```
id: 3
js: {"age": 8, "name": "shanguigu", "course": ["java", "h5", "bigdata", "ui"]}
*********************** 4. row ***********************
id: 4
js: ["2013-3-15", {"url": "http://www.atguigu.com"}]
*********************** 5. row ***********************
id: 5
js: {"1": "java", "2": "h5", "3": "bigdata"}
*********************** 6. row ***********************
id: 6
js: {"address": ["北京", "上海", "深圳", "武汉"]}
6 rows in set (0.00 sec)
```

（7）在 id 为 5 的 JSON 对象中插入 "1：java" 和 "4：ui"。在 id 为 4 的 JSON 数组中插入[0]元素为 "2013"，[2]元素为 "bj"。JSON_INSERT(json_doc, path, val[, path, val]…)函数表示在 JSON 数据中插入新的 "key：value" 或元素，如果不存在对应属性和元素则插入，否则不做任何变动。

```
mysql> UPDATE t_json
    -> SET js = JSON_INSERT(js, '$."1"','java','$."4"','ui')
    -> WHERE id = 5;
Query OK, 1 row affected (0.01 sec)
Rows matched: 1  Changed: 1  Warnings: 0

mysql> UPDATE t_json
    -> SET js = JSON_INSERT(js, '$[0]','2013','$[2]','bj')
    -> WHERE id = 4;
Query OK, 0 rows affected (0.00 sec)
Rows matched: 1  Changed: 0  Warnings: 0
```

（8）查询插入结果。

```
mysql> SELECT * FROM t_json WHERE id = 5 || id = 4;
+------+--------------------------------------------------------+
| id   | js                                                     |
+------+--------------------------------------------------------+
|    4 | ["2013-3-15", {"url": "http://www.atguigu.com"},"bj"]   |
|    5 | {"1": "java", "2": "h5", "3": "bigdata", "4": "ui"}     |
+------+--------------------------------------------------------+
2 rows in set, 1 warning (0.00 sec)
```

（9）在 id 为 5 的 JSON 对象中替换 key 为 "2" 的 value 为 "html5"，key 为 "5" 的 value 为 "python"。在 id 为 4 的 JSON 数组中替换[0]元素为 "2013"，[3]元素为 "sh"。JSON_REPLACE(json_doc, path, val[, path, val]…)函数表示在 JSON 数据中替换对应 key 的 value 值或对应[index]的元素，如果存在 key 和[index]则替换，否则不做任何变动。

```
mysql> UPDATE t_json
    -> SET js = JSON_REPLACE(js, '$."2"','html5','$."5"','python')
    -> WHERE id = 5;
Query OK, 1 row affected (0.01 sec)
Rows matched: 1  Changed: 1  Warnings: 0

mysql> UPDATE t_json
    -> SET js = JSON_ REPLACE (js, '$[0]','2013','$[3]','sh')
    -> WHERE id = 4;
Query OK, 1 row affected (0.01 sec)
Rows matched: 1  Changed: 1  Warnings: 0
```

（10）查询替换结果。

```
mysql> SELECT * FROM t_json WHERE id = 5 || id = 4;
+------+-----------------------------------------------------+
| id   | js                                                  |
+------+-----------------------------------------------------+
|    4 | ["2013", {"url": "http://www.atguigu.com"}, "bj"]   |
|    5 | {"1": "java", "2": "html5", "3": "bigdata", "4": "ui"} |
+------+-----------------------------------------------------+
2 rows in set, 1 warning (0.00 sec)
```

（11）在 id 为 5 的 JSON 对象中删除 key 为 "2" 和 "5" 的 key：value。在 id 为 4 的 JSON 数组中删除[0]和[3]元素。JSON_REMOVE(json_doc, path[, path] …)函数表示在 JSON 数据中删除对应 key 的 key：value 值或对应[index]的元素，如果存在 key 和[index]则删除，否则不做任何变动。

```
mysql> UPDATE t_json
    -> SET js = JSON_REMOVE(js, '$."2"','$."5"')
    -> WHERE id = 5;
Query OK, 1 row affected (0.01 sec)
Rows matched: 1 Changed: 1 Warnings: 0

mysql> UPDATE t_json
    -> SET js = JSON_REMOVE(js, '$[0]','$[3]')
    -> WHERE id = 4;
Query OK, 1 row affected (0.01 sec)
Rows matched: 1 Changed: 1 Warnings: 0
```

（12）查看删除结果。

```
mysql> SELECT * FROM t_json WHERE id = 5 || id = 4;
+------+------------------------------------------+
| id   | js                                       |
+------+------------------------------------------+
|    4 | [{"url": "http://www.atguigu.com"}, "bj"] |
|    5 | {"1": "java", "3": "bigdata", "4": "ui"} |
+------+------------------------------------------+
2 rows in set, 1 warning (0.00 sec)
```

（13）合并 id 为 5 的 JSON 对象和{"2"："h5"}。合并 id 为 4 的 JSON 数组和["2013"]。合并 id 为 2 的 JSON 数据和 2013。JSON_MERGE (json_doc, json_doc[, json_doc] …)函数表示合并 JSON 数据。两个 JSON 对象合并为 1 个 JSON 对象，两个 JSON 数组合并为 1 个 JSON 数组，两个 JSON 对象合并为一个 JSON 对象。

```
mysql> UPDATE t_json
    -> SET js = JSON_MERGE(js, '{"2":"h5"}')
    -> WHERE id = 5;
Query OK, 1 row affected, 1 warning (0.01 sec)
Rows matched: 1 Changed: 1 Warnings: 1

mysql> UPDATE t_json
    -> SET js = JSON_MERGE(js, '["2013"]')
    -> WHERE id = 4;
Query OK, 1 row affected, 1 warning (0.01 sec)
Rows matched: 1 Changed: 1 Warnings: 1

mysql> UPDATE t_json
    -> SET js = JSON_MERGE(js, '2013')
```

```
   -> WHERE id = 2;
Query OK, 1 row affected, 1 warning (0.01 sec)
Rows matched: 1 Changed: 1 Warnings: 1
```

（14）查看合并结果。

```
mysql> SELECT * FROM t_json WHERE id = 5 || id = 4 || id = 2;
+------+---------------------------------------------------+
| id   | js                                                |
+------+---------------------------------------------------+
|    2 | [8, 2013]                                         |
|    4 | [{"url": "http://www.atguigu.com"}, "bj", "2013"] |
|    5 | {"1": "java", "2": "h5", "3": "bigdata", "4": "ui"} |
+------+---------------------------------------------------+
3 rows in set, 2 warnings (0.00 sec)
```

（15）在 id 为 2 的 JSON 数组中添加元素 "atguigu"，"4"。JSON_ARRAY_APPEND(json_doc, path, val[, path, val] …)函数表示在 JSON 数组最后追加元素。JSON_ARRAY_INSERT (json_doc, path, val[, path, val] …)函数表示在 JSON 数组指定[index]插入元素。

```
mysql> UPDATE t_json
   -> SET js = JSON_ARRAY_APPEND(js, '$','"atguigu"')
   -> WHERE id = 2;
Query OK, 1 row affected (0.00 sec)
Rows matched: 1 Changed: 1 Warnings: 0

mysql> UPDATE t_json
   -> SET js = JSON_ARRAY_INSERT(js, '$[1]','4')
   -> WHERE id = 2;
Query OK, 1 row affected (0.01 sec)
Rows matched: 1 Changed: 1 Warnings: 0
```

（16）查看元素追加结果。

```
mysql> SELECT * FROM t_json WHERE id = 2;
+------+-----------------------+
| id   | js                    |
+------+-----------------------+
|    2 | [8, 4, 2013, "atguigu"] |
+------+-----------------------+
1 row in set (0.00 sec)
```

（17）查询 id 为 5 的 JSON 对象中的 key。JSON_KEYS(json_doc[, path])函数返回指定 path 的 key。

```
mysql> SELECT JSON_KEYS(js, '$') FROM t_json WHERE id = 5;
+----------------------+
| JSON_KEYS(js, '$')   |
+----------------------+
| ["1", "2", "3", "4"] |
+----------------------+
1 row in set (0.00 sec)
```

（18）查询 id 为 5 的 JSON 对象中是否包含{"1": "java"}。查询 id 为 6 的 JSON 对象 key 为 "address" 的 value 中是否包含 "武汉" 元素。查询 id 为 5 的 JSON 对象中是否包含 key 为 "1" 和 "2" 的全部路径。JSON_CONTAINS(json_doc, val[, path])函数表示判断 JSON 中是否包含某个子串或者元素。JSON_CONTAINS_PATH(json_doc, one/all, path[, path] …)函数表示判断 JSON 中是否包含某个 path 路径。满足返回 1，否则返回 0。

```
mysql> SELECT JSON_CONTAINS(js, '{"1":"java"}')
    -> FROM t_json WHERE id = 5;
+----------------------------------+
| JSON_CONTAINS(js, '{"1":"java"}') |
+----------------------------------+
|                                1 |
+----------------------------------+
1 row in set (0.00 sec)

mysql> SELECT JSON_CONTAINS(js, '"武汉"','$."address"')
    -> FROM t_json WHERE id = 6;
+-------------------------------------------+
| JSON_CONTAINS(js, '"武汉"','$."address"') |
+-------------------------------------------+
|                                         1 |
+-------------------------------------------+
1 row in set (0.00 sec)

mysql> SELECT JSON_CONTAINS_PATH(js, 'all', '$."1"', '$."2"')
    -> FROM t_json WHERE id = 5;
+-------------------------------------------------+
| JSON_CONTAINS_PATH(js, 'all', '$."1"', '$."2"') |
+-------------------------------------------------+
|                                               1 |
+-------------------------------------------------+
1 row in set (0.00 sec)
```

（19）在 id 为 5 的 JSON 数据中返回包含 "a" 字母的节点路径。在 id 为 5 的 JSON 数据中返回 key 为 1 的 value。JSON_SEARCH(json_doc, one/all, search_str[, escape_char[, path]...])函数是强大的查询函数，用于在 doc 中返回符合条件的节点。JSON_EXTRACT(json_doc, path[, path]…)函数表示获得 json_doc 中某个或多个节点的值。注意，只有 JSON_EXTRACT 和 JSON_SEARCH 中的 path 才支持通配符（%等的作用和 LIKE 运算符一样），其他 JSON_SET, JSON_INSERT 等都不支持。

```
mysql> SELECT JSON_SEARCH(js, 'all', '%a%')
    -> FROM t_json WHERE id = 5;
+---------------------------+
| JSON_SEARCH(js, 'all', '%a%') |
+---------------------------+
| ["$.\"1\"", "$.\"3\""]    |
+---------------------------+
1 row in set (0.00 sec)

mysql> SELECT JSON_EXTRACT(js,'$."1"')
    -> FROM t_json WHERE id = 5;
+------------------------+
| JSON_EXTRACT(js,'$."1"') |
+------------------------+
| "java"                 |
+------------------------+
```

（20）查询 id 为 3 的 JSON 数据的长度、深度、类型、是否合法。JSON_DEPTH(json_doc)函数表示返回 JSON 数据的深度。JSON_LENGTH(json_doc)函数表示返回 JSON 数据的长度。JSON_TYPE(json_doc)函数表示返回 JSON 数据的类型。JSON_VALID(json_doc)函数表示判断 JSON 数据是否合法。

```
mysql> SELECT JSON_DEPTH(js), JSON_LENGTH(js), JSON_TYPE(js),
    -> JSON_VALID(js) FROM t_json WHERE id = 3;
+----------------+-----------------+---------------+----------------+
|JSON_DEPTH(js)  |JSON_LENGTH(js)  | JSON_TYPE(js)| JSON_VALID(js) |
+----------------+-----------------+---------------+----------------+
|            3 |               3 | OBJECT       |            1 |
1 row in set (0.00 sec)
```

6.2.8 空间函数

现在的应用程序开发中空间数据的存储越来越多了，例如，钉钉的打卡位置是否在办公区域范围内，滴滴打车的位置、路线等。MySQL 提供了非常丰富的空间函数以支持各种空间数据的查询和处理。如表 6-18 所示，列出了 MySQL 常用的空间函数。

表 6-18 MySQL 中空间函数说明

函数	功能描述
ST_GeomFromText(wkt)	创建一个任何类型的几何对象 Geometry
ST_PointFromText(wkt)	创建一个 Point 对象
ST_LineStringFromText(wkt)	创建一个 LineString 对象
ST_PolygonFromText(wkt)	创建一个 Polygon 对象
ST_GeomCollFromText()/ ST_GeometryCollectionFromText()/ ST_GeomCollFromTxt()	从 WKT 返回几何集合
ST_ASTEXT(几何对象)	将几何对象转换为 WKT 串
POINT(坐标)	从坐标构造点
LineString(点)	从 Point 值构造 LineString
POLYGON(线)	从 LineString 参数构造多边形
MultiPoint(多个点)	从 Point 值构造 MultiPoint
MultiLineString(线)	从 LineString 值构造 MultiLineString
MultiPolygon(面)	从 Polygon 值构造 MultiPolygon
ST_LENGHT(s)	返回 LineString 的长度
ST_Area(面)	返回 Polygon 或 MultiPolygon 区域
ST_Intersection(g1, g2)	返回两个点几何值的交集
ST_Contains()	一个几何是否包含另一个几何
ST_Touches()	一个几何是否接触另一个几何
ST_Disjoint()	一个几何是否与另一个几何不相交
ST_Crosses()/ST_Intersects()	一个几何是否与另一个几何相交
ST_Overlaps()	一个几何是否与另一个几何重叠
ST_Within()	一个几何是否在另一个几何之内
ST_Distance()	一个几何与另一个几何的距离
ST_Distance_Sphere()	两个几何形状之间的最小地球距离
MBRWithin()	一个几何的 MBR 是否在另一个几何的 MBR 内
MBRContains()	一个几何的 MBR 是否包含另一个几何的 MBR

下面演示部分空间函数的使用。

（1）创建 t_polygon 表。

```
mysql> CREATE TABLE 't_polygon' (
    ->   'id' INT(10),
```

```
    -> 'name' VARCHAR(255) DEFAULT NULL,
    -> 'polygon' POLYGON NOT NULL
    -> );
Query OK, 0 rows affected, 1 warning (0.04 sec)
```

（2）插入"北京大学"和"清华大学"的位置。这个位置采用了腾讯地图的地理位置服务。需要注意的是，腾讯地图返回的多边形的点不是闭合的，而 POLYGON 函数需要为了确定多边形是否闭合要求第一个点和最后一个点是一样的。如果不是闭合的，POLYGON 返回的结果将是 NULL，插入语句就会执行失败。所以需要自己最后加一个和第一个点一样的点坐标。

```
mysql> INSERT INTO 't_polygon' ('id','name','polygon')
    -> VALUES ('1', '清华大学',
    -> ST_GeomFromText('POLYGON((
    -> 40.01169924229143 116.31565081888039,
    -> 39.99304082299905 116.31616541796757,
    -> 39.99343506780591 116.33297565023167,
    -> 40.00237067000859 116.33743550702275,
    -> 40.01340715321479 116.33057418815224,
    -> 40.01169924229143 116.31565081888039
    ->))'));
Query OK, 1 row affected (0.01 sec)

mysql> INSERT INTO 't_polygon' ('id','name','polygon')
    -> VALUES ('2', '北京大学',
    -> ST_GeomFromText('POLYGON((
    -> 39.99711457525893 116.30450117461078,
    -> 39.98673259872773 116.30535884106575,
    -> 39.98673259872773 116.31702308311287,
    -> 39.99963848242885 116.31598375134854,
    -> 39.99711457525893 116.30450117461078
    ->))'));
Query OK, 1 row affected (0.01 sec)
```

（3）判断点 POINT(39.991333490218544 116.30964748487895)在哪个地理位置范围内。

```
mysql> SELECT 'id','name' FROM t_polygon
    -> WHERE MBRWITHIN (ST_GeomFromText
    -> ('POINT(39.991333490218544 116.30964748487895)'), 'polygon');
+------+----------+
| id   | name     |
+------+----------+
| 2    | 北京大学  |
+------+----------+
1 row in set (0.00 sec)
```

（4）判断点 POINT(39.988967560246685 116.3286905102832)在哪个地理位置范围内。

```
mysql> SELECT 'id','name' FROM t_polygon
    -> WHERE MBRWITHIN (ST_GeomFromText
    -> ('POINT(39.988967560246685 116.3286905102832)'), 'polygon');
Empty set (0.00 sec)
```

（5）获取"北京大学"和"清华大学"的面积。

```
mysql> SELECT ST_Area('polygon') FROM t_polygon;
+----------------------+
| ST_Area('polygon')   |
+----------------------+
```

```
| 0.00036326933979813347 |
| 0.00013595693202311798 |
+------------------------+
2 rows in set (0.00 sec)
```

6.3 聚合函数

有的时候并不需要返回实际表中的数据，而只是对数据进行统计分析。MySQL 提供一些函数可以对获取的数据进行分析和报告。这些函数的功能有：计算数据表中筛选记录行的总数、计算某个字段数据的总和、计算表中某个字段或表达式的最大值/最小值、计算表中某个字段或表达式的平均值。调用这些函数对 SQL 语句影响的所有行进行综合处理，最终只返回一个结果，所以称为聚合函数。如表 6-19 所示，列出了部分常用的聚合函数。

表 6-19　MySQL 中聚合函数说明

函数	功能描述
COUNT(x)	返回某列 x 的行数
SUM(x)	返回某列 x 的总和
MAX(x)	返回某列 x 的最大值
MIN(x)	返回某列 x 的最小值
AVG(x)	返回某列 x 的平均值

下面演示这些聚合函数的使用。

（1）在 "t_employee" 表中，查询薪资大于 10000 元的男员工数量。

```
mysql> SELECT COUNT(*),COUNT(1),COUNT(eid),COUNT(commission_pct)
    -> FROM t_employee WHERE salary > 10000 AND gender = '男';
+----------+----------+------------+-----------------------+
| COUNT(*) | COUNT(1) | COUNT(eid) | COUNT(commission_pct) |
+----------+----------+------------+-----------------------+
|        6 |        6 |          6 |                     3 |
+----------+----------+------------+-----------------------+
1 row in set (0.00 sec)
```

从上面的查询结果可以看出 COUNT 函数功能是统计记录数。COUNT 函数的括号( )中可以写 "*"、常量值、字段名。其中 COUNT(*)和 COUNT(常量值)计算的是表中满足条件的记录数，不管某列是否为 NULL。而 COUNT(字段名)计算的是表中满足条件的记录数但是会忽略该字段为 NULL 值的行。

（2）在 "t_employee" 表中，查询薪资最高值，最低值，总和，平均值。

```
mysql> SELECT MAX(salary),MIN(salary),SUM(salary),AVG(salary)
    -> FROM t_employee;
+-------------+-------------+-------------+-------------+
| MAX(salary) | MIN(salary) | SUM(salary) | AVG(salary) |
+-------------+-------------+-------------+-------------+
|       28000 |        7001 |      299797 |    11991.88 |
+-------------+-------------+-------------+-------------+
1 row in set (0.00 sec)
```

（3）在 "t_employee" 表中，查询最新入职的员工的入职日期。最新入职的员工就意味着他的入职日期值是最大的。

```
mysql> SELECT MAX(hiredate) FROM t_employee;
+---------------+
| MAX(hiredate) |
+---------------+
| 2017-09-01    |
+---------------+
1 row in set (0.00 sec)
```

从上面的查询结果可以知道最后一个入职员工的入职日期是"2017-09-01"。

（4）在"t_employee"表中，查询员工的邮箱名字最长的邮箱名长度。

```
mysql> SELECT MAX(CHAR_LENGTH(E-mail)) FROM t_employee;
+-------------------------+
| MAX(CHAR_LENGTH(E-mail))|
+-------------------------+
|                      18 |
+-------------------------+
1 row in set (0.00 sec)
```

从上面的查询结果可以知道所有员工中邮箱名最长为 18 个字符。

（5）在"t_employee"表中，查询员工的最大年龄、最小年龄、平均年龄。

```
mysql> SELECT MAX(YEAR(CURDATE())-YEAR(birthday)) AS "最大年龄",
    -> MIN(YEAR(CURDATE())-YEAR(birthday)) AS "最小年龄",
    -> ROUND(AVG(YEAR(CURDATE())-YEAR(birthday))) AS "平均年龄"
    -> FROM t_employee;
+----------+----------+----------+
| 最大年龄 | 最小年龄 | 平均年龄 |
+----------+----------+----------+
|       43 |       31 |       35 |
+----------+----------+----------+
1 row in set (0.00 sec)
```

6.4　MySQL 8.x 新特性：窗口函数

窗口函数也叫 OLAP 函数（Online Anallytical Processing，联机分析处理），可以对数据进行实时分析处理。窗口函数是每条记录都会分析，开始有几条记录参与执行，执行完还是几条，因此也属于单行函数。MYSQL 中常见窗口函数如表 6-20 所示。

表 6-20　MySQL 中常见窗口函数说明

函数分类	函数	功能描述
序号函数	ROW_NUMBER()	顺序排序，每行按照不同的分组逐行编号。例如 1,2,3,4
	RANK()	并列排序，每行按照不同的分组进行编号，同一个分组中排序字段值出现重复值时，并列排序并跳过重复序号。例如，1,1,3
	DENSE_RANK()	并列排序，每行按照不同的分组进行编号，同一个分组中排序字段值出现重复值时，并列排序不跳过重复序号。例如，1,1,2
分布函数	PERCENT_RANK()	排名百分比，每行按照公式(rank-1)/(rows-1)进行计算。其中，rank 为 RANK()函数产生的序号，rows 为当前窗口的记录总行数
	CUME_DIST()	累积分布值，表示每行按照当前分组内小于等于当前 rank 值的行数/分组内总行数
前后函数	LAG(expr, n)	返回位于当前行的前 n 行的 expr 值
	LEAD(expr, n)	返回位于当前行的后 n 行的 expr 值

函数分类	函数	功能描述
首尾函数	FIRST_VALUE(expr)	返回当前分组第一行的 expr 值
	LAST_VALUE(expr)	返回当前分组每一个 rank 最后一行的 expr 值
其他函数	NTH_VALUE(expr, n)	返回当前分组第 n 行的 expr 值
	NTILE(n)	用于将分区中的有序数据分为 n 个等级，记录等级数

窗口函数的语法格式如下。

```
函数名([参数列表]) OVER ()
函数名([参数列表]) OVER (子句)
函数名([参数列表]) OVER 窗口名 ...WINDOW 窗口名 AS(子句)
```

OVER 关键字用来指定窗口函数的窗口范围。如果 OVER 后面是空括号，则表示 SELECT 语句筛选的所有行是一个窗口。OVER 后面的括号中支持以下 4 种语法来设置窗口范围。

- WINDOW：给窗口指定一个别名。
- PARTITION BY 子句：一个窗口范围还可以分为多个区域。按照哪些字段进行分区/分组，窗口函数在不同的分组上分别处理分析。
- ORDER BY 子句：按照哪些字段进行排序，窗口函数将按照排序后结果进行分析处理，默认是升序，也可以用 ASC 明确表示升序，DESC 明确表示降序。
- FRAME 子句：FRAME 是当前分区的一个子集，FRAME 子句用来定义子集的规则。

下面演示窗口函数的使用。

（1）在"t_employee"表中查询薪资在[8000, 10000]之间的员工姓名和薪资，并给每一行记录编序号。

```
mysql> SELECT ROW_NUMBER() OVER () AS "row_num",ename,salary
    -> FROM t_employee WHERE salary BETWEEN 8000 AND 10000;
+---------+--------+--------+
| row_num | ename  | salary |
+---------+--------+--------+
|       1 | 邓超远 |   8000 |
|       2 | 黄熙萌 |   9456 |
|       3 | 陈浩   |   8567 |
|       4 | 李晨熙 |   9000 |
|       5 | 陆风   |   8789 |
|       6 | 孙红梅 |   9000 |
|       7 | 董吉祥 |   8978 |
|       8 | 彭超越 |   9878 |
|       9 | 李诗雨 |   9000 |
|      10 | 白露   |   9787 |
|      11 | 额日古那 | 9087 |
+---------+--------+--------+
11 rows in set (0.00 sec)
```

从上面的查询结果可以看出，如果 OVER 后面是空括号，则表示 SELECT 语句根据 WHERE 条件筛选的所有行是一个窗口，ROW_NUMBER()函数则会给窗口中的记录逐行编号。

（2）计算每一个部门的平均薪资与全公司的平均薪资的差值。

```
mysql> SELECT DISTINCT did,AVG(salary) OVER() AS avg_all,
    -> AVG(salary) OVER(PARTITION BY did) AS avg_did,
    -> ROUND(AVG(salary) OVER()-AVG(salary) OVER(PARTITION BY did),2) AS deviation
    -> FROM t_employee;
+------+---------+---------+-----------+
| did  | avg_all | avg_did | deviation |
+------+---------+---------+-----------+
```

```
|      1 |  11991.88 |   12183.5 |    -191.62 |
|      2 |  11991.88 |     13978 |   -1986.12 |
|      3 |  11991.88 |  10358.25 |    1633.63 |
|      4 |  11991.88 |     12332 |    -340.12 |
|      5 |  11991.88 |     11725 |     266.88 |
+-------+-----------+-----------+------------+
5 rows in set (0.00 sec)
```

从上面的 SQL 可以看出，聚合函数也可以在窗口中使用。如果 OVER 后面是空括号则表示统计全公司的平均薪资，而 "OVER(PARTITION BY did)" 则表示统计每一个部门的平均薪资。这里在 "did" 前面加 "DISTINCT" 表示去除重复记录，因为基于窗口的统计结果不会影响记录数，窗口中有几条记录，最后仍然显示几条记录，除非加 "DISTINCT" 去除重复记录或者加 WHERE 条件进行筛选。

（3）在 "t_employee" 表中查询薪资在[8000,10000]之间的员工姓名、部门编号、薪资，查询结果按照部门编号分组后，按照薪资升序排列，并给每一行记录编序号。

```
SELECT ename,did,salary,
ROW_NUMBER() OVER (PARTITION BY did ORDER BY salary) AS "row_num",
RANK() OVER (PARTITION BY did ORDER BY salary) AS "rank_num" ,
DENSE_RANK() OVER (PARTITION BY did ORDER BY salary) AS "ds_rank_num"
FROM t_employee WHERE salary BETWEEN 8000 AND 10000;


#或


SELECT ename,did,salary,
ROW_NUMBER() OVER w AS "row_num",
RANK() OVER w AS "rank_num" ,
DENSE_RANK() OVER w AS "ds_rank_num"
FROM t_employee WHERE salary BETWEEN 8000 AND 10000
WINDOW w AS (PARTITION BY did ORDER BY salary);
```

上面两条 SQL 语句是等价的，下面的写法只是给窗口取了别名，由此可以看出，当一个窗口被重复使用时，使用别名使得 SQL 语句更清晰明了了。上面 SQL 语句的执行结果如下：

```
mysql> SELECT ename,did,salary,
    -> ROW_NUMBER() OVER w AS "row_num",
    -> RANK() OVER w AS "rank_num" ,
    -> DENSE_RANK() OVER w AS "ds_rank_num"
    -> FROM t_employee WHERE salary BETWEEN 8000 AND 10000
    -> WINDOW w AS (PARTITION BY did ORDER BY salary);
+-----------+------+--------+---------+----------+-------------+
| ename     | did  | salary | row_num | rank_num | ds_rank_num |
+-----------+------+--------+---------+----------+-------------+
| 邓超远    |    1 |   8000 |       1 |        1 |           1 |
| 陈浩      |    1 |   8567 |       2 |        2 |           2 |
| 陆风      |    1 |   8789 |       3 |        3 |           3 |
| 李晨熙    |    1 |   9000 |       4 |        4 |           4 |
| 孙红梅    |    1 |   9000 |       5 |        4 |           4 |
| 额日古那  |    1 |   9087 |       6 |        6 |           5 |
| 董吉祥    |    2 |   8978 |       1 |        1 |           1 |
| 李诗雨    |    3 |   9000 |       1 |        1 |           1 |
| 黄熙萌    |    3 |   9456 |       2 |        2 |           2 |
| 彭超越    |    3 |   9878 |       3 |        3 |           3 |
| 白露      |    5 |   9787 |       1 |        1 |           1 |
+-----------+------+--------+---------+----------+-------------+
11 rows in set (0.00 sec)
```

上面的 ROW_NUMBER()、RANK()、DENSE_RANK()都是序号函数。

- ROW_NUMBER()函数，表示每行按照不同的分区逐行顺序编号。例如，did 为 1 的分区每一条记录逐行编号为 1~6，而 did 为 2 的分区重新从 1 开始编号，依次类推。

- RANK()函数，表示每行按照不同的分区进行排序编号，即如果同一个分区中排序字段值出现重复值时，并列排序并跳过重复序号。例如 did 为 1 的分区，salary=9000 的并列排序为 4，但下一个 salary=9087，跳过重复序号两个 4，直接编号为 6。

- DENSE_RANK()函数，表示每行按照不同的分区进行排序编号，即如果同一个分区中排序字段值出现重复值时，并列排序不跳过重复序号。例如 did 为 1 的分区，salary=9000 的并列排序为 4，但下一个 salary=9087，不跳过重复序号两个 4，继续编号为 5。

（4）在"t_employee"表中查询薪资在[8000，10000]之间每个部门薪资排名前 3 的员工姓名、部门编号、薪资值。

```
mysql> SELECT ROW_NUMBER() OVER () AS "rn",temp.*
    -> FROM(SELECT ename,did,salary,
    -> ROW_NUMBER() OVER w AS "row_num",
    -> RANK() OVER w AS "rank_num" ,
    -> DENSE_RANK() OVER w AS "ds_rank_num"
    -> FROM t_employee WHERE salary BETWEEN 8000 AND 10000
    -> WINDOW w AS (PARTITION BY did ORDER BY salary DESC))temp
    -> WHERE temp.rank_num <= 3;
+----+----------+------+--------+---------+----------+------------+
| rn | ename    | did  | salary | row_num | rank_num | ds_rank_num|
+----+----------+------+--------+---------+----------+------------+
| 1  | 额日古那  | 1    | 9087   | 1       | 1        | 1          |
| 2  | 李晨熙    | 1    | 9000   | 2       | 2        | 2          |
| 3  | 孙红梅    | 1    | 9000   | 3       | 2        | 2          |
| 4  | 董吉祥    | 2    | 8978   | 1       | 1        | 1          |
| 5  | 彭超越    | 3    | 9878   | 1       | 1        | 1          |
| 6  | 黄熙萌    | 3    | 9456   | 2       | 2        | 2          |
| 7  | 李诗雨    | 3    | 9000   | 3       | 3        | 3          |
| 8  | 白露      | 5    | 9787   | 1       | 1        | 1          |
+----+----------+------+--------+---------+----------+------------+
8 rows in set (0.00 sec)

mysql> SELECT ROW_NUMBER() OVER () AS "rn",temp.*
    -> FROM(SELECT ename,did,salary,
    -> ROW_NUMBER() OVER w AS "row_num",
    -> RANK() OVER w AS "rank_num" ,
    -> DENSE_RANK() OVER w AS "ds_rank_num"
    -> FROM t_employee WHERE salary BETWEEN 8000 AND 10000
    -> WINDOW w AS (PARTITION BY did ORDER BY salary DESC))temp
    -> WHERE temp.ds_rank_num <= 3;
+----+----------+------+--------+---------+----------+------------+
| rn | ename    | did  | salary | row_num | rank_num | ds_rank_num|
+----+----------+------+--------+---------+----------+------------+
| 1  | 额日古那  | 1    | 9087   | 1       | 1        | 1          |
| 2  | 李晨熙    | 1    | 9000   | 2       | 2        | 2          |
| 3  | 孙红梅    | 1    | 9000   | 3       | 2        | 2          |
| 4  | 陆风      | 1    | 8789   | 4       | 4        | 3          |
| 5  | 董吉祥    | 2    | 8978   | 1       | 1        | 1          |
| 6  | 彭超越    | 3    | 9878   | 1       | 1        | 1          |
```

```
|  7 |  黄熙萌  |      3 |  9456 |         2 |         2 |         2 |
|  8 |  李诗雨  |      3 |  9000 |         3 |         3 |         3 |
|  9 |  白露    |      5 |  9787 |         1 |         1 |         1 |
+----+---------+--------+-------+-----------+-----------+-----------+
9 rows in set (0.00 sec)
```

从上面 SQL 的查询结果可以看出因为 DENSE_RANK()函数在依据排序字段编号时，没有跳过薪资为 "9000" 重复值排名 "2"，所以会多出一行 "陆风" 的记录。另外 ORDER BY 默认是升序，如果指明了 DESC 就表示降序排列。上面的 SQL 中使用了子查询的语法，关于子查询的详细内容请看 7.7 节。

（5）在 "t_employee" 表中查询每个部门薪资排名前 3 的员工姓名、部门编号和薪资值。

```
mysql> SELECT temp.*
    -> FROM(SELECT ename,did,salary,
    -> DENSE_RANK() OVER w AS "ds_rank_num"
    -> FROM t_employee
    -> WINDOW w AS (PARTITION BY did ORDER BY salary DESC))temp
    -> WHERE temp.ds_rank_num <= 3;
+----------+------+--------+-------------+
| ename    | did  | salary | ds_rank_num |
+----------+------+--------+-------------+
|  孙洪亮   |    1 |  28000 |           1 |
|  李冰冰   |    1 |  18760 |           2 |
|  贾宝玉   |    1 |  15700 |           3 |
|  谢吉娜   |    2 |  18978 |           1 |
|  董吉祥   |    2 |   8978 |           2 |
|  刘烨     |    3 |  13099 |           1 |
|  彭超越   |    3 |   9878 |           2 |
|  黄熙萌   |    3 |   9456 |           3 |
|  舒淇格   |    4 |  16788 |           1 |
|  周旭飞   |    4 |   7876 |           2 |
|  章嘉怡   |    5 |  15099 |           1 |
|  吉日格勒 |    5 |  10289 |           2 |
|  白露     |    5 |   9787 |           3 |
+----------+------+--------+-------------+
13 rows in set (0.00 sec)
```

从案例（4）和案例（5）对比可以看出，案例（5）只是将案例（4）的 "WHERE salary BETWEEN 8000 AND 10000" 去掉了，这样就是每一个部门所有薪资的员工都参与统计分析，所以统计结果是每一个部门薪资排名前 3 的员工信息。

（6）在 "t_employee" 表中查询全公司薪资排名前 3 的员工姓名、部门编号和薪资值。

```
mysql> SELECT temp.*
    -> FROM(SELECT ename,did,salary,
    -> DENSE_RANK() OVER w AS "ds_rank_num"
    -> FROM t_employee
    -> WINDOW w AS (ORDER BY salary DESC))temp
    -> WHERE temp.ds_rank_num <= 3;
+---------+------+--------+-------------+
| ename   | did  | salary | ds_rank_num |
+---------+------+--------+-------------+
|  孙洪亮  |    1 |  28000 |           1 |
|  谢吉娜  |    2 |  18978 |           2 |
|  李冰冰  |    1 |  18760 |           3 |
+---------+------+--------+-------------+
3 rows in set (0.00 sec)
```

从案例（5）和案例（6）对比可以看出，案例（6）只是将窗口定义修改为"WINDOW w AS (ORDER BY salary DESC)"，去掉了按照部门进行分区，这样统计的就是全公司薪资排名前 3 的员工信息。从上面几个案例可以看出，可以通过定义不同大小的窗口，灵活解决各种排名问题。

（7）在"t_employee"表中查询薪资在[8000,10000]之间的员工姓名、部门编号和薪资值，查询结果按照部门编号分组后按照薪资升序排列，并统计分布情况。

```
mysql> SELECT ename,did,salary,
    -> RANK() OVER w AS "rank" ,
    -> PERCENT_RANK() OVER w AS "percent_rank" ,
    -> ROUND(CUME_DIST() OVER w,2) AS "cume_dist"
    -> FROM t_employee WHERE salary BETWEEN 8000 AND 10000
    -> WINDOW w AS (PARTITION BY did  ORDER BY salary);
+-----------+------+--------+------+--------------+-----------+
| ename     | did  | salary | rank | percent_rank | cume_dist |
+-----------+------+--------+------+--------------+-----------+
| 邓超远    |    1 |   8000 |    1 |            0 |      0.17 |
| 陈浩      |    1 |   8567 |    2 |          0.2 |      0.33 |
| 陆凤      |    1 |   8789 |    3 |          0.4 |       0.5 |
| 李晨熙    |    1 |   9000 |    4 |          0.6 |      0.83 |
| 孙红梅    |    1 |   9000 |    4 |          0.6 |      0.83 |
| 额日古那  |    1 |   9087 |    6 |            1 |         1 |
| 董吉祥    |    2 |   8978 |    1 |            0 |         1 |
| 李诗雨    |    3 |   9000 |    1 |            0 |      0.33 |
| 黄熙萌    |    3 |   9456 |    2 |          0.5 |      0.67 |
| 彭超越    |    3 |   9878 |    3 |            1 |         1 |
| 白露      |    5 |   9787 |    1 |            0 |         1 |
+-----------+------+--------+------+--------------+-----------+
11 rows in set (0.00 sec)
```

上面 SQL 中的 PERCENT_RANK()、CUME_DIST()函数都是分布函数。

- PERCENT_RANK()函数，表示排名百分比，返回小于当前行中值的分区值的百分比，不包括最大值的一行记录。返回值的范围从 0 到 1，计算公式是"(rank-1)/(rows-1)"。其中，rank 为 RANK()函数产生的序号，rows 为当前窗口的记录总行数。例如，did 分组内 rank 为 4 的 PERCENT_RANK()函数结果是"3/5=0.6"，因为当前 rank 是 4，那么"rank-1"就是 3，而当前窗口记录总行数 rows 是 6，那么"rows-1"就是 5。

- CUME_DIST()函数，表示累积分布值，每行按照当前分组内小于等于当前 rank 值的行数/分组内总行数。例如，did 分组内 rank 为 4 的 CUME_DIST()函数结果是"5/6=0.8333333333333334"，其中 5 是"rank<=3"的记录行数，结果用 ROUND 数学函数保留小数点后 2 位，得到结果 0.83。CUME_DIST()函数主要用于查询小于或等于某个值的比例。

（8）在"t_employee"表中查询每个部门薪资低的前 50%的员工姓名、部门编号和薪资值。

```
mysql> SELECT ROW_NUMBER() OVER () AS rn,temp.*
    -> FROM(SELECT ename,did,salary,
    -> RANK() OVER w AS "rank" ,
    -> ROUND(CUME_DIST() OVER w,2) AS "cume_dist"
    -> FROM t_employee
    -> WINDOW w AS (PARTITION BY did  ORDER BY salary))temp
    -> WHERE temp.cume_dist <= 0.5;
+-----+--------+------+--------+------+-----------+
| rn  | ename  | did  | salary | rank | cume_dist |
+-----+--------+------+--------+------+-----------+
```

```
| 1   | 何进    | 1 | 7001 | 1 | 0.07 |
| 2   | 李小磊  | 1 | 7897 | 2 | 0.14 |
| 3   | 邓超远  | 1 | 8000 | 3 | 0.21 |
| 4   | 陈浩    | 1 | 8567 | 4 | 0.29 |
| 5   | 陆风    | 1 | 8789 | 5 | 0.36 |
| 6   | 李晨熙  | 1 | 9000 | 6 | 0.5  |
| 7   | 孙红梅  | 1 | 9000 | 6 | 0.5  |
| 8   | 董吉祥  | 2 | 8978 | 1 | 0.5  |
| 9   | 李诗雨  | 3 | 9000 | 1 | 0.25 |
| 10  | 黄熙萌  | 3 | 9456 | 2 | 0.5  |
| 11  | 周旭飞  | 4 | 7876 | 1 | 0.5  |
| 12  | 白露    | 5 | 9787 | 1 | 0.33 |
+----+--------+------+--------+------+----------+
12 rows in set (0.00 sec)
```

如果上面的 SQL 中将窗口定义为 "WINDOW w AS (ORDER BY salary)"，则可以统计全公司薪资低的前 50%的员工。

（9）基于 "t_employee" 表按薪资升序排列定义窗口，统计每一个员工与前后一个人的薪资差值。

```
mysql> SELECT ename,salary,did,
    -> salary - LAG(salary,1) OVER w AS "diff_before",
    -> salary - LEAD(salary,1) OVER w AS "diff_after"
    -> FROM t_employee
    -> WINDOW w AS (ORDER BY salary);
+----------+--------+------+-------------+------------+
| ename    | salary | did  | diff_before | diff_after |
+----------+--------+------+-------------+------------+
| 何进     | 7001   | 1    | NULL        | -875       |
| 周旭飞   | 7876   | 4    | 875         | -21        |
| 李小磊   | 7897   | 1    | 21          | -103       |
| 邓超远   | 8000   | 1    | 103         | -567       |
| 陈浩     | 8567   | 1    | 567         | -222       |
| 陆风     | 8789   | 1    | 222         | -189       |
| 董吉祥   | 8978   | 2    | 189         | -22        |
| 李晨熙   | 9000   | 1    | 22          | 0          |
| 孙红梅   | 9000   | 1    | 0           | 0          |
| 李诗雨   | 9000   | 3    | 0           | -87        |
| 额日古那 | 9087   | 1    | 87          | -369       |
| 黄熙萌   | 9456   | 3    | 369         | -331       |
| 白露     | 9787   | 5    | 331         | -91        |
| 彭超越   | 9878   | 3    | 91          | -411       |
| 吉日格勒 | 10289  | 5    | 411         | -1711      |
| 韩庚年   | 12000  | 1    | 1711        | -1090      |
| 陈纲     | 13090  | 1    | 1090        | -9         |
| 刘烨     | 13099  | 3    | 9           | -2000      |
| 章嘉怡   | 15099  | 5    | 2000        | -579       |
| 黄冰茹   | 15678  | 1    | 579         | -22        |
| 贾宝玉   | 15700  | 1    | 22          | -1088      |
| 舒淇格   | 16788  | 4    | 1088        | -1972      |
| 李冰冰   | 18760  | 1    | 1972        | -218       |
| 谢吉娜   | 18978  | 2    | 218         | -9022      |
| 孙洪亮   | 28000  | 1    | 9022        | NULL       |
+----------+--------+------+-------------+------------+
25 rows in set (0.00 sec)
```

上面 SQL 中通过 LAG(salary, 1)和 LEAD(salary,1)函数分别取得当前行前/后相距 1 行中薪资值。

- LAG(expr, n)函数，返回位于当前行的前面相距 n 行的 expr 值。
- LEAD(expr, n)函数，返回位于当前行的后面相距 n 行的 expr 值。

如果上面的 SQL 中窗口定义为"WINDOW w AS (PARTITION BY did ORDER BY salary)"则表示以部门为分区，同一个部门内按照薪资排序，并统计薪资相邻员工的薪资差值。

（10）在"t_employee"表获取本部门第一个、最后一个和第 n 个女员工的薪资值。

```
mysql> SELECT ename,salary,did,
    -> FIRST_VALUE(salary) OVER w AS "first",
    -> LAST_VALUE(salary) OVER w AS "last",
    -> NTH_VALUE(salary,2) OVER w AS "2th"
    -> FROM t_employee WHERE gender = '女'
    -> WINDOW w AS (PARTITION BY did);
+-----------+--------+------+-------+-------+-------+
| ename     | salary | did  | first | last  | 2th   |
+-----------+--------+------+-------+-------+-------+
| 李晨熙    |   9000 |    1 |  9000 |  9087 | 15678 |
| 黄冰茹    |  15678 |    1 |  9000 |  9087 | 15678 |
| 孙红梅    |   9000 |    1 |  9000 |  9087 | 15678 |
| 李冰冰    |  18760 |    1 |  9000 |  9087 | 15678 |
| 额日古那  |   9087 |    1 |  9000 |  9087 | 15678 |
| 谢吉娜    |  18978 |    2 | 18978 | 18978 |  NULL |
| 黄熙萌    |   9456 |    3 |  9456 |  9000 |  9000 |
| 李诗雨    |   9000 |    3 |  9456 |  9000 |  9000 |
| 舒淇格    |  16788 |    4 | 16788 |  7876 |  7876 |
| 周旭飞    |   7876 |    4 | 16788 |  7876 |  7876 |
| 章嘉怡    |  15099 |    5 | 15099 |  9787 |  9787 |
| 白露      |   9787 |    5 | 15099 |  9787 |  9787 |
+-----------+--------+------+-------+-------+-------+
12 rows in set (0.01 sec)
```

上面 SQL 中通过 FIRST_VALUE()、LAST_VALUE()和 NTH_VALUE()函数分别取得本组第一个、最后一个和第 n 个人的薪资值。

- FIRST_VALUE(expr)函数，返回当前分组第一行的 expr 值。
- LAST_VALUE(expr)函数，返回当前分组最后一行的 expr 值。如果 OVER 子句中有 ORDER BY 子句，则返回每一个 rank 的最后一行的 expr 值。
- NTH_VALUE(expr,n)函数，返回当前分组第 n 行的 expr 值。

（11）在"t_employee"表中查询每一个部门薪资高于 13000 元的员工姓名和部门编号，然后分为 2 个等级。

```
mysql> SELECT ename,did,
    -> NTILE(2) OVER w AS "ntile"
    -> FROM t_employee WHERE salary > 13000
    -> WINDOW w AS (PARTITION BY did);
+--------+------+-------+
| ename  | did  | ntile |
+--------+------+-------+
| 孙洪亮 |    1 |     1 |
| 贾宝玉 |    1 |     1 |
| 黄冰茹 |    1 |     1 |
| 李冰冰 |    1 |     2 |
```

```
| 陈纲      | 1 |    2 |
| 谢吉娜    | 2 |    1 |
| 刘烨      | 3 |    1 |
| 舒淇格    | 4 |    1 |
| 章嘉怡    | 5 |    1 |
+--------+------+-------+
9 rows in set (0.00 sec)
```

上面的 SQL 中用 NTILE(2)函数将分区中的数据分为 2 个等级，记录等级数。实际应用中由于数据量大，需要将数据平均分配到 n 个并行的进程分别计算，此时就可以用 NTILE（n）函数对数据进行分组（由于记录数不一定被 n 整除，所以数据不一定完全平均）。

MySQL 中的窗口定义中可以包含一个 FRAME 定义，FRAME 是当前窗口中的一个子数据集。FRAME 的基本单位有 ROWS 和 RANGE，默认是 RANGE。

- ROWS：以一行为一个单位。
- RANGE（无排序）：以整个分区为单位。
- RANGE（有排序）：在分区中以连续相同的值为一个单位。

FRAME 范围可由两种形式来定义{frame_start | frame_between}，范围的定义基于基本单位 ROWS 和 RANGE。

- frame_start：仅指定开始行或区域，则结束范围为默认值，即当前行或区域。
- frame_between：指定开始行或区域与结束行或区域。

以 ROWS 为基本单位的 FRAME 框架范围示意如图 6-4 所示。

- CURRENT ROW：当前行。
- UNBOUNDED PRECEDING：当前行上面所有行。
- UNBOUNDED FOLLOWING：当前行下面所有行。
- n PRECEDING：当前行上面 n 行。
- m FOLLOWING：当前行下面 m 行。
- BETWEEN n PRECEDING AND m FOLLOWING：当前行为中心上面 n 到下面 m 的（n+1+m）所有行。

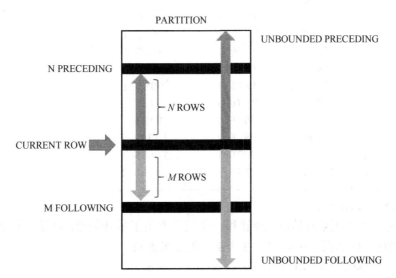

图 6-4　以 ROWS 为基本单位的 FRAME 框架范围示意图

（12）统计分析所有女员工薪资情况，查询小于等于当前女员工薪资人数占比。

```
mysql> SELECT ename,salary,
    -> COUNT(*) OVER w / COUNT(*) OVER () AS percent
```

```
    -> FROM t_employee WHERE gender = '女'
    -> WINDOW w AS (ORDER BY salary ROWS UNBOUNDED PRECEDING);
+-----------+--------+---------+
| ename     | salary | percent |
+-----------+--------+---------+
| 周旭飞    |   7876 |  0.0833 |
| 李晨熙    |   9000 |  0.1667 |
| 孙红梅    |   9000 |  0.2500 |
| 李诗雨    |   9000 |  0.3333 |
| 额日古那  |   9087 |  0.4167 |
| 黄熙萌    |   9456 |  0.5000 |
| 白露      |   9787 |  0.5833 |
| 章嘉怡    |  15099 |  0.6667 |
| 黄冰茹    |  15678 |  0.7500 |
| 舒淇格    |  16788 |  0.8333 |
| 李冰冰    |  18760 |  0.9167 |
| 谢吉娜    |  18978 |  1.0000 |
+-----------+--------+---------+
12 rows in set (0.00 sec)
```

（13）统计分析所有女员工薪资情况，统计所有女员工的最低薪资，以及以当前行为中心上下 2 行共 5 行范围内的最低薪资。

```
mysql> SELECT ename,did,salary,
    -> MIN(salary) OVER () AS "min_all" ,
    -> MIN(salary) OVER (ORDER BY salary ROWS BETWEEN 2 PRECEDING AND 2 FOLLOWING) AS
"min_in_five"
    -> FROM t_employee WHERE gender = '女';
+-----------+------+--------+---------+-------------+
| ename     | did  | salary | min_all | min_in_five |
+-----------+------+--------+---------+-------------+
| 周旭飞    |    4 |   7876 |    7876 |        7876 |
| 李晨熙    |    1 |   9000 |    7876 |        7876 |
| 孙红梅    |    1 |   9000 |    7876 |        7876 |
| 李诗雨    |    3 |   9000 |    7876 |        9000 |
| 额日古那  |    1 |   9087 |    7876 |        9000 |
| 黄熙萌    |    3 |   9456 |    7876 |        9000 |
| 白露      |    5 |   9787 |    7876 |        9087 |
| 章嘉怡    |    5 |  15099 |    7876 |        9456 |
| 黄冰茹    |    1 |  15678 |    7876 |        9787 |
| 舒淇格    |    4 |  16788 |    7876 |       15099 |
| 李冰冰    |    1 |  18760 |    7876 |       15678 |
| 谢吉娜    |    2 |  18978 |    7876 |       16788 |
+-----------+------+--------+---------+-------------+
12 rows in set (0.00 sec)
```

（14）统计分析所有女员工薪资情况，统计每一个部门女员工最低薪资，从第一行累积到当前部门的最低女员工薪资，以当前行的部门为中心前后 3 个部门的最低薪资。

```
mysql> SELECT ename,did,salary,
    -> MIN(salary) OVER (RANGE CURRENT ROW) AS "min1",
    -> MIN(salary) OVER (PARTITION BY did RANGE CURRENT ROW) AS "min2",
    -> MIN(salary) OVER (ORDER BY did RANGE CURRENT ROW) AS "min3",
    -> MIN(salary) OVER (ORDER BY did RANGE UNBOUNDED PRECEDING) AS "min4",
    -> MIN(salary) OVER (ORDER BY did RANGE BETWEEN 1 PRECEDING AND 1 FOLLOWING) AS "min5"
```

```
    -> FROM t_employee WHERE gender = '女';
+----------+------+--------+------+--------+--------+------+------+
| ename    | did  | salary | min1 | min2   | min3   | min4 | min5 |
+----------+------+--------+------+--------+--------+------+------+
| 李晨熙    | 1    | 9000   | 7876 | 9000   | 9000   | 9000 | 9000 |
| 黄冰茹    | 1    | 15678  | 7876 | 9000   | 9000   | 9000 | 9000 |
| 孙红梅    | 1    | 9000   | 7876 | 9000   | 9000   | 9000 | 9000 |
| 李冰冰    | 1    | 18760  | 7876 | 9000   | 9000   | 9000 | 9000 |
| 额日古那  | 1    | 9087   | 7876 | 9000   | 9000   | 9000 | 9000 |
| 谢吉娜    | 2    | 18978  | 7876 | 18978  | 18978  | 9000 | 9000 |
| 黄熙萌    | 3    | 9456   | 7876 | 9000   | 9000   | 9000 | 7876 |
| 李诗雨    | 3    | 9000   | 7876 | 9000   | 9000   | 9000 | 7876 |
| 舒淇格    | 4    | 16788  | 7876 | 7876   | 7876   | 7876 | 7876 |
| 周旭飞    | 4    | 7876   | 7876 | 7876   | 7876   | 7876 | 7876 |
| 章嘉怡    | 5    | 15099  | 7876 | 9787   | 9787   | 7876 | 7876 |
| 白露      | 5    | 9787   | 7876 | 9787   | 9787   | 7876 | 7876 |
+----------+------+--------+------+--------+--------+------+------+
12 rows in set (0.00 sec)
```

上面的 SQL 中，范围的定义基于基本单位 RANGE。

- "MIN(salary) OVER (RANGE CURRENT ROW)" 因为没有指定排序字段，也没有指定分区，就表示 SELECT 根据 WHERE 条件筛选的所有行一起统计分析，这里就表示统计全公司女员工的最低薪资。
- "MIN(salary) OVER (PARTITION BY did RANGE CURRENT ROW)" 因为没有指定排序字段，就表示当前分区所有行一起统计，这里就表示按部门统计女员工的最低薪资。
- "MIN(salary) OVER (ORDER BY did RANGE CURRENT ROW)" 指定了排序字段，表示与当前行相同排序字段值的为一组，所以这里也是表示按部门统计女员工的最低薪资。
- "MIN(salary) OVER (ORDER BY did RANGE UNBOUNDED PRECEDING)" 表示从第一个 did 分区到当前 did 分区范围内所有行一起统计，这里表示统计部门编号 "<=当前 did 值" 所有部门女员工的最低薪资。
- "MIN(salary) OVER (ORDER BY did RANGE BETWEEN 1 PRECEDING AND 1 FOLLOWING)" 表示以当前 "did" 值为中心，前后 3 个部门一起统计女员工的最低薪资。

从上面的案例可以看出，窗口函数的功能很强大，可以对表中的数据进行实时分析处理，使得 MySQL 更好地适应大数据时代的应用开发。

6.5　本章小结

本章基于丰富的 SQL 案例详细介绍了 MySQL 中提供的运算符和系统函数。运算符包括算术运算符、比较运算符、逻辑运算符和位运算符。函数包括数学函数、字符串函数、日期时间函数、条件判断函数、加密函数、系统信息函数、JSON 函数、空间函数，以及具有强大统计分析功能的聚合函数和窗口函数。有了这些函数，可以极大地提高用户对数据库的管理效率，读者应该在实践过程中深入了解，掌握这些函数。不同版本的 MySQL 之间的函数可能会有微小的差别，使用时需要查阅对应版本的参考手册，但是大部分函数功能在不同版本之间是一致的。

第7章

高级查询语句

数据库管理系统的一个重要功能就是数据查询，数据查询不应只是简单地返回数据库中存储的数据，还应该根据需求对数据进行筛选，以及确定数据以什么样的格式显示。数据查询也不仅限于单张表，也可以是多张表一起查询。MySQL 提供了功能强大、灵活的语句来实现这些操作，本章将介绍如何使用 SELECT 语句实现复杂的查询，包括 JOIN ON 实现多表连接查询、合并两个或多个查询结果、GROUP BY 和 HAVING 配合聚合函数进行分组查询、ORDER BY 对查询结果进行排序、LIMIT 对查询结果进行分页处理、子查询，以及使用通用表达式查询等。

从表中查询数据的 SELECT 语句，语法格式如下。

```
SELECT * | <字段列表>
        FROM <表 1> INNER | LEFT | RIGHT JOIN <表 2>
        ON <关联条件表达式>...
        WHERE <表记录筛选条件表达式>
        GROUP BY <分组字段列表>
        HAVING <分组结果筛选条件表达式>
        ORDER BY <排序字段列表>
        LIMIT <起始 offset>,<本页最多显示的 rowcount>;
```

SELECT 后面如果写"*"表示查询结果包含表中所有字段，如果查询结果只要部分字段，请逐一列出字段名并且两个字段名之间使用逗号分隔。

如果是从表中查询数据，那么 SELECT 后面必须用 FROM 子句指明从哪个表中查询数据。

其实 SELECT 语句中可以包含 7 个子句，按顺序依次是 FROM、ON、WHERE、GROUP BY、HAVING、ORDER BY、LIMIT，它们的顺序不能调换，除了 FROM 子句是必选的，其他子句都是可选的。

- FROM 子句：必选项，后面写表名，FROM 子句指定数据的来源，可以是单个表或者多个表。如果是多个表，建议使用"INNER | LEFT | RIGHT JOIN"连接。
- ON 子句：可选项，后面写条件表达式，表示两个表联合查询的关联条件，必须配合 JOIN 关键字使用。如果缺省关联条件会出现笛卡儿积现象。
- WHERE 子句：可选项，后面写条件表达式，表示只筛选出表中满足条件的记录行。
- GROUP BY 子句：可选项，后面写字段名，表示按照指定字段值分组统计查询结果，分组字段值相同的为一组。如"GROUP BY did"，则表示部门编号相同的为一组，这就实现了按部门分组统计的效果。
- HAVING 子句：可选项，后面写条件表达式，表示 GROUP BY 分组统计后，再根据条件对统计结果进一步筛选，即可能不显示所有的统计结果。
- ORDER BY 子句：可选项，后面写字段名，表示按指定字段的升序、降序排列显示结果。字段名后面写"ASC"表示按照该字段升序排列查询结果，字段名后面写"DESC"表示按照该字段降序排列查询结果。其中"ASC"可以省略，即如果字段名后面既没有"ASC"又没有"DESC"，则默认是升序。

● LIMIT 子句：可选项，后面接两个参数值，限制查询结果的记录数。平时我们在网页或其他系统中看到的数据分页展示就是依赖于 LIMIT 子句完成的。

SELECT 的子句很多，一开始很难一下子完全理解，接下来本书通过丰富的、由浅到深的案例逐个介绍它们。另外"SELECT *""SELECT 字段列表"，以及 FROM 和 WHERE 子句在第 4.2 节已经介绍了，这里就不重复了。

本章介绍的所有 SQL 演示都基于"atguigu_chapter7"数据库。为了更好地演示效果，请读者导入提前为大家准备好的 SQL 脚本"atguigu_chapter7.sql"，读者可以在本书的前言中查看 SQL 脚本的下载方式。脚本包含 3 个表：t_employee 表（表结构如图 7-1 所示）、t_department 表（表结构如图 7-2 所示）和 t_job 表（表结构如图 7-3 所示）。为了更好地理解和掌握书中的各个案例，请提前熟悉这 3 个表中各个字段的意义。关于表结构中主键等约束设置请看第 8 章，本章表结构暂不设置。

图 7-1 员工表 t_employee 的表结构示意图

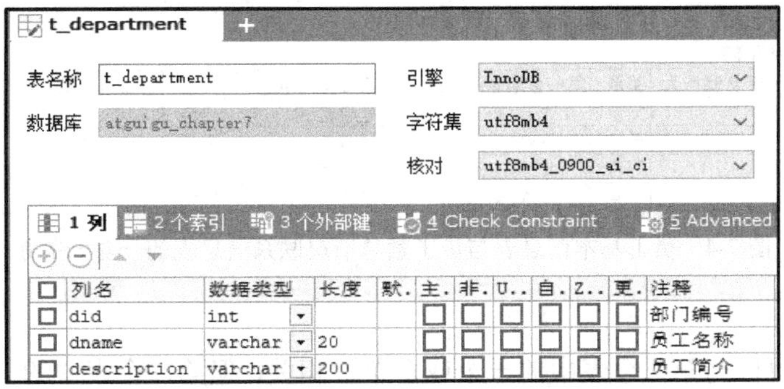

图 7-2 部门表 t_department 的表结构示意图

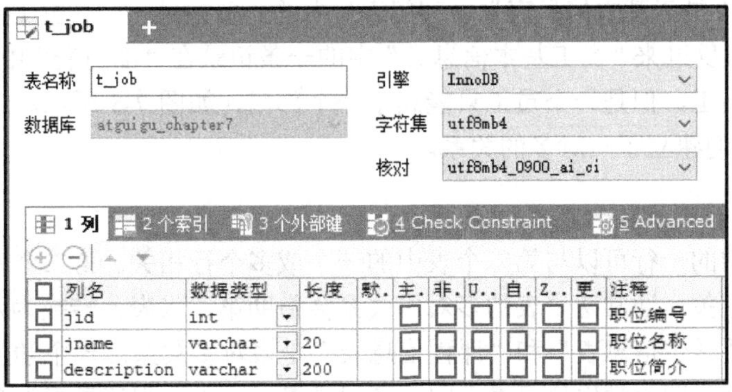

图 7-3 职位表 t_job 的表结构示意图

7.1 JOIN ON 子句

连接是关系数据库模型的主要特点。连接查询是关系数据库中最主要的查询，主要包括内连接 INNER JOIN、外连接 OUTER JOIN，而外连接又包含左外连接 LEFT OUTER JOIN、右外连接 RIGHT OUTER JOIN、全外连接 FULL OUTER JOIN 等。通过连接运算符 ON 可以实现多个表查询。

7.1.1 表的关系

在关系数据库管理系统中，很多表之间是有关系的，表之间的关系分为一对一关系、一对多关系和多对多关系。

1. 一对一

该关系中第一个表中的一行只可以与第二个表中的一行相关，且第二个表中的一行也只可以与第一个表中的一行相关。

例如，"员工基本信息表"和"员工紧急情况联系信息表"。"员工基本信息表"中存储的是频繁使用的信息，"员工紧急情况联系信息表"中存储的是不常用的信息，这两个表中的一条记录都代表一个员工的信息。"员工基本信息表"中的一条记录在"员工紧急情况联系信息表"中只能找到唯一的一条对应记录，反过来也一样，即它们是一一对应关系，如图 7-4 所示。这两个表存在相同含义的"员工编号"字段，使它们建立了一对一关系。

员工基本信息表

员工编号	姓名	薪资	性别	身份证号	手机号码	邮箱地址	职位编号	部门编号
S1001	张三	15000	男	110881199801254242	13789098765	zhangsan@atguigu.com	J1001	D1001
S1002	李四	13000	男	330881199511024233	18678973456	lisi@atguigu.com	J1002	D1001
S1003	如意	14000	女	441881199206184256	18945678986	ruyi@atguigu.com	J1003	D1002
S1004	吉祥	15000	女	221081199511024233	13576234554	jixiang@atguigu.com	J1004	D1002

员工紧急情况联系信息表

员工编号	第一紧急联系人	关系	第一紧急联系人电话	第二紧急联系人	关系	第二紧急联系人电话	员工在京住址
S1001	张才	父亲	18245678952	郑小红	母亲	18245678742	北京市回龙观
S1002	李双	母亲	13756824566	张淑芬	妻子	13756824693	北京市平西府
S1003	如来	哥哥	13547582956	王贝蓓	母亲	13547582785	北京市宏福苑
S1004	吉吉	弟弟	17245685554	花花	妹妹	17245685424	北京市白庙村

图 7-4　员工基本信息表与员工紧急情况联系信息表的一对一关系

2. 一对多

第一个表中的一行可以与第二个表中的一个或多个行相关，但第二个表中的一行只可以与第一个表中的一行相关。

例如，"部门表"和"员工基本信息表"。"部门表"中的一条记录，在"员工基本信息表"中可以找到一条或多条记录对应，但反过来"员工基本信息表"中的一条记录在"部门表"中只能找到一条记录对应，即一个部门可以有多个员工，但是一个员工只能属于一个部门，如图 7-5 所示。这两个表存在相同含义的"部门编号"字段，使它们建立了一对多的关系。

3. 多对多

该关系中第一个表中的一行可以与第二个表中的一个或多个行相关。第二个表中的一行也可以与第一个表中的一个或多个行相关。通常两个表的多对多关系会借助第三张表，转换为两个一对多的关系。

例如，选课系统的"学生信息表"和"课程信息表"是多对多关系。一个学生可以选择多门课，一门课程可以被多个学生选择，即"学生信息表"中一条记录可以与"课程信息表"多条记录相对应，反过来

"课程信息表"的一条记录也可以与"学生信息表"中的多条记录相对应。它们之间借助第三张"选课信息表"实现关联关系，而"学生信息表"与"选课信息表"是一对多的关系，"课程信息表"与"选课信息表"也是一对多的关系。"选课信息表"中"学号"字段与"学生信息表"中"学号"字段含义相同。在"课程信息表"中，"课程编号"字段与"选课信息表"中的"课程编号"字段含义相同，如图 7-6 所示。

员工基本信息表

员工编号	姓名	薪资	性别	身份证号	手机号码	邮箱地址	职位编号	部门编号
S1001	张三	15000	男	110881199801254242	13789098765	zhangsan@atguigu.com	J1001	D1001
S1002	李四	13000	男	330881199511024233	18678973456	lisi@atguigu.com	J1002	D1001
S1003	如意	14000	女	441881199206184256	18945678986	ruyi@atguigu.com	J1003	D1002
S1004	吉祥	15000	女	221088199511024233	13576234554	jixiang@atguigu.com	J1004	D1002

部门信息表

部门编号	部门名称	部门职责
D1001	技术部	负责技术研发工作
D1002	人事部	负责人事管理工作

图 7-5　部门表与员工基本信息表的一对多关系

学生信息表

学号	姓名
S1001	张三
S1002	李四

一对多

选课信息表

序号	学号	课程编号	成绩
1	S1001	C1452	95
2	S1001	C1265	78
3	S1002	C1452	92
4	S1002	C1265	90

多对一

课程信息表

课程编号	课程名称	授课老师编号
C1452	MySQL	T1024
C1265	Oracle	T1022

图 7-6　学生信息表与课程信息表的多对多关系

7.1.2　关联查询

当两个表存在相同含义的字段时，就可以进行关联查询，或者叫做连接查询。这个相同含义的字段被称为关联字段，关联字段在两个表中可以名字相同，也可以不同，但是它们的含义和数据类型必须相同。

当两个表一起进行关联查询时，一共可以得到 7 种结果，如图 7-7 所示。

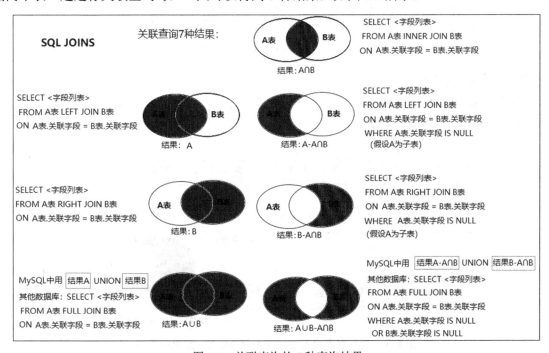

图 7-7　关联查询的 7 种查询结果

1. A 表 ∩ B 表

查询结果的记录都是 A 表和 B 表两个表完全对应的记录，而没有对应的记录都不要，如图 7-8 所示。A 表（员工信息）中"王五"记录行和 B 表（部门信息）中"测试部"记录行不包含在查询结果中。

A表

员工编号	姓名	薪资	部门编号
S1001	张三	15000	D1001
S1002	李四	13000	D1001
S1003	如意	14000	D1002
S1004	吉祥	15000	D1003
S1005	王五	16000	NULL

B表

部门编号	部门名称	部门职责
D1001	技术部	负责技术研发工作
D1002	人事部	负责人事管理工作
D1003	市场部	负责市场推广工作
D1004	测试部	负责测试检查工作

A∩B结果

员工编号	姓名	薪资	部门编号	部门名称	部门职责
S1001	张三	15000	D1001	技术部	负责技术研发工作
S1002	李四	13000	D1001	技术部	负责技术研发工作
S1003	如意	14000	D1002	人事部	负责人事管理工作
S1004	吉祥	15000	D1003	市场部	负责市场推广工作

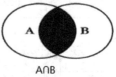

A∩B
A表 INNER JION B表

图 7-8　关联查询的 A∩B 结果示意图

2. A 表

查询结果的记录不全是 A 表和 B 表两个表完全对应的记录，还包含 A 表中在 B 表找不到对应记录的行，如图 7-9 所示。A 表（员工信息）中"王五"的记录行也包含在查询结果中。

A表

员工编号	姓名	薪资	部门编号
S1001	张三	15000	D1001
S1002	李四	13000	D1001
S1003	如意	14000	D1002
S1004	吉祥	15000	D1003
S1005	王五	16000	NULL

B表

部门编号	部门名称	部门职责
D1001	技术部	负责技术研发工作
D1002	人事部	负责人事管理工作
D1003	市场部	负责市场推广工作
D1004	测试部	负责测试检查工作

A结果

员工编号	姓名	薪资	部门编号	部门名称	部门职责
S1001	张三	15000	D1001	技术部	负责技术研发工作
S1002	李四	13000	D1001	技术部	负责技术研发工作
S1003	如意	14000	D1002	人事部	负责人事管理工作
S1004	吉祥	15000	D1003	市场部	负责市场推广工作
S1005	王五	16000	NULL	NULL	NULL

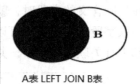

A表 LEFT JOIN B表

图 7-9　关联查询的 A 结果示意图

3. A 表 –（A 表 ∩ B 表）

查询结果的记录全是 A 表和 B 表两个表完全不对应的记录，即 A 表中在 B 表找不到对应记录的行，如图 7-10 所示。只有 A 表（员工信息）中"王五"的记录行包含在查询结果中。

A表

员工编号	姓名	薪资	部门编号
S1001	张三	15000	D1001
S1002	李四	13000	D1001
S1003	如意	14000	D1002
S1004	吉祥	15000	D1003
S1005	王五	16000	NULL

B表

部门编号	部门名称	部门职责
D1001	技术部	负责技术研发工作
D1002	人事部	负责人事管理工作
D1003	市场部	负责市场推广工作
D1004	测试部	负责测试检查工作

A表（员工表是子表）

A表-(A∩B表)结果

员工编号	姓名	薪资	部门编号	部门名称	部门职责
S1005	王五	16000	NULL	NULL	NULL

A表 LEFT JOIN B表

WHERE A表.部门编号 IS NULL

图 7-10　关联查询的 A 表 –（A 表 ∩ B 表）结果示意图

4．B 表

查询结果的记录不全是 A 表和 B 表两个表完全对应的记录，还包含 B 表中在 A 表找不到对应记录的行，如图 7-11 所示。B 表（部门信息）中"测试部"记录行也包含在查询结果中。

A表

员工编号	姓名	薪资	部门编号
S1001	张三	15000	D1001
S1002	李四	13000	D1001
S1003	如意	14000	D1002
S1004	吉祥	15000	D1003
S1005	王五	16000	NULL

B表

部门编号	部门名称	部门职责
D1001	技术部	负责技术研发工作
D1002	人事部	负责人事管理工作
D1003	市场部	负责市场推广工作
D1004	测试部	负责测试检查工作

B结果

员工编号	姓名	薪资	部门编号	部门名称	部门职责
S1001	张三	15000	D1001	技术部	负责技术研发工作
S1002	李四	13000	D1001	技术部	负责技术研发工作
S1003	如意	14000	D1002	人事部	负责人事管理工作
S1004	吉祥	15000	D1003	市场部	负责市场推广工作
NULL	NULL	NULL	D1004	测试部	负责测试检查工作

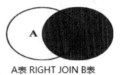

A表 RIGHT JOIN B表

图 7-11　关联查询的 B 结果示意图

5．B 表 −（A 表 ∩ B 表）

查询结果的记录全是 A 表和 B 表两个表完全不对应的记录，即 B 表中在 A 表找不到对应记录的行，如图 7-12 所示。只有 B 表（部门信息）中"测试部"记录行包含在查询结果中。

A表

员工编号	姓名	薪资	部门编号
S1001	张三	15000	D1001
S1002	李四	13000	D1001
S1003	如意	14000	D1002
S1004	吉祥	15000	D1003
S1005	王五	16000	NULL

B表

部门编号	部门名称	部门职责
D1001	技术部	负责技术研发工作
D1002	人事部	负责人事管理工作
D1003	市场部	负责市场推广工作
D1004	测试部	负责测试检查工作

A表（员工表是子表）

B表 −（A表∩B表）结果

员工编号	姓名	薪资	部门编号	部门名称	部门职责
NULL	NULL	NULL	D1004	测试部	负责测试检查工作

A表 RIGHT JOIN B表

WHERE A表.部门编号 IS NULL

图 7-12　关联查询的 B 表 −（A 表 ∩ B 表）结果示意图

6．A 表 ∪ B 表

查询结果的记录不全是 A 表和 B 表两个表完全对应的记录，还包括 A 表中在 B 表找不到对应记录的行，以及 B 表中在 A 表找不到对应记录的行，如图 7-13 所示。A 表（员工信息）中"王五"记录行和 B 表（部门信息）中"测试部"记录行都包含在查询结果中。

A表

员工编号	姓名	薪资	部门编号
S1001	张三	15000	D1001
S1002	李四	13000	D1001
S1003	如意	14000	D1002
S1004	吉祥	15000	D1003
S1005	王五	16000	NULL

B表

部门编号	部门名称	部门职责
D1001	技术部	负责技术研发工作
D1002	人事部	负责人事管理工作
D1003	市场部	负责市场推广工作
D1004	测试部	负责测试检查工作

A表∪B表结果

员工编号	姓名	薪资	部门编号	部门名称	部门职责
S1001	张三	15000	D1001	技术部	负责技术研发工作
S1002	李四	13000	D1001	技术部	负责技术研发工作
S1003	如意	14000	D1002	人事部	负责人事管理工作
S1004	吉祥	15000	D1003	市场部	负责市场推广工作
S1005	王五	16000	NULL	NULL	NULL
NULL	NULL	NULL	D1004	测试部	负责测试检查工作

查询A结果的SQL

UNION

查询B结果的SQL

图 7-13　关联查询的 A 表 ∪ B 表结果示意图

7.（A 表 ∪ B 表）-（A 表 ∩ B 表）

查询结果的记录全是 A 表和 B 表两个表完全不对应的记录，即 A 表中在 B 表找不到对应记录的行，以及 B 表中在 A 表找不到对应记录的行，如图 7-14 所示。只有 A 表（员工信息）中"王五"记录行和 B 表（部门信息）中"测试部"记录行包含在查询结果中。

A表

员工编号	姓名	薪资	部门编号
S1001	张三	15000	D1001
S1002	李四	13000	D1001
S1003	如意	14000	D1002
S1004	吉祥	15000	D1003
S1005	王五	16000	NULL

B表

部门编号	部门名称	部门职责
D1001	技术部	负责技术研发工作
D1002	人事部	负责人事管理工作
D1003	市场部	负责市场推广工作
D1004	测试部	负责测试检查工作

（A表∪B表）-（A表∩B表）结果

员工编号	姓名	薪资	部门编号	部门名称	部门职责
S1005	王五	16000	NULL	NULL	NULL
NULL	NULL	NULL	D1004	测试部	负责测试检查工作

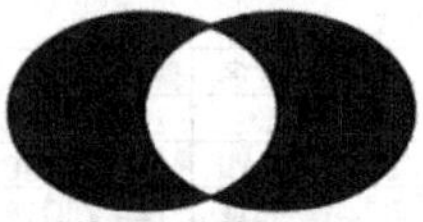

查询A-A∩B的SQL
UNION
查询B-A∩B的SQL

图 7-14　关联查询的（A 表 ∪ B 表）-（A 表 ∩ B 表）结果示意图

要实现上述 7 种查询结果，可以使用内连接 INNER JOIN 或外连接 OUTER JOIN 的连接查询或关联查询来实现。虽然 MySQL 不支持全外连接 FULL OUTER JOIN 类型，但是可以使用 UNION 关键字实现合并左外连接和右外连接的结果来达到全外连接的效果，UNION 关键字的使用请看 7.2 节。

7.1.3　内连接

内连接（INNER JOIN）的查询结果是 A 表 ∩ B 表，语法格式如下。

```
SELECT * | <字段列表>
FROM <A 表> INNER JOIN <B 表>
ON <关联条件表达式>
WHERE 等其他可选子句；
```

下面演示内连接的使用，SQL 语句示例如下。

（1）在"t_employee"和"t_job"表中查询薪资低于 8000 元的员工姓名、薪资、职位编号、职位名称。

```
mysql> SELECT ename,salary,job_id,jname
    -> FROM t_employee INNER JOIN t_job
    -> ON job_id = jid
    -> WHERE salary < 8000;
+--------+--------+--------+----------+
| ename  | salary | job_id | jname    |
+--------+--------+--------+----------+
| 何进   | 7001   | 2      | 项目经理  |
| 李小磊 | 7897   | 3      | 程序员    |
| 周旭飞 | 7876   | 10     | 出纳      |
+--------+--------+--------+----------+
3 rows in set (0.00 sec)
```

上面语句中 INNER JOIN 表示内连接，而 ON 后面是"t_employee"和"t_job"表内连接的关联条件。如果没有关联条件，那么两个表联合查询将会出现"笛卡尔积"，即记录总数=A 表筛选的记录数*B 表筛选的记录数。笛卡尔积本身是没有用的，所以联合查询必须编写关联条件。编写关联条件的要求如下：

- 两个表中含义相同的字段为关联字段，使用关联字段编写关联条件。例如，"t_employee"表的"job_id"字段和"t_job"表的"jid"字段的含义相同，都表示员工职位编号，所以它们是两个表的关联字段。
- 虽然把关联条件和其他筛选条件一起写到 WHERE 子句中也是可以进行查询的，但是建议使用 ON

子句专门来编写关联条件，这样可读性更好，也能提醒自己不要忘了编写关联条件。

- ON 必须结合 JOIN 使用，在 FROM 子句和 WHERE 子句中间。
- 如果有 *n* 张表联合查询，则必须编写 *n*-1 个关联条件，即如果两个表关联查询，那么关联条件是一个，如果三个表关联查询，那么关联条件就应该是两个，依次类推。
- 如果两个表的关联字段或其他查询字段在两个表中名字相同，则必须使用"表名.字段名"的完全限定名方式，否则会报"xx is ambiguous"的错误。而如果字段不重名，则可以使用"表名.字段名"的完全限定名方式，也可以直接使用"字段名"。

（2）在"t_employee"和"t_department"表中查询薪资低于 8000 元的员工姓名、部门编号、部门名称。"t_employee"表的"did"字段和"t_department"表的"did"字段意义相同，都是表示"部门编号"，所以它们是两个表的关联字段。另外，因为它们的名字都是"did"，所以在关联查询的语句中使用它们就必须使用"表名.字段名"的完全限定名的方式，例如，"t_employee.did"和"t_department.did"。

```
mysql> SELECT ename,salary,t_employee.did,dname
    -> FROM t_employee INNER JOIN t_department
    -> ON t_employee.did = t_department.did
    -> WHERE salary < 8000;
+--------+--------+------+--------+
| ename  | salary | did  | dname  |
+--------+--------+------+--------+
| 何进   |   7001 |    1 | 研发部 |
| 李小磊 |   7897 |    1 | 研发部 |
| 周旭飞 |   7876 |    4 | 财务部 |
+--------+--------+------+--------+
3 rows in set (0.00 sec)
```

（3）在"t_employee"、"t_job"和"t_department"表中查询薪资低于 8000 元的员工姓名、薪资、职位编号、职位名称、部门编号、部门名称。如果有三个表关联查询，则 ON 子句的关联条件就有两个，并且要求在每个 JOIN 的表后面紧跟 ON 子句。

```
mysql> SELECT ename,salary,job_id,jname,t_employee.did,dname
    -> FROM t_employee INNER JOIN t_job
    -> ON t_employee.job_id = t_job.jid
    -> INNER JOIN t_department
    -> ON t_employee.did = t_department.did
    -> WHERE salary < 8000;
+--------+--------+--------+----------+------+--------+
| ename  | salary | job_id | jname    | did  | dname  |
+--------+--------+--------+----------+------+--------+
| 何进   |   7001 |      2 | 项目经理 |    1 | 研发部 |
| 李小磊 |   7897 |      3 | 程序员   |    1 | 研发部 |
| 周旭飞 |   7876 |     10 | 出纳     |    4 | 财务部 |
+--------+--------+--------+----------+------+--------+
3 rows in set (0.00 sec)
```

（4）在"t_employee"和"t_department"表中查询工作地点只有北京的员工姓名、工作地点、部门编号、部门名称、职位编号和职位名称。

```
mysql> SELECT ename,work_place,t_employee.did,dname,job_id,jname
    -> FROM t_employee,t_department,t_job
    -> WHERE t_employee.did = t_department.did
    -> AND t_employee.job_id = t_job.jid
    -> AND STRCMP('北京',work_place) = 0;
```

```
+---------+------------+------+---------+--------+------------+
| ename   | work_place | did  | dname   | job_id | jname      |
+---------+------------+------+---------+--------+------------+
| 陆凤    | 北京       | 1    | 研发部  | 2      | 项目经理   |
| 李冰冰  | 北京       | 1    | 研发部  | 3      | 程序员     |
| 章嘉怡  | 北京       | 5    | 后勤部  | 11     | 后勤主管   |
| 吉日格勒| 北京       | 5    | 后勤部  | 12     | 网络管理员 |
+---------+------------+------+---------+--------+------------+
4 rows in set (0.00 sec)
```

SQL 语句中，使用了 STRCMP()函数，用于比较两个字符串，输出 0 表示两个字符串相等，即工作地点为北京。

由上面的例子可以看出，要实现内连接查询，也可以直接在 FROM 子句中列出联合查询的两个或多个表的表名，表名之间使用逗号分隔。但是 n-1 个关联条件仍然不能少，只是写到了 WHERE 子句中，此时编写关联条件就不能用 ON 子句了，因为 FROM 子句中没有 INNER JOIN 关键字了。虽然这种方式也能实现内连接查询效果，但是 INNER JOIN 语法是 ANSI SQL 的标准规范。

7.1.4 左连接

左连接（LEFT OUTER JOIN）的查询结果有 A 表或 A 表 –（A 表∩B 表），语法格式如下。

```
SELECT * | <字段列表>
FROM <A 表> LEFT OUTER JOIN <B 表>
ON <关联条件表达式>
WHERE 等其他可选子句;
```

下面演示左连接的使用，SQL 语句示例如下。

（1）在"t_employee"和"t_department"表中查询所有薪资低于 8000 元的员工姓名、薪资、部门编号、部门名称。

```
mysql> SELECT ename,salary,t_employee.did,dname
    -> FROM t_employee LEFT JOIN t_department
    -> ON t_employee.did = t_department.did
    -> WHERE salary < 8000;
+--------+--------+------+--------+
| ename  | salary | did  | dname  |
+--------+--------+------+--------+
| 何进   | 7001   | 1    | 研发部 |
| 李小磊 | 7897   | 1    | 研发部 |
| 周旭飞 | 7876   | 4    | 财务部 |
| 李红   | 5000   | NULL | NULL   |
+--------+--------+------+--------+
4 rows in set (0.00 sec)
```

从上面的查询语句和查询结果中可以看出，LEFT OUTER JOIN 的 OUTER 关键字可以省略。另外基于 LEFT 关键字左边的 A 表（即 t_employee 表），依次查询在 LEFT 关键字右边的 B 表（即 t_department 表），在 B 表中找不到对应 A 表记录的行（即部门编号为 NULL 的员工"李红"记录行）也被查询出来了。相当于查询结果是"A 表"的情况。

（2）在"t_employee""t_job"和"t_department"表中查询所有薪资低于 8000 元的员工姓名、薪资、职位编号、职位名称、部门编号、部门名称。

```
mysql> SELECT ename,salary,job_id,jname,t_employee.did,dname
    -> FROM t_employee LEFT JOIN t_job
    -> ON t_employee.job_id = t_job.jid
```

```
   -> LEFT JOIN t_department
   -> ON t_employee.did = t_department.did
   -> WHERE salary < 8000;
+--------+--------+--------+----------+------+--------+
| ename  | salary | job_id | jname    | did  | dname  |
+--------+--------+--------+----------+------+--------+
| 何进   |   7001 |      2 | 项目经理 |    1 | 研发部 |
| 李小磊 |   7897 |      3 | 程序员   |    1 | 研发部 |
| 周旭飞 |   7876 |     10 | 出纳     |    4 | 财务部 |
| 李红   |   5000 |   NULL | NULL     | NULL | NULL   |
+--------+--------+--------+----------+------+--------+
4 rows in set (0.00 sec)
```

（3）在"t_employee""t_job"和"t_department"表中查询所有员工姓名、薪资、职位编号、职位名称、部门编号、部门名称，并且只显示在"t_employee"表中"did 或 job_id"为 NULL 的记录。相当于查询结果是"A 表 –（A 表∩B 表）"的情况。

```
mysql> SELECT ename,salary,job_id,jname,t_employee.did,dname
   -> FROM t_employee LEFT JOIN t_job
   -> ON t_employee.job_id = t_job.jid
   -> LEFT JOIN t_department
   -> ON t_employee.did = t_department.did
   -> WHERE t_employee.did IS NULL OR t_employee.job_id IS NULL;
+--------+--------+--------+--------+------+-------+
| ename  | salary | job_id | jname  | did  | dname |
+--------+--------+--------+--------+------+-------+
| 李红   |   5000 |   NULL | NULL   | NULL | NULL  |
| 周洲   |   8000 |      3 | 程序员 | NULL | NULL  |
+--------+--------+--------+--------+------+-------+
2 rows in set (0.00 sec)
```

注意，上面 SQL 的 WHERE 条件中写的是"t_employee.did IS NULL OR t_employee.job_id IS NULL"，而不是"t_department.did IS NULL OR t_job.jid IS NULL"，这是因为在"t_department"和"t_job"表中"did"和"jid"是主键，不会为 NULL，"t_employee"表是它们的子表（关于主键和子表的概念请见第 8 章）。

（4）在"t_employee""t_job"和"t_department"表中查询所有薪资小于等于 8000 元的员工姓名、薪资、职位编号、职位名称、部门编号、部门名称，并且要求该行在职位表中一定能找到对应行。

```
mysql> SELECT ename,salary,job_id,jname,t_employee.did,dname
   -> FROM t_employee LEFT JOIN t_department
   -> ON t_employee.did = t_department.did
   -> INNER JOIN t_job
   -> ON t_employee.job_id = t_job.jid
   -> WHERE salary <= 8000;
+--------+--------+--------+----------+------+--------+
| ename  | salary | job_id | jname    | did  | dname  |
+--------+--------+--------+----------+------+--------+
| 何进   |   7001 |      2 | 项目经理 |    1 | 研发部 |
| 周洲   |   8000 |      3 | 程序员   | NULL | NULL   |
| 李小磊 |   7897 |      3 | 程序员   |    1 | 研发部 |
| 邓超远 |   8000 |      3 | 程序员   |    1 | 研发部 |
| 周旭飞 |   7876 |     10 | 出纳     |    4 | 财务部 |
+--------+--------+--------+----------+------+--------+
5 rows in set (0.00 sec)
```

从上面的 SELECT 语句和查询结果可以看出，内连接和左连接也可以一起联合查询。

7.1.5 右连接

右连接（RIGHT OUTER JOIN）的查询结果有 B 表或 B 表 –（A 表∩B 表），语法格式如下。

```
SELECT * | <字段列表>
FROM <A 表> RIGHT OUTER JOIN <B 表>
ON <关联条件表达式>
WHERE 等其他可选子句;
```

下面演示右连接的使用，SQL 语句示例如下。

（1）在"t_employee"和"t_department"表中查询所有部门，以及该部门薪资低于 8000 元的员工姓名、薪资、部门编号、部门名称。即相当于查询 B 表。

```
mysql> SELECT ename,salary,t_department.did,dname
    -> FROM t_employee RIGHT JOIN t_department
    -> ON t_employee.did = t_department.did
    -> WHERE IFNULL(salary,0) < 8000;
+--------+--------+-----+--------+
| ename  | salary | did | dname  |
+--------+--------+-----+--------+
| 李小磊 |   7897 |   1 | 研发部 |
| 何进   |   7001 |   1 | 研发部 |
| 周旭飞 |   7876 |   4 | 财务部 |
| NULL   |   NULL |   6 | 测试部 |
+--------+--------+-----+--------+
4 rows in set (0.00 sec)
```

从上面的查询语句和查询结果中可以看出，RIGHT OUTER JOIN 的 OUTER 关键字可以省略。另外基于 RIGHT 关键字右边的 B 表（即 t_department 表）依次查询在 RIGHT 关键字左边的 A 表（即 t_employee 表），在 A 表中找不到对应 B 表记录的行（即 did 为 6 的测试部门记录行）也被查询出来了。相当于查询结果是"B 表"的情况。

（2）在"t_employee""t_job"和"t_department"表中查询所有部门以及该部门薪资低于 8000 元的员工姓名、薪资、职位编号、职位名称、部门编号、部门名称。

```
mysql> SELECT ename,salary,job_id,jname,t_department.did,dname
    -> FROM t_employee LEFT JOIN t_job
    -> ON t_employee.job_id = t_job.jid
    -> RIGHT JOIN t_department
    -> ON t_employee.did = t_department.did
    -> WHERE IFNULL(salary,0) < 8000;
+--------+--------+--------+----------+------+--------+
| ename  | salary | job_id | jname    | did  | dname  |
+--------+--------+--------+----------+------+--------+
| 李小磊 |   7897 |      3 | 程序员   |    1 | 研发部 |
| 何进   |   7001 |      2 | 项目经理 |    1 | 研发部 |
| 周旭飞 |   7876 |     10 | 出纳     |    4 | 财务部 |
| NULL   |   NULL |   NULL | NULL     |    6 | 测试部 |
+--------+--------+--------+----------+------+--------+
4 rows in set (0.00 sec)
```

（3）在"t_employee"和"t_department"表中查询所有部门的员工姓名、薪资、部门编号、部门名称，并且只显示在 t_employee 表中 did 为 NULL 的记录。

```
mysql> SELECT ename,salary,t_department.did,dname
    -> FROM t_employee RIGHT JOIN t_department
```

```
    -> ON t_employee.did = t_department.did
    -> WHERE t_employee.did IS NULL;
+-------+--------+------+---------+
| ename | salary | did  | dname   |
+-------+--------+------+---------+
| NULL  | NULL   | 6    | 测试部  |
+-------+--------+------+---------+
1 row in set (0.00 sec)
```

注意上面 SQL 的 WHERE 条件中写的是"t_employee.did IS NULL",而不是"t_department.did IS NULL",这是因为在"t_department"中"did"是主键,不会为"NULL","t_employee"表是它的子表(关于主键和子表的概念请见第 8 章)。

7.1.6 自连接

如果在一个连接查询中,进行连接查询的两个表其实是同一个表,这样的连接查询称为自连接查询。自连接是一种特殊的连接查询,它是指相互连接的表在物理上是同一张表,但可以在逻辑上分为两张表。

例如,在"t_employee"中查询薪资高于领导薪资的员工姓名、员工薪资、领导编号、领导姓名、领导薪资。

```
mysql> SELECT emp.ename,emp.salary,mgr.eid,mgr.ename,mgr.salary
    -> FROM t_employee emp INNER JOIN t_employee mgr
    -> ON emp.mid = mgr.eid
    -> WHERE emp.salary > mgr.salary;
+----------+--------+------+-------+--------+
| ename    | salary | eid  | ename | salary |
+----------+--------+------+-------+--------+
| 周洲     | 8000   | 2    | 何进  | 7001   |
| 额日古那 | 9087   | 2    | 何进  | 7001   |
| 陈纲     | 13090  | 2    | 何进  | 7001   |
| 李冰冰   | 18760  | 2    | 何进  | 7001   |
| 韩庚年   | 12000  | 2    | 何进  | 7001   |
+----------+--------+------+-------+--------+
5 rows in set (0.00 sec)
```

此处查询的两个表物理上是相同的表,为了防止产生二义性,对表使用了别名。别名"emp"表示此时将"t_employee"表作为员工信息表使用,而表名"mgr"表示此时将"t_employee"表作为领导信息表使用。表别名可以用在 SELECT 列表、ON 子句、WHERE 子句等位置,用于区别"两个表"的"同名"字段。之前学过给 SELECT 列表中字段取别名,别名可以加双引号,但是给表取别名"不能"加双引号。

另外,自连接也可以有内连接、左连接和右连接几种形式。

7.2 合并查询结果

在 MySQL 中使用 UNION 关键字,可以将多条 SELECT 语句的结果组合成单个结果集。合并时,两个查询结果对应的列数、数据类型必须相同。各个 SELECT 语句之间使用 UNION 或 UNION ALL 关键字分隔。UNION 单独使用,表示当多个 SELECT 结果中有重复的记录时,只显示唯一的。UNION 加上 ALL 一起使用表示不删除重复行也不对结果进行自动排序。

当对左连接的查询结果为"A 表"和右连接的查询结果为"B 表"两个 SELECT 语句使用 UNION 合并查询结果时,就可以实现查询结果"A 表∪B 表"的效果。而对左连接的查询结果为"A 表 -(A 表∩

B 表)"和右连接的查询结果为"B 表 –(A 表∩B 表)"两个 SELECT 语句使用 UNION 合并查询结果时，就可以实现查询结果"（A 表∪B 表）–（A 表∩B 表）"的效果。MySQL 就是使用这种方式来代替全外连接 FULL OUTER JOIN 方式的。

当然 UNION 合并查询结果不全是为了实现全外连接 FULL OUTER JOIN 的效果。

下面演示 UNION 关键字实现合并查询结果的效果。

（1）第一个 SQL 是在"t_employee"表中查询工作地点只有北京的员工姓名和工作地点。第二个 SQL 是在"t_employee"表中查询工作地点只有上海的员工姓名和工作地点。最后，合并两个 SQL 的查询结果。

```
mysql> SELECT ename,work_place FROM t_employee
    -> WHERE work_place = '北京'
    ->
    -> UNION
    ->
    -> SELECT ename,work_place FROM t_employee
    -> WHERE work_place = '上海';
+-----------+------------+
| ename     | work_place |
+-----------+------------+
| 陆凤      | 北京        |
| 李冰冰    | 北京        |
| 章嘉怡    | 北京        |
| 吉日格勒  | 北京        |
| 李红      | 北京        |
| 孙红梅    | 上海        |
| 白露      | 上海        |
+-----------+------------+
7 rows in set (0.02 sec)
```

（2）在"t_employee"和"t_department"表中查询所有没有分配部门的员工记录和所有没有安排员工的部门记录。

问题分析，"查询所有没有分配部门的员工记录"相当于查询"A–A∩B"，"查询所有没有安排员工的部门记录"相当于查询"B–A∩B"，最终结果是要它们的并集。

解决方案是使用 UNION 将查询结果为"A–A∩B"的 SQL 与查询结果为"B–A∩B"的 SQL 进行合并。

首先，使用左连接在"t_employee"和"t_department"表中查询所有员工姓名、薪资、部门编号、部门名称，并且只显示在 t_employee 表中 did 为 NULL 的记录。然后，使用右连接在"t_employee"和"t_department"表中查询所有部门的员工姓名、薪资、部门编号、部门名称，并且只显示在 t_employee 表中 did 为 NULL 的记录。最后，合并查询结果。

```
mysql> SELECT ename,salary,t_employee.did,dname
    -> FROM t_employee LEFT JOIN t_department
    -> ON t_employee.did = t_department.did
    -> WHERE t_employee.did IS NULL
    ->
    -> UNION
    ->
    -> SELECT ename,salary,t_department.did,dname
    -> FROM t_employee RIGHT JOIN t_department
    -> ON t_employee.did = t_department.did
    -> WHERE t_employee.did IS NULL;
+-------+--------+------+-------+
| ename | salary | did  | dname |
+-------+--------+------+-------+
```

```
|  李红  |  5000 | NULL | NULL  |
|  周洲  |  8000 | NULL | NULL  |
| NULL  |  NULL |    6 | 测试部 |
+-------+-------+------+-------+
3 rows in set (0.00 sec)
```

注意，UNION 合并两个 SELECT 查询语句时，要求 SELECT 后面的字段列表必须一致，否则会报"错误代码：1222，The used SELECT statements have a different number of columns"的错误。

（3）查询"t_employee"和"t_department"表中所有员工和所有部门信息，以及对应关系，包括所有没有分配部门的员工记录和所有没有安排员工的部门记录。

问题分析，"查询所有员工"相当于查询"A"，"查询所有部门"相当于查询"B"，最终结果是要"A∪B"。

解决方案是使用 UNION 将查询结果为"A"的 SQL 与查询结果为"B"的 SQL 进行合并。

首先，使用左连接在"t_employee"和"t_department"表中查询所有员工姓名、薪资、部门编号、部门名称。然后，使用右连接在"t_employee"和"t_department"表中查询所有部门的员工姓名、薪资、部门编号、部门名称。最后，合并查询结果。

```
SELECT ename,salary,t_employee.did,dname
FROM t_employee LEFT JOIN t_department
    ON t_employee.did = t_department.did


UNION ALL    #读者对比一下加 ALL 和不加 ALL 的区别

SELECT ename,salary,t_employee.did,dname
FROM t_employee RIGHT JOIN t_department
    ON t_employee.did = t_department.did;


#结果是两个表所有记录的合并，因为篇幅有限这里省略了查询结果，读者可以自己尝试。
```

如果在 UNION 后面加上 ALL，会合并两个 SELECT 语句的所有查询结果，此时可以发现有很多重复记录。去掉 ALL，就可以去掉重复记录。

7.3 GROUP BY 子句

在第 6 章我们介绍过聚合函数，可以实现对满足条件的记录行做统计分析。MySQL 中还可以使用 GROUP BY 子句实现分组统计分析查询结果。GROUP BY 子句通常和聚合函数一起使用。

下面演示 GROUP BY 子句的使用。

（1）在"t_employee"表中查询每个部门的部门编号、人数、平均薪资、最高薪资、最低薪资，本次查询不包括 did 为"NULL"的员工。

```
mysql> SELECT did,COUNT(*),AVG(salary),MAX(salary),MIN(salary)
    -> FROM t_employee WHERE did IS NOT NULL
    -> GROUP BY did;
+------+----------+-------------+-------------+-------------+
| did  | COUNT(*) | AVG(salary) | MAX(salary) | MIN(salary) |
+------+----------+-------------+-------------+-------------+
|    1 |       14 |     12183.5 |       28000 |        7001 |
|    3 |        4 |    10358.25 |       13099 |        9000 |
|    2 |        2 |       13978 |       18978 |        8978 |
|    4 |        2 |       12332 |       16788 |        7876 |
```

```
|     5 |        3 |       11725 |        15099 |         9787 |
+------+----------+-------------+--------------+--------------+
5 rows in set (0.00 sec)
```

（2）在"t_employee"表中查询每个部门的部门编号、人数、平均薪资、最高薪资、最低薪资，最后进行合计，本次查询不包括 did 为"NULL"的员工。

```
mysql> SELECT IFNULL(did,'合计') AS did, COUNT(eid),
    -> AVG(salary) ,MAX(salary), MIN(salary)
    -> FROM t_employee WHERE did IS NOT NULL
    -> GROUP BY did WITH ROLLUP;
+------+------------+-------------+-------------+-------------+
| did  | COUNT(eid) | AVG(salary) | MAX(salary) | MIN(salary) |
+------+------------+-------------+-------------+-------------+
| 1    |         14 |     12183.5 |       28000 |        7001 |
| 2    |          2 |       13978 |       18978 |        8978 |
| 3    |          4 |    10358.25 |       13099 |        9000 |
| 4    |          2 |       12332 |       16788 |        7876 |
| 5    |          3 |       11725 |       15099 |        9787 |
| 合计 |         25 |    11991.88 |       28000 |        7001 |
+------+------------+-------------+-------------+-------------+
6 rows in set, 1 warning (0.00 sec)
```

从上面的查询结果可以看出，在 GROUP BY 后面加上 WITH ROLLUP 关键字，可以在显示结果的最后增加一行合计信息。对于 COUNT(eid)函数来说，合计的是满足 WHERE 条件的人数。对于 AVG(salary)函数来说，合计的是满足 WHERE 条件的所有员工平均薪资。对于 MAX(salary)函数来说，合计的是满足 WHERE 条件的所有员工的最高薪资。对于 MIN(salary)函数来说，合计的是满足 WHERE 条件的所有员工的最低薪资。

另外，如果在上面 SELECT 后面直接写 did，那么合计行的 did 将显示"NULL"。这里我们通过 IFNULL 函数将 did 为"NULL"的单元格显示为"合计"，可读性更好。但是如果上面的记录中包含 did 为"NULL"的记录，那么这么做就会有问题了。读者可以将上面 SELECT 语句的 WHERE 子句去掉试一下。

（3）在"t_employee"和"t_department"表中查询每个部门的部门编号、部门名称、人数、平均薪资、最高薪资、最低薪资。

```
mysql> SELECT t_department.did AS "部门编号",
    -> dname AS "部门名称",
    -> COUNT(eid) AS "人数",
    -> IFNULL(AVG(salary),0) AS "平均薪资",
    -> IFNULL(MAX(salary),0) AS "最高薪资",
    -> IFNULL(MIN(salary),0) AS "最低薪资"
    -> FROM t_employee RIGHT JOIN t_department
    -> ON t_employee.did = t_department.did
    -> GROUP BY t_department.did;
+----------+----------+------+----------+----------+----------+
| 部门编号 | 部门名称 | 人数 | 平均薪资 | 最高薪资 | 最低薪资 |
+----------+----------+------+----------+----------+----------+
|        1 | 研发部   |   14 |  12183.5 |    28000 |     7001 |
|        2 | 人事部   |    2 |    13978 |    18978 |     8978 |
|        3 | 市场部   |    4 | 10358.25 |    13099 |     9000 |
|        4 | 财务部   |    2 |    12332 |    16788 |     7876 |
|        5 | 后勤部   |    3 |    11725 |    15099 |     9787 |
|        6 | 测试部   |    0 |        0 |        0 |        0 |
+----------+----------+------+----------+----------+----------+
6 rows in set (0.00 sec))
```

（4）在"t_employee"和"t_department"表中查询每个部门男员工和女员工的部门编号、部门名称、人数、平均薪资、最高薪资、最低薪资。

```
mysql> SELECT t_department.did AS "部门编号",
    -> dname AS "部门名称",
    -> gender AS "性别",
    -> COUNT(eid) AS "人数",
    -> IFNULL(AVG(salary),0) AS "平均薪资",
    -> IFNULL(MAX(salary),0) AS "最高薪资",
    -> IFNULL(MIN(salary),0) AS "最低薪资"
    -> FROM t_employee RIGHT JOIN t_department
    -> ON t_employee.did = t_department.did
    -> GROUP BY t_department.did,gender;
```

部门编号	部门名称	性别	人数	平均薪资	最高薪资	最低薪资
1	研发部	女	5	12305	18760	9000
1	研发部	男	9	12116	28000	7001
2	人事部	男	1	8978	8978	8978
2	人事部	女	1	18978	18978	18978
3	市场部	男	2	11488.5	13099	9878
3	市场部	女	2	9228	9456	9000
4	财务部	女	2	12332	16788	7876
5	后勤部	男	1	10289	10289	10289
5	后勤部	女	2	12443	15099	9787
6	测试部	NULL	0	0	0	0

```
10 rows in set (0.00 sec)
```

从上面的查询结果可以看出，使用 GROUP BY 可以对多个字段进行分组，GROUP BY 关键字后面跟需要分组的字段，MySQL 根据多字段的值来进行层次分组，分组层次从左到右。

（5）在"t_employee"和"t_department"表中查询每个部门薪资高于 15000 元的员工的部门编号、部门名称、员工姓名、员工总人数。

```
mysql> SELECT t_department.did AS "部门编号",
    -> dname AS "部门名称",
    -> ename AS "员工姓名",
    -> COUNT(eid) AS "人数"
    -> FROM t_employee LEFT JOIN t_department
    -> ON t_employee.did = t_department.did
    -> WHERE salary > 15000
    -> GROUP BY t_employee.did;
```

部门编号	部门名称	员工姓名	人数
1	研发部	孙洪亮	4
2	人事部	谢吉娜	1
4	财务部	舒淇格	1
5	后勤部	章嘉怡	1

```
4 rows in set (0.00 sec)
```

上面的查询语句没报错，但是结果不正确，因为"研发部"有 4 个人，却只显示了一个人的名字。这是因为使用 GROUP BY 是聚合函数，分组字段值相同的行只会得到一行结果。由此可以得出结论，使用

GROUP BY 分组统计查询结果时，SELECT 后面不应该出现和分组无关的字段，否则结果会非常怪异。例如，上面的查询语句中"ename"和分组无关，因此"ename"列的值和分组统计也无关。如果此时想要显示"研发部"4 个员工的姓名，需要使用 GROUP_CONCAT()函数，将各个字段的值显示出来。

```
mysql> SELECT t_department.did AS "部门编号",
    ->  dname AS "名称",
    ->  GROUP_CONCAT(ename) AS "员工姓名",
    ->  COUNT(eid) AS "人数"
    -> FROM t_employee LEFT JOIN t_department
    -> ON t_employee.did = t_department.did
    -> WHERE salary > 15000
    -> GROUP BY t_employee.did;
+----------+--------+----------------------------+--------+
| 部门编号 | 名称   | 员工姓名                   | 人数   |
+----------+--------+----------------------------+--------+
|        1 | 研发部 | 孙洪亮,贾宝玉,黄冰茹,李冰冰 |      4 |
|        2 | 人事部 | 谢吉娜                     |      1 |
|        4 | 财务部 | 舒淇格                     |      1 |
|        5 | 后勤部 | 章嘉怡                     |      1 |
+----------+--------+----------------------------+--------+
4 rows in set (0.00 sec)
```

上面的查询语句，结果是正确的。使用了 GROUP_CONCAT()函数才能将"部门编号"为"1"的分组中满足条件的所有"ename"字段值显示出来。

另外，在分组查询时，想要对原表中的数据进行条件筛选时，可以使用 WHERE 子句。也就是说只有满足 WHERE 条件的记录行才参与 GROUP BY 的分组统计。

7.4 HAVING 子句

当我们使用 GROUP BY 进行分组查询后，想要对分组查询的结果再次进行筛选，就不能使用 WHERE 子句了，而是使用 HAVING 子句。

下面演示 HAVING 子句的使用。

（1）在"t_employee"和"t_department"表中查询每个部门薪资高于 15000 元的员工的部门编号、部门名称、员工姓名、人数，最终只显示"人数"是"1"的记录行。

```
mysql> SELECT t_department.did AS "部门编号",
    ->  dname AS "部门名称",
    ->  GROUP_CONCAT(ename) AS "员工姓名",
    ->  COUNT(eid) AS "人数"
    -> FROM t_employee LEFT JOIN t_department
    -> ON t_employee.did = t_department.did
    -> WHERE salary > 15000
    -> GROUP BY t_employee.did
    -> HAVING COUNT(eid) = 1;
+----------+----------+----------+------+
| 部门编号 | 部门名称 | 员工姓名 | 人数 |
+----------+----------+----------+------+
|        2 | 人事部   | 谢吉娜   |    1 |
|        4 | 财务部   | 舒淇格   |    1 |
|        5 | 后勤部   | 章嘉怡   |    1 |
+----------+----------+----------+------+
3 rows in set (0.00 sec)
```

HAVING 关键字与 WHERE 关键字都是用来过滤数据的，两者有什么不同呢？其中最重要的一条就是HAVING 是在分组查询之后对结果进行过滤筛选出满足条件的分组，而 WHERE 是在分组查询之前对原表中的行记录进行过滤，筛选出满足条件的记录行，参与到分组统计中来。另外，HAVING 子句中可以出现聚合函数，而 WHERE 子句中不可以出现聚合函数，否则会报"Invalid use of group function"的错误。但是 WHERE 和 HAVING 子句中都可以出现单行函数。

上面的 SQL 语句也可以这样写，示例如下。

```
mysql> SELECT t_department.did AS "部门编号",
    -> dname AS "部门名称",
    -> GROUP_CONCAT(ename) AS "员工姓名",
    -> COUNT(eid) AS "人数"
    -> FROM t_employee LEFT JOIN t_department
    -> ON t_employee.did = t_department.did
    -> WHERE salary > 15000
    -> GROUP BY t_employee.did
    -> HAVING 人数 = 1;
+----------+----------+----------+--------+
| 部门编号 | 部门名称 | 员工姓名 | 人数   |
+----------+----------+----------+--------+
|        2 | 人事部   | 谢吉娜   |      1 |
|        4 | 财务部   | 舒淇格   |      1 |
|        5 | 后勤部   | 章嘉怡   |      1 |
+----------+----------+----------+--------+
3 rows in set (0.00 sec)
```

从上面的查询结果可以看出，把"HAVING COUNT(eid)=1"换成"HAVING 人数=1"，查询结果是一样的。这是因为在 SELECT 列表中对"COUNT(eid)"取了别名"人数"。注意，在 HAVING 中使用别名"人数"就不能加双引号了，所以一定要避免别名中包含"空格"，或者使用关键字当别名。

（2）在"t_employee"表中查询每个部门不同职位的女员工的部门名称、职位名称、人数、平均薪资，并且只显示"人数"大于 1 并且"平均薪资"大于 9000 元的分组结果。

```
mysql> SELECT dname AS "部门名称",
    -> jname AS "职位名称",
    -> COUNT(eid) "人数",
    -> ROUND(AVG(salary),2) AS "平均薪资"
    -> FROM t_employee INNER JOIN t_department
    -> ON t_employee.did = t_department.did
    -> INNER JOIN t_job
    -> ON t_employee.job_id = t_job.jid
    -> WHERE gender = '女'
    -> GROUP BY t_employee.did,job_id
    -> HAVING 人数 > 1 AND 平均薪资 > 9000;
+----------+----------+------+----------+
| 部门名称 | 职位名称 | 人数 | 平均薪资 |
+----------+----------+------+----------+
| 研发部   | 程序员   |    3 | 12282.33 |
| 研发部   | 测试员   |    2 |    12339 |
| 市场部   | 市场员   |    2 |     9228 |
+----------+----------+------+----------+
3 rows in set (0.00 sec)
```

7.5　ORDER BY 子句

MySQL 提供了 ORDER BY 子句，实现对查询结果的排序。ORDER BY 可以实现依据某一列的值进行排序，也可以实现依据多列的值进行排序，即当第一个排序列的值相同时，继续按照第二个排序列的值进行排序，依次类推。ORDER BY 子句既可以实现从小到大（即升序）排序，也可以实现从大到小（即降序）排序。要实现升序可以在排序字段后面加 ASC 关键字，要实现降序可以在排序字段后面加 DESC 关键字，如果排序字段后面既没有写 ASC 也没有写 DESC，则默认按照升序处理。当有多个排序字段时，可以对每一个排序字段分别指定升序还是降序要求。

下面演示 ORDER BY 子句的使用。

（1）在 "t_employee" 表中查询年龄大于 40 岁的员工姓名、薪资，并且按照薪资降序排列显示结果。

```
mysql> SELECT ename,salary
    -> FROM t_employee
    -> WHERE DATEDIFF(CURDATE(),birthday) > 40 * 365
    -> ORDER BY salary DESC;
+--------+--------+
| ename  | salary |
+--------+--------+
| 孙洪亮  |  28000 |
| 舒淇格  |  16788 |
| 陈浩    |   8567 |
+--------+--------+
3 rows in set (0.00 sec)
```

从上面的查询结果可以看出，查询结果按照 "salary（薪资）" 降序排列。如果把 ORDER BY 子句中 "salary" 后面的 DESC 去掉，则会默认按照 "salary" 升序排列。

（2）在 "t_employee" 表中查询年龄大于 37 岁的员工姓名、年龄、薪资，并且按照年龄升序排列，年龄相同时按照薪资降序排列显示结果。

```
mysql> SELECT ename,
    ->  FLOOR(DATEDIFF(CURDATE(),birthday)/365) AS "age",
    ->  salary
    -> FROM t_employee
    -> WHERE DATEDIFF(CURDATE(),birthday) > 37 * 365
    -> ORDER BY age ,salary DESC;
+--------+------+--------+
| ename  | age  | salary |
+--------+------+--------+
| 李小磊  |  37  |   7897 |
| 何进    |  37  |   7001 |
| 黄冰茹  |  38  |  15678 |
| 李晨熙  |  38  |   9000 |
| 贾宝玉  |  39  |  15700 |
| 孙洪亮  |  41  |  28000 |
| 舒淇格  |  43  |  16788 |
| 陈浩    |  43  |   8567 |
+--------+------+--------+
8 rows in set (0.00 sec)
```

从上面的查询结果可以看出，结果按照 "age（年龄）" 升序排列，并且当年龄值相同时，又按照 "salary

（薪资）"降序排列。此时"age"后面加或不加 ASC 都可以。

（3）在"t_employee"和"t_department"表中查询每个部门的部门编号、部门名称、人数，并按照员工人数降序排列显示结果。

```
mysql> SELECT t_department.did AS "部门编号",
    -> dname AS "部门名称",
    -> COUNT(eid) AS "人数"
    -> FROM t_employee RIGHT JOIN t_department
    -> ON t_employee.did = t_department.did
    -> GROUP BY t_employee.did
    -> ORDER BY COUNT(eid) DESC;
+----------+----------+------+
| 部门编号 | 部门名称 | 人数 |
+----------+----------+------+
|        1 | 研发部   |   14 |
|        3 | 市场部   |    4 |
|        5 | 后勤部   |    3 |
|        2 | 人事部   |    2 |
|        4 | 财务部   |    2 |
|        6 | 测试部   |    0 |
+----------+----------+------+
6 rows in set (0.00 sec)
```

（4）在"t_employee"和"t_department"表中查询每个部门不同职位的女员工的部门名称、职位名称、人数、平均薪资，并且只显示"平均薪资"大于 10000 元的分组，最后以"人数"升序排列，"人数"相同的按照薪资降序排列显示结果。

```
mysql> SELECT dname AS "部门名称",
    -> jname AS "职位名称",
    -> COUNT(eid) "人数",
    -> ROUND(AVG(salary),2) AS "平均薪资"
    -> FROM t_employee INNER JOIN t_department
    -> ON t_employee.did = t_department.did
    -> INNER JOIN t_job
    -> ON t_employee.job_id = t_job.jid
    -> WHERE gender = '女'
    -> GROUP BY t_employee.did,job_id
    -> HAVING 平均薪资 > 10000
    -> ORDER BY 人数, 平均薪资 DESC;
+----------+----------+------+----------+
| 部门名称 | 职位名称 | 人数 | 平均薪资 |
+----------+----------+------+----------+
| 人事部   | 人事主管 |    1 |    18978 |
| 财务部   | 财务主管 |    1 |    16788 |
| 后勤部   | 后勤主管 |    1 |    15099 |
| 研发部   | 测试员   |    2 |    12339 |
| 研发部   | 程序员   |    3 | 12282.33 |
+----------+----------+------+----------+
5 rows in set (0.00 sec)
```

7.6 LIMIT 子句

当表中的数据非常多时，SELECT 语句的查询结果可能行数非常多，而用户只想要看第一行，或者前几行，或者用户想要在客户端中分页显示，每页最多只显示 *n* 行，那么就可以使用 LIMIT 子句来实现了。LIMIT 子句的语法格式如下。

```
LIMIT [位置偏移量,] 行数
```

通常 LIMIT 子句中有两个参数：第一个参数是"位置偏移量"，用于指示从查询结果的哪一行开始显示，这是一个可选参数，如果不指定"位置偏移量"，将会从查询结果的第一条记录开始（第一条记录的位置偏移量是 0，第二条记录的位置偏移量是 1，依次类推）。第二个参数是"行数"，用于指示最多返回的记录数。

下面演示 LIMIT 子句的使用。

（1）在"t_employee"表中查询员工编号、姓名和薪资，只显示前 5 行。

```
mysql> SELECT eid,ename,salary
    -> FROM t_employee
    -> LIMIT 5;
+------+--------+--------+
| eid  | ename  | salary |
+------+--------+--------+
|    1 | 孙洪亮 |  28000 |
|    2 | 何进   |   7001 |
|    3 | 邓超远 |   8000 |
|    4 | 黄熙萌 |   9456 |
|    5 | 陈浩   |   8567 |
+------+--------+--------+
5 rows in set (0.00 sec)
```

在上面的查询语句中，"LIMIT 5"表示从查询结果的第一条记录开始取，连续取 5 行。

（2）在"t_employee"表中查询男员工编号、姓名和薪资，只显示前 6~10 行。

```
mysql> SELECT eid,ename,salary
    -> FROM t_employee
    -> WHERE gender = '男'
    -> LIMIT 5,5;
+------+--------+---------+
| eid  | ename  | salary  |
+------+--------+---------+
|    7 | 贾宝玉 |  15700  |
|    9 | 李小磊 |   7897  |
|   10 | 陆风   |   8789  |
|   15 | 董吉祥 |   8978  |
|   16 | 彭超越 |   9878  |
+------+--------+---------+
5 rows in set (0.00 sec)
```

在上面的查询语句中，"LIMIT 5,5"表示从查询结果的第六条记录开始取（因为第一条记录的位置偏移是 0，所以第六条记录的位置偏移是 5），连续取 5 行。

（3）在"t_employee"和"t_job"表中查询男员工编号、姓名和薪资，职位名称，只显示 6~10 行。

```
mysql> SELECT eid,ename,salary,jname
    -> FROM t_employee INNER JOIN t_job
    -> ON t_employee.job_id = t_job.jid
```

```
    -> WHERE gender = '男'
    -> LIMIT 5,5;
+------+--------+--------+----------+
| eid  | ename  | salary | jname    |
+------+--------+--------+----------+
|    7 | 贾宝玉 |  15700 | 项目经理 |
|    9 | 李小磊 |   7897 | 程序员   |
|   10 | 陆风   |   8789 | 项目经理 |
|   15 | 董吉祥 |   8978 | 人事专员 |
|   16 | 彭超越 |   9878 | 市场员   |
+------+--------+--------+----------+
5 rows in set (0.00 sec)
```

（4）在"t_employee"和"t_department"表中查询每个部门的部门编号、部门名称、人数，并只显示前三条记录。

```
mysql> SELECT t_department.did AS "部门编号",
    ->  dname AS "部门名称",
    ->  COUNT(eid) AS "人数"
    -> FROM t_employee RIGHT JOIN t_department
    -> ON t_employee.did = t_department.did
    -> GROUP BY t_employee.did
    -> LIMIT 3;
+----------+----------+------+
| 部门编号 | 部门名称 | 人数 |
+----------+----------+------+
|        1 | 研发部   |   14 |
|        2 | 人事部   |    2 |
|        3 | 市场部   |    4 |
+----------+----------+------+
3 rows in set (0.00 sec)
```

（5）在"t_employee"和"t_department"表中查询每个部门男员工的部门编号、部门名称、人数，并只显示员工人数超过 1 人的第一条记录。

```
mysql> SELECT t_department.did AS "部门编号",
    ->  dname AS "部门名称",
    ->  COUNT(eid) AS "人数"
    -> FROM t_employee RIGHT JOIN t_department
    ->  ON t_employee.did = t_department.did
    -> WHERE gender = '男'
    -> GROUP BY t_employee.did
    -> HAVING 人数 > 1
    -> LIMIT 1;
+----------+----------+------+
| 部门编号 | 部门名称 | 人数 |
+----------+----------+------+
|        1 | 研发部   |    9 |
+----------+----------+------+
1 row in set (0.00 sec)
```

（6）在"t_employee"和"t_department"表中查询每个部门男员工的部门编号、部门名称、人数，并按人数升序排列之后，只显示员工人数超过 1 人的第一条记录。

```
mysql> SELECT t_department.did AS "部门编号",
    ->  dname AS "部门名称",
```

```
    -> COUNT(eid) AS "人数"
    -> FROM t_employee RIGHT JOIN t_department
    -> ON t_employee.did = t_department.did
    -> WHERE gender = '男'
    -> GROUP BY t_employee.did
    -> HAVING 人数 > 1
    -> ORDER BY 人数
    -> LIMIT 1;
+----------+----------+------+
| 部门编号 | 部门名称 | 人数 |
+----------+----------+------+
|        3 | 市场部   |    2 |
+----------+----------+------+
1 row in set (0.00 sec)
```

从上面的查询语句中可以完整地看到 SELECT 语句的 FROM、ON、WHERE、GROUP BY、HAVING、ORDER BY、LIMIT 等 7 个子句，它们的顺序不能调换，否则报错。

7.7　子查询

子查询是指嵌套在其他 SQL 语句中的一个 SELECT 查询语句。子查询 SELECT 语句可以嵌套在另一个 SELECT、UPDATE、DELETE、INSERT 等语句内部，这个特性从 MySQL 4.1 开始引入。通常子查询都是先执行的，而且子查询是一个独立的 SELECT 语句，所以子查询要使用圆括号括起来。

7.7.1　在 SELECT 语句的 SELECT 子句中嵌套子查询

子查询是一个 SELECT 语句，执行这个 SELECT 语句可以得到一个结果，当这个结果是单个值时，可以用这个值来进行显示或者参与表达式计算。

下面演示子查询出现在外层 SELECT 字段列表中的情况。

（1）在 "t_employee" 表中查询每个人薪资和公司平均薪资的差值，并显示员工薪资和公司平均薪资相差 5000 元以上的记录。这里使用子查询先在 "t_employee" 表中查询全公司的平均薪资。然后在外层的 SELECT 中与员工的薪资 "salary" 做差值计算。

```
mysql> SELECT ename AS "员工姓名",
    -> salary AS "薪资",
    -> ROUND((SELECT AVG(salary) FROM t_employee),2) "公司平均薪资",
    -> ROUND(salary - (SELECT AVG(salary) FROM t_employee),2) "差值"
    -> FROM t_employee
    -> HAVING ABS(差值) > 5000;
+----------+-------+--------------+----------+
| 员工姓名 | 薪资  | 公司平均薪资 | 差值     |
+----------+-------+--------------+----------+
| 孙洪亮   | 28000 |     11585.07 | 16414.93 |
| 李冰冰   | 18760 |     11585.07 |  7174.93 |
| 谢吉娜   | 18978 |     11585.07 |  7392.93 |
| 舒淇格   | 16788 |     11585.07 |  5202.93 |
| 李红     |  5000 |     11585.07 | -6585.07 |
+----------+-------+--------------+----------+
5 rows in set (0.00 sec)
```

注意，上面 SELECT 语句中要筛选出薪资（salary）和公司平均薪资（avg(salary)）相差 5000 元以上的员工记录，就需要使用 HAVING 子句，这是因为"差值"不是表中的原始数据，而是经过聚合函数汇总统计后与表中原始数据再次计算后的结果。

另外，这里因为要计算每个人薪资与公司平均薪资的差值，有 *n* 个员工计算完就应该有 *n* 条结果，所以不能直接使用聚合函数 AVG(salary)，而是要用子查询"SELECT AVG(salary) FROM t_employee"先计算"全公司的平均薪资"，然后再在每一行中使用这个计算结果，否则整个 SELECT 语句就会变成只有一行的结果。例如，以下 SQL 写法的结果是错误的。

```
mysql> SELECT ename AS "员工姓名",
    ->  salary AS "薪资",
    ->  ROUND(AVG(salary),2) "公司平均薪资",
    ->  ROUND(salary - AVG(salary),2) "差值"
    -> FROM t_employee
    -> HAVING ABS(差值) > 5000;
+-----------+--------+----------------+-----------+
| 员工姓名  | 薪资   | 公司平均薪资   | 差值      |
+-----------+--------+----------------+-----------+
| 孙洪亮    | 28000  | 11585.07       | 16414.93  |
+-----------+--------+----------------+-----------+
1 row in set (0.00 sec)
```

（2）在"t_employee"表中查询每个部门平均薪资和公司平均薪资的差值。然后在外层的 SELECT 中显示公司的平均薪资，并且与部门的平均薪资做差值计算。

```
mysql> SELECT did AS "部门编号",
    ->    ROUND(AVG(salary),2) AS "部门平均薪资",
    ->    ROUND((SELECT AVG(salary) FROM t_employee),2)
    ->        AS "公司平均薪资",
    ->    ROUND(AVG(salary) - (SELECT AVG(salary) FROM t_employee),2)
    ->        AS "差值"
    -> FROM t_employee WHERE did IS NOT NULL
    -> GROUP BY did;
+-----------+----------------+----------------+-----------+
| 部门编号  | 部门平均薪资   | 公司平均薪资   | 差值      |
+-----------+----------------+----------------+-----------+
|     1     |    12183.5     |   11585.07     |   598.43  |
|     3     |   10358.25     |   11585.07     | -1226.82  |
|     2     |     13978      |   11585.07     |  2392.93  |
|     4     |     12332      |   11585.07     |   746.93  |
|     5     |     11725      |   11585.07     |   139.93  |
+-----------+----------------+----------------+-----------+
5 rows in set (0.00 sec)
```

7.7.2　在 SELECT 语句的 WHERE 子句中嵌套子查询

当子查询结果作为外层另一个 SQL 的过滤条件时，通常把子查询嵌入到 WHERE 或 HAVING 中。根据子查询结果的情况，分为如下三种情况。

- 当子查询的结果是单列单个值，那么可以直接使用比较运算符，如"<""<="">"">=""=""!="等与子查询结果进行比较。
- 当子查询的结果是单列多个值，那么可以使用比较运算符 IN 或 NOT IN 进行比较。
- 当子查询的结果是单列多个值，还可以使用比较运算符，如"<""<="">"">=""=""!="等搭配 ANY、SOME、ALL 等关键字与查询结果进行比较。

下面演示 WHERE 型子查询的使用。

（1）在"t_employee"表中查询薪资最高的员工姓名（ename）和薪资（salary）。这里使用子查询，先查询"最高薪资值"，然后在查询员工信息时，用 WHERE 子句过滤员工信息。因为"最高薪资值"是单列单个值，所以过滤条件使用了比较运算符"="与子查询的结果进行比较，即"salary=最高薪资值"。

```
mysql> SELECT ename,salary
    -> FROM t_employee
    -> WHERE salary = (SELECT MAX(salary) FROM t_employee);
+--------+--------+
| ename  | salary |
+--------+--------+
| 孙洪亮  |  28000 |
+--------+--------+
1 row in set (0.00 sec)
```

（2）在"t_employee"表中查询比全公司平均薪资高的男员工姓名和薪资。这里使用子查询先查询"全公司的平均薪资值"，然后在查询员工信息时，用 WHERE 子句过滤员工信息。因为"全公司的平均薪资值"是单列单个值，所以过滤条件使用了比较运算符">"与子查询的结果进行比较，即"salary>全公司的平均薪资值"。

```
mysql> SELECT ename,salary
    -> FROM t_employee
    -> WHERE gender = '男'
    -> AND salary > (SELECT AVG(salary) FROM t_employee);
+--------+--------+
| ename  | salary |
+--------+--------+
| 孙洪亮  |  28000 |
| 韩庚年  |  12000 |
| 贾宝玉  |  15700 |
| 刘烨    |  13099 |
| 陈纲    |  13090 |
+--------+--------+
5 rows in set (0.00 sec)
```

（3）在"t_employee"表中查询和"白露""谢吉娜"同一部门的员工姓名和电话。这里用子查询先查询"白露"和"谢吉娜"的部门编号，然后在查询员工信息时，用 WHERE 子句过滤员工信息。因为"白露"和"谢吉娜"的部门编号可能是单列多个值，所以过滤条件使用了 IN 运算符与子查询的结果进行比较。

```
mysql> SELECT did,ename,tel FROM t_employee
    -> WHERE did IN (SELECT did FROM t_employee WHERE ename = '白露' OR ename = '谢吉娜');
+------+-----------+-------------+
| did  | ename     | tel         |
+------+-----------+-------------+
|    2 | 谢吉娜     | 13234543245 |
|    2 | 董吉祥     | 13876544333 |
|    5 | 章嘉怡     | 15634238979 |
|    5 | 白露       | 18909876789 |
|    5 | 吉日格勒   | 17290876543 |
+------+-----------+-------------+
5 rows in set (0.00 sec)
```

（4）在"t_employee"表中查询薪资比"白露""李诗雨""黄冰茹"三个人薪资都要高的员工姓名和薪资。这里使用子查询先查询他们三个人的薪资，然后在查询员工信息时，用 WHERE 子句过滤员工信息。因为他们三个人的薪资是单列多个值，所以过滤条件使用了比较运算符">"和关键字 ALL 与子查询的结果进行比较，即"salary > ALL(他们三个人的薪资)"。

```
mysql> SELECT ename,salary
    -> FROM t_employee
    -> WHERE salary > ALL(SELECT salary FROM t_employee WHERE ename IN('白露','李诗雨
','黄冰茹'));
+--------+--------+
| ename  | salary |
+--------+--------+
| 孙洪亮 |  28000 |
| 贾宝玉 |  15700 |
| 李冰冰 |  18760 |
| 谢吉娜 |  18978 |
| 舒淇格 |  16788 |
+--------+--------+
5 rows in set (0.00 sec)
```

（5）在"t_employee"表中查询和"白露""李诗雨""黄冰茹"三个人的任意一个人薪资一样的员工姓名和薪资。这里使用子查询先查询他们三个人的薪资，然后在查询员工信息时，用 WHERE 子句过滤员工信息。因为他们三个人的薪资是单列多个值，所以过滤条件使用了比较运算符"="和关键字 ANY 与子查询的结果进行比较，即"薪资 salary = ANY(三个人的薪资)"。在 MySQL 中 ANY 和 SOME 是同义词。

```
mysql> SELECT ename,salary
    -> FROM t_employee
    -> WHERE salary = ANY(SELECT salary FROM t_employee WHERE ename IN('白露','李诗雨
','黄冰茹'));
+--------+--------+
| ename  | salary |
+--------+--------+
| 李晨熙 |   9000 |
| 黄冰茹 |  15678 |
| 孙红梅 |   9000 |
| 李诗雨 |   9000 |
| 白露   |   9787 |
+--------+--------+
5 rows in set (0.00 sec)
```

（6）查询"t_employee"和"t_department"表，按部门统计平均工资，显示部门平均工资比全公司的总平均工资高的部门编号、部门名称、部门平均薪资，并按照部门平均薪资升序排列。这里使用子查询先查询"全公司的平均薪资值"，然后在查询每个部门的平均薪资时，用 HAVING 子句过滤结果。因为"全公司的平均薪资值"是单列单个值，所以过滤条件使用了比较运算符">"与子查询的结果进行比较，即"部门平均薪资>全公司的平均薪资值"。

```
mysql> SELECT t_department.did AS "部门编号",
    -> dname AS "部门名称",
    -> AVG(salary) AS "部门平均薪资"
    -> FROM t_employee INNER JOIN t_department
    -> ON t_employee.did = t_department.did
    -> GROUP BY t_employee.did
    -> HAVING 部门平均薪资 > (SELECT AVG(salary) FROM t_employee)
    -> ORDER BY 部门平均薪资;
+----------+----------+--------------+
| 部门编号 | 部门名称 | 部门平均薪资 |
+----------+----------+--------------+
```

```
|     5 |     后勤部    |    11725 |
|     1 |     研发部    |  12183.5 |
|     4 |     财务部    |    12332 |
|     2 |     人事部    |    13978 |
+---------+----------+------------+
4 rows in set (0.00 sec)
```

7.7.3 在 SELECT 语句的 EXISTS 子句中嵌套子查询

EXISTS 型子查询也存在于外层 SELECT 的 WHERE 子句中，不过它和上一节的其他 WHERE 型子查询的工作模式不同，所以这里单独讨论它。

如果 EXISTS 关键字后面的参数是一个任意的子查询，系统将对子查询进行运算以判断它是否返回行，如果至少返回一行，那么 EXISTS 的结果为 true，此时外层查询语句将进行查询；如果子查询没有返回任何行，那么 EXISTS 的结果为 false，此时外层查询语句不进行查询。EXISTS 和 NOT EXISTS 的结果只取决于是否返回行，而不取决于这些行的内容，所以这个子查询输入列表通常是无关紧要的。

如果 EXISTS 关键字后面的参数是一个关联子查询，即子查询的 WHERE 条件中包含与外层查询表的关联条件，那么此时将对外层查询表做循环，即在筛选外层查询表的每一条记录时，都查看这条记录是否满足子查询的条件，如果满足就再用外层查询的其他 WHERE 条件对该记录进行筛选，否则就丢弃这行记录。

下面演示 EXISTS 型子查询的使用。

（1）查询"t_employee"表中是否存在部门编号为"NULL"的员工，如果存在，则查询"t_department"表的部门编号、部门名称。

```
mysql> SELECT did,dname
    -> FROM t_department
    -> WHERE EXISTS (SELECT * FROM t_employee WHERE did IS NULL);
+------+--------+
| did  | dname  |
+------+--------+
|    1 |  研发部  |
|    2 |  人事部  |
|    3 |  市场部  |
|    4 |  财务部  |
|    5 |  后勤部  |
|    6 |  测试部  |
+------+--------+
6 rows in set (0.00 sec)
```

由结果可以看出，子查询结果表明"t_employee"表中存在部门编号为"NULL"的员工记录，因此 EXISTS 的结果为 true，此时外层查询语句将进行查询。因为外层查询此时没有其他条件过滤，所以外层查询返回了"t_department"表的所有记录。

（2）查询"t_department"表是否存在与"t_employee"表相同部门编号的记录，如果存在，则查询这些部门的编号和名称。

```
mysql> SELECT did,dname
    -> FROM t_department
    -> WHERE EXISTS (SELECT * FROM t_employee WHERE t_employee.did = t_department.did);
+------+--------+
| did  | dname  |
+------+--------+
|    1 |  研发部  |
|    2 |  人事部  |
|    3 |  市场部  |
```

```
|    4 |  财务部 |
|    5 |  后勤部 |
+------+--------+
5 rows in set (0.00 sec)
```

上面 SQL 的子查询 WHERE 条件中包含与外层查询表的关联条件，那么此时将对外层查询表"t_department"做循环，即在筛选外层查询表"t_department"的每一条记录时，都看这条记录是否满足子查询的条件"t_employee.did = t_department.did"，如果满足保留，否则就丢弃这行记录。

上面的 SQL 查询结果与下面的 SQL 语句查询结果一致，但是效率不同。下面的 SQL 语句是内连接，内连接查询是先产生笛卡尔积，然后再筛选出满足条件的记录行。而上面 EXISTS 只是循环"t_department"表的所有行，当"t_department"表的记录不多时，效率将大大提高。

```
mysql> SELECT DISTINCT t_department.did,dname
    -> FROM t_department INNER JOIN t_employee
    -> ON t_employee.did = t_department.did;
+------+--------+
| did  | dname  |
+------+--------+
|    1 |  研发部 |
|    3 |  市场部 |
|    2 |  人事部 |
|    4 |  财务部 |
|    5 |  后勤部 |
+------+--------+
5 rows in set (0.00 sec)
```

（3）查询"t_department"表是否存在与"t_employee"表相同部门编号的记录，如果存在，则在这些记录中筛选出薪资高于 18000 元的员工姓名和薪资。

```
mysql> SELECT ename,salary
    -> FROM t_employee
    -> WHERE salary > 18000 AND EXISTS(SELECT * FROM t_department WHERE t_employee.did
= t_department.did);
+--------+--------+
| ename  | salary |
+--------+--------+
|  孙洪亮 |  28000 |
|  李冰冰 |  18760 |
|  谢吉娜 |  18978 |
+--------+--------+
3 rows in set (0.00 sec)
```

（4）查询"t_employee"表是否存在与"t_department"表不同部门编号的记录，如果存在，则显示这些记录的员工姓名和薪资。

```
mysql> SELECT ename,salary
    -> FROM t_employee
    -> WHERE NOT EXISTS(SELECT * FROM t_department WHERE t_employee.did = t_department.did);
+--------+--------+
| ename  | salary |
+--------+--------+
|  李红  |   5000 |
|  周洲  |   8000 |
+--------+--------+
2 rows in set (0.00 sec)
```

7.7.4　在 SELECT 语句的 FROM 子句中嵌套子查询

当子查询结果是多列的结果时，通常将子查询放到 FROM 后面，然后采用给子查询结果取别名的方式，把子查询结果当成一张"动态生成的临时表"使用。

下面演示 FROM 型子查询的使用。

（1）在"t_employee"表中，查询每个部门的平均薪资，然后与"t_department"表联合查询所有部门的部门编号、部门名称、部门平均薪资。这里子查询使用了 GROUP BY 对"t_employee"表中的薪资按部门编号"did"进行了分组统计，并将子查询的统计结果用取别名的方式当成一张"动态生成的临时表"，"temp"就是这张"临时表"的表名。然后外层查询再用"t_department"表和"temp"表进行左连接查询显示所有部门的部门编号、部门名称、部门平均薪资。注意，这里子查询的 SELECT 后面有聚合函数 AVG（salary），外层查询中想要使用该值时，需要给它取别名，例如"a"，否则无法使用。

```
mysql> SELECT dept.did,dname,IFNULL(a,0) AS avgsalary
    -> FROM t_department AS dept
    -> LEFT JOIN
    -> (SELECT did,AVG(salary) AS a FROM t_employee GROUP BY did) AS temp
    ->  ON dept.did = temp.did;
+------+--------+------------+
| did  | dname  | avgsalary  |
+------+--------+------------+
|    1 | 研发部 |    12183.5 |
|    2 | 人事部 |      13978 |
|    3 | 市场部 |   10358.25 |
|    4 | 财务部 |      12332 |
|    5 | 后勤部 |      11725 |
|    6 | 测试部 |          0 |
+------+--------+------------+
6 rows in set (0.00 sec)
```

（2）在"t_employee"表中查询每个部门中薪资排名前 2 的员工姓名、部门编号和薪资。如果薪资相同，则视为同一个排位。这里子查询使用了窗口函数 DENSE_RANK()进行查询，按每个部门分区并按薪资降序排列的员工薪资排名情况，该查询结果作为一张"动态生成的临时表"，通过取别名的方式命名为"temp"。然后外层查询再对该排名做筛选，只显示排名前 2 的记录，即"temp.rank <= 2"。

```
mysql> SELECT *
    -> FROM (
    ->   SELECT ename,did,salary,DENSE_RANK() over w AS "rank"
    ->   FROM t_employee WHERE did IS NOT NULL
    ->   WINDOW w AS (PARTITION BY did ORDER BY salary DESC)
    -> )AS temp
    -> WHERE temp.rank <= 2;
+--------+------+--------+------+
| ename  | did  | salary | rank |
+--------+------+--------+------+
| 孙洪亮 |    1 |  28000 |    1 |
| 李冰冰 |    1 |  18760 |    2 |
| 谢吉娜 |    2 |  18978 |    1 |
| 董吉祥 |    2 |   8978 |    2 |
| 刘烨   |    3 |  13099 |    1 |
| 彭超越 |    3 |   9878 |    2 |
| 舒淇格 |    4 |  16788 |    1 |
```

```
| 周旭飞      |    4 |   7876 |    2 |
| 章嘉怡      |    5 |  15099 |    1 |
| 吉日格勒    |    5 |  10289 |    2 |
+-----------+------+--------+------+
10 rows in set (0.00 sec)
```

（3）在"t_employee"表中查询每个部门中薪资排名前 2 的员工的部门编号、姓名和薪资，以及他的薪资与该部门的平均薪资的差值。

- 子查询 1：使用窗口函数 DENSE_RANK()统计按每个部门分区并按薪资降序排列的员工薪资排名情况，然后将子查询的统计结果作为一张"动态生成的临时表"，通过取别名的方式命名为"temp1"。然后外层查询再对该排名做筛选，只显示排名前 2 的记录，即"temp1.rank <= 2"。
- 子查询 2：使用 GROUP BY 对"t_employee"表中的薪资按部门编号"did"进行分组统计，然后将子查询的统计结果作为另一张"动态生成的临时表"，通过取别名的方式命名为"temp2"。

最后将这两个临时表"temp1"和"temp2"进行内连接查询，显示部门编号，员工姓名、薪资、部门平均薪资、薪资与部门平均薪资的查找。

```
mysql> SELECT temp1.did AS "部门编号",
    ->        temp1.ename AS "姓名",
    ->        temp1.salary AS "薪资",
    ->        temp2.部门平均薪资,
    ->        temp1.salary-temp2.部门平均薪资 AS "差值"
    -> FROM (
    ->   SELECT did,ename,salary,DENSE_RANK() over w AS "drank"
    ->   FROM t_employee WHERE did IS NOT NULL
    ->   WINDOW w AS (PARTITION BY did ORDER BY salary DESC)
    -> )AS temp1
    -> INNER JOIN
    -> (SELECT did, AVG(salary) AS "部门平均薪资"
    ->   FROM t_employee
    ->   WHERE did IS NOT NULL
    ->   GROUP BY did
    -> ) AS temp2
    -> ON temp1.did = temp2.did
    -> WHERE temp1.drank <= 2;
+----------+------------+--------+--------------+----------+
| 部门编号 | 姓名       | 薪资   | 部门平均薪资 | 差值     |
+----------+------------+--------+--------------+----------+
|        1 | 孙洪亮     | 28000  | 12183.5      | 15816.5  |
|        1 | 李冰冰     | 18760  | 12183.5      | 6576.5   |
|        2 | 谢吉娜     | 18978  | 13978        | 5000     |
|        2 | 董吉祥     | 8978   | 13978        | -5000    |
|        3 | 刘烨       | 13099  | 10358.25     | 2740.75  |
|        3 | 彭超越     | 9878   | 10358.25     | -480.25  |
|        4 | 舒淇格     | 16788  | 12332        | 4456     |
|        4 | 周旭飞     | 7876   | 12332        | -4456    |
|        5 | 章嘉怡     | 15099  | 11725        | 3374     |
|        5 | 吉日格勒   | 10289  | 11725        | -1436    |
+----------+------------+--------+--------------+----------+
10 rows in set (0.00 sec)
```

7.7.5　在 UPDATE 语句中嵌套子查询

子查询除了嵌套在另一个 SELECT 语句中，还可以嵌套在 UPDATE 语句中。例如，子查询的结果作为 UPDATE 语句中 SET 某个字段的 VALUE 值，此时要求子查询的结果必须是单列单值的。另外，子查询的结果也可以作为 UPDATE 语句的筛选条件，即将子查询嵌套在 UPDATE 语句的 WHERE 子句中，此时子查询的结果也是单列的，可以是单值，也可以是多值，再用比较运算符或比较运算符搭配 ANY、SOME、ALL 等关键字做比较（具体使用方法同 7.7.2 节）。

下面演示在 UPDATE 语句中嵌套子查询的情形。

（1）修改"t_employee"表中 did 为"NULL"的员工信息，将他们的 did 值修改为"测试部"的部门编号。这里使用子查询先在"t_department"表中查询出"测试部"的 did 值。

```
mysql> UPDATE t_employee
    -> SET did =
    ->   (SELECT did FROM t_department WHERE dname = '测试部')
    -> WHERE did IS NULL;
Query OK, 2 rows affected (0.00 sec)
Rows matched: 2  Changed: 2  Warnings: 0
```

（2）修改"t_employee"表中部门编号（did）和"测试部"部门编号（did）相同的员工薪资为原来薪资的 1.5 倍。这里使用子查询，先在"t_department"表中查询出"测试部"的 did 值。在修改员工信息时，用 WHERE 子句筛选出 did 满足条件的员工记录。因为"测试部的 did"是单列单个值，所以过滤条件使用了比较运算符"="与子查询的结果进行比较，即"did=测试部的 did"。

```
mysql> UPDATE t_employee
    -> SET salary = salary * 1.5
    -> WHERE did =
    ->   (SELECT did FROM t_department WHERE dname = '测试部');
Query OK, 2 rows affected (0.01 sec)
Rows matched: 2  Changed: 2  Warnings: 0
```

（3）修改"t_employee"表中职位编号（job_id）与"程序员""技术总监""项目经理"这几个职位编号（jid）相同的员工薪资为原来薪资的 1.5 倍。这里使用子查询先在"t_job"表中查询出职位名称为"程序员""技术总监""项目经理"的 jid 值。在修改员工信息时，用 WHERE 子句筛选出 job_id 满足条件的员工记录。因为职位名称为"程序员""技术总监""项目经理"的 jid 是单列多个值，所以过滤条件使用了比较运算符"=ANY"与子查询的结果进行比较，即"job_id=("程序员""技术总监""项目经理"的 jid)"。

```
mysql> UPDATE t_employee
    -> SET salary=salary *1.5
    -> WHERE job_id = ANY
    ->   ( SELECT jid
    ->     FROM t_job
    ->     WHERE jname IN('程序员','技术总监','项目经理')
    ->   );
Query OK, 13 rows affected (0.01 sec)
Rows matched: 13  Changed: 13  Warnings: 0
```

（4）修改"t_employee"表中"李冰冰"的薪资值等于"孙红梅"的薪资值。这里使用子查询，先在"t_employee"表中查询出"孙红梅"的薪资，然后再修改"李冰冰"的薪资。

```
mysql> UPDATE t_employee
    -> SET salary =
    ->   (SELECT salary FROM t_employee WHERE ename = '孙红梅')
    -> WHERE ename = '李冰冰';
ERROR 1093 (HY000): You can't specify target table 't_employee' for update in FROM clause
```

上面的 SQL 语句报 "You can't specify target table ' t_employee' for update in FROM clause" 的错误，这是因为 UPDATE 语句更新的表和子查询 SELECT 语句查询的表是同一张表，这就涉及 "锁" 的问题，关于锁请关注本书的姊妹篇《剑指 MySQL——架构、调优与运维》。为了解决这个问题，可以先将对 "t_employee" 表进行查询的子查询结果用取别名的方式当成一张 "临时表"，如命名为 "temp"，然后再用另一个子查询从 "temp" 表中把值查询出来，这样子查询释放了在 "t_employee" 表中占用的锁。通过这种嵌套两层子查询的方式避免了错误。

```
mysql> UPDATE t_employee
    -> SET salary =
    -> (SELECT salary FROM
    ->   (SELECT salary FROM t_employee WHERE ename = '孙红梅') AS temp
    -> )
    -> WHERE ename = '李冰冰';
Query OK, 1 rows affected (0.00 sec)
Rows matched: 1  Changed: 1  Warnings: 0
```

注意，上面最内层的子查询结果虽然是单列单值，但是因为它随即被用在了外层子查询的 FROM 子句中，所以也一定要取别名，否则会报 "ERROR 1248 (42000): Every derived table must have its own alias" 的错误。

（5）修改 "t_employee" 表 "李冰冰" 的薪资与她所在部门的平均薪资一样。

- 子查询 1：在 "t_employee" 表中先查询出 "李冰冰" 的部门编号 "did"。
- 子查询 2：查询该部门的平均薪资值，并将查询结果通过取别名的方式当成一张临时表，如 "temp"。
- 子查询 3：从 "temp" 中查询出平均薪资，这样可以避免 UPDATE 和子查询使用同一个表 "t_employee" 的问题。

```
mysql> UPDATE t_employee
    -> SET salary =
    -> (SELECT temp.a FROM
    ->   (SELECT AVG(salary) AS a FROM t_employee WHERE did =
    ->     (SELECT did FROM t_employee WHERE ename = '李冰冰')
    ->   ) AS temp
    -> )
    -> WHERE ename = '李冰冰';
Query OK, 1 row affected (0.01 sec)
Rows matched: 1  Changed: 1  Warnings: 0
```

7.7.6　在 DELETE 语句中嵌套子查询

同样，子查询也可以嵌套在 DELETE 语句的 WHERE 子句中，此时子查询的结果也必须是单列的，可以是单值，也可以是多值。再用比较运算符或比较运算符搭配 ANY、SOME、ALL 等关键字做比较。

下面演示在 DELETE 语句中嵌套子查询的情况。

（1）从 "t_employee" 表中删除 "测试部" 的员工记录。因为 "t_employee" 表中没有部门名称，只有部门编号，所以先使用子查询在 "t_department" 表中查询出 "测试部" 的 did 值，然后再用 WHERE 子句从 "t_employee" 表中筛选 did 值满足条件的记录行。

```
mysql> DELETE FROM t_employee
    -> WHERE did =
    -> (SELECT did FROM t_department WHERE dname = '测试部');
Query OK, 2 rows affected (0.01 sec)
```

（2）从 "t_employee" 表中删除和 "李冰冰" 同一个部门的员工记录。这里使用子查询，先在 "t_employee"

表中查询出"李冰冰"所在的部门编号（did）的值，然后再用 WHERE 子句从"t_employee"表中筛选 did
值满足条件的记录行。

```
mysql> DELETE FROM t_employee
    -> WHERE did =
    ->     (SELECT did FROM t_employee WHERE ename = '李冰冰');
ERROR 1093 (HY000): You can't specify target table 't_employee' for update in FROM clause
```

上面的 SQL 语句报"You can't specify target table 't_employee' for update in FROM clause"的错误，这
也是因为 DELETE 语句要删除记录的表和子查询 SELECT 语句查询的表是同一张表，解决方法和 7.7.5 节
相同，给子查询再套一层查询语句即可。

```
mysql> DELETE FROM t_employee
    -> WHERE did =
    -> (SELECT did FROM
    ->  (SELECT did FROM t_employee WHERE ename = '李冰冰') AS temp
    -> );
Query OK, 14 rows affected (0.01 sec)
```

7.7.7 使用子查询复制表结构和数据

子查询除了嵌套在 SELECT、UPDATE、DELETE 语句中，还可以嵌套在 INSERT 语句中，用于复制
表的数据，或者嵌套在 CREATE TABLE 语句中，用于复制表的结构和数据。

下面演示子查询用于复制表的情况。

（1）在"t_department"表中插入一条记录，这条记录和"t_department"表中 did 为 4 的记录相同。当
INSERT 语句的插入数据通过子查询获取时，就不用 VALUES 来指定数据了。

```
mysql> INSERT INTO t_department (SELECT * FROM t_department WHERE did = 4);
Query OK, 1 row affected (0.01 sec)
Records: 1  Duplicates: 0  Warnings: 0
```

（2）查看"t_department"表数据。

```
mysql> SELECT * FROM t_department;
+------+----------+----------------+
| did  | dname    | description    |
+------+----------+----------------+
|    1 | 研发部   | 负责研发工作   |
|    2 | 人事部   | 负责人事管理工作 |
|    3 | 市场部   | 负责市场推广工作 |
|    4 | 财务部   | 负责财务管理工作 |
|    5 | 后勤部   | 负责后勤保障工作 |
|    6 | 测试部   | 负责测试工作   |
|    4 | 财务部   | 负责财务管理工作 |
+------+----------+----------------+
7 rows in set (0.00 sec)
```

从上面的查询结果可以看出有两条"did"为 4 的记录，而且两个记录完全一致，说明添加成功。

（3）以"t_department"表为原型，创建"dept"表，并查看"dept"表的结构和数据。

```
mysql> CREATE TABLE dept LIKE t_department;
Query OK, 0 rows affected (0.05 sec)

mysql> DESC dept;
+--------------+
```

```
| Field       | Type         | Null | Key | Default | Extra |
+-------------+--------------+------+-----+---------+-------+
| did         | int          | YES  |     | NULL    |       |
| dname       | varchar(20)  | YES  |     | NULL    |       |
| description | varchar(200) | YES  |     | NULL    |       |
+-------------+--------------+------+-----+---------+-------+
3 rows in set (0.01 sec)

mysql> SELECT * FROM dept;
Empty set (0.00 sec)
```

从上面的查询结果可以看出，"CREATE TABLE ... LIKE ..."语句仅能复制表结构。

（4）从"t_department"表拷贝数据到"dept"表。

```
mysql> INSERT INTO dept (SELECT * FROM t_department);
Query OK, 7 rows affected (0.01 sec)
Records: 7  Duplicates: 0  Warnings: 0

mysql> SELECT * FROM dept;
+------+---------+------------------+
| did  | dname   | description      |
+------+---------+------------------+
|    1 | 研发部  | 负责研发工作     |
|    2 | 人事部  | 负责人事管理工作 |
|    3 | 市场部  | 负责市场推广工作 |
|    4 | 财务部  | 负责财务管理工作 |
|    5 | 后勤部  | 负责后勤保障工作 |
|    6 | 测试部  | 负责测试工作     |
|    4 | 财务部  | 负责财务管理工作 |
+------+---------+------------------+
7 rows in set (0.00 sec)
```

（5）以"t_department"表为原型，创建"t_dept"表，同时拷贝"t_department"表中"did<4"的记录行到"t_dept"表中。

```
mysql> CREATE TABLE t_dept AS (SELECT * FROM t_department WHERE did < 4);
Query OK, 3 rows affected (0.06 sec)
Records: 3  Duplicates: 0  Warnings: 0

mysql> SELECT * FROM t_dept;
+------+---------+------------------+
| did  | dname   | description      |
+------+---------+------------------+
|    1 | 研发部  | 负责研发工作     |
|    2 | 人事部  | 负责人事管理工作 |
|    3 | 市场部  | 负责市场推广工作 |
+------+---------+------------------+
3 rows in set (0.00 sec)
```

从上面的结果可以看出，"CREATE TABLE ... AS ..."语句不仅能复制表结构还可以复制表数据。

（6）以"t_employee"表为原型，创建"emp"表，拷贝"eid,ename,salary,tel,mid"几个字段，以及薪资低于10000元的记录，并查"emp"表的结构和数据。

```
mysql> CREATE TABLE emp AS (SELECT eid,ename,salary,tel AS
phone, 'mid' FROM t_employee WHERE salary < 10000);
Query OK, 6 rows affected (0.03 sec)
```

```
Records: 6  Duplicates: 0  Warnings: 0

mysql> DESC emp;
+----------+-------------+------+-----+---------+-------+
| Field    | Type        | Null | Key | Default | Extra |
+----------+-------------+------+-----+---------+-------+
| eid      | int         | YES  |     | NULL    |       |
| ename    | varchar(20) | YES  |     | NULL    |       |
| salary   | double      | YES  |     | NULL    |       |
| phone    | char(11)    | YES  |     | NULL    |       |
| mid      | int         | YES  |     | NULL    |       |
+----------+-------------+------+-----+---------+-------+
5 rows in set (0.00 sec)

mysql> SELECT * FROM emp;
+------+--------+--------+-------------+------+
| eid  | ename  | salary | phone       | mid  |
+------+--------+--------+-------------+------+
|    4 | 黄熙萌 |   9456 | 13609876789 |   22 |
|   15 | 董吉祥 |   8978 | 13876544333 |   14 |
|   16 | 彭超越 |   9878 | 18264578930 |   22 |
|   17 | 李诗雨 |   9000 | 18567899098 |   22 |
|   19 | 周旭飞 |   7876 | 13589893434 |   18 |
|   21 | 白露   |   9787 | 18909876789 |   20 |
+------+--------+--------+-------------+------+
6 rows in set (0.00 sec)
```

从上面的结果可以看出"CREATE TABLE … AS …"语句在拷贝表结构时,可以只拷贝部分字段,还可以在拷贝字段时通过指定别名的方式修改字段名,如"tel"字段拷贝为"phone"。

7.8 MySQL 8.0 新特性:通用表达式

通用表达式简称为 CTE(Common Table Expressions)。CTE 是命名的临时结果集,作用范围是当前语句。CTE 可以理解为一个可以复用的子查询,但是和子查询又有区别,一个 CTE 可以引用其他 CTE,CTE 还可以是自引用(递归 CTE),也可以在同一查询中多次引用,但子查询不可以。通用表达式的语法格式如下。

```
WITH [RECURSIVE]
  cte_name [(col_name [, col_name] ...)] AS (subquery)
  [, cte_name [(col_name [, col_name] ...)] AS (subquery)] ...
```

通用表达式以"WITH"开头,如果"WITH"后面加"RECURSIVE"就表示接下来在通用表达式中需要递归引用自己,否则就不递归引用。每一个通用表达式都需要有一个名字,它相当于是子查询结果集的名字。演示通用表达式的使用如下所示。

(1)使用通用表达式实现在"t_employee"表中查询薪资高于 10000 元的男员工的员工编号、员工姓名、薪资、性别。这里使用了通用表达式,先将"t_employee"表中薪资高于 10000 元的员工记录筛选出来,然后再从中筛选出"男"员工的记录。

```
mysql> WITH temp(eid,ename,salary,gender) AS
    -> (SELECT eid,ename,salary,gender FROM t_employee WHERE salary > 10000)
    ->  SELECT * FROM temp WHERE gender = '男';
```

```
+------+------------+----------+--------+
| eid  | ename      | salary   | gender |
+------+------------+----------+--------+
|  22  | 刘烨       | 13099    | 男     |
|  24  | 吉日格勒   | 10289    | 男     |
+------+------------+----------+--------+
2 rows in set (0.00 sec)
```

（2）使用通用表达式实现在"t_employee"表中查询薪资低于 9000 元的员工编号、员工姓名、员工薪资、领导编号、领导姓名、领导薪资。

```
mysql> WITH
    -> emp AS (SELECT eid,ename,salary, 'mid' FROM t_employee WHERE salary < 9000),
    -> mgr(meid,mename,msalary) AS (SELECT eid,ename,salary FROM t_employee)
    -> SELECT eid AS "员工编号",
    -> ename AS "员工姓名",
    -> salary AS "员工薪资",
    -> meid AS "领导编号",
    -> mename AS "领导姓名",
    -> msalary AS "领导薪资"
    -> FROM emp INNER JOIN mgr ON emp.mid = mgr.meid;
+----------+----------+----------+----------+----------+----------+
| 员工编号 | 员工姓名 | 员工薪资 | 领导编号 | 领导姓名 | 领导薪资 |
+----------+----------+----------+----------+----------+----------+
|     15   | 董吉祥   |    8978  |    14    | 谢吉娜   |   18978  |
|     19   | 周旭飞   |    7876  |    18    | 舒淇格   |   16788  |
+----------+----------+----------+----------+----------+----------+
2 rows in set (0.00 sec)
```

（3）使用通用表达式，递归查询"emp"表中 eid 为 21 的员工，和他的所有领导，直到最高领导。递归 CTE 的 WITH 语句必须以"WITH RECURSIVE"开头。CTE 递归子查询包括两部分：seed（种子）查询和 recursive（递归）查询，中间由 UNION ALL 或 DISTINCT 分隔。seed 查询只会被执行一次，用以创建初始数据子集。recursive 查询会被重复执行以返回数据子集，直到获得完整结果集。这里要注意的是，递归查询必须有终止条件，否则会报无限递归的错误。

为了演示效果，下面先将"emp"表的数据做如下处理。

```
mysql> UPDATE emp SET MID = 19 WHERE eid = 21;
Query OK, 0 rows affected (0.00 sec)
Rows matched: 1 Changed: 0 Warnings: 0

mysql> UPDATE emp SET MID = 17 WHERE eid = 19;
Query OK, 0 rows affected (0.00 sec)
Rows matched: 1 Changed: 0 Warnings: 0

mysql> UPDATE emp SET MID = 16 WHERE eid = 17;
Query OK, 0 rows affected (0.00 sec)
Rows matched: 1 Changed: 0 Warnings: 0

mysql> UPDATE emp SET MID = 15 WHERE eid = 16;
Query OK, 0 rows affected (0.00 sec)
Rows matched: 1 Changed: 0 Warnings: 0

mysql> UPDATE emp SET MID = 4 WHERE eid = 15;
Query OK, 0 rows affected (0.00 sec)
```

```
Rows matched: 1  Changed: 0  Warnings: 0

mysql> UPDATE emp SET MID = NULL WHERE eid = 4;
Query OK, 0 rows affected (0.00 sec)
Rows matched: 1  Changed: 0  Warnings: 0

mysql> SELECT * FROM emp;
+------+--------+--------+-------------+------+
| eid  | ename  | salary | phone       | mid  |
+------+--------+--------+-------------+------+
|    4 | 黄熙萌 |   9456 | 13609876789 | NULL |
|   15 | 董吉祥 |   8978 | 13876544333 |    4 |
|   16 | 彭超越 |   9878 | 18264578930 |   15 |
|   17 | 李诗雨 |   9000 | 18567899098 |   16 |
|   19 | 周旭飞 |   7876 | 13589893434 |   17 |
|   21 | 白露   |   9787 | 18909876789 |   19 |
+------+--------+--------+-------------+------+
6 rows in set (0.00 sec)
```

（4）接下来使用通用表达式，递归查询 "emp" 表中 eid 为 21 的员工，和他的所有领导，直到最高领导。

```
mysql> WITH RECURSIVE cte
    -> AS (
    -> SELECT eid,ename, 'mid'
    -> FROM emp
    -> WHERE eid = 21
    ->
    -> UNION ALL
    ->
    -> SELECT emp.eid,emp.ename,emp.mid
    -> FROM emp INNER JOIN cte
    -> ON emp.eid = cte.mid
    -> WHERE emp.eid IS NOT NULL
    -> )
    -> SELECT * FROM cte;
+------+--------+------+
| eid  | ename  | mid  |
+------+--------+------+
|   21 | 白露   |   19 |
|   19 | 周旭飞 |   17 |
|   17 | 李诗雨 |   16 |
|   16 | 彭超越 |   15 |
|   15 | 董吉祥 |    4 |
|    4 | 黄熙萌 | NULL |
+------+--------+------+
6 rows in set (0.00 sec)
```

在上面的查询中，"SELECT eid,ename, 'mid' FROM emp WHERE eid = 21" 是 seed（种子）查询，seed 查询只会被执行一次，用以创建初始数据子集。"SELECT emp.eid,emp.ename,emp.mid FROM emp INNER JOIN cte ON emp.eid = cte.mid WHERE emp.eid IS NOT NULL" 是 recursive（递归）查询，递归查询会被重复执行，以返回数据子集，直至获得完整结果集。递归的结束是 "WHERE emp.eid IS NOT NULL" 条件不成立。

7.9 本章小结

SQL 语句可以分为两个部分：一部分用来创建数据库对象，另一部分用来操作这些对象，本章详细介绍了操作数据库对象的 SELECT 语句，包括 JOIN ON 实现多表连接查询、合并查询结果、WHERE 条件筛选表中记录、GROUP BY 和 HAVING 配合聚合函数进行分组查询、ORDER BY 对查询结果进行排序、LIMIT 对查询结果进行分页处理、子查询及通用表达式查询等。通过本章的学习，相信读者已经领略到了 SQL 中查询语句的强大。SELECT 语句的 7 大子句以及子查询的应用，对于初学者来说还是比较难的，因为需要用户根据实际情况灵活选择。这就需要初学者反复练习，已达到熟练的程度。

第8章

约束

约束是对表中的数据进行进一步的限制，保证数据的正确性、有效性和完整性。这样可以大幅提高数据库中数据的质量，节省了数据库的空间和调用数据的时间。例如，员工表中不允许存在两条无法区分的记录，身份证号列不允许重复，联系电话列不允许有 NULL 值，员工所属部门列的值必须在部门表中找到对应记录等，这些要求都需要通过对数据添加约束来实现。MySQL 中的约束分为以下几种。

- NOT NULL（非空）约束：用于指示某列不能存储 NULL 值。例如，联系电话列不允许有 NULL 值。
- UNIQUE KEY（唯一键）约束：用于保证每一行某列（或两个/更多列的组合）的值都是不能重复的，即是唯一的。例如，身份证号码列不允许有重复。
- PRIMARY KEY（主键）约束：用于确保表中所有记录行唯一标识，即根据主键列的值可以定位到唯一的一行记录。它同时具备了 NOT NULL 和 UNIQUE KEY 的特征。例如，每一个学生的学号是唯一并且非空的，可以根据学号在学生信息表中定位到唯一的一行记录。
- FOREIGN KEY（外键）约束：用于保证一个表中的数据在另一个表存储的范围内，这样可以保证值的引用完整性。例如，大学生信息管理系统中每一个学生都属于一个专业，那么"学生信息表"中记录的"专业编号"值必须在学校"专业信息表"中可以找到对应的记录。
- CHECK（检查）约束：用于保证列中的值符合指定的条件。例如，"婚姻登记表"中要求"年龄"列的值必须满足大于等于 20 的条件。
- DEFAULT（默认值）约束：用于规定没有给列赋值时的默认值。例如，"学生成绩表"中，如果没有指定某个学生的成绩，默认成绩值为 0。

另外，还可以给键列（包括唯一键、主键、外键）添加自增（AUTO_INCREMENT）属性，由 MySQL 服务器来维护自增列的值。

约束可以在创建表时添加（通过 CREATE TABLE 语句），或者在表创建之后（通过 ALTER TABLE 语句）添加和删除。如果存在违反约束的数据行为，行为就会被约束终止。约束只是逻辑定义，不会因为设置约束而额外占用空间，这一点和索引不同（关于索引请关注本书的姊妹篇《剑指 MySQL——架构、调优与运维》）。

根据约束的作用范围不同，可以将约束分为列级约束和表级约束。

- 列级约束只能作为字段的属性存在。建表时列级约束只能在字段的数据类型后面进行定义。建表后表级约束也只能使用"ALTER TABLE 表名称 MODIFIY COLUMN"的方式进行增加或删除。在 INSERT 和 UPDATE 列级约束字段的值时，也只看当前行当前字段的值是否满足约束要求，和其他行其他字段无关。例如，非空约束和默认值约束都是列级约束。
- 表级约束是作为数据库对象存在的，并记录在系统库"information_schema"的"table_constraints"表中。建表时表级约束需要在所有字段列表下面单独定义，当然有时候有些表级约束也可以直接在字段的数据类型后面直接定义。建表后表级约束需要通过"ALTER TABLE 表名称 ADD"的方式增加或"ALTER TABLE 表名称 DROP"的方式删除。在 INSERT 和 UPDATE 表级约束字段的值时，要同时查看当前行当前字段的值和其他行当前字段的值，甚至要查看其他字段的值，即需要整个表一起约束。例如，主键约束、唯一键约束、外键约束、检查约束。

本章的所有 SQL 演示都基于"atguigu_chapter8"数据库，请在演示下面的 SQL 语句之前创建好名称为"atguigu_chapter8"的数据库，并使用"USE"语句选择使用"atguigu_chapter8"数据库。

8.1 非空约束

在 MySQL 中，默认情况下，所有数据类型的列都接受 NULL 值。给列增加非空（NOT NULL）约束，将强制列不接受 NULL 值，即非空约束强制字段始终包含值。这意味着，如果不向字段添加值，就无法插入新记录或无法更新记录，除非为它们提供非 NULL 的默认值。

下面演示 NOT NULL（非空约束）的使用。

1. 创建表时指定 NOT NULL 非空约束

在使用 CREATE TABLE 语句创建表时，可以直接给列限定 NOT NULL 非空约束。因为 NOT NULL 约束是列级约束，所以它只能在列（即字段）的声明后面加 NOT NULL，而不能单独定义。给列增加 NOT NULL 非空约束的语法格式如下。

```
CREATE TABLE 表名称(
    字段名 数据类型,              #该列的值允许为 NULL
    字段名 数据类型 NOT NULL,     #该列的值不允许为 NULL
    字段名 数据类型 NOT NULL      #该列的值不允许为 NULL
);
```

（1）创建"t1"表，表结构要求如表 8-1 所示。

表 8-1   t1 表结构

序号	注释	字段名	数据类型	NULL
1	薪资	salary	DOUBLE	否
2	奖金比例	commission_pct	DECIMAL(3,2)	是

SQL 语句示例如下。

```
mysql> CREATE TABLE t1(
    ->     salary DOUBLE COMMENT '薪资' NOT NULL,
    ->     commission_pct DECIMAL(3,2) COMMENT '奖金比例'
    -> );
Query OK, 0 rows affected (0.06 sec)
```

上面的 SQL 语句中，"COMMENT"关键字用来给列添加"注释"信息，当然这不是必须的，这样做的目的是便于读者理解这个字段的意义。

（2）查看"t1"表结构。

```
mysql> DESC t1;
+----------------+-------------+------+-----+---------+-------+
| Field          | Type        | Null | Key | Default | Extra |
+----------------+-------------+------+-----+---------+-------+
| salary         | double      | NO   |     | NULL    |       |
| commission_pct |decimal(3,2) | YES  |     | NULL    |       |
+----------------+-------------+------+-----+---------+-------+
2 rows in set (0.00 sec)
```

从上面的表结构可以看出，"salary"字段有非空约束，"commission_pct"字段没有非空约束。

（3）尝试添加如下三条记录。

```
mysql> INSERT INTO t1(salary,commission_pct) VALUES(12000,0.12);
Query OK, 1 row affected (0.01 sec)

mysql> INSERT INTO t1(salary,commission_pct) VALUES(13000,NULL);
Query OK, 1 row affected (0.01 sec)

mysql> INSERT INTO t1(salary,commission_pct) VALUES(NULL,0.11);
ERROR 1048 (23000): Column 'salary' cannot be null
```

从上面的语句执行结果可以看出，第三条记录添加失败，这是因为它违反了"salary"字段的 NOT NULL（非空）约束。

（4）查看"t1"表的记录。

```
mysql> SELECT * FROM t1;
+--------+----------------+
| salary | commission_pct |
+--------+----------------+
|  12000 |           0.12 |
|  13000 |           NULL |
+--------+----------------+
2 rows in set (0.00 sec)
```

从上面的语句执行结果可以看出"salary"字段都有值。"commission_pct"字段允许为 NULL。

2. 建表之后给字段加非空约束

建表之后给字段加非空约束，就要使用 ALTER TABLE 语句来完成了，语法格式如下。

```
ALTER TABLE 表名称 MODIFY 字段名 数据类型 NOT NULL;
```

（1）给"t1"表的"commission_pct"字段加 NOT NULL 非空约束。

```
mysql> ALTER TABLE t1 MODIFY commission_pct DECIMAL(3,2) NOT NULL;
ERROR 1138 (22004): Invalid use of NULL value
```

从上面的语句执行结果可以看出，给"commission_pct"字段指定非空约束失败了，这是因为"t1"表的"commission_pct"列有 NULL 值。需要先把"commission_pct"列的 NULL 值处理掉才能加上非空约束。

```
mysql> UPDATE t1 SET commission_pct = 0 WHERE commission_pct IS NULL;
Query OK, 1 row affected (0.01 sec)
Rows matched: 1  Changed: 1  Warnings: 0

mysql> ALTER TABLE t1 MODIFY commission_pct DECIMAL(3,2) NOT NULL;
Query OK, 0 rows affected (0.10 sec)
Records: 0  Duplicates: 0  Warnings: 0
```

从上面的语句执行结果可以看出，给"commission_pct"字段增加非空约束成功。

（2）查看"t1"表结构。

```
mysql> DESC t1;
+----------------+------------+------+-----+---------+-------+
| Field          | Type       | Null | Key | Default | Extra |
+----------------+------------+------+-----+---------+-------+
| salary         | double     | NO   |     | NULL    |       |
| commission_pct | decimal(3,2)| NO  |     | NULL    |       |
+----------------+------------+------+-----+---------+-------+
2 rows in set (0.00 sec)
```

从上面的表结构信息中可以看出，"salary"和"commission_pct"字段都不允许为 NULL。

3. 删除非空约束

如果想要删除某列的非空约束，也是使用 ALTER TABLE 语句，只是在字段定义后面不加 NOT NULL 了，语法格式如下。

```
ALTER TABLE 表名称 MODIFY 字段名 数据类型;
```

例如，去除"t1"表的"commission_pct"字段的 NOT NULL 非空约束。

```
mysql> ALTER TABLE t1 MODIFY commission_pct DECIMAL(3,2);
Query OK, 0 rows affected (0.09 sec)
Records: 0  Duplicates: 0  Warnings: 0

mysql> DESC t1;
+----------------+--------------+------+-----+---------+-------+
| Field          | Type         | Null | Key | Default | Extra |
+----------------+--------------+------+-----+---------+-------+
| salary         | double       | NO   |     | NULL    |       |
| commission_pct | decimal(3,2) | YES  |     | NULL    |       |
+----------------+--------------+------+-----+---------+-------+
2 rows in set (0.00 sec)
```

从上面的 SQL 执行结果可以看出，去除"t1"表"commission_pct"字段的非空约束成功。

8.2　唯一键约束

在默认情况下，列的值是可以重复的。唯一键（UNIQUE KEY）约束用于定义所有行某列的非 NULL 值都不能重复，即唯一键约束可以唯一标识数据表中的每条非空记录。另外也可以通过给两个或更多列的组合添加唯一键约束，这样就表示在所有行中这些列的组合值是不能重复的。

下面演示唯一键（UNIQUE KEY）约束的使用。

1. 创建表时指定唯一键约束

在使用 CREATE TABLE 语句创建表时，可以直接给某列限定唯一键（UNIQUE KEY）约束。因为唯一键约束是表级约束，所以它也可以单独定义，语法格式如下。

```
CREATE TABLE 表名称(
    字段名 1 数据类型,            #该列的值允许重复
    字段名 2 数据类型 UNIQUE KEY, #该列的值不允许重复
    字段名 3 数据类型 UNIQUE KEY  #该列的值不允许重复
);
或者
CREATE TABLE 表名称(
    字段名 1 数据类型,            #该列的值允许重复
    字段名 2 数据类型,            #该列的值不允许重复
    字段名 3 数据类型,            #该列的值不允许重复
    [CONSTRAINT 唯一键约束名] UNIQUE KEY(字段名 2),
    [CONSTRAINT 唯一键约束名] UNIQUE KEY(字段名 3)
);
```

定义唯一键约束的关键字是"UNIQUE KEY"，其中"KEY"可以省略。如果单独定义唯一键约束，还可以通过"CONSTRAINT"关键字给唯一键约束命名。当然，给唯一键约束命名是可选的。如果省略"CONSTRAINT 唯一键约束名"，默认选用字段名作为唯一键约束名。

（1）创建"t2"表，表结构如表 8-2 所示。

表 8-2　t2 表结构

序号	注释	字段名	数据类型	键	NULL
1	员工姓名	ename	VARCHAR(20)		否
2	手机号码	tel	CHAR(11)	UNIQUE KEY	是
3	邮箱	email	VARCHAR(32)	UNIQUE KEY	是

SQL 语句示例如下。

```
mysql> CREATE TABLE t2(
    ->    ename VARCHAR(20) NOT NULL COMMENT '员工姓名',
    ->    tel CHAR(11) UNIQUE KEY COMMENT '手机号码',
    ->    email VARCHAR(32) UNIQUE KEY COMMENT '邮箱'
    -> );
Query OK, 0 rows affected (0.07 sec)
```

（2）查看"t2"表结构。

```
mysql> DESC t2;
+---------+-------------+------+------+---------+-------+
| Field   | Type        | Null | Key  | Default | Extra |
+---------+-------------+------+------+---------+-------+
| ename   | varchar(20) | NO   |      | NULL    |       |
| tel     | char(11)    | YES  | UNI  | NULL    |       |
| email   | varchar(32) | YES  | UNI  | NULL    |       |
+---------+-------------+------+------+---------+-------+
3 rows in set (0.01 sec)
```

从上面的表结构可以看出，"tel"和"email"字段在 Key 描述信息中标识为 UNI，即有唯一键（UNIQUE KEY）约束。并且可以看出一个表可以有多个列被设置唯一键约束。

（3）尝试添加如下四条记录。

```
mysql> INSERT INTO t2(ename,tel,email)
    -> VALUES('张三','13752052052','zs@atguigu.com');
Query OK, 1 row affected (0.02 sec)

mysql> INSERT INTO t2(ename,tel,email)
    -> VALUES('李四','13752052052','ls@atguigu.com');
ERROR 1062 (23000): Duplicate entry '13752052052' for key 't2.tel'

mysql> INSERT INTO t2(ename,tel,email)
    -> VALUES('张数','13752052058','zs@atguigu.com');
ERROR 1062 (23000): Duplicate entry 'zs@atguigu.com' for key 't2.email'

mysql> INSERT INTO t2(ename,tel,email)
    -> VALUES('张三','13752052058','zhs@atguigu.com');
Query OK, 1 row affected (0.01 sec)
```

从上面的语句执行结果可以看出，第二条和第三条记录都添加失败了。这是因为第二条记录的电话号码值"13752052052"与第一条记录的电话号码值重复，即违反了"tel"字段的"UNIQUE KEY"约束。第三条记录的邮箱名"zs@atguigu.com"与第一条记录的邮箱名重复，即违反了"email"字段的"UNIQUE KEY"约束。

（4）查看"t2"表记录。

```
mysql> SELECT * FROM t2;
+--------+-------------+----------------+
| ename  | tel         | email          |
```

```
+------+-------------+-----------------+
| 张三 | 13752052052 | zs@atguigu.com  |
| 张三 | 13752052058 | zhs@atguigu.com |
+------+-------------+-----------------+
2 rows in set (0.00 sec)
```

从上面的结果可以看出，"ename"列的值可以重复，"tel"和"email"列的值不能重复，否则添加失败。

2. 查看唯一键约束

唯一键约束是键约束之一，MySQL 会为所有键约束列自动创建索引，以提高根据键列来查询筛选数据的效率。关于索引请关注本书的姊妹篇《剑指 MySQL——架构、调优与运维》。

* 系统库"information_schema"的"table_constraints"表中存储了各个数据库的表级约束信息。
* 系统库"information_schema"的"statistics"表中存储了各个数据库的索引信息。

查看一个表的键约束，语法格式如下。

```
SELECT * FROM information_schema.table_constraints
WHERE table_schema = '数据库名' AND table_name = '表名称';
```

查看一个表的索引信息，语法格式如下。

```
SHOW INDEX FROM 数据库名.表名称;
或
SELECT * FROM information_schema.statistics
WHERE table_schema = '数据库名' AND table_name = '表名称';
```

（1）查看"atguigu_chapter8"库"t2"表的唯一键约束信息。

```
mysql> SELECT * FROM information_schema.table_constraints
    -> WHERE table_schema = 'atguigu_chapter8' AND table_name = 't2'\G
*************************** 1. row ***************************
CONSTRAINT_CATALOG: def
 CONSTRAINT_SCHEMA: atguigu_chapter8
   CONSTRAINT_NAME: email
      TABLE_SCHEMA: atguigu_chapter8
        TABLE_NAME: t2
   CONSTRAINT_TYPE: UNIQUE
          ENFORCED: YES
*************************** 2. row ***************************
CONSTRAINT_CATALOG: def
 CONSTRAINT_SCHEMA: atguigu_chapter8
   CONSTRAINT_NAME: tel
      TABLE_SCHEMA: atguigu_chapter8
        TABLE_NAME: t2
   CONSTRAINT_TYPE: UNIQUE
          ENFORCED: YES
2 rows in set (0.00 sec)
```

从上面的结果可以看出，"t2"表的"email"和"tel"列都设置了"UNIQUE"约束。并且约束名默认为字段名"email"和"tel"。

（2）查看"atguigu_chapter8"库"t2"表的索引信息。

```
mysql> SHOW INDEX FROM atguigu_chapter8.t2\G
*************************** 1. row ***************************
        Table: t2
   Non_unique: 0
     Key_name: tel
```

```
     Seq_in_index: 1
      Column_name: tel
        Collation: A
      Cardinality: 0
         Sub_part: NULL
           Packed: NULL
             Null: YES
       Index_type: BTREE
          Comment:
    Index_comment:
          Visible: YES
       Expression: NULL
*************************** 2. row ***************************
            Table: t2
       Non_unique: 0
         Key_name: email
     Seq_in_index: 1
      Column_name: email
        Collation: A
      Cardinality: 0
         Sub_part: NULL
           Packed: NULL
             Null: YES
       Index_type: BTREE
          Comment:
    Index_comment:
          Visible: YES
       Expression: NULL
2 rows in set (0.00 sec)

#或采用方式二 , 结果同上

mysql> SELECT * FROM information_schema.statistics
    -> WHERE table_schema = 'atguigu_chapter8' AND table_name = 't2';
```

从上面的结果可以看出,"t2"表的"email"和"tel"列都设置了索引,并且索引名默认为字段名"email"和"tel"。

（3）如果想要给唯一键约束和索引命名,可以使用"CONSTRAINT"关键字。

```
mysql> CREATE TABLE t3(
    ->   ename VARCHAR(20) NOT NULL COMMENT '员工姓名',
    ->   tel CHAR(11)  COMMENT '手机号码',
    ->   email VARCHAR(32)  COMMENT '邮箱',
    ->   CONSTRAINT t3_tel_uk UNIQUE KEY (tel),
    ->   CONSTRAINT t3_email_uk UNIQUE KEY(email)
    -> );
Query OK, 0 rows affected (0.07 sec)
```

（4）查看"t3"表的约束和索引信息。

```
mysql> SELECT table_schema,table_name,constraint_name
    -> FROM information_schema.table_constraints
    -> WHERE table_schema = 'atguigu_chapter8' AND table_name = 't3';
+------------------+------------+-----------------+
| TABLE_SCHEMA     | TABLE_NAME | CONSTRAINT_NAME |
```

```
+------------------+-----------+----------------+
| atguigu_chapter8 | t3        | t3_email_uk    |
| atguigu_chapter8 | t3        | t3_tel_uk      |
+------------------+-----------+----------------+
2 rows in set (0.00 sec)

mysql> SELECT table_schema,table_name,index_name
    -> FROM information_schema.statistics
    -> WHERE table_schema = 'atguigu_chapter8' AND table_name = 't3';
+------------------+-----------+----------------+
| TABLE_SCHEMA     | TABLE_NAME | INDEX_NAME    |
+------------------+-----------+----------------+
| atguigu_chapter8 | t3        | t3_email_uk    |
| atguigu_chapter8 | t3        | t3_tel_uk      |
+------------------+-----------+----------------+
2 rows in set (0.00 sec)
```

3. 删除唯一键约束

如果想要删除某个表的指定唯一键约束，也是使用 ALTER TABLE 语句。MySQL 中删除唯一键约束的方式是通过删除对应的索引来实现的，语法格式如下。

```
ALTER TABLE 表名称 DROP INDEX 索引名;
```

（1）例如，删除"t2"表的"tel"列的唯一键索引。

```
mysql> ALTER TABLE t2 DROP INDEX tel;
Query OK, 0 rows affected (0.05 sec)
Records: 0  Duplicates: 0  Warnings: 0
```

（2）删除"t3"表的"tel"列的唯一键索引。

```
mysql> ALTER TABLE t3 DROP INDEX t3_tel_uk;
Query OK, 0 rows affected (0.03 sec)
Records: 0  Duplicates: 0  Warnings: 0
```

读者再次运行前面查看"t2"表和"t3"表的约束和索引信息的 SQL 语句，就可以发现"t2"表和"t3"表中"tel"列的唯一键约束被删除了。

4. 建表后给字段加唯一键约束

如果在建表的时候没有声明唯一键约束，也可以在建表后使用 ALTER TABLE 语句声明唯一键约束。语法格式如下。

```
ALTER TABLE 表名称 ADD [CONSTRAINT 唯一键约束名] UNIQUE KEY (字段名);
```

其中，"CONSTRAINT 唯一键约束名"同样也可以省略，如果省略，那么唯一键约束名默认为字段名。

（1）给"t2"表的"tel"列指定唯一键约束。

```
mysql> ALTER TABLE t2 ADD UNIQUE KEY (tel);
Query OK, 0 rows affected (0.05 sec)
Records: 0  Duplicates: 0  Warnings: 0
```

（2）再次查看"t2"表的约束和索引信息。

```
mysql> SELECT table_schema,table_name,constraint_name
    -> FROM information_schema.table_constraints
    -> WHERE table_schema = 'atguigu_chapter8' AND table_name = 't2';
+------------------+-----------+-----------------+
| TABLE_SCHEMA     | TABLE_NAME | CONSTRAINT_NAME |
+------------------+-----------+-----------------+
| atguigu_chapter8 | t2        | email           |
| atguigu_chapter8 | t2        | tel             |
```

```
+------------------+-----------+----------------+
2 rows in set (0.00 sec)

mysql> SELECT table_schema,table_name,index_name
    -> FROM information_schema.statistics
    -> WHERE table_schema = 'atguigu_chapter8' AND table_name = 't2';
+------------------+-----------+----------------+
| TABLE_SCHEMA     | TABLE_NAME | INDEX_NAME     |
+------------------+-----------+----------------+
| atguigu_chapter8 | t2        | email          |
| atguigu_chapter8 | t2        | tel            |
+------------------+-----------+----------------+
2 rows in set (0.00 sec)
```

从上面的结果可以看出，给"t2"表的"tel"列增加唯一键约束成功。

5. 复合唯一键约束

在 MySQL 中，除了可以给单个字段添加唯一键约束，还可以给多个字段的组合添加唯一键约束，称为"复合唯一键约束"。如果给多个字段的组合添加复合唯一键约束，则只能单独定义，不能直接在字段后面加"UNIQUE KEY"。

建表时给多个字段的组合添加复合唯一键约束，语法格式如下。

```
CREATE TABLE 表名称(
    字段名1 数据类型,              #该列的值不允许重复
    字段名2 数据类型,              #该列的值允许重复
    字段名3 数据类型,              #该列的值允许重复
    [CONSTRAINT 唯一键约束名] UNIQUE KEY(字段名1),
    #每一行字段1的值不能重复
    [CONSTRAINT 复合唯一键约束名] UNIQUE KEY(字段名2,字段名3)
    #每一行字段2和字段3的值组合不能重复
);
```

建表后指定多列复合唯一键约束，语法格式如下。

```
ALTER TABLE 表名称 ADD [CONSTRAINT 复合唯一键约束名]
UNIQUE KEY (字段名2,字段名3);
```

在上面的语法格式中"UNIQUE KEY(字段名2，字段名3)"的形式是表示字段2和字段3的值组合不能重复。如果是字段2和字段3的值各自不能重复，那么必须分开定义。

下面演示复合唯一键约束的使用。

（1）创建学生表"t4_stu"，并添加两条记录，表结构如表8-3所示。

表 8-3　t4_stu 表结构

序号	注释	字段名	数据类型	NULL	是否唯一
1	学号	sid	CHAR(9)	否	是
2	姓名	sname	VARCHAR(30)	否	否

SQL 语句示例如下。

```
mysql> CREATE TABLE t4_stu(
    ->  sid CHAR(9) NOT NULL UNIQUE,
    ->  sname VARCHAR(30) NOT NULL
    -> );
Query OK, 0 rows affected (0.04 sec)
```

```
mysql> INSERT INTO t4_stu(sid,sname)
    -> VALUES('S20211001','张三');
Query OK, 1 row affected (0.01 sec)

mysql> INSERT INTO t4_stu(sid,sname)
    -> VALUES('S20211002','李四');
Query OK, 1 row affected (0.00 sec)

mysql> SELECT * FROM t4_stu;
+-----------+--------+
| sid       | sname  |
+-----------+--------+
| S20211001 | 张三   |
| S20211002 | 李四   |
+-----------+--------+
2 rows in set (0.00 sec)
```

（2）创建课程表"t4_cour"，表结构如表 8-4 所示。

表 8-4　t4_cour 表结构

序号	注释	字段名	数据类型	NULL	是否唯一
1	课程编号	id	CHAR(6)	否	是
2	名称	title	VARCHAR(30)	否	是

SQL 语句示例如下。

```
mysql> CREATE TABLE t4_cour(
    -> id CHAR(6) NOT NULL UNIQUE,
    -> title VARCHAR(30) NOT NULL UNIQUE
    -> );
Query OK, 0 rows affected (0.04 sec)

mysql> INSERT INTO t4_cour(id,title)
    -> VALUES('C20131','MySQL');
Query OK, 1 row affected (0.00 sec)

mysql> INSERT INTO t4_cour(id,title)
    -> VALUES('C21105','Java');
Query OK, 1 row affected (0.01 sec)

mysql> SELECT * FROM t4_cour;
+--------+-------+
| id     | title |
+--------+-------+
| C21105 | Java  |
| C20131 | MySQL |
+--------+-------+
2 rows in set (0.00 sec)
```

（3）创建选课表"t4_scour"，表结构如表 8-5 所示。

表 8-5　t4_scour 表结构

序号	注释	字段名	数据类型	NULL	是否唯一
1	序号	id	INT	否	是
2	学号	sid	CHAR(9)	否	是
3	课程编号	cid	CHAR(6)	否	
4	成绩	score	INT	否	否

SQL 语句示例如下。

```
mysql> CREATE TABLE t4_scour(
    -> id INT NOT NULL UNIQUE,
    -> sid CHAR(9) NOT NULL,
    -> cid CHAR(6) NOT NULL,
    -> score INT NOT NULL,
    -> CONSTRAINT t4_sid_cid_uk UNIQUE KEY(sid,cid)
    -> );
Query OK, 0 rows affected (0.04 sec)

mysql> INSERT INTO t4_scour(id,sid,cid,score)
    -> VALUES(1,'S20211001','C20131',30),
    -> (2,'S20211001','C21105',99),
    -> (3,'S20211002','C20131',75),
    -> (4,'S20211002','C21105',100);
Query OK, 4 rows affected (0.01 sec)
Records: 4  Duplicates: 0  Warnings: 0

mysql> SELECT * FROM t4_scour;
+----+-----------+--------+-------+
| id | sid       | cid    | score |
+----+-----------+--------+-------+
|  1 | S20211001 | C20131 |    30 |
|  2 | S20211001 | C21105 |    99 |
|  3 | S20211002 | C20131 |    75 |
|  4 | S20211002 | C21105 |   100 |
+----+-----------+--------+-------+
4 rows in set (0.00 sec)
```

从上面的结果可以看出，t4_scour 表 "sid" 列和 "cid" 列，单看一列的值可以重复，但是它们的值的组合是不重复的。例如，不会出现两条 "sid=S20211001 并且 cid=C20131" 的记录，即学号为 "S20211001" 的 "张三" 同学不会同时选中两次课程编号为 "C20131" 的 MySQL 课程。

如果此时再添加一条 "sid=S20211001 并且 cid=C20131" 的记录，则会报违反唯一键约束的错误。

```
mysql> INSERT INTO t4_scour(id,sid,cid,score)
    -> VALUES(5,'S20211001','C20131',100);
ERROR 1062 (23000): Duplicate entry 'S20211001-C20131' for key 't4_scour.t4_sid_cid_uk'
```

如果此时考虑到重修，有前后两次成绩的情况，那么就不能设置它们组合唯一了。

8.3　主键约束

主键约束（PRIMAERY KEY，PK），用于唯一标识表中的某一条记录。相当于唯一约束和非空约束的组合，主键约束要求数据唯一并且不能为空。当创建主键的约束时，系统默认也会在所在列和列组合上建立对应的索引。每个表中最多只允许有一个主键。主键约束和唯一键约束比较相似，很多初学者容易混淆，主键约束和唯一键约束的区别如表 8-6 所示。

表 8-6　主键约束和唯一键约束的区别

约束类型	是否唯一	是否允许 NULL	是否建立索引	一个表是否可以有多个
主键约束	是	否	是	否
唯一约束	是	是	是	是

一张表应该有主键字段，若没有则表示这张表是无效的。主键值是当前行数据的唯一标识，即使表中的两行记录相关的数据是相同的，但是只要主键值不同，便认为这两行是完全不同的数据。

下面演示主键约束 PRIMAERY KEY 的使用。

1. 创建表时指定主键约束

在使用 CREATE TABLE 语句创建表时，可以直接给某列指定主键约束。因为主键约束也是表级约束，所以它也可以单独定义。定义主键约束的关键字是"PRIMARY KEY"，KEY 可以省略，语法格式如下。

```
CREATE TABLE 表名称(
    字段名1 数据类型 PRIMARY KEY,      #该列的值不允许重复且不能为空
    字段名2 数据类型 NOT NULL,          #该列的值允许重复但不能为空
    字段名3 数据类型 UNIQUE KEY,        #该列的值不允许重复但允许为NULL
    字段名4 数据类型 UNIQUE KEY         #该列的值不允许重复但允许为NULL
);
或者
CREATE TABLE 表名称(
    字段名1 数据类型,                   #该列的值不允许重复且不能为空
    字段名2 数据类型 NOT NULL,          #该列的值允许重复但不能为空
    字段名3 数据类型,                   #该列的值不允许重复但允许为NULL
    字段名4 数据类型,                   #该列的值不允许重复但允许为NULL
    PRIMARY KEY(字段名1),
    [CONSTRAINT 唯一键约束名] UNIQUE KEY(字段名3),
    [CONSTRAINT 唯一键约束名] UNIQUE KEY(字段名4)
);
```

在 MySQL 中定义主键约束也可以使用"CONSTRAINT"关键字给主键约束命名，但是不起作用，系统库的约束和索引表里记录的主键约束名仍然是"PRIMARY KEY"而不是手动定义的主键约束名，这个和其他数据库是不同的。

（1）创建"t5"表，表结构如表 8-7 所示。

表 8-7　t5 表结构

序号	注释	字段名	数据类型	键	NULL
1	员工编号	eid	INT	PRIMARY KEY	否
2	员工姓名	ename	VARCHAR(20)		否
3	手机号码	tel	CHAR(11)	UNIQUE KEY	是
4	邮箱	email	VARCHAR(32)	UNIQUE KEY	是

SQL 语句示例如下。

```
mysql> CREATE TABLE t5(
    ->     eid INT PRIMARY KEY COMMENT '员工编号',
    ->     ename VARCHAR(20) NOT NULL COMMENT '员工姓名',
```

```
    ->      tel CHAR(11) UNIQUE KEY COMMENT '手机号码',
    ->      email VARCHAR(32) UNIQUE KEY COMMENT '邮箱'
    -> );
Query OK, 0 rows affected (0.03 sec)
```

（2）查看"t5"的表结构。

```
mysql> DESC t5;
+----------+-------------+------+-----+---------+-------+
| Field    | Type        | Null | Key | Default| Extra |
+----------+-------------+------+-----+---------+-------+
| eid      | int         | NO   | PRI | NULL    |       |
| ename    | varchar(20) | NO   |     | NULL    |       |
| tel      | char(11)    | YES  | UNI | NULL    |       |
| email    | varchar(32) | YES  | UNI | NULL    |       |
+----------+-------------+------+-----+---------+-------+
4 rows in set (0.01 sec)
```

在上面的表结构中，"eid"字段的 Key 标识为"PRI"，即主键。"eid"字段的 Null 标识为"NO"，即不能为 NULL。

（3）尝试添加几条记录。

```
mysql> INSERT INTO t5(eid,ename,tel,email) VALUES
    -> (1,'张三','13752052052','zs@atguigu.com'),
    -> (2,'李四','13752052056','ls@atguigu.com'),
    -> (3,'张三','13752052058','zhs@atguigu.com');
Query OK, 3 rows affected (0.01 sec)
Records: 3  Duplicates: 0  Warnings: 0

mysql> INSERT INTO t5(eid,ename,tel,email) VALUES
    -> (3,'王五','13752052059','wu@atguigu.com');
ERROR 1062 (23000): Duplicate entry '3' for key 't5.PRIMARY'

mysql> INSERT INTO t5(eid,ename,tel,email) VALUES
    -> (NULL,'王五','13752052059','wu@atguigu.com');
ERROR 1048 (23000): Column 'eid' cannot be null
```

上面的 SQL 语句执行时，添加第四条和第五条记录失败。因为员工编号是主键，不能重复添加"eid"为 3 的数据，主键值也不能为 NULL。

2. 查看主键约束

主键约束也是表级约束，同样可以在系统库"information_schema"的"table_constraints"表查询到某个表的主键约束信息。另外，主键约束也是键约束之一，添加主键约束的字段，也会自动建立索引，同样可以在系统库"information_schema"的"statistics"表中查询到对应的索引信息。

例如，查看"t5"表的约束和索引信息。

```
mysql> #查看t5表的约束信息
mysql> SELECT table_schema,table_name,constraint_name
    -> FROM information_schema.table_constraints
    -> WHERE table_schema = 'atguigu_chapter8' AND table_name = 't5';
+------------------+------------+-----------------+
| TABLE_SCHEMA     | TABLE_NAME | CONSTRAINT_NAME |
+------------------+------------+-----------------+
| atguigu_chapter8 | t5         | email           |
| atguigu_chapter8 | t5         | PRIMARY         |
| atguigu_chapter8 | t5         | tel             |
+------------------+------------+-----------------+
```

```
3 rows in set (0.00 sec)

mysql> #查看 t5 表的索引信息
mysql> SELECT table_schema,table_name,index_name
    -> FROM information_schema.statistics
    -> WHERE table_schema = 'atguigu_chapter8' AND table_name = 't5';
+------------------+------------+------------+
| TABLE_SCHEMA     | TABLE_NAME | INDEX_NAME |
+------------------+------------+------------+
| atguigu_chapter8 | t5         | email      |
| atguigu_chapter8 | t5         | PRIMARY    |
| atguigu_chapter8 | t5         | tel        |
+------------------+------------+------------+
3 rows in set (0.00 sec)
```

从上面的查询结果可以看出，主键约束名和索引名直接就是"PRIMARY"，这是因为在 MySQL 中一个表只能有一个主键约束，所以就不需要额外命名了，使用"PRIMARY"简单明了。

3. 删除主键约束

如果想要删除某个表的主键约束，也是使用 ALTER TABLE 语句。因为一个表的主键约束只有一个，所以直接"DROP PRIMARY KEY"即可，语法格式如下。

```
ALTER TABLE 表名称 DROP PRIMARY KEY;
```

例如，删除"t5"表主键约束。

```
mysql> ALTER TABLE t5 DROP PRIMARY KEY;
Query OK, 3 rows affected (0.11 sec)
Records: 3  Duplicates: 0  Warnings: 0
```

读者可以再次运行前面查看"t5"表的约束和索引的 SQL 语句，就可以看到主键约束和对应的索引被删除了。

使用"DESC"命令查看"t5"表的表结构。

```
mysql> DESC t5;
+----------+-------------+------+-----+---------+-------+
| Field    | Type        | Null | Key | Default | Extra |
+----------+-------------+------+-----+---------+-------+
| eid      | int         | NO   |     | NULL    |       |
| ename    | varchar(20) | NO   |     | NULL    |       |
| tel      | char(11)    | YES  | UNI | NULL    |       |
| email    | varchar(32) | YES  | UNI | NULL    |       |
+----------+-------------+------+-----+---------+-------+
4 rows in set (0.01 sec)
```

从上面的表结构查看结果可以看出，虽然"t5"表"eid"字段的主键约束被删除了，但是非空约束保留了。

4. 建表后增加主键约束

如果在建表的时候没有声明主键约束，也可以在建表后使用 ALTER TABLE 语句添加主键约束，语法格式如下。

```
ALTER TABLE 表名称 ADD PRIMARY KEY (字段名);
```

例如，给"t5"表的"eid"字段指定主键约束。

```
mysql> ALTER TABLE t5 ADD PRIMARY KEY (eid);
Query OK, 0 rows affected (0.10 sec)
Records: 0  Duplicates: 0  Warnings: 0
```

再次查看"t5"表的表结构，可以发现"eid"字段的主键约束又添加上了。

```
mysql> DESC t5;
+-------+-------------+------+-----+---------+-------+
| Field | Type        | Null | Key | Default | Extra |
+-------+-------------+------+-----+---------+-------+
| eid   | int         | NO   | PRI | NULL    |       |
| ename | varchar(20) | NO   |     | NULL    |       |
| tel   | char(11)    | YES  | UNI | NULL    |       |
| email | varchar(32) | YES  | UNI | NULL    |       |
+-------+-------------+------+-----+---------+-------+
4 rows in set (0.01 sec)
```

5. 复合主键

唯一键约束可以用来限定多个字段值的组合唯一，那么主键约束也可以限定多个字段值非空且值组合不能重复，即复合主键约束。复合主键约束的定义也需要单独定义，而不能直接在字段后面加"PRIMARY KEY"。

例如，第 8.2 节的学生选课表"t4_scour"表，除了单独使用一个无逻辑意义的序号字段"id"来唯一标识一行记录的方式，也可以直接给"学号"和"课程编号"字段定义复合主键约束。创建"t5_scour"表，表结构如表 8-8 所示。

表 8-8　t5_scour 表结构

序号	注释	字段名	数据类型	NULL	是否唯一
1	学号	sid	CHAR(9)	否	是
2	课程编号	cid	CHAR(6)	否	
3	成绩	score	INT	否	否

SQL 语句示例如下。

```
mysql> CREATE TABLE t5_scour(
    -> sid CHAR(9),
    -> cid CHAR(6),
    -> score INT NOT NULL,
    -> PRIMARY KEY(sid,cid)
    -> );
Query OK, 0 rows affected (0.05 sec)

mysql> INSERT INTO t5_scour(sid,cid,score)
    -> VALUES('S20211001','C20131',30),
    -> ('S20211001','C21105',99),
    -> ('S20211002','C20131',75),
    -> ('S20211002','C21105',100);
Query OK, 4 rows affected (0.01 sec)
Records: 4  Duplicates: 0  Warnings: 0

mysql> SELECT * FROM t5_scour;
+-----------+--------+-------+
| sid       | cid    | score |
```

```
+----------+--------+-------+
| S20211001 | C20131 |    30 |
| S20211001 | C21105 |    99 |
| S20211002 | C20131 |    75 |
| S20211002 | C21105 |   100 |
+----------+--------+-------+
4 rows in set (0.00 sec)
```

从上面的结果可以看出"t5_scour"表中"sid"列和"cid"列，单看一列的值可以重复，但是它们的值的组合是不重复的。例如，不会出现两条"sid=S20211001 并且 cid=C20131"的记录，即学号为"S20211001"的"张三"同学不会同时选中两次课程编号为"C20131"的 MySQL 课程。

如果此时再添加一条"sid=S20211001 并且 cid=C20131"的记录，则会报违反主键约束的错误。

```
mysql> INSERT INTO t5_scour(sid,cid,score)
    -> VALUES('S20211001','C20131',30);
ERROR 1062 (23000): Duplicate entry 'S20211001-C20131' for key 't5_scour.PRIMARY'
```

如果此时考虑到重修，有前后两次成绩的情况，那么就不能把主键约束加在"sid，cid"字段上了。

8.4 自增属性

如果给某个字段增加 AUTO_INCREMENT 属性，则可以在新记录插入表中用 AUTO_INCREMENT 属性值为这个字段赋值。AUTO_INCREMENT 属性的默认初始值是 1，每添加一条记录时 AUTO_INCREMENT 属性会自增 1。所以 AUTO_INCREMENT 属性被称为自增属性。

在 MySQL 中要给字段设置 AUTO_INCREMENT 属性，需要符合如下三个要求：

- 一个表只能有一个字段可以设置自增属性。
- 要设置自增属性的字段必须是数值类型，通常是整数类型。
- 设置自增属性的字段必须有键约束，如主键约束、唯一键约束。

下面演示 AUTO_INCREMENT 自增属性的使用。

1. 创建表时指定自增属性

在使用 CREATE TABLE 语句创建表时，可以直接给已经定义键约束的字段指定自增属性，语法格式如下。

```
CREATE TABLE 表名称(
    字段名1 数据类型 PRIMARY KEY AUTO_INCREMENT,
    字段名2 数据类型,
    字段名3 数据类型,
    字段名4 数据类型
);
或者
CREATE TABLE 表名称(
    字段名1 数据类型 PRIMARY KEY,
    字段名2 数据类型 UNIQUE KEY AUTO_INCREMENT,
    字段名3 数据类型,
    字段名4 数据类型
);
```

（1）创建"t6"表，表结构如表 8-9 所示。

表 8-9 t6 表结构

序号	注释	字段名称	数据类型	键	NULL	是否自增
1	员工编号	eid	INT	PRIMARY KEY	否	是
2	员工姓名	ename	VARCHAR(20)		否	否

SQL 语句示例如下。

```
mysql> CREATE TABLE t6(
    ->    eid INT PRIMARY KEY AUTO_INCREMENT,
    ->    ename VARCHAR(20) NOT NULL
    -> );
Query OK, 0 rows affected (0.03 sec)
```

（2）使用 DESC 命令查看"t6"表结构。

```
mysql> DESC t6;
+----------+-------------+------+-----+---------+----------------+
| Field    | Type        | Null | Key | Default | Extra          |
+----------+-------------+------+-----+---------+----------------+
| eid      | int         | NO   | PRI | NULL    | auto_increment |
| ename    | varchar(20) | NO   |     | NULL    |                |
+----------+-------------+------+-----+---------+----------------+
2 rows in set (0.00 sec)
```

从上面的表结构中可以看到"eid"字段的"Extra"列有"auto_increment（自增）"。

（3）添加三条记录，不指定 eid 的值。

```
mysql> INSERT INTO t6(ename) VALUES('张三'),('李四'),('王五');
Query OK, 3 rows affected (0.02 sec)
Records: 3  Duplicates: 0  Warnings: 0
```

（4）查看添加结果。

```
mysql> SELECT * FROM t6;
+-----+-------+
| eid | ename |
+-----+-------+
|   1 | 张三  |
|   2 | 李四  |
|   3 | 王五  |
+-----+-------+
3 rows in set (0.00 sec)
```

从上面的结果可以看出，虽然第（3）步的 INSERT 语句没有为"eid"字段赋值，但是 MySQL 会自动从 1 开始维护"eid"字段的值。每添加一条记录自动增长 1。

（5）使用 SHOW 命令查看"t6"表的定义。

```
mysql> SHOW CREATE TABLE t6\G
*************************** 1. row ***************************
       Table: t6
Create Table: CREATE TABLE 't6' (
  'eid' int NOT NULL AUTO_INCREMENT,
  'ename' varchar(20) NOT NULL,
  PRIMARY KEY ('eid')
) ENGINE = InnoDB AUTO_INCREMENT = 4 DEFAULT CHARSET = utf8mb4 COLLATE = utf8mb4_0900_ai_ci
1 row in set (0.00 sec)
```

从上面的表定义信息可以看到，"t6"表的"AUTO_INCREMENT（自增属性）"为 4，表示下一条记录添加时"eid"字段的值将会是"4"。

在系统库"information_schema"的"TABLES"表会记录创建的所有表,"TABLES"表专门有一个字段"AUTO_INCREMENT"来记录每一个表的自增属性值。如果某个表从未给任何字段增加过自增属性,那么该表的 AUTO_INCREMENT 字段值默认是 NULL。

在系统库"information_schema"的"COLUMNS"表会记录所有表定义的字段,"COLUMNS"表有一个"EXTRA"字段记录每一个字段的额外属性,如果某个字段的"EXTRA"列的值是"auto_increment",就表示该字段有自增属性,否则就是没有。一个表只能有一个字段的"EXTRA"列值为"auto_increment",因为一个表只有一个"AUTO_INCREMENT"字段记录自增属性值。也只有一个表中有一个字段的"EXTRA"列值赋值为"auto_increment",该表的"AUTO_INCREMENT"字段值才有效。

（6）添加一条记录,并给"eid"字段手动赋值为"0",然后查看添加结果。

```
mysql> INSERT INTO t6(eid,ename) VALUES(0,'赵括');
Query OK, 1 row affected (0.02 sec)

mysql> SELECT * FROM t6;
+-----+-------+
| eid | ename |
+-----+-------+
|   1 | 张三  |
|   2 | 李四  |
|   3 | 王五  |
|   4 | 赵括  |
+-----+-------+
4 rows in set (0.00 sec)
```

从上面的结果可以看出,当我们手动给自增长字段"eid"赋值为"0"时,MySQL 依然会用自增属性（AUTO_INCREMENT）的值为"eid"字段赋值,而不是"0"。当然,这要求 SQL_MODE 为"NO_AUTO_VALUE_ON_ZERO"值的模式没有启用才可以这样做。关于 SQL_MODE 请关注本书的姊妹篇《剑指 MySQL——架构、调优与运维》

（7）添加一条记录,并给"eid"字段手动赋值为"NULL",然后查看添加结果。

```
mysql> INSERT INTO t6(eid,ename) VALUES(NULL,'蒙恬');
Query OK, 1 row affected (0.00 sec)

mysql> SELECT * FROM t6;
+-----+-------+
| eid | ename |
+-----+-------+
|   1 | 张三  |
|   2 | 李四  |
|   3 | 王五  |
|   4 | 赵括  |
|   5 | 蒙恬  |
+-----+-------+
5 rows in set (0.00 sec)
```

从上面的结果可以看出,当我们给自增长字段"eid"赋值为"NULL"时,MySQL 也依然会在当前自增长序列值的基础上增 1。这是因为当前"eid"字段有主键约束,相当于有非空约束。如果该字段是允许 NULL 值的唯一键约束,那么赋值为"NULL"时将不会自动赋值为自增属性值。

（8）添加一条记录,并给"eid"字段手动赋值为"20"。

```
mysql> INSERT INTO t6(eid,ename) VALUES(20,'岳飞');
Query OK, 1 row affected (0.02 sec)
```

```
mysql> SELECT * FROM t6;
+-----+-------+
| eid | ename |
+-----+-------+
|   1 | 张三  |
|   2 | 李四  |
|   3 | 王五  |
|   4 | 赵括  |
|   5 | 蒙恬  |
|  20 | 岳飞  |
+-----+-------+
7 rows in set (0.00 sec)
```

从上面的结果可以看出，当我们给自增长字段"eid"赋值为不重复值"20"时，MySQL 选择接受"20"的赋值，而不是在自增属性（AUTO_INCREMENT）的值。那么此时自增属性（AUTO_INCREMENT）的值是多少呢？

（9）再次使用 SHOW 命令查看"t6"表的定义。

```
mysql> SHOW CREATE TABLE t6\G
*************************** 1. row ***************************
       Table: t6
Create Table: CREATE TABLE 't6' (
  'eid' int NOT NULL AUTO_INCREMENT,
  'ename' varchar(20) NOT NULL,
  PRIMARY KEY ('eid')
) ENGINE = InnoDB AUTO_INCREMENT = 21 DEFAULT CHARSET = utf8mb4 COLLATE = utf8mb4_0900_ai_ci
1 row in set (0.00 sec)
```

从上面的结果可以看出，"t6"表的"AUTO_INCREMENT"属性被修改为"21"，即手动赋值的"20"影响了自增属性的值。

（10）如果现在清空"t6"表，然后再添加一条记录，并手动为"eid"字段赋值为"1"，它会影响自增属性的值吗？

```
mysql> DELETE FROM t6;
Query OK, 6 rows affected (0.01 sec)

mysql> INSERT INTO t6(eid,ename) VALUES(1,'张三');
Query OK, 1 row affected (0.00 sec)

mysql> SELECT * FROM t6;
+-----+-------+
| eid | ename |
+-----+-------+
|   1 | 张三  |
+-----+-------+
1 row in set (0.00 sec)

mysql> SHOW CREATE TABLE t6\G
*************************** 1. row ***************************
       Table: t6
Create Table: CREATE TABLE 't6' (
  'eid' int NOT NULL AUTO_INCREMENT,
  'ename' varchar(20) NOT NULL,
  PRIMARY KEY ('eid')
```

```
) ENGINE = InnoDB AUTO_INCREMENT = 21 DEFAULT CHARSET = utf8mb4 COLLATE = utf8mb4_0900_ai_ci
1 row in set (0.00 sec)
```

从上面的结果可以看出，"t6"表的自增属性值并没有受到"DELETE"语句的影响，也没有受到手动为"eid"赋值的影响，仍然保留之前的自增属性值"21"。这体现了如果不手动修改自增属性的值，那么该值只会增不会减的特点。

如果现在截断"t6"表，自增属性值会受到影响吗？

（11）截断"t6"表之后添加一条记录，并查看"t6"的数据和定义信息。

```
mysql> TRUNCATE t6;
Query OK, 0 rows affected (0.04 sec)

mysql> INSERT INTO t6(ename) VALUES('张三');
Query OK, 1 row affected (0.01 sec)

mysql> SELECT * FROM t6;
+-----+-------+
| eid | ename |
+-----+-------+
|   1 | 张三  |
+-----+-------+
1 row in set (0.00 sec)

mysql> SHOW CREATE TABLE t6\G
*************************** 1. row ***************************
       Table: t6
Create Table: CREATE TABLE 't6' (
  'eid' int NOT NULL AUTO_INCREMENT,
  'ename' varchar(20) NOT NULL,
  PRIMARY KEY ('eid')
) ENGINE = InnoDB AUTO_INCREMENT = 2 DEFAULT CHARSET = utf8mb4 COLLATE = utf8mb4_0900_ai_ci
1 row in set (0.00 sec)
```

从上面的结果可以看出，"t6"表的自增属性值又恢复从"1"开始自增了。这是因为 TRUNCATE 语句本质上是先 DROP 表再重新创建一张新表，所以自增属性又恢复默认值"1"了，添加新记录，将从"1"自增为"2"。

2. 设置自增属性的值

当需要自增属性从某个指定值的基础上开始自增，那么可以使用 ALTER TABLE 语句指定自增属性的值，语法格式如下。

```
ALTER TABLE 表名称 AUTO_INCREMENT = 值;
```

（1）修改"t6"表自增属性的值为"100"，并查看"t6"表的定义信息。

```
mysql> ALTER TABLE t6 AUTO_INCREMENT = 100;
Query OK, 0 rows affected (0.01 sec)
Records: 0  Duplicates: 0  Warnings: 0

mysql> SHOW CREATE TABLE t6\G
*************************** 1. row ***************************
       Table: t6
Create Table: CREATE TABLE 't6' (
  'eid' int NOT NULL AUTO_INCREMENT,
  'ename' varchar(20) NOT NULL,
  PRIMARY KEY ('eid')
) ENGINE = InnoDB AUTO_INCREMENT = 100 DEFAULT CHARSET = utf8mb4 COLLATE = utf8mb4_0900_ai_ci
1 row in set (0.01 sec)
```

从上面的结果可以看出，修改自增属性（AUTO_INCREMENT）值成功。

（2）接下来添加新记录时，"eid"字段值将用"100"赋值。

```
mysql> INSERT INTO t6(ename) VALUES('谷姐');
Query OK, 1 row affected (0.01 sec)

mysql> SELECT * FROM t6;
+-----+-------+
| eid | ename |
+-----+-------+
| 1   | 张三  |
| 100 | 谷姐  |
+-----+-------+
2 rows in set (0.00 sec)
```

（3）修改"t6"表的自增属性为"200"，并查看"t6"表的定义信息。再修改"t6"表的自增属性为"50"，并查看"t6"表的定义信息。

```
mysql> #修改"t6"表的自增属性为 200
mysql> ALTER TABLE t6 AUTO_INCREMENT = 200;
Query OK, 0 rows affected (0.01 sec)
Records: 0  Duplicates: 0  Warnings: 0

mysql> #查看"t6"表的定义
mysql> SHOW CREATE TABLE t6\G
*************************** 1. row ***************************
       Table: t6
Create Table: CREATE TABLE 't6' (
  'eid' int NOT NULL AUTO_INCREMENT,
  'ename' varchar(20) NOT NULL,
  PRIMARY KEY ('eid')
) ENGINE = InnoDB AUTO_INCREMENT = 200 DEFAULT CHARSET = utf8mb4 COLLATE = utf8mb4_0900_ai_ci
1 row in set (0.00 sec)

mysql> #修改"t6"表的自增属性为 50
mysql> ALTER TABLE t6 AUTO_INCREMENT = 50;
Query OK, 0 rows affected (0.01 sec)
Records: 0  Duplicates: 0  Warnings: 0

mysql> #查看"t6"表的定义
mysql> SHOW CREATE TABLE t6\G
*************************** 1. row ***************************
       Table: t6
Create Table: CREATE TABLE 't6' (
  'eid' int NOT NULL AUTO_INCREMENT,
  'ename' varchar(20) NOT NULL,
  PRIMARY KEY ('eid')
) ENGINE = InnoDB AUTO_INCREMENT = 101 DEFAULT CHARSET = utf8mb4 COLLATE = utf8mb4_0900_ai_ci
1 row in set (0.00 sec)
```

如果使用 ALTER TABLE 语句修改的"AUTO_INCREMENT"属性值小于当前表自增字段的最大值，将不会成功，"AUTO_INCREMENT"属性值将会处理成当前自增字段最大值+1。

3. 删除字段的自增属性

如果想要删除某个字段的自增属性，可以使用 ALTER TABLE 语句，语法格式如下。

```
ALTER TABLE 表名称 MODIFY 字段名 数据类型 [NOT NULL];
```

如果要删除同时定义了唯一键约束和非空约束的字段的自增属性，那么在删除"AUTO_INCREMENT"属性时想要保留非空约束就要带上"NOT NULL"。如果该字段是主键字段，则不需要写"NOT NULL"。

例如，删除"t6"表"eid"主键字段的自增属性，SQL 语句示例如下。

```
mysql> ALTER TABLE t6 MODIFY eid INT;
Query OK, 2 rows affected (0.08 sec)
Records: 2  Duplicates: 0  Warnings: 0

mysql> DESC t6;
+----------+-------------+------+-----+---------+-------+
| Field    | Type        | Null | Key | Default | Extra |
+----------+-------------+------+-----+---------+-------+
| eid      | int         | NO   | PRI | NULL    |       |
| ename    | varchar(20) | NO   |     | NULL    |       |
+----------+-------------+------+-----+---------+-------+
2 rows in set (0.00 sec)
```

从上面的表结构查询结果可以看出"eid"主键字段的"AUTO_INCREMENT"属性被删除了，即"eid"字段的"Extra"项的"auto_increment"属性值没有了。

4. 建表后给字段增加自增属性

如果在建表时未指定字段的自增长属性，也可以使用 ALTER TABLE 语句给字段增加自增属性，语法格式如下。

```
ALTER TABLE 表名称 MODIFY 字段名 数据类型 AUTO_INCREMENT [NOT NULL];
```

使用 ALTER TABLE 语句一样也要满足上面说的三个要求：一个表只能有一个字段有自增属性、字段必须定义了键约束、字段类型必须是数值类型。

如果给定义了唯一键约束和非空约束的字段增加自增属性，那么在增加"AUTO_INCREMENT"属性时想要保留非空约束就要带上"NOT NULL"。

例如，给"t6"表"eid"字段增加自增属性，SQL 语句示例如下。

```
mysql> ALTER TABLE t6 MODIFY eid INT AUTO_INCREMENT;
Query OK, 2 rows affected (0.07 sec)
Records: 2  Duplicates: 0  Warnings: 0
```

查看"t6"表的建表语句。

```
mysql> SHOW CREATE TABLE t6\G
*************************** 1. row ***************************
       Table: t6
Create Table: CREATE TABLE 't6' (
  'eid' int NOT NULL AUTO_INCREMENT,
  'ename' varchar(20) NOT NULL,
  PRIMARY KEY ('eid')
) ENGINE = InnoDB AUTO_INCREMENT = 101 DEFAULT CHARSET = utf8mb4 COLLATE = utf8mb4_0900_ai_ci
1 row in set (0.00 sec)
```

此时发现"t6"表的"AUTO_INCREMENT"属性值仍然是"101"。之前删除"eid"字段的自增属性，只是删除了"information_schema"的"COLUMNS"表中"eid"字段的"EXTRA"列中的"auto_increment"值。而系统库"information_schema"的"TABLES"表的"AUTO_INCREMENT"字段一直记录着之前的自增属性值。当我们再次给"t6"表的"eid"字段增加了"auto_increment"属性后，"t6"表的自增属性的值又被启用了。

8.5 默认值约束

默认值（DEFAULT）约束用于为数据表中某个字段添加默认值。当添加一条新记录时没有给某字段明确赋值，如果该字段设置了默认值约束，那么将该列自动赋值为默认值，否则为空（NULL）。如果某字段设置了非空约束，但又没有设置默认值约束，在添加新记录时没有给这个字段明确赋值的话，则会报错。所以默认值约束通常用在已经设置了非空约束的列，这样能够防止数据表在录入数据时出现错误。

下面演示默认值（DEFAULT）约束的使用。

1. 建表时指定列的默认值

在使用 CREATE TABLE 语句创建表时，可以直接给列限定 DEFAULT 默认值约束。因为默认值约束是列级约束，所以只能在列的声明后面直接加 DEFAULT 默认值约束，而不能单独定义，语法格式如下。

```
CREATE TABLE 表名称(
    字段名 数据类型,               #该列值允许为 NULL，默认是 NULL
    字段名 数据类型 NOT NULL DEFAULT 默认值,#该列值不允许为 NULL 且有默认值
    字段名 数据类型 NOT NULL      #该列值不允许为 NULL 必须指定值
);
```

（1）创建"t7"表，表结构如表 8-10 所示。

表 8-10 t7 表结构

序号	注释	字段名	数据类型	NULL	默认值
1	邮箱	email	VARCHAR(32)	否	NULL
2	地址	address	VARCHAR(150)	是	NULL
3	工作地点	work_place	SET('北京','深圳','上海','武汉')	否	'北京'

SQL 语句示例如下。

```
mysql> CREATE TABLE t7(
    ->     email VARCHAR(32) NOT NULL,
    ->     address VARCHAR(150),
    ->     work_place SET('北京','深圳','上海','武汉') DEFAULT '北京' NOT NULL
    -> );
Query OK, 0 rows affected (0.05 sec)
```

（2）查看"t7"表结构。

```
mysql> DESC t7;
+------------+---------------------------------+------+-----+---------+
| Field      | Type                            | Null | Key | Default |
+------------+---------------------------------+------+-----+---------+
| email      | varchar(32)                     | NO   |     | NULL    |
| address    | varchar(150)                    | YES  |     | NULL    |
| work_place | set('北京','深圳','上海','武汉')    | NO   |     | 北京    |
+------------+---------------------------------+------+-----+---------+
3 rows in set (0.01 sec)
```

（3）尝试添加五条记录。

```
mysql> INSERT INTO t7(email,address,work_place)
    -> VALUES('zs@atguigu.com','宏福苑','北京,上海');
Query OK, 1 row affected (0.01 sec)

mysql> INSERT INTO t7(email) VALUES('ls@atguigu.com');
```

```
Query OK, 1 row affected (0.01 sec)

mysql> INSERT INTO t7(email,address,work_place)
    -> VALUES('wl@atguigu.com',DEFAULT,DEFAULT);
Query OK, 1 row affected (0.01 sec)

mysql> INSERT INTO t7(email,address,work_place)
    -> VALUES('zl@atguigu.com',NULL,NULL);
ERROR 1048 (23000): Column 'work_place' cannot be null

mysql> INSERT INTO t7(work_place) VALUES('北京');
ERROR 1364 (HY000): Field 'email' doesn't have a default value
```

从上面的结果可以看出，第四条和第五条添加语句执行失败。第四条是因为违反了"work_place"字段的 NOT NULL 非空约束。第五条是因为"email"字段设置了"NOT NULL"非空约束，但是没有设置默认值约束，添加时又未明确赋值，所以系统无法处理"email"字段的值，直接报错。

（4）查询"t7"表的数据。

```
mysql> SELECT * FROM t7;
+----------------+---------+------------+
| email          | address | work_place |
+----------------+---------+------------+
| zs@atguigu.com | 宏福苑   | 北京,上海   |
| ls@atguigu.com | NULL    | 北京        |
| wl@atguigu.com | NULL    | 北京        |
+----------------+---------+------------+
2 rows in set (0.00 sec)
```

从上面的结果可以看出，"address"字段允许为"NULL"，添加记录时未明确赋值，则默认值是"NULL"。"work_place"字段不允许为"NULL"，并指定默认值是"北京"，添加记录时未明确赋值，则按照默认值"北京"处理。

（5）修改表中"work_place"字段的值为默认值。

```
mysql> UPDATE t7 SET work_place = DEFAULT;
Query OK, 1 row affected (0.01 sec)
Rows matched: 3  Changed: 1  Warnings: 0
```

（6）查看修改结果。

```
mysql> SELECT * FROM t7;
+----------------+---------+------------+
| email          | address | work_place |
+----------------+---------+------------+
| zs@atguigu.com | 宏福苑   | 北京        |
| ls@atguigu.com | NULL    | 北京        |
| wl@atguigu.com | NULL    | 北京        |
+----------------+---------+------------+
3 rows in set (0.00 sec)
```

从上面的结果可以看出，"work_place"字段的值全部修改为默认值"北京"了。

2. 建表后删除默认值约束

如果想要删除某字段的默认值约束，也是使用 ALTER TABLE 语句，只是在字段定义后面不加"DEFAULT 默认值"了，语法格式如下。

```
ALTER TABLE 表名称 MODIFY 字段名 数据类型 [NOT NULL];
```

注意，如果该字段原来有"NOT NULL"非空约束，而你只是想删除默认值约束，那么此时在 ALTER

TABLE 语句中还要保留 NOT NULL 的声明，否则会连同"NOT NULL"非空约束一起删除。

例如，去除"t7"表的"work_place"字段的默认值约束，但是保留"NOT NULL"非空约束。

```
mysql> ALTER TABLE t7 MODIFY work_place  SET('北京','深圳','上海','武汉')  NOT NULL;
Query OK, 0 rows affected (0.03 sec)
Records: 0 Duplicates: 0 Warnings: 0
```

查看"t7"表结构。

```
mysql> DESC t7;
+------------+-----------------------------+------+-----+---------+
| Field      | Type                        | Null | Key | Default|
+------------+-----------------------------+------+-----+---------+
| email      | varchar(32)                 | NO   |     | NULL    |
| address    | varchar(150)                | YES  |     | NULL    |
| work_place | set('北京','深圳','上海','武汉')| NO   |     | NULL    |
+------------+-----------------------------+------+-----+---------+
3 rows in set (0.01 sec)
```

从上面的表结构看"work_place"字段的默认值约束删除了。

3. 建表后增加默认值约束

建表之后给字段增加默认值约束，仍然使用 ALTER TABLE 语句来完成，语法格式如下。

```
ALTER TABLE 表名称 MODIFY 字段名  数据类型  DEFAULT 默认值 [NOT NULL];
```

注意，如果该列原来有 NOT NULL 非空约束，而你只是想增加默认值约束，不删除 NOT NULL 非空约束，那么在 ALTER TABLE 语句中既要增加 DEFAULT 默认值声明，又要保留 NOT NULL 约束声明，否则 NOT NULL 非空约束就被删除了。

例如，给"t7"表的"work_place"字段增加默认值约束，并且保留 NOT NULL 非空约束。

```
mysql> ALTER TABLE t7 MODIFY work_place
SET('北京','深圳','上海','武汉') DEFAULT '北京' NOT NULL;
Query OK, 0 rows affected (0.02 sec)
Records: 0 Duplicates: 0 Warnings: 0

mysql> DESC t7;
+------------+-----------------------------+------+-----+----------+
| Field      | Type                        | Null | Key | Default  |
+------------+-----------------------------+------+-----+----------+
| email      | varchar(32)                 | NO   |     | NULL     |
| address    | varchar(150)                | YES  |     | NULL     |
| work_place | set('北京','深圳','上海','武汉')| NO   |     | 北京     |
+------------+-----------------------------+------+-----+----------+
3 rows in set (0.01 sec)
```

从上面的结果可以看出，给"work_place"字段增加默认值约束成功。

8.6 外键约束

MySQL 支持外键，并允许跨表交叉引用相关数据，外键约束有助于保持相关数据的一致性。外键约束（FOREIGN KEY，FK）通常是用来约束保证两个表的字段之间的引用完整性，如员工表的部门编号引用部门表的部门编号，即员工所属的部门必须在部门表中能找到对应记录。有时候外键约束也用来约束同一个表中两个字段之间的引用完整性，如员工表的领导编号引用员工表的员工编号，即员工的领导也是员工，因此领导编号就是该领导作为员工的编号。另外，同一张表中可以有多个外键约束，如员工表的部门编号引用部门表的部门编号，员工表的领导编号引用员工表的员工编号，员工表的职位编号引用职位表的职位编号等。

　　外键约束限定的是一个字段 B 的值必须引用另一个字段 A 的值，外键约束是在字段 B 上声明的，字段 B 所在的表称为从表或者子表，而被引用的字段 A 所在的表被称为主表或父表，即外键约束是在子表中声明的，如图 8-1 所示。而且父表中被引用的字段 A 必须是一个具有唯一键约束的字段，通常是主键字段。另外，要求子表的外键字段 B 与父表的被引用字段 A 必须是逻辑意义一致，数据类型相同的字段，但是不要求子表的外键字段 B 的名字与父表的被引用字段 A 的名字相同。其实，子表的外键字段 B 与父表的被引用字段 A 是关联字段，即两个表之间要进行 JOIN 的关联查询的话，ON 的关联条件就是"父表.字段 A = 子表.字段 B"，但是外键约束限定的不是查询，就算不建立外键约束，这两个表也能通过这两个字段进行关联查询。

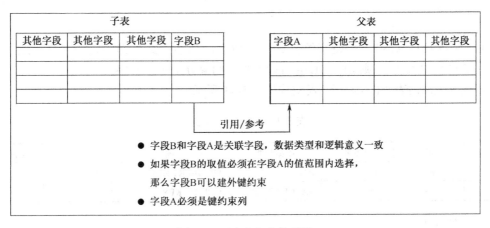

图 8-1　子表和父表关系图

外键约束限制的是表的创建和删除，以及数据的添加、修改、删除等行为。需要注意以下几点。

（1）在子表中声明外键约束时，要求父表必须存在。

（2）在子表中声明外键约束后，先删除父表行为将被拒绝。

（3）如果对子表进行 INSERT 或 UPDATE 操作时，给子表外键字段指定的值在父表中没有匹配的候选键值，MySQL 将拒绝这条 INSERT 或 UPDATE 语句的操作。

（4）如果对父表进行 UPDATE 或 DELETE 操作时，修改或删除是父表中被子表引用的键值时，操作是否被允许及该如何处理，取决于 FOREIGN KEY 子句的 ON UPDATE 和 ON DELETE 子句指定的行为。引用的行为如下所示。

- RESTRICT：当 UPDATE 或 DELETE 操作的是被子表中引用的键值时将会被拒绝并报错。
- NO ACTION：标准 SQL 中的关键字。在 MySQL 中，相当于 RESTRICT。这也是 on UPDATE 和 on DELETE 子句的默认引用行为。
- SET NULL：当 UPDATE 或 DELETE 操作的是被子表中引用的键值时，父表的 UPDATE 或 DELETE 将被允许，并且子表中对应外键列的值设置为"NULL"。如果此时外键列设置了"NOT NULL"非空约束，UPDATE 或 DELETE 操作将会失败。
- SET DEFAULT：如果外键列设置了默认值约束，那么当 UPDATE 或 DELETE 操作的是被子表中引用的键值时，父表的 UPDATE 或 DELETE 将被允许，并且子表中对应外键列的值将设置为默认值。
- CASCADE：当 UPDATE 语句修改的是被子表中引用的键值时，父表的 UPDATE 将被允许，并且子表中对应外键列的值跟着一起更新。当 DELETE 语句删除的是被子表中引用的键值记录行时，父表的 DELETE 将被允许，并且子表中对应外键列值的记录行跟着一并删除。

下面演示外键约束 FOREIGN KEY 的使用。

1. 建表时指定外键约束

在使用 CREATE TABLE 语句创建子表时，可以直接定义子表的外键约束。定义外键约束的关键字是"FOREIGN KEY"，并且外键约束不能在外键列后面定义，必须单独定义，语法格式如下。

```
CREATE TABLE 父表名称(
    字段名1 数据类型 PRIMARY KEY,
    字段名2 数据类型
);

CREATE TABLE 子表名称(
    字段名1 数据类型 PRIMARY KEY,
    字段名2 数据类型,
[CONSTRAINT 外键约束名] FOREIGN KEY(字段名2) REFERENCES 父表名(字段1) [ON UPDATE 引用行为]
[ON DELETE 引用行为]
);
```

可以通过"CONSTRAINT"关键字给外键约束命名。当然，给外键约束命名是可选的。如果省略"CONSTRAINT 外键约束名"，则 MySQL 会自动为外键约束分配一个名字。

（1）先创建父表部门表"t8_dept"，表结构如表 8-11 所示。

表 8-11 t8_dept 表结构

序号	注释	字段名	数据类型	键	NULL	是否自增
1	部门编号	did	INT	PRIMAERY KEY	否	是
2	部门名称	dname	VARCHAR(20)	UNIQUE KEY	否	否

SQL 语句示例如下。

```
mysql> CREATE TABLE t8_dept (
    ->   did INT PRIMARY KEY AUTO_INCREMENT,
    ->   dname VARCHAR(20) UNIQUE KEY NOT NULL
    -> );
Query OK, 0 rows affected (0.04 sec)
```

（2）再创建子表员工表"t8_emp"，子表"t8_emp"的"did"列引用父表"t8_dept"的主键"did"列。子表"t8_emp"的"mgrid"列引用父表"t8_emp"的主键"eid"列。表结构如表 8-12 所示。

表 8-12 t8_emp 表结构

序号	注释	字段名	数据类型	键	NULL	是否自增
1	员工编号	eid	INT	PRIMAERY KEY	否	是
2	员工姓名	ename	VARCHAR(20)		否	否
3	领导编号	mgrid	INT	FOREIGN KEY	是	否
4	部门编号	did	INT	FOREIGN KEY	否	否

SQL 语句示例如下。

```
mysql> CREATE TABLE t8_emp (
    ->   eid INT PRIMARY KEY AUTO_INCREMENT,
    ->   ename VARCHAR(20) NOT NULL,
    ->   mgrid INT,
    ->   did INT NOT NULL,
    ->   CONSTRAINT emp_did_dept_did_fk FOREIGN KEY(did) REFERENCES t8_dept(did),
    ->   CONSTRAINT emp_mgrid_emp_eid_fk FOREIGN KEY(mgrid) REFERENCES t8_emp(eid)
    -> );
Query OK, 0 rows affected (0.04 sec)
```

上面创建的"t8_emp"表定义了两个外键约束，第一个外键约束的子表是"t8_emp"，父表是"t8_dept"；第二个外键约束的子表和父表都是"t8_emp"。它们的关系如图 8-2 所示。

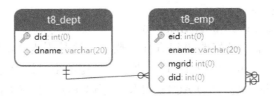

图 8-2 "t8_emp"表和"t8_dept"表外键关系图

（3）添加两条记录到部门表"t8_dept"，并查看结果。

```
mysql> INSERT INTO t8_dept(dname) VALUES('技术部'),('财务部');
Query OK, 2 rows affected (0.02 sec)
Records: 2  Duplicates: 0  Warnings: 0

mysql> SELECT * FROM t8_dept;
+-----+--------+
| did | dname  |
+-----+--------+
|   1 | 技术部 |
|   2 | 财务部 |
+-----+--------+
2 rows in set (0.00 sec)
```

（4）添加三条记录到员工表"t8_emp"，并查看结果。

```
mysql> INSERT INTO t8_emp(eid,ename,mgrid,did) VALUES
    -> (NULL,'张三',NULL,1),
    -> (NULL,'李四',1,1);
Query OK, 2 rows affected (0.01 sec)
Records: 2  Duplicates: 0  Warnings: 0

mysql> INSERT INTO t8_emp VALUES (NULL,'王五',2,3);
ERROR 1452 (23000): Cannot add or update a child row: a foreign key constraint fails
('atguigu_chapter8'.'t8_emp', CONSTRAINT 'emp_did_dept_did_fk' FOREIGN KEY ('did')
REFERENCES 't8_dept' ('did'))

mysql> SELECT * FROM t8_emp;
+-----+-------+--------+-----+
| eid | ename | mgrid  | did |
+-----+-------+--------+-----+
|   1 | 张三  | NULL   |   1 |
|   2 | 李四  |     1  |   1 |
+-----+-------+--------+-----+
2 rows in set (0.00 sec)
```

从上面的结果可以看出，第三条记录添加失败，这是因为第三条记录指定员工的部门编号为 3，而此时部门表"t8_dept"中没有编号为 3 的部门，这就违反了外键约束的要求。外键约束要求如果在父表中没有匹配的候选键值，拒绝任何试图在子表中创建外键值的 INSERT 或 UPDATE 操作。

（5）修改父表部门表"t8_dept"，did 为"1"的修改为"10"，did 为"2"的修改为"20"。

```
mysql> UPDATE t8_dept SET did = 10 WHERE did = 1;
ERROR 1451 (23000): Cannot delete or update a parent row: a foreign key constraint
fails ('atguigu_chapter8'. 't8_emp', CONSTRAINT 'emp_did_dept_did_fk' FOREIGN KEY ('did')
```

```
REFERENCES 't8_dept' ('did'))

mysql> UPDATE t8_dept SET did = 20 WHERE did = 2;
Query OK, 1 row affected (0.01 sec)
Rows matched: 1  Changed: 1  Warnings: 0
```

从上面的结果可以看出，第一条修改语句执行失败了，这是因为"did"为"1"的部门编号在子表"t8_emp"中被引用了。子表"t8_emp"在"did"列上声明的外键约束时没有通过 on UPDATE 和 on DELETE 子句指定的引用操作，那么默认就是"NO ACTION"，即当 UPDATE 或 DELETE 操作影响子表中具有匹配行的父表中的键值时将会被拒绝并报错。第二条修改语句执行成功了，这是因为"did"为"2"的部门编号没有被子表"t8_emp"中引用。

此时如果删除父表部门表"t8_dept"的记录时，同样删除"did"为"2"的记录可以成功，而删除"did"为"1"的部门失败。

2. 查看外键约束

外键约束也是表级约束，同样可以在系统库"information_schema"的"table_constraints"表查询到某个表的外键约束信息。

MySQL 也会自动在外键约束字段上创建索引，可以在系统库"information_schema"的"statistics"表中查询到对应的索引信息。

例如，查看子表员工表"t8_emp"的约束信息。

```
mysql> SELECT table_schema,table_name,constraint_name
    -> FROM information_schema.table_constraints
    -> WHERE table_schema = 'atguigu_chapter8' AND table_name = 't8_emp';
+------------------+------------+-------------------------+
| TABLE_SCHEMA     | TABLE_NAME | CONSTRAINT_NAME         |
+------------------+------------+-------------------------+
| atguigu_chapter8 | t8_emp     | PRIMARY                 |
| atguigu_chapter8 | t8_emp     | emp_did_dept_did_fk     |
| atguigu_chapter8 | t8_emp     | emp_mgrid_emp_eid_fk    |
+------------------+------------+-------------------------+
3 rows in set (0.01 sec)
```

例如，查看子表员工表"t8_emp"的索引信息。

```
mysql> SELECT table_schema,table_name,index_name
    -> FROM information_schema.statistics
    -> WHERE table_schema = 'atguigu_chapter8' AND table_name = 't8_emp';
+------------------+------------+-------------------------+
| TABLE_SCHEMA     | TABLE_NAME | INDEX_NAME              |
+------------------+------------+-------------------------+
| atguigu_chapter8 | t8_emp     | emp_did_dept_did_fk     |
| atguigu_chapter8 | t8_emp     | emp_mgrid_emp_eid_fk    |
| atguigu_chapter8 | t8_emp     | PRIMARY                 |
+------------------+------------+-------------------------+
3 rows in set (0.00 sec)
```

从上面的结果可以看出，定义外键约束时如果通过"CONSTRAINT"关键字指定了外键约束名，则在外键字段上自动创建的索引名和外键约束名一样。查看一个表的索引信息，除了直接查询系统库"information_schema"的"statistics"表，也可以直接使用"SHOW INDEX FROM t8_emp"的语句实现。

3. 删除子表的外键约束

如果想要删除子表的外键约束，同样使用 ALTER TABLE 语句，语法格式如下。

```
ALTER TABLE 子表名称 DROP FOREIGN KEY 外键约束名;
```

（1）删除子表员工表"t8_emp"的两个外键约束。

```
mysql> ALTER TABLE t8_emp DROP FOREIGN KEY emp_did_dept_did_fk;
Query OK, 0 rows affected (0.03 sec)
Records: 0 Duplicates: 0 Warnings: 0

mysql> ALTER TABLE t8_emp DROP FOREIGN KEY emp_mgrid_emp_eid_fk;
Query OK, 0 rows affected (0.01 sec)
Records: 0 Duplicates: 0 Warnings: 0
```

（2）再次查看子表员工表"t8_emp"约束和索引信息。

```
mysql> #查看 t8_emp 表的约束信息
mysql> SELECT table_schema,table_name,constraint_name
    -> FROM information_schema.table_constraints
    -> WHERE table_schema = 'atguigu_chapter8' AND table_name = 't8_emp';
+------------------+------------+-----------------+
| TABLE_SCHEMA     | TABLE_NAME | CONSTRAINT_NAME |
+------------------+------------+-----------------+
| atguigu_chapter8 | t8_emp     | PRIMARY         |
+------------------+------------+-----------------+
1 row in set (0.00 sec)

mysql> #查看 t8_emp 表的索引信息
mysql> SELECT table_schema,table_name,index_name
    -> FROM information_schema.statistics
    -> WHERE table_schema = 'atguigu_chapter8' AND table_name = 't8_emp';
+------------------+------------+----------------------+
| TABLE_SCHEMA     | TABLE_NAME | INDEX_NAME           |
+------------------+------------+----------------------+
| atguigu_chapter8 | t8_emp     | emp_did_dept_did_fk  |
| atguigu_chapter8 | t8_emp     | emp_mgrid_emp_eid_fk |
| atguigu_chapter8 | t8_emp     | PRIMARY              |
+------------------+------------+----------------------+
3 rows in set (0.00 sec)
```

从上面的查询结果可以看出，外键约束删除了，但是外键约束列对应的索引没有删除。如果想要删除对应的索引则需要单独使用 ALTER TABLE 语句删除，语法格式和删除唯一键约束相同。

```
ALTER TABLE 表名称 DROP INDEX 索引名;
```

由此可以看出，MySQL 的三个键约束：主键约束、唯一键约束和外键约束，都会自动创建索引。删除主键约束时会自动删除对应索引，删除唯一键约束本身就是通过删除索引的方式来删除唯一键约束，而删除外键约束和对应的索引是需要分开操作的。

4. 建表后在子表中声明外键约束

如果在创建子表时没有声明外键约束，那么在创建完子表后，也可以通过 ALTER TABLE 语句来增加外键约束，语法格式如下。

```
ALTER TABLE 子表名称 ADD [CONSTRAINT 外键约束名] FOREIGN KEY(字段名)
REFERENCES 主表(字段名) [ON UPDATE 引用行为] [ON DELETE 引用行为];
```

其中，[CONSTRAINT 外键约束名]是可选的。[ON UPDATE 引用行为]和[ON DELETE 引用行为]也是可选的，如果没有指定 ON UPDATE 和 ON DELETE 子句，默认为"ON UPDATE NO ACTION"和"ON DELETE NO ACTION"。

（1）在子表员工表"t8_emp"的"did"列声明外键约束引用主表"t8_dept"的"did"列，并指定"ON

UPDATE CASCADE"和"ON DELETE SET NULL"子句。

```
mysql> ALTER TABLE t8_emp ADD FOREIGN KEY(did)
    -> REFERENCES t8_dept(did)
    -> ON UPDATE CASCADE
    -> ON DELETE SET NULL;
ERROR 1830 (HY000): Column 'did' cannot be NOT NULL: needed in a foreign key constraint
't8_emp_ibfk_1' SET NULL
```

上面的 SQL 语句执行错误，这是因为子表"t8_emp"的外键列"did"有 NOT NULL 非空约束。去掉上面的"ON DELETE SET NULL"子句，重新给"t8_emp"添加外键约束。

```
mysql> ALTER TABLE t8_emp ADD FOREIGN KEY(did)
    -> REFERENCES t8_dept(did)
    -> ON UPDATE CASCADE;
Query OK, 2 rows affected (0.12 sec)
Records: 2  Duplicates: 0  Warnings: 0
```

（2）修改父表部门表"t8_dept"，did 为"1"的修改为"10"。

```
mysql> UPDATE t8_dept SET did = 10 WHERE did = 1;
Query OK, 1 row affected (0.02 sec)
Rows matched: 1  Changed: 1  Warnings: 0
```

（3）查看父表部门表"t8_dept"和子表员工表"t8_emp"表的记录。

```
mysql> SELECT * FROM t8_dept;
+-----+--------+
| did | dname  |
+-----+--------+
| 10  | 技术部 |
| 20  | 财务部 |
+-----+--------+
2 rows in set (0.00 sec)

mysql> SELECT * FROM t8_emp;
+-----+-------+--------+-----+
| eid | ename | mgrid  | did |
+-----+-------+--------+-----+
| 1   | 张三  | NULL   | 10  |
| 2   | 李四  | 1      | 10  |
+-----+-------+--------+-----+
2 rows in set (0.00 sec)
```

从上面的查询结果可以看出，当我们修改了父表部门表"t8_dept"的"did"列的键值，由"1"改为"10"之后，子表员工表"t8_emp"表对应的部门编号也跟着修改了。这就是"ON UPDATE CASCADE"的作用。

（4）在子表员工表"t8_emp"的"mgrid"列，声明外键约束引用主表"t8_emp"的"eid"列，并指定"ON UPDATE CASCADE"和"ON DELETE SET NULL"子句。

```
mysql> ALTER TABLE t8_emp ADD FOREIGN KEY(mgrid)
    -> REFERENCES t8_emp(eid)
    -> ON UPDATE CASCADE
    -> ON DELETE SET NULL;
Query OK, 2 rows affected (0.15 sec)
Records: 2  Duplicates: 0  Warnings: 0
```

（5）删除员工表"t8_emp"中"eid"为"1"的员工。

```
mysql> DELETE FROM t8_emp WHERE eid = 1;
Query OK, 1 row affected (0.01 sec)
```

```
mysql> SELECT * FROM t8_emp;
+-----+-------+--------+-----+
| eid | ename | mgrid  | did |
+-----+-------+--------+-----+
| 2   | 李四   | NULL   | 10  |
+-----+-------+--------+-----+
1 row in set (0.00 sec)
```

从上面的查询结果可以看出，员工表"t8_emp"中"eid"为"1"的员工被删除了，而"eid"为"2"的员工"mgrid"值原来是"1"，现在自动设置为"NULL"，这是"ON DELETE SET NULL"子句的作用。

（6）查看子表员工表"t8_emp"的约束信息。

```
mysql> #查看t8_emp表的约束信息
mysql> SELECT table_schema,table_name,constraint_name
    -> FROM information_schema.table_constraints
    -> WHERE table_schema = 'atguigu_chapter8' AND table_name = 't8_emp';
+------------------+------------+-----------------+
| TABLE_SCHEMA     | TABLE_NAME | CONSTRAINT_NAME |
+------------------+------------+-----------------+
| atguigu_chapter8 | t8_emp     | PRIMARY         |
| atguigu_chapter8 | t8_emp     | t8_emp_ibfk_1   |
| atguigu_chapter8 | t8_emp     | t8_emp_ibfk_2   |
+------------------+------------+-----------------+
3 rows in set (0.01 sec)
```

从上面的查询结果可以看出，当我们在声明外键约束没有通过"CONSTRAINT"指定"外键约束名"时，MySQL 将会自动给外键约束命名。

（7）查看子表员工表"t8_emp"的索引信息。

```
mysql> #查看t8_emp表的索引信息
mysql> SELECT table_schema,table_name,index_name
    -> FROM information_schema.statistics
    -> WHERE table_schema = 'atguigu_chapter8' AND table_name = 't8_emp';
+------------------+------------+------------+
| TABLE_SCHEMA     | TABLE_NAME | INDEX_NAME |
+------------------+------------+------------+
| atguigu_chapter8 | t8_emp     | did        |
| atguigu_chapter8 | t8_emp     | mgrid      |
| atguigu_chapter8 | t8_emp     | PRIMARY    |
+------------------+------------+------------+
3 rows in set (0.00 sec)
```

如果没有手动指定外键约束名，那么自动建立的索引将以外键约束字段名来命名。此时外键约束名和外键字段的索引名不同。

5. 复合外键约束

因为 MySQL 中支持复合主键和复合唯一键，因此外键约束列也可以是组合引用复合主键或复合唯一键，语法格式如下。

```
CREATE TABLE 父表名称(
    字段名 1 数据类型,
    字段名 2 数据类型,
    PRIMARY KEY(字段 1,字段 2)
);
```

```
CREATE TABLE 子表名称(
    字段名 1 数据类型 PRIMARY KEY,
    字段名 2 数据类型,
    字段名 3 数据类型,
    #建表时声明复合外键约束
    [CONSTRAINT 外键约束名] FOREIGN KEY(字段名 2,字段名 3)
    REFERENCES 父表名(字段 1,字段 2)
    [ON UPDATE 引用行为] [ON DELETE 引用行为]
);

#建表后声明复合外键约束
ALTER TABLE 子表名称 ADD [CONSTRAINT 外键约束名] FOREIGN KEY(字段名 2,字段 3)
REFERENCES 主表(字段名 1,字段 2) [ON UPDATE 引用行为] [ON DELETE 引用行为];
```

（1）创建父表"t8_user"，表结构如表 8-13 所示。

表 8-13 t8_user 表结构

序号	注释	字段名	数据类型	键	NULL
1	名	first_name	VARCHAR(20)	PRIMARY KEY	否
2	姓	last_name	VARCHAR(20)	PRIMARY KEY	否
3	薪资	salary	DOUBLE		是

SQL 语句示例如下。

```
mysql> CREATE TABLE t8_user(
    ->     first_name VARCHAR(20),
    ->     last_name VARCHAR(20),
    ->     salary DOUBLE,
    ->     PRIMARY KEY(first_name,last_name)
    -> );
Query OK, 0 rows affected (0.06 sec)
```

（2）创建子表"t8_userdetail"，表结构如表 8-14 所示。

表 8-14 t8_userdetail 表结构

序号	注释	字段名	数据类型	键	NULL	是否自增
1	编号	id	INT	PRIMARY KEY	否	是
2	名	first_name	VARCHAR(20)	FOREIGN KEY	否	否
3	姓	last_name	VARCHAR(20)	FOREIGN KEY	否	否
4	电话	tel	CHAR(11)		是	否
5	地址	address	VARCHAR(50)		是	否

SQL 语句示例如下。

```
mysql> CREATE TABLE t8_userdetail(
    ->     id INT PRIMARY KEY AUTO_INCREMENT,
    ->     first_name VARCHAR(20) NOT NULL,
    ->     last_name VARCHAR(20) NOT NULL,
    ->     tel CHAR(11),
    ->     address VARCHAR(50),
    ->     FOREIGN KEY(first_name,last_name) REFERENCES t8_user(first_name,last_name)
    -> );
Query OK, 0 rows affected (0.06 sec)
```

（3）添加三条记录。

```
mysql> INSERT INTO t8_user (first_name,last_name,salary)
    -> VALUES('张','学习',15000);
Query OK, 1 row affected (0.01 sec)

mysql> INSERT INTO t8_userdetail (first_name,last_name,tel,address)
    -> VALUES('张','学习','13587589653','北京');
Query OK, 1 row affected (0.01 sec)

mysql> INSERT INTO t8_userdetail (first_name,last_name,tel,address)
    -> VALUES('张','国强','13587589853','北京');
ERROR 1452 (23000): Cannot add or update a child row: a foreign key constraint fails
('atguigu_chapter8'.'t8_userdetail', CONSTRAINT 't8_userdetail_ibfk_1' FOREIGN KEY
('first_name', 'last_name') REFERENCES 't8_user' ('first_name', 'last_name'))
```

从上面的查询结果可以看出，第三条记录添加失败，因为子表"t8_userdetail"的"first_name""last_name"两个外键字段的值"张"和"国强"在父表"t8_user"中没有对应的记录。

8.7 MySQL 8.0 新特性：检查约束

检查（CHECK）约束用于定义字段值需要满足的条件。在 MySQL 8.0.16 之前，支持定义 CHECK 约束的语法，但是不起作用。

在 MySQL 5.7 中，限定性别"gender"字段的取值只能是"男"或"女"可以通过 ENUM 类型实现，但是给年龄"age"字段限定必须满足大于等于 18 的条件，通过检查约束将无法实现。例如，"t9_demo"表中的"age"列定义了"CHECK(age >= 18)"检查约束，但是在添加数据时，"age"字段赋值为"8"仍然添加成功。

```
mysql> CREATE TABLE t9_demo(
    ->     id INT PRIMARY KEY AUTO_INCREMENT,
    ->     username VARCHAR(20) NOT NULL,
    ->     gender ENUM('男','女'),
    ->     age INT CHECK(age>=18)
    -> );
Query OK, 0 rows affected (0.03 sec)

mysql> #插入 4 条记录
mysql> INSERT INTO t9_demo VALUES(NULL,'Irene','女',23);
Query OK, 1 row affected (0.01 sec)

mysql> INSERT INTO t9_demo VALUES(NULL,'Vince','男',28);
Query OK, 1 row affected (0.00 sec)

mysql> INSERT INTO t9_demo VALUES(NULL,'Angel','仙',38);
ERROR 1265 (01000): Data truncated for column 'gender' at row 1
#超出 gender 枚举取值范围('男','女')，添加失败

mysql> INSERT INTO t9_demo VALUES(NULL,'Angel','女',8);
Query OK, 1 row affected (0.00 sec)
#不满足 age 检查约束条件(age>=18)，仍然添加成功

mysql> SELECT * FROM t9_demo;
```

```
+----+----------+--------+------+
| id | username | gender | age  |
+----+----------+--------+------+
|  1 | Irene    | 女     |  23  |
|  2 | Vince    | 男     |  28  |
|  3 | Angel    | 女     |   8  |
+----+----------+--------+------+
3 rows in set (0.00 sec)
```

在 MySQL 8.0.16 之后，CREATE TABLE 语句既支持在字段声明后直接定义 CHECK 约束的条件，也支持在字段下面单独定义 CHECK 约束的条件。

```
CREATE TABLE 表名称(
    字段名 1 数据类型 PRIMARY KEY,
    字段名 2 数据类型 CHECK (条件表达式) [[NOT] ENFORCED],
字段名 3 数据类型,
[CONSTRAINT 检查约束名] CHECK (条件表达式) [[NOT] ENFORCED]
);
```

如果省略或指定为 ENFORCED，则会创建检查约束并强制执行约束，不满足约束的数据行不能插入成功。

下面演示 MySQL 8.0.16 之后检查约束的使用。

1. 建表时定义检查约束

（1）创建"t9_check_demo"表，表结构如表 8-15 所示。

表 8-15　t9_check_demo 表结构

序号	注释	字段名	数据类型	键	NULL	是否自增
1	编号	id	INT	PRIMARY KEY	否	是
2	用户名	username	VARCHAR (20)	UNIQUE KEY	否	否
3	性别	gender	ENUM('男','女')		否	否
4	年龄	age	INT		否	否
5	毕业日期	graduate_date	DATE		否	否
6	入职日期	hiredate	DATE		否	否

SQL 语句示例如下。

```
mysql> CREATE TABLE t9_check_demo(
    ->     id INT PRIMARY KEY AUTO_INCREMENT,
    ->     username VARCHAR(20) NOT NULL UNIQUE,
    ->     gender ENUM('男','女') NOT NULL,
    ->     age INT CHECK(age>=18) NOT NULL,
    ->     graduate_date DATE NOT NULL,
    ->     hiredate DATE NOT NULL,
    ->     CHECK(hiredate>graduate_date)
    -> );
Query OK, 0 rows affected (0.04 sec)
```

（2）尝试添加三条记录。

```
mysql> INSERT INTO t9_check_demo VALUES(NULL,'Irene','女',23,'2021-7-1',CURDATE());
Query OK, 1 row affected (0.01 sec)

mysql> INSERT INTO t9_check_demo VALUES(NULL,'Vince','男',8,'2021-7-1',CURDATE());
ERROR 3819 (HY000): Check constraint 't9_check_demo_chk_1' is violated.
#年龄不满足(age>=18)的条件，违反检查约束，添加失败
```

```
mysql> INSERT INTO t9_check_demo VALUES(NULL,'Angel','女',18,'2023-7-1',CURDATE());
ERROR 3819 (HY000): Check constraint 't9_check_demo_chk_2' is violated.
#入职日期不满足(hiredate>graduate_date)的条件，违反检查约束，添加失败
```

从上面的查询结果可以看出，第二条和第三条记录添加失败。这是因为第二条 INSERT 语句指定了
"age" 字段的值为 "8"，违反了检查约束 "CHECK(age >= 18)"。而第三条 INSERT 语句指定了 "hiredate"
字段的值是当前系统日期（当前系统日期是 2021-12-02），"graduate_date" 字段的值是 "2023-7-1"，违反
了检查约束 "CHECK (hiredate>graduate_date)"。

（3）查看 "t9_check_demo" 表数据。

```
mysql> SELECT * FROM t9_check_demo;
+----+----------+--------+-----+---------------+------------+
| id | username | gender | age | graduate_date | hiredate   |
+----+----------+--------+-----+---------------+------------+
| 1  | Irene    | 女     | 23  | 2021-07-01    | 2021-12-02 |
+----+----------+--------+-----+---------------+------------+
1 row in set (0.00 sec)
```

2. 查看检查约束

检查约束也是表级约束，也可以在系统库 "information_schema" 的 "table_constraints" 表中查询到。
例如，查看 "t9_check_demo" 表的约束信息。

```
mysql> SELECT table_schema,TABLE_NAME,CONSTRAINT_NAME
    -> FROM information_schema.table_constraints
    -> WHERE table_schema = 'atguigu_chapter8' AND TABLE_NAME = 't9_check_demo';
+------------------+---------------+---------------------+
| TABLE_SCHEMA     | TABLE_NAME    | CONSTRAINT_NAME     |
+------------------+---------------+---------------------+
| atguigu_chapter8 | t9_check_demo | PRIMARY             |
| atguigu_chapter8 | t9_check_demo | username            |
| atguigu_chapter8 | t9_check_demo | t9_check_demo_chk_1 |
| atguigu_chapter8 | t9_check_demo | t9_check_demo_chk_2 |
+------------------+---------------+---------------------+
4 rows in set (0.01 sec)
```

3. 删除检查约束

删除检查约束也是用 ALTER TABLE 语句。因为检查约束也是表级约束，所以删除检查约束必须用
DROP 关键字。删除检查约束的语法格式如下：

```
ALTER TABLE 表名称 DROP CHECK 检查约束名;
```

（1）查看 "t9_check_demo" 表的详细定义信息。

```
mysql> SHOW CREATE TABLE t9_check_demo\G
*************************** 1. row ***************************
       Table: t9_check_demo
Create Table: CREATE TABLE 't9_check_demo' (
  'id' int NOT NULL AUTO_INCREMENT,
  'username' varchar(20) NOT NULL,
  'gender' enum('男','女') NOT NULL,
  'age' int NOT NULL,
  'graduate_date' date NOT NULL,
  'hiredate' date NOT NULL,
  PRIMARY KEY ('id'),
  UNIQUE KEY 'username' ('username'),
  CONSTRAINT 't9_check_demo_chk_1' CHECK (('age' >= 18)),
```

```
     CONSTRAINT 't9_check_demo_chk_2' CHECK (('hiredate' > 'graduate_date'))
) ENGINE = InnoDB AUTO_INCREMENT = 2 DEFAULT CHARSET = utf8mb4 COLLATE = utf8mb4_0900_ai_ci
1 row in set (0.00 sec)
```

从上面的查询结果可以看出，"age"字段的检查约束名是"t9_check_demo_chk_1"，"hiredate"字段和"graduate_date"字段的检查约束名是"t9_check_demo_chk_2"。

（2）删除"t9_check_demo"表"age"字段的检查约束。

```
mysql> ALTER TABLE t9_check_demo DROP CHECK t9_check_demo_chk_1;
Query OK, 0 rows affected (0.03 sec)
Records: 0 Duplicates: 0 Warnings: 0
```

（3）再次查看"t9_check_demo"表的详细定义信息。

```
mysql> SHOW CREATE TABLE t9_check_demo\G
*************************** 1. row ***************************
       Table: t9_check_demo
Create Table: CREATE TABLE 't9_check_demo' (
  'id' int NOT NULL AUTO_INCREMENT,
  'username' varchar(20) NOT NULL,
  'gender' enum('男','女') NOT NULL,
  'age' int NOT NULL,
  'graduate_date' date NOT NULL,
  'hiredate' date NOT NULL,
  PRIMARY KEY ('id'),
  UNIQUE KEY 'username' ('username'),
  CONSTRAINT 't9_check_demo_chk_2' CHECK (('hiredate' > 'graduate_date'))
) ENGINE = InnoDB AUTO_INCREMENT = 2 DEFAULT CHARSET = utf8mb4 COLLATE = utf8mb4_0900_ai_ci
1 row in set (0.00 sec)
```

从上面的查询结果可以看出，"age"字段的检查约束已经删除了。

4. 建表后添加检查约束

如果表已经创建好了，之后想要给表中的某些字段添加检查约束，可以用 ALTER TABLE 语句。

```
ALTER TABLE 表名称 ADD CHECK (检查约束条件);
```

例如，给"t9_check_demo"表的"age"字段添加检查约束条件（age >= 20）。

```
mysql> ALTER TABLE t9_check_demo ADD CHECK(age >= 20);
Query OK, 1 row affected (0.07 sec)
Records: 1 Duplicates: 0 Warnings: 0
```

再次查看"t9_check_demo"表的详细定义信息。

```
mysql> SHOW CREATE TABLE t9_check_demo\G
*************************** 1. row ***************************
       Table: t9_check_demo
Create Table: CREATE TABLE 't9_check_demo' (
  'id' int NOT NULL AUTO_INCREMENT,
  'username' varchar(20) NOT NULL,
  'gender' enum('男','女') NOT NULL,
  'age' int NOT NULL,
  'graduate_date' date NOT NULL,
  'hiredate' date NOT NULL,
  PRIMARY KEY ('id'),
  UNIQUE KEY 'username' ('username'),
  CONSTRAINT 't9_check_demo_chk_2' CHECK (('hiredate' > 'graduate_date')),
  CONSTRAINT 't9_check_demo_chk_3' CHECK (('age' >= 20))
) ENGINE = InnoDB AUTO_INCREMENT = 2 DEFAULT CHARSET = utf8mb4 COLLATE = utf8mb4_0900_ai_ci
1 row in set (0.00 sec)
```

从上面的查询结果可以看出给"age"字段添加检查约束成功了，检查约束名是"t9_check_demo_chk_3"。

8.8　图形界面工具操作约束

前面详细介绍了各种约束的概念，已经在数据表中声明、查看、删除这些约束的相关 SQL 语句，对于专业人士来说，掌握这些 SQL 语句是很有必要的，但是如果你是初学者或者是非专业的 DBA，完全可以使用图形界面工具来操作约束，这样会更加便捷和直观。

为了更好地演示效果，下面导入提前准备好的 SQL 脚本"atguigu_chapter8_tools.sql"，脚本包含 3 个表，分别是 t_employee 表、t_department 表、t_job 表。这三个表的结构和数据与第 7 章相同，表结构的详细信息如图 7-1～图 7-3 所示，这些表没有声明任何约束。接下来我们介绍使用图形界面工具 SQLyog 给三个表添加合理的约束。

（1）选择"atguigu_chapater8"数据库的"t_department"表，单击右键，在弹出的快捷菜单中选择"改变表"，在"列"选项卡下给"did"字段增加主键约束并设置自增属性，"dname"字段增加非空约束，如图 8-3 所示。

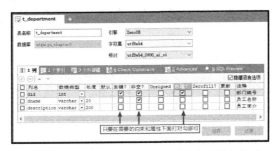

图 8-3　给"t_department"表相关字段增加约束

（2）选择"atguigu_chapater8"数据库的"t_department"表，单击右键，在弹出的快捷菜单中选择"改变表"，在"索引"选项卡下在"栏位"列选择"dname"字段，如图 8-4 所示，给"dname"字段增加唯一键约束，如图 8-5 所示。

图 8-4　选择"dname"字段增加唯一键约束

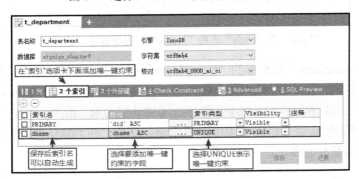

图 8-5　给"t_department"表的"dname"字段增加唯一键约束

（3）选择"atguigu_chapater8"数据库的"t_job"表，单击右键，在弹出的快捷菜单中选择"改变表"，在"列"选项卡下给"jid"字段增加主键约束并设置自增属性，"jname"字段增加非空约束，如图8-6所示。

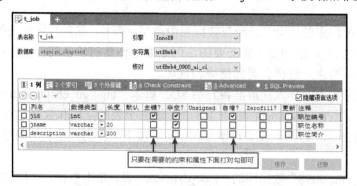

图 8-6　给"t_job"表相关字段增加约束

（4）选择"atguigu_chapater8"数据库的"t_job"表，单击右键，在弹出的快捷菜单中选择"改变表"，在"索引"选项卡下在"栏位"列选择"jname"字段，如图8-7所示，给"jname"字段增加唯一键约束，如图8-8所示。

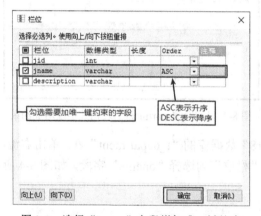

图 8-7　选择"jname"字段增加唯一键约束

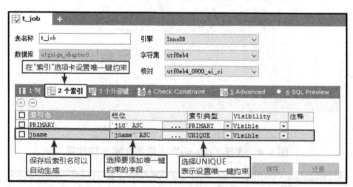

图 8-8　给"t_job"表的"jname"字段增加唯一键约束

（5）选择"atguigu_chapater8"数据库的"t_employee"表，单击右键，在弹出的快捷菜单中选择"改变表"，在"列"选项卡下给"eid"字段增加主键约束并设置自增属性，给"ename""salary""birthday""gender""tel""email""work_place""hiredate"等字段增加非空约束，给"gender"字段增加默认值"男"，给"work_place"字段增加默认值"北京"，如图8-9所示。注意，在为默认值的框中填加文本类型的默认值时，不能加单引号，只填写值即可。

图 8-9　给"t_employee 表"相关字段增加约束

（6）选择"atguigu_chapater8"数据库的"t_employee"表，单击右键，在弹出的快捷菜单中选择"改变表"，在"外部键"选项卡下给"did""job_id""mid"字段增加外键约束，如图 8-10 所示。

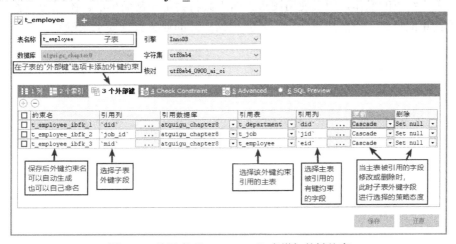

图 8-10　给子表"t_employee"表增加外键约束

（7）选择"atguigu_chapater8"数据库的"t_employee"表，单击右键，在弹出的快捷菜单中选择"改变表"，在"Check Constraint"选项卡下给"t_employee"表增加两个检查约束，分别是"salary>0"和"hiredate>birthday"，如图 8-11 所示。保存后可以自动生成检查约束名，如图 8-12 所示。

图 8-11　给"t_employee"表增加检查约束

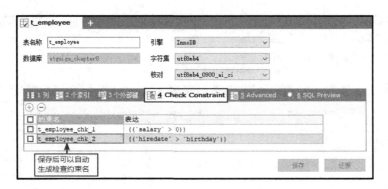

图 8-12　自动生成检查约束名

8.9　本章小结

数据库约束是对表中的数据进行进一步的限制,保证数据的正确性、有效性和完整性。在定义表结构时,定义合适的约束,将会大大地提高数据库中数据的质量,减少错误的或不合理的垃圾数据,从而节省数据库的空间和调用数据的时间。除了外键约束和检查约束,主键约束、非空约束、默认值约束几乎是每一个表必用的。关于约束的操作,如果使用图形界面工具将会是非常简单的。困扰初学者的往往是如何设计约束,而关于约束的设计,不能凭空决定,需要根据实际的业务数据要求来确定。

第9章

视图

在数据库中，数据表是最重要和最核心的对象，前面章节的内容都是围绕数据表进行的操作。除了数据表，MySQL 还有其他数据库对象，比如视图（View）等。从 MySQL 5.0 开始可以使用视图，视图可以让用户在操作数据时使用更方便，而且可以更好地保障数据库系统的安全。

视图是基于 SQL 语句的结果集，以可视化表的方式呈现结果集。视图也包含行和列，就像一个真实的表。视图是在基本表之上建立的表，它的结构（即所定义的字段）和内容（即所有数据行）都来自基本表，它依据基本表的存在而存在。一个视图可以对应一个基本表，也可以对应多个基本表。这些表可以来自一个或多个数据库。但是视图和表还是有很大区别的。

视图是一个虚拟表，与其对应的数据并没有像表那样在数据库中再存储一份，即视图不会占用很多物理空间，它只是逻辑概念，是一些编译好的 SQL 语句的集合。而表中保存的是数据，占用庞大的物理空间。总的来说，表是内容，视图只是窗口。视图的创建和删除只影响视图本身，不影响对应的基本表。但是当对视图中的数据进行增加、删除和修改操作时，数据表中的数据会相应地发生变化，反之亦然。

本章将通过一些实例来介绍视图的作用，以及创建视图、查看视图、修改视图、更新视图、删除视图等知识。

本章介绍的所有 SQL 演示都基于 "atguigu_chapter9" 数据库进行讲解。为了更好地演示效果，下面导入提前准备好的 SQL 脚本 "atguigu_chapter9.sql"，脚本中包含 3 个表，分别是 t_employee 表、t_department 表和 t_job 表，这 3 个表的结构和数据，同第 8.8 节加完约束的 t_employee 表、t_department 表和 t_job 表一样。为了更好地理解和掌握书中的各个案例，请提前熟悉这 3 个表的结构以及表中各个字段的含义。

9.1 创建视图

视图中包含了 SELECT 查询的结果，因此视图的创建基于 SELECT 语句和已经存在的数据库表。视图可以建立在一张表上，也可以建立在多张表上。

创建好的视图是属于某个数据库的一个对象，但是它可以基于其他数据库的表进行创建。鉴于本书是讲解 MySQL 基础，所以下面的案例都是基于同一个数据库的表进行演示的。如果要基于其他数据库的表，只要在表名前面加上前缀 "数据库名."，明确是基于哪个数据库的表即可。

创建视图使用 CREATE VIEW 语句，最基本的语法格式如下。

```
CREATE VIEW  视图名 [(字段列表)] AS SELECT 语句;
```

- CREATE VIEW 表示创建新的视图。
- 视图名后面的[(字段列表)]是可选的，如果省略，视图中的字段列表默认和 SELECT 语句查询结果中字段列表一致。
- AS 后面跟着一个 SELECT 语句，该语句的查询结果就是视图的数据。

下面演示基本视图的创建。

1. 在单个数据表上创建视图

MySQL 可以在单个数据表上创建视图。

（1）从"t_employee"表中筛选出员工的姓名、性别、电话号码数据来创建"emp_tel"视图。

```
mysql> CREATE VIEW emp_tel
    -> AS SELECT ename,gender,tel AS phone FROM t_employee;
Query OK, 0 rows affected (0.01 sec)
```

当我们创建完视图后，就可以把视图看成一张"表"，从而可以查询"表"中的数据。

（2）查询"emp_tel"视图中"女"员工的数据。

```
mysql> SELECT * FROM emp_tel WHERE gender = '女';
+----------+--------+-------------+
| ename    | gender | phone       |
+----------+--------+-------------+
| 黄熙萌   | 女     | 13609876789 |
| 李晨熙   | 女     | 13587689098 |
| 黄冰茹   | 女     | 13787876565 |
| 孙红梅   | 女     | 13576234554 |
| 李冰冰   | 女     | 13790909887 |
| 谢吉娜   | 女     | 13234543245 |
| 李诗雨   | 女     | 18567899098 |
| 舒淇格   | 女     | 18654565634 |
| 周旭飞   | 女     | 13589893434 |
| 章嘉怡   | 女     | 15634238979 |
| 白露     | 女     | 18909876789 |
| 额日古那 | 女     | 18709675645 |
| 李红     | 女     | 15985759663 |
+----------+--------+-------------+
13 rows in set (0.00 sec)
```

从上面的查询结果可以看出，如果在创建视图时，没有在视图名后面指定字段列表，则视图中字段列表默认和 SELECT 语句中的字段列表一致。如果 SELECT 语句中给字段取了别名，那么视图中的字段名和别名相同。当然也可以通过指定视图字段的名称来创建视图。如果在视图名后面指定（视图字段列表），则要求括号()中的字段列表数量与 SELECT 查询结果的字段列表数量和顺序一致。

（3）从"t_employee"表中筛选出员工的姓名、年薪数据来创建"emp_year_salary"视图。

```
mysql> CREATE VIEW emp_year_salary (ename,year_salary)
    -> AS SELECT ename,salary *12 * (1+IFNULL(commission_pct,0))
    -> FROM t_employee;
Query OK, 0 rows affected (0.01 sec)
```

其中，IFNULL()函数是 MySQL 控制流函数之一,它接受两个参数,用于判断第一个参数是否为 NULL，如果第一个值不为 NULL，则返回第一个值，否则，返回第二个值。

（4）查询"emp_year_salary"视图中年薪超过 20 万元的员工数据。

```
mysql> SELECT * FROM emp_year_salary WHERE year_salary > 200000;
+--------+-------------+
| ename  | year_salary |
+--------+-------------+
| 孙洪亮 |      554400 |
| 贾宝玉 |      233616 |
| 李冰冰 |      225120 |
```

```
|  谢吉娜  |       284670  |
|  舒淇格  |      221601.6 |
|  刘烨    |      207488.16 |
+---------+--------------+
6 rows in set (0.00 sec)
```

2. 在多表上创建视图

MySQL 中也可以在两个或者更多个表上创建视图。

（1）从"t_employee"和"t_department"表中筛选员工姓名、部门名称来创建"emp_dept"视图。

```
mysql> CREATE VIEW emp_dept
    -> AS SELECT ename,dname
    -> FROM t_employee LEFT JOIN t_department
    -> ON t_employee.did = t_department.did;
Query OK, 0 rows affected (0.02 sec)
```

（2）查询"emp_dept"视图中部门名称为"财务部"的数据。

```
mysql> SELECT * FROM emp_dept WHERE dname = '财务部';
+---------+---------+
| ename   | dname   |
+---------+---------+
|  舒淇格  | 财务部  |
|  周旭飞  | 财务部  |
+---------+---------+
2 rows in set (0.00 sec)
```

从上面案例可以看出，视图可以隐藏底层的表结构，也可以简化数据访问操作，视图中只包含了用户关心的数据，客户端不再需要知道底层表的结构及其之间的关系。

3. 基于视图创建视图

MySQL 的视图除了基于数据表来创建，还可以从已经存在的视图上定义新的视图。

（1）联合"emp_dept"视图和"emp_year_salary"视图查询员工姓名、部门名称、年薪信息创建"emp_dept_ysalary"视图。

```
mysql> CREATE VIEW emp_dept_ysalary(ename,dname,year_salary)
    -> AS SELECT emp_dept.ename,dname,year_salary
    -> FROM emp_dept INNER JOIN emp_year_salary
    -> ON emp_dept.ename = emp_year_salary.ename;
Query OK, 0 rows affected (0.01 sec)
```

（2）查询"emp_dept_ysalary"视图中年薪低于 10 万元的员工信息。

```
mysql> SELECT ename,dname,ROUND(year_salary,0) AS year_salary
    -> FROM emp_dept_ysalary
    -> WHERE year_salary < 100000;
+---------+---------+-------------+
| ename   | dname   | year_salary |
+---------+---------+-------------+
|  何进   | 研发部  |       92413 |
|  邓超远 | 研发部  |       96000 |
|  李小磊 | 研发部  |       94764 |
|  周旭飞 | 财务部  |       94512 |
|  李红   | NULL    |       60000 |
|  周洲   | NULL    |       96000 |
+---------+---------+-------------+
6 rows in set (0.00 sec)
```

9.2 视图算法

在创建视图时可以通过 ALGORITHM 声明视图选择的算法，语法格式如下。

```
CREATE [ALGORITHM = {UNDEFINED | MERGE | TEMPTABLE}]
VIEW 视图名 [(字段列表)]
AS select 语句;
```

ALGORITHM 表示视图选择的算法，它有 3 个取值，分别是 UNDEFINED、MERGE 和 TEMPTABLE。如果为指定 ALGORITHM，默认是 UNDEFINED。

- UNDEFINED 表示 MySQL 将自动选择算法，即自动选择 MERGE 或 TEMPTABLE。
- MERGE 表示将使用视图的语句与视图定义合并起来，使得视图定义的某一个部分取代语句对应的部分。
- TEMPTABLE 表示将视图的结果存入临时表，然后用临时表来执行语句。

下面演示 MERGE 和 TEMPTABLE 的使用。

1. 使用 MERGE 算法

MERGE（合并）的执行方式是先将定义视图的 SQL 语句与外部使用视图的 SQL 语句合并，然后执行。

（1）统计"t_employee"表中薪资高于 15000 元的员工姓名和薪资数据来创建"emp_high_salary1"视图。

```
mysql> CREATE ALGORITHM = MERGE VIEW emp_high_salary1
    -> AS SELECT ename,salary FROM t_employee WHERE salary > 15000;
Query OK, 0 rows affected (0.02 sec)
```

（2）从"emp_high_salary1"视图查询薪资低于 20000 元的员工信息。

```
mysql> SELECT * FROM emp_high_salary1 WHERE salary < 20000;
+----------+--------+
| ename    | salary |
+----------+--------+
| 贾宝玉    | 15700  |
| 黄冰茹    | 15678  |
| 李冰冰    | 18760  |
| 谢吉娜    | 18978  |
| 舒淇格    | 16788  |
| 章嘉怡    | 15099  |
+----------+--------+
6 rows in set (0.00 sec)
```

（3）下面用一条 SQL 模拟合并效果。

```
mysql> SELECT ename,salary FROM t_employee WHERE salary > 15000 AND salary < 20000;
+----------+---------+
| ename    | salary  |
+----------+---------+
| 贾宝玉    | 15700   |
| 黄冰茹    | 15678   |
| 李冰冰    | 18760   |
| 谢吉娜    | 18978   |
| 舒淇格    | 16788   |
| 章嘉怡    | 15099   |
+----------+---------+
6 rows in set (0.00 sec)
```

从上面 SQL 的执行效果来看，通过视图查询和直接查询原始表的查询结果是一样的。

2. 使用 TEMPTABLE 算法

TEMPTABLE（临时表）算法的处理方式是先将视图所使用的 SELECT 语句的结果生成一个临时表，再在当前的临时表内进行查询。

（1）基于 "t_employee" 表中薪资高于 15000 元的员工姓名和薪资数据来创建 "emp_high_salary2" 视图。

```
mysql> CREATE ALGORITHM = TEMPTABLE VIEW emp_high_salary2
    -> AS SELECT ename,salary FROM t_employee WHERE salary > 15000;
Query OK, 0 rows affected (0.02 sec)
```

（2）从 "emp_high_salary2" 视图查询薪资低于 20000 元的员工信息。

```
mysql> SELECT * FROM emp_high_salary2 WHERE salary < 20000;
+---------+--------+
| ename   | salary |
+---------+--------+
| 贾宝玉   | 15700  |
| 黄冰茹   | 15678  |
| 李冰冰   | 18760  |
| 谢吉娜   | 18978  |
| 舒淇格   | 16788  |
| 章嘉怡   | 15099  |
+---------+--------+
6 rows in set (0.01 sec)
```

（3）使用 SQL 语句模拟等价效果，这里仅是模拟效果，临时表名称是随意取的 "temp"，实际不知道内部的临时表名是什么。

```
mysql> CREATE TABLE temp AS SELECT ename,salary FROM t_employee WHERE salary > 15000;
Query OK, 7 rows affected (0.05 sec)
Records: 7  Duplicates: 0  Warnings: 0

mysql> SELECT ename,salary FROM temp WHERE salary < 20000;
+--------+--------+
| ename  | salary |
+--------+--------+
|  贾宝玉 | 15700  |
|  黄冰茹 | 15678  |
|  李冰冰 | 18760  |
|  谢吉娜 | 18978  |
|  舒淇格 | 16788  |
|  章嘉怡 | 15099  |
+--------+--------+
6 rows in set (0.00 sec)
```

3. 两种算法的比较

TEMPTABLE 算法会创建临时表，这个过程是会影响效率的，而 MERGE 算法对效率的影响很小，但是 TEMPTABLE 算法也不是没有好处的。TEMPTABLE 算法创建临时表后，并在完成语句处理之前，能够释放基本表上的锁定。与 MERGE 算法相比，锁定释放的速度更快，这样使用同一个视图的其他客户端不会被屏蔽过长时间。对于 UNDEFINED，MySQL 将选择所要使用的算法，如果可能，它倾向于 MERGE 而不是 TEMPTABLE，这是因为 MERGE 通常更有效，而且如果使用了临时表，视图是不可更新的。如图 9-1 所示是两种算法的区别。

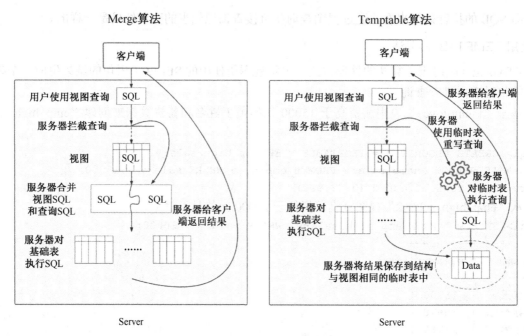

图 9-1　Merge 和 Temptable 两种算法的区别

9.3　查看视图

　　视图一经定义便存储在数据库中，以虚拟表的形式存在，如果通过 SHOW TABLES 语句查看数据库的表对象也可以看到视图对象。

　　（1）查看 "atguigu_chapter9" 数据库的所有 "表" 对象。

```
mysql> USE atguigu_chapter9
Database changed
mysql> SHOW TABLES;
+----------------------------+
| Tables_in_atguigu_chapter9 |
+----------------------------+
| emp_dept                   |
| emp_dept_ysalary           |
| emp_high_salary1           |
| emp_high_salary2           |
| emp_tel                    |
| emp_year_salary            |
| t_department               |
| t_employee                 |
| t_job                      |
| temp                       |
+----------------------------+
10 rows in set (0.00 sec)
```

　　从上面的结果可以看出，9.1 节和 9.2 节创建的视图，以及一开始 SQL 脚本导入的 3 个表都在查询结果的列表中。

　　但是 SHOW TABLES 语句只能看到视图名，如果想要查看某个视图的结构、属性、定义，就需要使用其他语句，如 DESCRIBE、SHOW TABLE STATUS LIKE、SHOW CREATE VIEW 等。DESCRIBE 语句可以用来查看数据表结构，也可以用来查看视图的结构。DESCRIBE 一般情况下都简写成 DESC。

（2）查看"emp_dept_ysalary"视图的结构。

```
mysql> DESC emp_dept_ysalary;
+-------------+-------------+------+-----+---------+-------+
| Field       | Type        | Null | Key | Default | Extra |
+-------------+-------------+------+-----+---------+-------+
| ename       | varchar(20) | NO   |     | NULL    |       |
| dname       | varchar(20) | YES  |     | NULL    |       |
| year_salary | double      | NO   |     | 0       |       |
+-------------+-------------+------+-----+---------+-------+
3 rows in set (0.00 sec)
```

（3）查看"emp_dept_ysalary"视图的属性信息。

```
mysql> SHOW TABLE STATUS LIKE 'emp_dept_ysalary' \G
*************************** 1. row ***************************
           Name: emp_dept_ysalary
         Engine: NULL
        Version: NULL
     Row_format: NULL
           Rows: NULL
 Avg_row_length: NULL
    Data_length: NULL
Max_data_length: NULL
   Index_length : NULL
      Data_free: NULL
 Auto_increment: NULL
    Create_time: 2021-10-09 23:57:27
    Update_time: NULL
     Check_time: NULL
      Collation: NULL
       Checksum: NULL
 Create_options: NULL
        Comment : VIEW
1 row in set (0.00 sec)
```

执行结果显示，注释 Comment 为 VIEW，说明该表为视图，其他的信息为 NULL，说明这是一个虚表。

（4）查看"emp_dept_ysalary"视图的详细定义信息。

```
mysql> SHOW CREATE VIEW emp_dept_ysalary \G
*************************** 1. row ***************************
View: emp_dept_ysalary
Create View: CREATE ALGORITHM=UNDEFINED
DEFINER='root'@'localhost' SQL SECURITY DEFINER VIEW
'emp_dept_ysalary' AS select 'emp_dept'. 'ename'AS'ename',
'emp_dept'.'dname' AS 'dname',
'emp_year_salary'.'year_salary' AS 'year_salary'
from ('emp_dept' join 'emp_year_salary' on(
('emp_dept'.'ename' = 'emp_year_salary'.'ename')))
character_set_client: gbk
collation_connection: gbk_chinese_ci
1 row in set (0.00 sec)
```

执行结果显示视图名称、创建视图的语句、字符集和校对规则等。注意，上面显示当前视图的"character_set_client"是"gbk"，这是因为在 cmd 命令行客户端创建的视图，cmd 命令行客户端默认的字符集是"gbk"。

```
mysql> SHOW VARIABLES LIKE 'character_set_client';
+----------------------+-------+
| Variable_name        | Value |
+----------------------+-------+
| character_set_client | gbk   |
+----------------------+-------+
1 row in set, 1 warning (0.01 sec)
```

在 MySQL 的系统库"information_schema"的"VIEWS"表中存储了所有视图的定义，也可以通过查询这个表来获取某个视图的详细定义信息。

（5）查看"emp_dept_ysalary"视图的详细定义信息。

```
mysql> SELECT * FROM information_schema.views WHERE table_name = 'emp_dept_ysalary'\G
*************************** 1. row ***************************
       TABLE_CATALOG: def
        TABLE_SCHEMA: atguigu_chapter9
          TABLE_NAME: emp_dept_ysalary
     VIEW_DEFINITION: select 'atguigu_chapter9'.'emp_dept'.'ename' AS 'ename', 'atguigu_
chapter9'. 'emp_dept'.'dname' AS 'dname', 'atguigu_chapter9'.'emp_year_salary'. 'year_salary'
AS 'year_salary' from ('atguigu_chapter9'. 'emp_dept' join 'atguigu_ chapter9'.'emp_year_salary'
on(('atguigu_chapter9'. 'emp
_dept'. 'ename' = 'atguigu_chapter9'. 'emp_year_salary'. 'ename')))
        CHECK_OPTION: NONE
        IS_UPDATABLE: YES
             DEFINER: root@localhost
       SECURITY_TYPE: DEFINER
CHARACTER_SET_CLIENT: gbk
COLLATION_CONNECTION: gbk_chinese_ci
1 row in set (0.00 sec)
```

9.4 修改视图

修改视图是指修改数据库中已经存在的视图，MySQL 中通过 CREATE OR REPLACE VIEW 语句和 ALTER 语句来修改视图。

创建和修改视图使用 CREATE OR REPLACE VIEW 语句，语法格式如下。

```
CREATE [OR REPLACE]
[ALGORITHM = {UNDEFINED | MERGE | TEMPTABLE}]
VIEW 视图名 [(字段列表)]
AS select 语句;
```

CREATE VIEW 表示创建新的视图，REPLACE VIEW 表示替换已经创建的视图。

下面演示视图的修改。

（1）修改"emp_tel"视图，增加一个字段"email"。首先通过 DESC 查看一下更改之前"emp_tel"视图的结构，以便与更改之后的视图进行对比。

```
mysql> DESC emp_tel;
+--------+---------------+------+-----+---------+-------+
| Field  | Type          | Null | Key | Default | Extra |
+--------+---------------+------+-----+---------+-------+
| ename  | varchar(20)   | NO   |     | NULL    |       |
| gender | enum('男','女')| NO   |     | 男      |       |
```

```
| phone    | char(11)         | NO  |     | NULL    |       |
+----------+------------------+-----+-----+---------+-------+
3 rows in set (0.00 sec)

mysql> CREATE OR REPLACE VIEW emp_tel
    -> AS SELECT ename,gender,tel,email FROM t_employee;
Query OK, 0 rows affected (0.02 sec)

mysql> DESC emp_tel;
+---------+------------------+------+-----+---------+--------+
| Field   | Type             | Null | Key | Default | Extra  |
+---------+------------------+------+-----+---------+--------+
| ename   | varchar(20)      | NO   |     | NULL    |        |
| gender  | enum('男','女')  | NO   |     | 男      |        |
| tel     | char(11)         | NO   |     | NULL    |        |
| email   | varchar(32)      | NO   |     | NULL    |        |
+---------+------------------+------+-----+---------+--------+
4 rows in set (0.01 sec)
```

从执行的结果来看，相比原来的视图，新的视图多了一个字段。并且原来在视图中给 "tel" 字段取别名 "phone"，新视图中没有取别名。

ALTER 语句是 MySQL 提供的另外一种修改视图的方法，语法格式如下。

```
ALTER [ALGORITHM = {UNDEFINED | MERGE | TEMPTABLE}]
VIEW 视图名 [(字段列表)]
AS select 语句;
```

（2）修改 "emp_tel" 视图，减少一个字段 "email"。

```
mysql> ALTER VIEW emp_tel AS SELECT ename,gender,tel FROM
t_employee;
Query OK, 0 rows affected (0.01 sec)

mysql> DESC emp_tel;
+---------+------------------+------+-----+---------+--------+
| Field   | Type             | Null | Key | Default | Extra  |
+---------+------------------+------+-----+---------+--------+
| ename   | varchar(20)      | NO   |     | NULL    |        |
| gender  | enum('男','女')  | NO   |     | 男      |        |
| tel     | char(11)         | NO   |     | NULL    |        |
+---------+------------------+------+-----+---------+--------+
3 rows in set (0.01 sec)
```

通过 ALTER 语句同样可以达到修改视图的目的，从上面的执行结果来看，视图 "emp_tel" 减少了 "email" 字段。

9.5 删除视图

当视图不再需要时，可以将其删除。虽然使用 SHOW TABLES 语句可以查看到视图对象，在使用视图时也可以像使用数据表一样进行查询等操作，但是删除视图不能使用 DROP TABLE 语句，删除一个或多个视图需要使用 DROP VIEW 语句，语法格式如下。

```
DROP VIEW IF EXISTS 视图名称列表 [RESTRICT | CASCADE];
```

● 因为在 MySQL 8.0 中，InnoDB 表的 DDL 操作原子化，即一条 DDL 的 SQL 语句操作要么全部成功，要么全部失败。所以在删除多个视图时，可以增加 IF EXISTS 子句，防止不存在的视图发生错误。当给出此子句时，视图列表中某个视图不存在，也不影响其他视图的删除，并且 MySQL 会为每个不存在的视图生成一个 NOTE 警告信息。

- 如果要删除多个视图，可以在视图名称列表中指定多个视图名，各个视图名称之间使用逗号分隔开。
- 参数 RESTRICT 表示如果某个视图被其他视图引用了，就不允许该视图删除。参数 CASCADE 表示如果某个视图被其他视图引用了，就连同引用它的视图一并删除。但是目前 MySQL 的版本处理方式是忽略该参数，即该功能暂时还未实现。

下面演示视图对象的删除。

（1）删除"emp_high_salary1"和"emp_high_salary2"视图。

```
mysql> DROP VIEW IF EXISTS emp_high_salary1,emp_high_salary2;
Query OK, 0 rows affected (0.01 sec)

mysql> SHOW TABLES;
+---------------------------+
| Tables_in_atguigu_chapter9 |
+---------------------------+
| emp_dept                  |
| emp_dept_ysalary          |
| emp_tel                   |
| emp_year_salary           |
| t_department              |
| t_employee                |
| t_job                     |
| temp                      |
+---------------------------+
8 rows in set (0.01 sec)
```

从上面的结果可以看出，"emp_high_salary1"和"emp_high_salary2"视图已经不存在了。

在 9.1 节中基于"emp_dept"视图和"emp_year_salary"视图创建了"emp_dept_ysalary"视图。即"emp_dept_ysalary"视图依赖于"emp_dept"视图和"emp_year_salary"视图。

（2）删除"emp_year_salary"视图，并增加 RESTRICT 参数。删除"emp_dept"视图，并增加 CASCADE 参数。

```
mysql> DROP VIEW IF EXISTS emp_year_salary RESTRICT;
Query OK, 0 rows affected (0.01 sec)

mysql> DROP VIEW IF EXISTS emp_dept CASCADE;
Query OK, 0 rows affected (0.01 sec)

mysql> SHOW TABLES;
+---------------------------+
| Tables_in_atguigu_chapter9 |
+---------------------------+
| emp_dept_ysalary          |
| emp_tel                   |
| t_department              |
| t_employee                |
| t_job                     |
| temp                      |
+---------------------------+
6 rows in set (0.01 sec)
```

从上面的执行结果可以看出，虽然在删除"emp_year_salary"和"emp_dept"视图时分别增加了

RESTRICT 和 CASCADE 参数，但是并没有起作用。既没有阻止删除 "emp_year_salary" 视图，也没有实现级联删除 "emp_dept_ysalary" 视图的效果。

（3）此时查看 "emp_dept_ysalary" 视图数据会发生错误，因为依赖的 "emp_year_salary" 视图和 "emp_dept" 视图被删除了。

```
mysql> SELECT * FROM emp_dept_ysalary;
ERROR 1356 (HY000): View 'atguigu_chapter9.emp_dept_ysalary' references invalid
table(s) or column(s) or function(s) or definer/invoker of view lack r
ights to use them
```

（4）这样的视图需要手动删除或修改，否则影响使用。

```
mysql> DROP VIEW IF EXISTS emp_dept_ysalary;
Query OK, 0 rows affected (0.01 sec)
```

9.6　更新视图数据

视图是从一个或者多个基本表中导出的，视图的行为与表非常相似，在视图中除了可以使用 SELECT 语句查询数据，还可以使用 INSERT、UPDATE、DELETE 修改数据。但是视图是一个虚拟表，数据其实是在基本表中的，因此通过视图更新的操作都是转到基本表上进行更新的。

1. 使用 UPDATE 语句更新视图中数据

使用 UPDATE 语句更新视图数据和更新数据表的数据格式是一样的。

例如，修改 "emp_tel" 视图中 "孙洪亮" 的手机号码为 "13789091234"。首先通过 SELECT 语句查看更改之前 "t_employee" 表中 "孙洪亮" 的手机号码，以便与更新之后的数据进行对比。

```
#查看 "t_employee" 表中 "孙洪亮" 的手机号码
mysql> SELECT ename,tel FROM t_employee WHERE ename = '孙洪亮';
+----------+-------------+
| ename    | tel         |
+----------+-------------+
| 孙洪亮    | 13789098765 |
+----------+-------------+
1 row in set (0.01 sec)

#修改 "emp_tel" 视图中 "孙洪亮" 的手机号码
mysql> UPDATE emp_tel SET tel = '13789091234' WHERE ename = '孙洪亮';
Query OK, 1 row affected (0.01 sec)
Rows matched: 1  Changed: 1  Warnings: 0

#查看 "emp_tel" 视图中 "孙洪亮" 的记录
mysql> SELECT ename,tel FROM emp_tel WHERE ename = '孙洪亮';
+----------+-------------+
| ename    | tel         |
+----------+-------------+
| 孙洪亮    | 13789091234 |
+----------+-------------+
1 row in set (0.00 sec)

#查看 "t_employee" 表中 "孙洪亮" 的手机号码
mysql> SELECT ename,tel FROM t_employee WHERE ename = '孙洪亮';
+----------+-------------+
```

```
| ename    | tel          |
+----------+--------------+
| 孙洪亮   | 13789091234  |
+----------+--------------+
1 row in set (0.00 sec)
```

从上面的查询结果可以看出，修改"emp_tel"视图中"孙洪亮"的手机号码为"13789091234"，本质上就是修改"t_employee"基本表中的数据。

2. 使用 DELETE 语句删除视图中数据

使用 DELETE 语句删除视图数据和删除数据表的数据格式是一样的。

例如，删除"emp_tel"视图中"孙洪亮"的记录。首先通过 SELECT 语句查看一下删除之前"t_employee"表中"孙洪亮"的记录，以便与更新之后的数据进行对比。

```
#查看"t_employee"表中"孙洪亮"的手机号码
mysql> SELECT ename,tel FROM t_employee WHERE ename = '孙洪亮';
+----------+--------------+
| ename    | tel          |
+----------+--------------+
| 孙洪亮   | 13789091234  |
+----------+--------------+
1 row in set (0.00 sec)

#删除"emp_tel"视图中"孙洪亮"的记录
mysql> DELETE FROM emp_tel  WHERE ename = '孙洪亮';
Query OK, 1 row affected (0.01 sec)

#查看"emp_tel"视图中"孙洪亮"的记录
mysql> SELECT * FROM emp_tel WHERE ename = '孙洪亮';
Empty set (0.00 sec)

#查看"t_employee"表中"孙洪亮"的记录
mysql> SELECT * FROM t_employee WHERE ename = '孙洪亮';
Empty set (0.00 sec)
```

从上面的查询结果可以看出，删除"emp_tel"视图中"孙洪亮"的记录，本质上就是删除"t_employee"基本表中的对应记录。

3. 使用 INSERT 语句在视图中插入数据

使用 INSERT 语句时向视图中添加数据和在数据表中添加数据的格式是一样的。

（1）添加一条记录"张三，男，18201587896"至"emp_tel"视图。首先通过 DESC 语句查看"emp_tel"视图结构以便于编写添加语句。

```
mysql> DESC emp_tel;
+----------+---------------+------+-----+---------+-------+
| Field    | Type          | Null | Key | Default | Extra |
+----------+---------------+------+-----+---------+-------+
| ename    | varchar(20)   | NO   |     | NULL    |       |
| gender   | enum('男','女') | NO   |     | 男      |       |
| tel      | char(11)      | NO   |     | NULL    |       |
+----------+---------------+------+-----+---------+-------+
3 rows in set (0.00 sec)

mysql> INSERT INTO emp_tel VALUES('张三','男','18201587896');
```

```
ERROR 1423 (HY000): Field of view 'atguigu_chapter9.emp_tel' underlying table doesn't
have a default value
```

上面的 INSERT 语句执行失败了，这是因为视图不包含基本表中被定义为非空又没有提供默认值的所有列。

（2）使用 DESC 语句查看"t_employee"表的结构。

```
mysql> DESC t_employee;
+----------------+----------------------+------+-----+---------+----------------+
| Field          | Type                 | Null | Key | Default | Extra          |
+----------------+----------------------+------+-----+---------+----------------+
| eid            | int                  | NO   | PRI | NULL    | auto_increment |
| ename          | varchar(20)          | NO   |     | NULL    |                |
| salary         | double               | NO   |     | NULL    |                |
| commission_pct | decimal(3,2)         | YES  |     | NULL    |                |
| birthday       | date                 | NO   |     | NULL    |                |
| gender         | enum('男','女')      | NO   |     | 男      |                |
| tel            | char(11)             | NO   |     | NULL    |                |
| email          | varchar(32)          | NO   |     | NULL    |                |
| address        | varchar(150)         | YES  |     | NULL    |                |
| work_place     | set('北京','深圳',   | NO   |     | 北京    |                |
|                | '上海','武汉')       |      |     |         |                |
| hiredate       | date                 | NO   |     | NULL    |                |
| job_id         | int                  | YES  | MUL | NULL    |                |
| mid            | int                  | YES  | MUL | NULL    |                |
| did            | int                  | YES  | MUL | NULL    |                |
+----------------+----------------------+------+-----+---------+----------------+
14 rows in set (0.00 sec)
```

（3）创建一个"emp_basicinfo"视图，包含"t_employee"表的所有非空且未指定默认值的字段。

```
mysql> CREATE OR REPLACE VIEW emp_basicinfo
    -> AS SELECT ename,salary,birthday,tel,email,hiredate FROM t_employee;
Query OK, 0 rows affected (0.01 sec)
```

（4）添加一条记录"张三，15000，1995-01-08，18201587896，zs@atguigu.com，2022-02-14"至"emp_basicinfo"视图，并查看"emp_basicinfo"视图和"t_employee"表记录。

```
mysql> INSERT INTO emp_basicinfo VALUES('张三',15000,'1995-01-08','18201587896',
'zs@atguigu.com','2022-02-14');
Query OK, 1 row affected (0.02 sec)

mysql> SELECT * FROM emp_basicinfo WHERE ename = '张三';
+--------+--------+------------+-------------+----------------+------------+
| ename  | salary | birthday   | tel         | email          | hiredate   |
+--------+--------+------------+-------------+----------------+------------+
| 张三   | 15000  | 1995-01-08 | 18201587896 | zs@atguigu.com | 2022-02-14 |
+--------+--------+------------+-------------+----------------+------------+
1 row in set (0.00 sec)

mysql> SELECT * FROM t_employee WHERE ename = '张三' \G
*************************** 1. row ***************************
           eid: 28
         ename: 张三
        salary: 15000
commission_pct: NULL
```

```
       birthday: 1995-01-08
         gender: 男
            tel: 18201587896
          email: zs@atguigu.com
        address: NULL
     work_place: 北京
       hiredate: 2022-02-14
         job_id: NULL
            mid: NULL
            did: NULL
1 row in set (0.00 sec)
```

从上面的查询结果可以看出，使用 INSERT 语句添加记录至视图成功了，本质上数据是添加至基本表"t_employee"了。

4. 不可更新的视图

并不是所有视图被定义之后都支持 INSERT、UPDATE、DELETE 操作来更新视图数据。要使视图可更新，视图中的行和底层基本表中的行之间必须存在一对一的关系。另外，当视图定义出现如下情况时，视图不支持更新操作。

- 在定义视图的时候指定了"ALGORITHM = TEMPTABLE"，视图将不支持 INSERT 和 DELETE 操作。
- 视图中不包含基本表中所有被定义为非空又未指定默认值的列，视图将不支持 INSERT 操作。
- 在定义视图的 SELECT 语句中使用了 JOIN 联合查询，视图将不支持 INSERT 和 DELETE 操作。
- 在定义视图的 SELECT 语句后的字段列表中使用了数学表达式或子查询，视图将不支持 INSERT，也不支持 UPDATE 使用了数学表达式、子查询的字段值。
- 在定义视图的 SELECT 语句后的字段列表中使用 DISTICT、聚合函数、GROUP BY、HAVING、UNION 等，视图将不支持 INSERT、UPDATE、DELETE。
- 在定义视图的 SELECT 语句中包含了子查询，而子查询中引用了 FROM 后面的表，视图将不支持 INSERT、UPDATE、DELETE。
- 视图定义基于一个不可更新视图。
- 常量视图。

（1）查询"t_employee"表和"t_department"表中的"ename，salary，birthday，tel，email，hiredate，dname"列来创建"emp_dept"视图。

```
mysql> CREATE OR REPLACE VIEW emp_dept
    -> (ename,salary,birthday,tel,email,hiredate,dname)
    -> AS SELECT ename,salary,birthday,tel,email,hiredate,dname
    -> FROM t_employee INNER JOIN t_department
    -> ON t_employee.did = t_department.did ;
Query OK, 0 rows affected (0.01 sec)
```

（2）尝试添加一条记录至"emp_dept"视图。

```
mysql> INSERT INTO emp_dept(ename,salary,birthday,tel,email,hiredate,dname)
    -> VALUES('张三',15000,'1995-01-08','18201587896',
    -> 'zs@atguigu.com','2022-02-14','新部门');
ERROR 1393 (HY000): Can not modify more than one base table through a join view
'atguigu_chapter9.emp_dept'
```

从上面的 SQL 执行结果可以看出，在定义视图的 SELECT 语句中使用了 JOIN 联合查询，视图将不支持更新操作。

5．更新视图条件限制

当一个可更新视图是基于另一个视图来创建时，可以为可更新视图指定 WITH CHECK OPTION 子句，以防止对 SELECT 语句中 WHERE 子句为 true 的行以外的行进行插入或更新。

```
CREATE [OR REPLACE]
[ALGORITHM = {UNDEFINED | MERGE | TEMPTABLE}]
VIEW 视图名 [(字段列表)]
AS select 语句
[WITH [CASCADED|LOCAL] CHECK OPTION];
```

"WITH [CASCADED | LOCAL] CHECK OPTION"参数确定了更新视图的条件，表示视图在更新时保证在视图的权限范围之内。LOCAL 代表只要满足本视图的条件就可以更新，CASCADED 则必须满足所有相关视图和表的条件才可以更新。如果没有明确是 LOCAL 还是 CASCADED，默认是 CASCADED。

（1）筛选"t_employee"表中的"ename，salary，birthday，tel，email，hiredate"列来创建"emp_all"视图。再从"emp_all"视图中筛选出薪资高于 15000 元的员工创建"emp_higher_salary"视图，并指定"WITH LOCAL CHECK OPTION"参数。从"emp_all"视图中筛选出薪资低于 15000 元的员工创建"emp_lower_salary"视图，并指定"WITH CASCADED CHECK OPTION"参数。

```
mysql> CREATE OR REPLACE VIEW emp_all
    -> AS SELECT ename,salary,birthday,tel,email,hiredate
    -> FROM t_employee;
Query OK, 0 rows affected (0.01 sec)

mysql> CREATE OR REPLACE VIEW emp_higher_salary
    -> AS SELECT * FROM emp_all WHERE salary > 15000
    -> WITH LOCAL CHECK OPTION;
Query OK, 0 rows affected (0.01 sec)

mysql> CREATE OR REPLACE VIEW emp_lower_salary
    -> AS SELECT * FROM emp_all WHERE salary < 15000
    -> WITH CASCADED CHECK OPTION;
Query OK, 0 rows affected (0.01 sec)
```

（2）在"emp_higher_salary"视图中添加两条记录，一条满足 WHERE 条件，一条不满足 WHERE 条件。

```
mysql> INSERT INTO emp_higher_salary VALUES
    -> ('张三',19000,'1995-01-08','18201587896','zs@atguigu.com','2022-02-14');
Query OK, 1 row affected (0.01 sec)

mysql> INSERT INTO emp_higher_salary VALUES
    -> ('李四',12000,'1995-06-08','18201587834','ls@atguigu.com','2022-02-14');
ERROR 1369 (HY000): CHECK OPTION failed 'atguigu_chapter9.emp_higher_salary'
```

从上面 SQL 的执行结果可以看出，第二条记录因为薪资"12000"不满足定义"emp_higher_salary"视图的 SELECT 的 WHERE 条件"salary>15000"被拒绝添加。

（3）在"emp_lower_salary"视图添加两条记录，一条满足当前视图的 WHERE 条件，但不满足底层"emp_all"视图的 WHERE 条件，一条不满足当前视图的 WHERE 条件。

```
mysql> INSERT INTO emp_lower_salary VALUES
    -> ('赵六',0,'1995-06-12','18201584534','zl@atguigu.com','2022-02-14');
ERROR 1369 (HY000): CHECK OPTION failed 'atguigu_chapter9.emp_lower_salary'
mysql> INSERT INTO emp_lower_salary VALUES
    -> ('王五',19000,'1995-12-08','18201581296','ww@atguigu.com','2022-02-14');
ERROR 1369 (HY000): CHECK OPTION failed 'atguigu_chapter9.emp_lower_salary'
```

从上面 SQL 的执行结果可以看出，两条记录都被拒绝添加。因为 LOCAL 代表只要满足本视图的条件就可以更新，CASCADED 则必须满足所有相关视图和表的条件才可以更新。

9.7 视图的作用

前面几节讲解了视图的创建和使用，然而视图只是一个窗口，真正的数据还是在数据表中，那么为什么还要创建视图呢？视图的好处主要有以下几点。

1. 实现用户多角度看待同一数据

视图使用户能够以多种角度看待同一数据，当许多不同种类的用户共享同一数据库时，使用视图将非常灵活。

比如公司的员工表记录了员工的详细信息，但是每个部门关心的数据不同，财务部门关心的是员工的姓名、薪资、工资卡号等信息，活动策划部关心的是员工的出生日期、入职日期、性别、联系方式等信息，那么就可以分别为他们定制视图。

2. 实现数据的简化操作

视图使用户将注意力集中在所关心的数据上，大大简化了用户对数据的操作。

若视图本身是一个复杂查询的结果集，这样在每一次执行相同的查询时，不必重新写这些复杂的查询语句，只要一条简单的查询视图语句即可。使用视图的用户完全不需要关心后面对应的表的结构、关联条件和筛选条件，对于用户来说，视图是已经过滤好的复合条件的结果集。

数据库中如果存在复杂的查询逻辑，则可以将问题进行分解，创建多个视图获取数据，再将创建的多个视图结合起来，完成复杂的查询逻辑。

3. 实现数据的安全性

一个数据表的行和列非常多，对于不同角色的用户，可访问的权限有可能不同。有了视图机制，就可以在设计数据库系统时，对不同的用户定义不同的视图，使机密数据不出现在不应该被看到的地方。

例如，在员工表中，可能存在员工工号、员工姓名、员工年龄、员工职位、员工家庭住址、员工社会关系等信息。对于普通用户（例如，普通员工），有可能需要访问员工表，来查看某个工号的员工的姓名、职位等信息，而不允许查看家庭住址、社会关系等信息；对于高级用户（例如，人事经理），则需要关注所有信息。

视图可以作为一种安全机制。通过视图，用户只能查看和修改他们所能看到的数据，其他表或表中其他行和列既不可见也不可以访问。如果某一用户想要访问视图的结果集，必须授予其访问权限。视图所引用表的访问权限与视图权限的设置互不影响。即通过视图，用户可以被限制在数据的不同子集上。

4. 实现数据的逻辑独立性

视图可以使应用程序和数据库表在一定程度上独立。如果没有视图，应用程序一定建立在表之上，而有了视图的出现，应用程序便可以建立在视图之上，从而实现应用程序和数据库表的分离。

一旦视图的结构确定了，可以屏蔽表结构变化对于用户的影响，原表增加字段对视图没有影响；原表修改列名，则可以通过修改视图的 SELECT 语句来解决，不会造成对访问者的影响。例如，在有些情况下，由于表中数据量太大，故在表的设计时常将表进行水平分割或垂直分割，但表的结构的变化却对应用程序产生不良的影响，此时视图就能很好地解决问题。

5. 实现数据的合并与分离

随着公司的发展，尚硅谷在部分城市设立分校，各个分校都有一个学生信息管理系统，为了管理方便，我们需要统一表的结构，定期查看各分校的情况，而分别看各个分校的数据很不方便，没有很好的可比性，如果将这些数据合并到一个表格里就方便多了，这时我们就可以使用 UNION 关键字，将各分校的数据合并为一个视图。

总的来说，视图主要体现了简单性和安全性。视图隐藏了底层的表结构，简化了数据访问操作，客户端不再需要知道底层表的结构及其之间的关系。通过视图提供了一个统一访问数据的接口，从而加强了安全性，使用户只能看到视图所显示的数据。

9.8　本章小结

本章介绍了 MySQL 数据库中视图的概念和作用，并且讲解了创建视图、查看视图、修改视图、删除视图，创建视图还可以指定不同的算法和更新检查参数。创建完视图之后一定要查看视图的结构，确保创建的视图是正确的。对视图的数据更新一定要谨慎，因为数据的更新是基于数据表进行更新的，如果更新视图，数据表中的数据也会随之改变。另外，值得注意的是，很多视图定义是不支持数据更新的。

第10章

存储过程和函数

MySQL 的数据库对象除了数据表和视图，还有存储过程和函数。从 MySQL 5.0 开始支持存储过程和函数。存储过程和函数是指经过编译并存储在数据库中的一段 SQL 语句的集合，调用存储过程和函数可以简化应用开发人员的很多工作，减少数据在数据库和应用服务器之间的传输，对于提高数据处理的效率是有好处的。

例如，在实际的企业项目开发过程中，往往需要编写一些复杂的业务逻辑，这些业务逻辑通常由多条 SQL 语句的依次执行才能完成。在每个需要处理这些逻辑的地方，都重复编写这些 SQL 语句，这无疑增加了系统后期维护与升级的复杂度。此时，可以编写存储过程和函数，按照特定的执行顺序和结果条件，将相应的 SQL 语句封装成特定的业务逻辑，应用程序只需要调用这些存储过程和函数进行相应的处理，而无须关注 SQL 语句实现的细节。应用程序调用存储过程，只需要通过 CALL 关键字并指定存储过程的名称和参数即可，同样，调用存储函数只需要通过 SELECT 关键字并指定存储函数的名称和参数即可，非常方便。同时，在后期应用程序的维护过程中，修改了存储过程和函数内部的 SQL 语句，无须修改上层应用程序的业务逻辑。

本章介绍的所有 SQL 演示都基于"atguigu_chapter10"数据库进行讲解。为了更好地演示效果，下面导入提前准备好的 SQL 脚本"atguigu_chapter10.sql"。脚本包含 3 个表：t_employee 表、t_department 表和 t_job 表，这 3 个表的结构和数据，同第 8.8 节加完约束的 t_employee 表、t_department 表和 t_job 表相同。为了更好地理解和掌握书中的各个案例，请提前熟悉这 3 个表的结构以及表中各个字段的意义。

10.1　变量

因为在存储过程和函数中可能使用到变量，所以先给大家介绍一下变量的概念。任何程序中都有变量的概念，在程序中我们使用变量来代表那个可能变化的值。

在 MySQL 数据库中，变量分为系统变量（以"@@"开头）和用户自定义变量。而系统变量又分为全局系统变量和会话系统变量。

10.1.1　系统变量

系统变量根据作用域的范围不同，分为全局（global）系统变量和会话（session）系统变量，有时也把全局系统变量简称为全局变量，会话系统变量简称为会话变量。

启动 MySQL 服务，生成 MySQL 服务实例期间，MySQL 将为 MySQL 服务器内存中的系统变量赋值，这些系统变量定义了当前 MySQL 服务实例的属性和特征。这些系统变量的值要么是编译 MySQL 时参数的默认值，要么是配置文件（如 my.ini 等）中的参数值。系统变量非常多，这里就不一一展示了，读者可以打开 MySQL 文档查看。

每一个 MySQL 客户机成功连接 MySQL 服务器后,都会产生与之对应的会话。会话期间,MySQL 服务实例会在 MySQL 服务器内存中生成与该会话对应的会话系统变量,这些会话系统变量的初始值是全局系统变量值的复制,如图 10-1 所示。

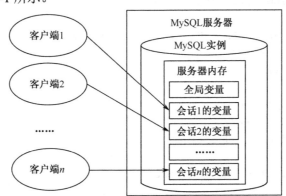

图 10-1　MySQL 服务实例中生成与该会话对应的会话系统变量

会话系统变量的特点是它仅用于定义当前会话的属性。会话期间,当前会话对某个会话系统变量值的修改,不会影响其他会话在同一个会话系统变量的值,即 MySQL 客户机 1 的会话系统变量值不会被 MySQL 客户机 2 看到或修改。MySQL 客户机 1 关闭时,会与服务器断开连接,此时与 MySQL 客户机 1 相关的所有会话系统变量将自动释放,以便节省 MySQL 服务器的内存。

全局系统变量的特点在于,它是用于定义 MySQL 服务实例的属性和特点。会话 1 对某个全局系统变量值的修改会导致会话 2 中同一个全局系统变量值的修改。

在 MySQL 中有些系统变量只能是全局的,例如 max_connections 用于限制服务器的最大连接数;有些系统变量作用域既可以是全局又可以是会话,例如 character_set_client 用于设置客户端的字符集;有些系统变量的作用域只能是当前会话,例如 pseudo_thread_id 用于标记当前会话的 MySQL 连接 ID。

1. 查看系统变量

在 MySQL 的客户端,可以使用“SHOW VARIABLES”语句查看系统变量。如果要查看全局变量就加“GLOBAL”关键字,表示只在全局范围内查找该系统变量。

如果要查看会话变量就加上“SESSION”(关键字),或者既不写“GLOBAL”也不写“SESSION”关键字,表示先在当前会话范围内查找该系统变量,找到了就返回会话变量的值,没有找到继续在全局范围内查找该系统变量,找到了就返回全局变量的值,否则就返回空。

查看 MySQL 服务器内存中所有的全局系统变量的命令,语法格式如下。

```
SHOW GLOBAL VARIABLES;
```

查看与当前会话相关的所有会话系统变量,以及所有的全局系统变量的命令,语法格式如下。

```
SHOW SESSION VARIABLES;
SHOW VARIABLES;
```

如果需要查看某个具体的系统变量值,可以在上述命令后面加上“LIKE”关键字,并且还可以在“LIKE”关键字后添加通配符(%或者_)进行模糊查询。语法格式如下。

```
SHOW GLOBAL VARIABLES LIKE '系统变量名';
SHOW SESSION VARIABLES LIKE '系统变量名';
SHOW VARIABLES LIKE '系统变量名';
```

SQL 语句示例如下。

(1)使用 SHOW 命令查看全局变量“max_connections”的值。

```
mysql> SHOW GLOBAL VARIABLES LIKE 'max_connections';
+-----------------+-------+
```

```
| Variable_name   | Value |
+-----------------+-------+
| max_connections | 151   |
+-----------------+-------+
1 row in set, 1 warning (0.00 sec)

mysql> SHOW SESSION VARIABLES LIKE 'max_connections';
+-----------------+-------+
| Variable_name   | Value |
+-----------------+-------+
| max_connections | 151   |
+-----------------+-------+
1 row in set, 1 warning (0.00 sec)

mysql> SHOW VARIABLES LIKE 'max_connections';
+-----------------+-------+
| Variable_name   | Value |
+-----------------+-------+
| max_connections | 151   |
+-----------------+-------+
1 row in set, 1 warning (0.00 sec)
```

虽然"max_connections"是全局变量，但是上面 3 条查询语句都查询到了"max_connections"全局变量的值。这是因为使用"SHOW SESSION VARIABLES LIKE"命令或"SHOW VARIABLES LIKE"命令查看会话系统变量时，在返回结果中，首先返回的是会话系统变量的值；如果该会话系统变量不存在，则返回全局系统变量的值；如果全局系统变量也不存在，则返回空结果集。

作为 MySQL 编码规范，MySQL 中的系统变量以两个"@"开头，其中"@@global"仅用于标记全局系统变量，"@@session"仅用于标记会话系统变量。"@@"首先标记会话系统变量，如果会话系统变量不存在，则标记全局系统变量。因此查看系统变量还可以使用以下格式。

```
SELECT @@global.全局系统变量;
SELECT @@session.会话系统变量;
SELECT @@系统变量;
```

（2）使用 SELECT 语句查看全局变量"max_connections"的值。

```
mysql> SELECT @@global.max_connections;
+--------------------------+
| @@global.max_connections |
+--------------------------+
|                      151 |
+--------------------------+
1 row in set (0.00 sec)

mysql> SELECT @@max_connections;
+-------------------+
| @@max_connections |
+-------------------+
|               151 |
+-------------------+
1 row in set (0.00 sec)
```

使用下面的方法查看全局系统变量 max_connections 的值时报错。

```
mysql> SELECT @@session.max_connections;
ERROR 1238 (HY000): Variable 'max_connections' is a GLOBAL variable
```

从执行结果可以看出，@@global 仅用于访问全局系统变量的值；@@session 仅用于访问会话系统变量的值；@@则首先访问会话系统变量的值，如果会话系统变量不存在，则去访问全局系统变量的值。

2. 修改系统变量

有些时候，数据库管理员需要修改系统变量的默认值，以便修改当前会话或者 MySQL 服务实例的属性和特征，可以使用下面 3 种方法修改系统变量的默认值。

（1）修改 MySQL 源代码，然后对 MySQL 源代码重新编译（该方法适用于 MySQL 高级用户，这里不作阐述）。

（2）最为简单的方法是通过修改 MySQL 配置文件，例如 my.ini 文件，找到对应的 MySQL 系统变量后修改（该方法需要重启 MySQL 服务），如图 10-2 所示。

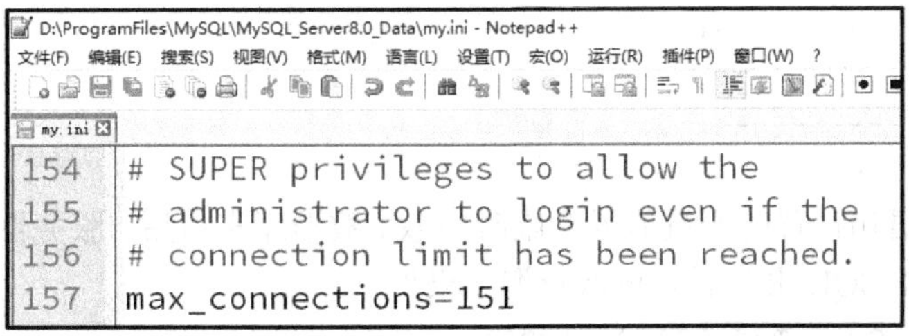

图 10-2　修改 MySQL 配置文件 my.ini

（3）在 MySQL 服务运行期间，使用"SET"命令重新设置系统变量的值。如果要将一个系统变量的值设置为 MySQL 默认值，可以使用 DEFAULT 关键字。

对于大部分的系统变量而言，可以在 MySQL 服务运行期间通过"SET"命令重新设置其值。在 MySQL 中还有一些特殊的全局系统变量（如 log_bin、tmpdir、version、datadir），在 MySQL 服务实例运行期间它们的值不能动态修改，不能使用"SET"命令进行重新设置，这种变量称为"静态变量"，数据库管理员需要使用方法（1）或者方法（2）对静态变量的值重新进行设置。

使用"SET"命令修改系统变量值，语法格式如下。

```
#修改全局系统变量
SET GLOBAL 全局系统变量 = 值;
SET @@global.全局系统变量 = 值;

#修改会话系统变量
SET SESSION 会话系统变量 = 值;
SET @@session.会话系统变量 = 值;

#修改系统变量
SET @@系统变量 = 值;

#修改系统变量
SET 系统变量 = 值;
```

注意，最后一种形式最为简单，省略系统变量名前的两个"@"是为了与其他数据库管理系统兼容，但有些会话系统变量名前不能省略前面的两个"@"。

例如，修改全局变量"max_connections"的值。

```
mysql> SET GLOBAL max_connections = 1000;
Query OK, 0 rows affected (0.00 sec)

mysql> SELECT @@global.max_connections;
+--------------------------+
```

```
| @@global.max_connections |
+--------------------------+
|                     1000 |
+--------------------------+
1 row in set (0.00 sec)

mysql> SET @@global.max_connections = 2000;
Query OK, 0 rows affected (0.00 sec)

mysql> SELECT @@global.max_connections;
+--------------------------+
| @@global.max_connections |
+--------------------------+
|                     2000 |
+--------------------------+
1 row in set (0.00 sec)
```

使用 SET GLOBAL 语句设置的变量值只会临时生效。数据库重启后，服务器又会从 MySQL 配置文件中读取变量的值。重启 MySQL 服务后，再次查询结果如下。

```
mysql> SELECT @@global.max_connections;
+--------------------------+
| @@global.max_connections |
+--------------------------+
|                      151 |
+--------------------------+
1 row in set (0.00 sec)
```

10.1.2　MySQL 8.0 的新特性：全局变量的持久化

MySQL 8.0 新增了 SET PERSIST 命令，可以实现持久化修改全局变量值。

例如，修改全局系统变量 "max_connections" 的值。

```
mysql> SELECT @@global.max_connections;
+--------------------------+
| @@global.max_connections |
+--------------------------+
|                      151 |
+--------------------------+
1 row in set (0.00 sec)

mysql> SET PERSIST max_connections = 1000;
Query OK, 0 rows affected (0.00 sec)
```

重启 MySQL 服务器，再次查询全局系统变量 "max_connections" 的值，可以看到确实生效了。

```
mysql> SELECT @@global.max_connections;
+--------------------------+
| @@global.max_connections |
+--------------------------+
|                     1000 |
+--------------------------+
1 row in set (0.00 sec)
```

MySQL 会将该命令的配置保存到数据库目录下的 mysqld-auto.cnf 文件中，下次启动时会读取该文件，用其中的配置来覆盖默认的配置文件。

10.1.3　用户变量

用户变量是用户自己定义的，作为 MySQL 编码规范，MySQL 中的用户变量以一个"@"开头。根据作用范围不同，又分为会话用户变量和局部变量。

- 会话用户变量：作用域和会话变量一样，只对当前连接会话有效。
- 局部变量：只在 BEGIN 和 END 语句块中有效。局部变量只能在存储过程和函数中使用（局部变量的声明和使用请看 10.2.2 节）。

会话用户变量的定义直接使用 SET 关键字，变量的赋值有两种形式"="或":="。

```
SET @用户变量 = 值;
SET @用户变量 := 值;
```

会话用户变量还可以使用 SELECT 语句来完成，变量的赋值要么使用":="，要么使用 INTO 关键字。

```
SELECT @用户变量 := 表达式 [FROM 等子句];
SELECT 表达式 INTO @用户变量 [FROM 等子句];
```

注意，使用 SELECT 语句声明用户变量时，不能使用"="为用户变量赋值。

会话用户变量声明之后，可以用"SELECT @用户变量"的方式在当前会话中查看用户变量的值。如果使用"SELECT @用户变量"语句查看某个未声明的变量时，将得到 NULL 值。

SQL 语句示例如下。

（1）声明会话用户变量 a 并且赋值为 1，并查看变量 a 的值。

```
mysql> SET @a = 1;
Query OK, 0 rows affected (0.00 sec)

mysql> SELECT @a;
+------+
| @a   |
+------+
|   1  |
+------+
1 row in set (0.00 sec)
```

（2）声明会话用户变量 b 并且赋值为 2，并查看变量 b 的值。

```
mysql> SET @b := 2;
Query OK, 0 rows affected (0.00 sec)

mysql> SELECT @b;
+------+
| @b   |
+------+
|   2  |
+------+
1 row in set (0.00 sec)
```

（3）声明会话用户变量 sum 并且赋值为"变量 a"和"变量 b"的和，并查看变量 sum 的值。

```
mysql> SET @sum = @a + @b;
Query OK, 0 rows affected (0.00 sec)

mysql> SELECT @sum;
+------+
| @sum |
+------+
```

```
|     3 |
+------+
1 row in set (0.00 sec)
```

（4）声明会话用户变量 num 并且赋值为"t_employee"表的总人数，查看变量 num 的值。

```
mysql> SELECT @num := COUNT(*) FROM t_employee;
+------------------+
| @num := COUNT(*) |
+------------------+
|               27 |
+------------------+
1 row in set, 1 warning (0.00 sec)

mysql> SELECT @num;
+------+
| @num |
+------+
|   27 |
+------+
1 row in set (0.00 sec)
```

（5）声明会话用户变量 avgsalary 并且赋值为"t_employee"表的平均薪资，查看变量 avgsalary 的值。

```
mysql> SELECT ROUND(AVG(salary),2) INTO @avgsalary FROM t_employee;
Query OK, 1 row affected (0.00 sec)

mysql> SELECT @avgsalary;
+------------------+
| @avgsalary       |
+------------------+
| 11585.07         |
+------------------+
1 row in set (0.00 sec)
```

（6）修改"t_employee"表中"何进"的薪资为会话用户变量 avgsalary 的值。

```
mysql> UPDATE t_employee SET salary = @avgsalary WHERE ename = '何进';
Query OK, 1 row affected (0.02 sec)
Rows matched: 1  Changed: 1  Warnings: 0

mysql> SELECT ename,salary FROM t_employee WHERE ename = '何进';
+--------+------------------+
| ename  | salary           |
+--------+------------------+
| 何进   | 11585.07         |
+--------+------------------+
1 row in set (0.00 sec)
```

（7）查看未声明的会话用户变量 big 的值。

```
mysql> SELECT @big;
+------+
| @big |
+------+
| NULL |
+------+
1 row in set (0.00 sec)
```

10.2　存储过程

存储过程和函数是有一定区别的，函数必须有返回值，而存储过程可以没有。另外，存储过程的参数类型可以是 IN、OUT 和 INOUT，而函数的参数类型只能是 IN。即函数如果要接收数据必须通过 IN 参数，计算结果必须通过返回值返回。而存储过程如果要接收数据可以通过 IN 参数，计算结果可以通过 OUT 参数返回，如果参数是 INOUT 类型则调用时必须传入数据，如果在存储过程中修改了 INOUT 类型的参数，则调用存储过程之后，可以查看参数获取变量的最新值，这相当于变相地将某个计算结果返回。因此，函数的返回值有且只有一个，存储过程的返回值可以是 0 个或多个。

10.2.1　创建和调用存储过程

创建存储过程，需要使用 CREATE PROCEDURE 语句，基本语法格式如下。

```
CREATE
[DEFINER = { 用户名| CURRENT_USER }]
PROCEDURE 存储过程名称 ([参数列表])
[存储过程的特性列表]
BEGIN
    存储过程的 SQL 执行体
END
```

- CREATE PROCEDURE：表示创建存储过程。
- DEFINER 子句：用于指定当前存储过程的创建者，默认是 CURRENT_USER（当前用户），MySQL 还支持手动指定创建者，它可以不是当前用户。
- 存储过程的名称：是存储过程的唯一标识，最好能够见名知意，并且遵循 MySQL 标识符命名规则和规范（SQL 规范请看 1.2.2 节）。

存储过程名称后面必须带小括号 "()"，而 "()" 中的 "[参数列表]" 是可选的，不管有没有参数，"()" 都不能省略。参数分为 IN、OUT、INOUT 三种，IN 表示输入参数、OUT 表示输出参数，INOUT 表示该参数既可以输入也可以输出。每一个参数还要指定参数名和参数的数据类型。每一个参数的格式如下。

```
IN | OUT | INOUT 参数名 数据类型
```

- 存储过程的 SQL 执行体：是存储过程要执行的代码内容，可以用 BEGIN…END 来表示 SQL 代码的开始和结束。如果执行体只有一条语句，也可以省略 BEGIN…END。BEGIN…END 还可以嵌套使用，当嵌套使用时，内部的 END 后面需要加分号 ";" 结束。

在创建存储过程时，还可以给存储过程加一些特征描述和约束条件，这些信息被统称为存储过程的特性（characteristic），其取值信息如下所示。

- LANGUAGE SQL：声明创建当前存储过程所使用的语言，目前只支持 SQL 语言。
- [NOT] DETERMINISTIC：如果一个存储过程总是对相同的输入参数产生相同的结果，那么它就被认为是"确定性的（DETERMINISTIC）"，否则就被认为是"不确定性的（NOT DETERMINISTIC）"。如果在存储过程的定义中既没有给出 DETERMINISTIC，也没有给出 NOT DETERMINISTIC，则默认为 NOT DETERMINISTIC。对存储过程本质的评估是基于创建者的"诚实"。MySQL 不会检查一个声明为 DETERMINISTIC 的存储过程是否产生确定性结果的语句。然而，错误地声明一个存储过程可能会影响结果或影响性能。将不确定性存储过程声明为 DETERMINISTIC，可能会导致优化器做出不正确的执行计划选择，从而导致产生意外的结果。将确定性存储过程声明为 NOT DETERMINISTIC，可能会导致无法使用可用的优化，从而降低性能。
- {CONTAINS SQL | NO SQL | READS SQL DATA | MODIFIES SQL DATA}：在 MySQL 中，这些特征

仅供参考，服务器不使用它们来约束一个存储过程允许执行什么类型的语句。如实地提供相关特征描述，可以方便相关人员查看存储过程定义信息，快速了解存储过程特征。其中，CONTAINS SQL 表示当前存储过程的子程序包含 SQL 语句，但是并不包含读写数据的 SQL 语句；NO SQL 表示当前存储过程的子程序中不包含任何 SQL 语句；READS SQL DATA 表示当前存储过程的子程序中包含读数据的 SQL 语句；MODIFIES SQL DATA 表示当前存储过程的子程序中包含写数据的 SQL 语句。如果没有设置相关的值，则 MySQL 默认指定值为 CONTAINS SQL。

- SQL SECURITY {DEFINER | INVOKER}：指明当前存储过程被调用时按哪个用户进行权限检查，检查该用户是否能调用这个存储过程。DEFINER 表示调用存储过程时，会检查 DEFINER 指定的用户权限是否能调用这个存储过程；INVOKER 调用存储过程时，会检查调用存储过程的用户权限是否能调用这个存储过程。如果没有设置相关的值，则 MySQL 默认指定值为 DEFINER。

- COMMENT 特性是一个 MySQL 扩展，表示当前存储过程的注释信息，解释说明当前存储过程的含义。这些信息通过 SHOW CREATE PROCEDURE 和 SHOW CREATE FUNCTION 语句显示。

注意：在 MySQL 的存储过程中允许包含 DDL 的 SQL 语句，允许执行 Commit（提交）操作，也允许执行 Rollback（回滚）操作。在当前存储过程中，还可以调用其他存储过程或者函数。

存储过程定义好之后，可以使用 CALL 语句调用，因为存储过程是属于数据库的对象，所以如果要调用其他数据库的存储过程，需要指定数据库名称。语法格式如下。

```
CALL 存储过程名([参数列表]);
CALL 数据库名.存储过程名([参数列表]);
```

下面演示存储过程的创建和调用。SQL 语句示例如下。

1. 没有参数的存储过程

（1）创建存储过程"show_max_salary()"，用来查看"t_employee"表的最高薪资值。

```
mysql> DELIMITER //
mysql> CREATE PROCEDURE show_max_salary()
    ->     LANGUAGE SQL
    ->     NOT DETERMINISTIC
    ->     CONTAINS SQL
    ->     SQL SECURITY DEFINER
    ->     COMMENT '查看最高薪资'
    -> BEGIN
    ->     SELECT MAX(salary) FROM t_employee;
    -> END //
Query OK, 0 rows affected (0.01 sec)

mysql> DELIMITER ;
```

"DELIMITER //"语句的作用是将 MySQL 的结束符设置为"//"，因为 MySQL 默认的语句结束符号为分号";"。为了避免与存储过程中 SQL 语句结束符相冲突，需要使用 DELIMITER 改变存储过程的结束符，并以"END //"结束存储过程。存储过程定义完成后，再使用"DELIMITER ;"恢复默认结束符。DELIMITER 也可以指定其他符号作为存储过程的结束符，例如"$$"。注意 DELIMITER 和结束符之间需要有空格。

（2）调用存储过程"show_max_salary()"。

```
mysql> CALL show_max_salary();
+-------------+
| MAX(salary) |
+-------------+
|       28000 |
+-------------+
1 row in set (0.01 sec)
```

```
Query OK, 0 rows affected, 1 warning (0.01 sec)
```

2. 带 OUT 参数的存储过程

（1）创建存储过程"show_min_salary()"，查看"t_employee"表的最低薪资值，并将最低薪资通过 OUT 参数"ms"输出。

```
mysql> DELIMITER //
mysql> CREATE PROCEDURE show_min_salary(OUT ms DOUBLE)
    -> BEGIN
    ->     SELECT MIN(salary) INTO ms FROM t_employee;
    -> END //
Query OK, 0 rows affected (0.00 sec)

mysql> DELIMITER ;
```

（2）调用存储过程"show_min_salary()"，并用会话用户变量@minsalary 接收存储过程输出的参数值。

```
mysql> CALL show_min_salary(@minsalary);
Query OK, 1 row affected (0.00 sec)

mysql> SELECT @minsalary;
+------------+
| @minsalary |
+------------+
|       5000 |
+------------+
1 row in set (0.00 sec)
```

3. 带 IN 参数的存储过程

（1）创建存储过程"show_someone_salary()"，查看"t_employee"表的某个员工的薪资，并用 IN 参数 empname 输入员工姓名。

```
mysql> DELIMITER //
mysql> CREATE PROCEDURE show_someone_salary(IN empname VARCHAR(20))
    -> BEGIN
    ->     SELECT salary FROM t_employee WHERE ename = empname;
    -> END //
Query OK, 0 rows affected (0.01 sec)

mysql> DELIMITER ;
```

注意，存储过程的参数名不要与表的字段名相同，否则无法区分。

（2）调用存储过程"show_someone_salary()"，查询员工"何进"的薪资。

```
mysql> CALL show_someone_salary('何进');
+----------------------+
| salary               |
+----------------------+
| 11585.07             |
+----------------------+
1 row in set (0.00 sec)

Query OK, 0 rows affected (0.00 sec)
```

（3）创建存储过程"show_someone_salary2()"，查看"t_employee"表的某个员工的薪资，并用 IN 参数 empname 输入员工姓名，用 OUT 参数 empsalary 输出员工薪资。

```
mysql> DELIMITER //
mysql> CREATE PROCEDURE show_someone_salary2(IN empname VARCHAR(20),OUT empsalary
DOUBLE)
    -> BEGIN
    ->    SELECT salary INTO empsalary FROM t_employee WHERE ename = empname;
    -> END //
Query OK, 0 rows affected (0.01 sec)

mysql> DELIMITER ;
```

（4）调用存储过程"show_someone_salary2()"，查询员工"何进"的薪资，并用变量@empsalary 接收查询结果。

```
mysql> CALL show_someone_salary2('何进', @empsalary);
Query OK, 1 row affected (0.00 sec)

mysql> SELECT @empsalary;
+--------------------+
| @empsalary         |
+--------------------+
| 11585.07           |
+--------------------+
1 row in set (0.00 sec)
```

4. 带 INOUT 参数的存储过程

（1）创建存储过程"show_mgr_name()"查询某个员工的领导的姓名，并用 INOUT 参数"empname"输入员工姓名，输出领导的姓名。

```
mysql> DELIMITER //
mysql> CREATE PROCEDURE show_mgr_name(INOUT empname VARCHAR(20))
    -> BEGIN
    -> SELECT ename INTO empname FROM t_employee
    -> WHERE eid = (SELECT MID FROM t_employee WHERE ename = empname);
    -> END //
Query OK, 0 rows affected (0.02 sec)

mysql> DELIMITER ;
```

（2）调用存储过程"show_mgr_name()"，查询员工"何进"的领导的姓名，并用会话用户变量@empname输入查询的员工姓名并接收查询结果。

```
mysql> SET @empname = '何进';
Query OK, 0 rows affected (0.00 sec)

mysql> CALL show_mgr_name(@empname);
Query OK, 1 row affected (0.00 sec)

mysql> SELECT @empname;
+-----------+
| @empname |
+-----------+
| 孙洪亮     |
+-----------+
1 row in set (0.00 sec)
```

10.2.2　声明局部变量

在 MySQL 数据库中，可以使用 DECLARE 语句定义一个局部变量，变量的作用域为 BEGIN…END 语句块，变量也可以用在嵌套的语句块中。变量的定义需要写在复合语句的开始位置，并且需要在任何其他语句的前面。在定义变量时，可以一次声明多个相同类型的变量，也可以使用 DEFAULT 为变量赋予默认值。声明之后，仍然使用 SELECT INTO 或 SET 语句为局部变量赋值。

```
BEGIN
    #声明局部变量
    DECLARE 变量名1 变量数据类型 [DEFAULT 变量默认值];
    DECLARE 变量名2,变量名3,...,变量数据类型 [DEFAULT 变量默认值];

    #为局部变量赋值
    SET 变量名1 = 值;
    SELECT 值 INTO 变量名2 [FROM 子句];

    #查看局部变量的值
    SELECT 变量1,变量2,变量3;
END
```

SQL 语句示例如下。

（1）创建存储过程"different_salary"查询某员工和他领导的薪资差距，并用 IN 参数 empname 接收员工姓名，用 OUT 参数 dif_salary 输出薪资差距结果。

```
mysql> DELIMITER //
mysql> CREATE PROCEDURE different_salary(IN empname VARCHAR(20),OUT dif_salary DOUBLE)
    -> BEGIN
    ->     #声明局部变量
    ->     DECLARE empsalary,mgrsalary DOUBLE DEFAULT 0.0;
    ->     DECLARE mgrname VARCHAR(20);
    ->
    ->     SELECT salary INTO empsalary
    ->     FROM t_employee WHERE ename = empname;
    ->
    ->     SELECT ename INTO mgrname FROM t_employee WHERE
    ->     eid = (SELECT 'mid' FROM t_employee WHERE ename = empname);
    ->
    ->     SELECT salary INTO mgrsalary
    ->     FROM t_employee  WHERE ename = mgrname;
    ->
    ->     SET dif_salary = mgrsalary - empsalary;
    -> END //
Query OK, 0 rows affected (0.01 sec)

mysql> DELIMITER ;
```

（2）调用存储过程"different_salary"查询"何进"与他领导的薪资差距，并用会话用户变量"difsal"接收结果。

```
mysql> CALL different_salary('何进',@difsal);
Query OK, 1 row affected (0.00 sec)

mysql> SELECT @difsal;
```

```
+-------------------+
| @difsal           |
+-------------------+
| 16414.93          |
+-------------------+
1 row in set (0.00 sec)
```

10.2.3 查看存储过程

存储过程是数据库对象之一，MySQL 会在系统库 "information_schema" 的 "ROUTINES" 表存储相关信息，用户可以使用 SHOW STATUS 语句或 SHOW CREATE 语句来查看，也可以直接从系统库 "information_schema" 的 "ROUTINES" 表中查询。

SHOW STATUS 语句可以查看存储过程所属的数据库、存储过程名字、创建者，以及创建和修改日期等状态信息。语法格式如下。

```
SHOW PROCEDURE STATUS LIKE 存储过程名称;
```

例如，查看存储过程 "different_salary" 的状态。

```
mysql> SHOW PROCEDURE STATUS LIKE 'different_salary' \G
*************************** 1. row ***************************
                  Db: atguigu_chapter10
                Name: different_salary
                Type: PROCEDURE
             Definer: root@localhost
            Modified: 2021-10-14 16:13:24
             Created: 2021-10-14 16:13:24
       Security_type: DEFINER
             Comment:
character_set_client: gbk
collation_connection: gbk_chinese_ci
   Database Collation: utf8mb4_0900_ai_ci
1 row in set (0.00 sec)
```

除了 SHOW STATUS，MySQL 还可以使用 SHOW CREATE 语句查看存储过程的定义。语法格式如下。

```
SHOW CREATE PROCEDURE 存储过程名称;
```

例如，查看存储过程 "different_salary" 的定义信息。

```
mysql> SHOW CREATE PROCEDURE different_salary \G
*************************** 1. row ***************************
       Procedure: different_salary
        sql_mode: STRICT_TRANS_TABLES,NO_ENGINE_SUBSTITUTION
  Create Procedure: CREATE DEFINER = 'root'@'localhost' PROCEDURE 'different_salary'
(IN empname VARCHAR(20),OUT dif_salary DOUBLE)
    BEGIN

    DECLARE empsalary,mgrsalary DOUBLE DEFAULT 0.0;
    DECLARE mgrname VARCHAR(20);

SELECT salary INTO empsalary
FROM t_employee WHERE ename = empname;

    SELECT ename INTO mgrname FROM t_employee
    WHERE eid = (SELECT MID FROM t_employee WHERE ename = empname);
```

```
SELECT salary INTO mgrsalary
FROM t_employee  WHERE ename = mgrname;


    SET dif_salary = mgrsalary - empsalary;
END
character_set_client: gbk
collation_connection: gbk_chinese_ci
  Database Collation: utf8mb4_0900_ai_ci
1 row in set (0.00 sec)
```

在"information_schema"系统库的 "ROUTINES"表查看存储过程"different_salary"的详细信息。

```
mysql> SELECT * FROM information_schema.ROUTINES
    -> WHERE routine_name = 'different_salary'
    -> AND routine_type = 'PROCEDURE'
    -> AND routine_schema = 'atguigu_chapter10' \G
*************************** 1. row ***************************
          SPECIFIC_NAME: different_salary
         ROUTINE_CATALOG: def
          ROUTINE_SCHEMA: atguigu_chapter10
           ROUTINE_NAME: different_salary
           ROUTINE_TYPE: PROCEDURE
              DATA_TYPE:
CHARACTER_MAXIMUM_LENGTH: NULL
  CHARACTER_OCTET_LENGTH: NULL
       NUMERIC_PRECISION: NULL
          NUMERIC_SCALE: NULL
      DATETIME_PRECISION: NULL
      CHARACTER_SET_NAME: NULL
          COLLATION_NAME: NULL
          DTD_IDENTIFIER: NULL
            ROUTINE_BODY: SQL
      ROUTINE_DEFINITION: BEGIN
  DECLARE empsalary,mgrsalary DOUBLE DEFAULT 0.0;
  DECLARE mgrname VARCHAR(20);

SELECT salary INTO empsalary
FROM t_employee WHERE ename = empname;

    SELECT ename INTO mgrname FROM t_employee
    WHERE eid = (SELECT MID FROM t_employee WHERE ename = empname);


SELECT salary INTO mgrsalary
FROM t_employee  WHERE ename = mgrname;

    SET dif_salary = mgrsalary - empsalary;
END
          EXTERNAL_NAME: NULL
      EXTERNAL_LANGUAGE: SQL
         PARAMETER_STYLE: SQL
         IS_DETERMINISTIC: NO
        SQL_DATA_ACCESS: CONTAINS SQL
```

```
            SQL_PATH: NULL
       SECURITY_TYPE: DEFINER
             CREATED: 2021-10-14 16:13:24
        LAST_ALTERED: 2021-10-14 16:13:24
            SQL_MODE: STRICT_TRANS_TABLES,NO_ENGINE_SUBSTITUTION
     ROUTINE_COMMENT:
             DEFINER: root@localhost
CHARACTER_SET_CLIENT: gbk
COLLATION_CONNECTION: gbk_chinese_ci
   DATABASE_COLLATION: utf8mb4_0900_ai_ci
1 row in set (0.00 sec)
```

因为"information_schema"系统库的 ROUTINES 表中记录了 MySQL 服务器中所有数据库的存储过程和函数，所以在查询时尽量限定存储程序的类型（PROCEDURE 或 FUNCTION）、数据库名、存储过程名称等进行精确筛选。

10.2.4　修改存储过程

修改存储过程，不影响存储过程功能，只能修改存储过程的特性。修改存储过程和视图不同，不能使用 CREATE OR REPLACE 语句，必须使用 ALTER 语句。

```
ALTER PROCEDURE 存储过程名称 [存储过程的特性];
```

可以修改的存储过程特性只有如下三个：

- {CONTAINS SQL | NO SQL | READS SQL DATA | MODIFIES SQL DATA}
- SQL SECURITY {DEFINER | INVOKER}
- COMMENT

关于上述特性的详细说明请看 10.2.1 节的内容。

例如，修改存储过程"show_max_salary"的 SQL 约束为"READS SQL DATA"，表示子程序中包含读数据的语句，存储过程的权限限制为"INVOKER"及注释信息。

```
mysql> ALTER PROCEDURE show_max_salary
    ->     READS SQL DATA
    ->     SQL SECURITY INVOKER
    ->     COMMENT '查看 t_employee 表的最高薪资值';
Query OK, 0 rows affected (0.01 sec)
```

10.2.5　删除存储过程

存储过程和数据表一样，也是数据库对象，因此也使用 DROP 语句来删除，语法格式如下。

```
DROP PROCEDURE  IF EXISTS 存储过程名称;
```

IF EXISTS 子句是 MySQL 的扩展，如果存储过程不存在，它可以防止发生错误。

例如，删除存储过程"show_max_salary"。

```
mysql> DROP PROCEDURE  IF EXISTS  show_max_salary;
Query OK, 0 rows affected (0.02 sec)
```

10.3　自定义函数

在本书第 6 章已经介绍了很多函数，使用这些函数可以对数据进行的各种处理操作，极大地提高了用户对数据库的管理效率。但是第 6 章介绍的是预定义的系统函数，本节介绍的是自定义函数。自定义函数定义好之后，调用方式与调用 MySQL 预定义的系统函数一样。

在 MySQL 数据库中创建自定义函数时，需要使用 CREATE FUNCTION 语句。

```
CREATE FUNCTION 函数名 ([参数列表])
[DEFINER = { 用户名 | CURRENT_USER }]RETURNS 返回值类型
[函数的特性列表]
BEGIN
    函数体
END
```

- CREATE FUNCTION，表示创建函数。
- DEFINER 子句，用于指定当前函数的创建者，默认是 CURRENT_USER（当前用户），MySQL 还支持手动指定创建者。
- 函数名是函数的唯一标识，最好能够见名知意，并且遵循 MySQL 标识符命名规则和规范（SQL 规范请看 1.2.2 节）。
- 函数名称后面必须带小括号"()"，而"()"中的"[参数列表]"是可选的，不管有没有参数，"()"都不能省略。对于函数而言，如果要声明参数，只能声明 1 个或多个的 IN 参数，因此参数前面不用写 IN。
- 函数的定义必须有 RETURNS 子句，这是强制性的，用来指定函数的返回值类型，而且函数体中必须包含一个"RETURN 值"的语句。RETURN 语句用于返回函数结果并且结束函数体的执行，因此它后面就不能写其他语句了，否则永远也无法执行。
- 函数体也可以用 BEGIN…END 来表示 SQL 代码的开始和结束。如果函数体只有一条语句，也可以省略 BEGIN…END。
- 函数的特性（characteristic）列表和定义存储过程时的特性列表一样（可指定的特性和含义请看 10.2.1 节）。如果全局变量"log_bin_trust_function_creators"的值为 1，则表示信任存储函数创建者，不会创建写入二进制日志引起不安全事件的存储函数。如果"log_bin_trust_function_creators"的值为 0（这也是该变量的默认值），MySQL 将会强制函数的定义中必须包含"[NOT] DETERMINISTIC"或"{CONTAINS SQL | NO SQL | READS SQL DATA | MODIFIES SQL DATA}"特性。

例如，创建函数"SelectTelByName()"，函数功能是根据员工姓名查询员工手机号码。

```
mysql> DELIMITER //
mysql> CREATE FUNCTION SelectTelByName(empname VARCHAR(20))
    -> RETURNS CHAR(11)
    -> BEGIN
    ->    RETURN (SELECT tel FROM t_employee WHERE ename = empname);
    -> END //
ERROR 1418 (HY000): This function has none of DETERMINISTIC, NO SQL, or READS SQL DATA
in its declaration and binary logging is enabled (you *might* want to use the less safe
log_bin_trust_function_creators variable)
mysql> DELIMITER;
```

上面的 SQL 执行发生了错误，因为没有指定函数的特性，解决上面的问题有两种方式：一种是加上必要的函数特性"[NOT] DETERMINISTIC"或"{CONTAINS SQL | NO SQL | READS SQL DATA | MODIFIES SQL DATA}"；另一种是用 SET GLOBAL 语句修改全局变量"log_bin_trust_function_creators"的值为"1"。

```
mysql> DELIMITER //
mysql> CREATE FUNCTION SelectTelByName(empname VARCHAR(20))
    -> RETURNS CHAR(11)
    ->    LANGUAGE SQL
    ->    NOT DETERMINISTIC
```

```
    ->     READS SQL DATA
    ->     SQL SECURITY DEFINER
    ->     COMMENT '查看员工电话号码'
    -> BEGIN
    ->   RETURN (SELECT tel FROM t_employee WHERE ename = empname);
    -> END //
Query OK, 0 rows affected (0.00 sec)

mysql> DELIMITER;
```

在 MySQL 中，用户自定义函数的使用方法与 MySQL 预定义的系统函数使用方法一样。

例如，调用函数"SelectTelByName()"查询"何进"的手机号码。

```
mysql> SELECT SelectTelByName('何进');
+------------------------+
| SelectTelByName('何进') |
+------------------------+
| 13456732145            |
+------------------------+
1 row in set (0.00 sec)
```

查看、修改、删除函数的方式和查看、修改、删除存储过程的方式完全一致，只是把关键字"PROCEDURE"换成"FUNCTION"即可，这里就不再赘述了。

10.4　定义条件和处理程序

MySQL 支持定义条件和处理程序。定义条件是事先定义程序执行过程中可能遇到的问题，处理程序定义了在遇到问题时应当采取的处理方式，并且保证存储过程或函数在遇到警告或错误时能继续执行。这样可以增强存储程序处理问题的能力，避免程序异常停止运行。

本节定义条件和处理程序的案例演示是基于存储过程的，在函数中的使用方式是一样的。

1. 定义条件

定义条件就是给 MySQL 中的错误码命名，这有助于提高存储程序的可读性，出现问题也更容易诊断。它将一个名字和指定的错误条件关联起来。这个名字可以随后被用在定义处理程序的 DECLARE HANDLER 语句中。

定义条件使用 DECLARE 语句，语法格式如下。

```
DECLARE 错误名称 CONDITION FOR 错误代码;
```

在 MySQL 中有两种方式来表示错误代码：sqlstate_value 和 MySQL_error_code，其中 sqlstate_value 是长度为 5 的字符串类型错误代码，MySQL_error_code 是数值类型错误代码。例如，在 ERROR 1418 (HY000) 中，1418 是 MySQL_error_code，(HY000)是 sqlstate_value。错误代码是很难识别和记忆的，而具有更准确含义的错误名称将更友好。

（1）定义"Field_Not_Be_NULL"错误名与 MySQL 中违反非空约束的错误代码"ERROR 1048 (23000)"对应。

```
DECLARE Field_Not_Be_NULL CONDITION FOR 1048;
```

（2）定义"NULLORKEY_Constraint_Violation"错误名与 MySQL 中违反约束的错误代码（23000）对应。

```
DECLARE NULLORKEY_Constraint_Violation CONDITION FOR SQLSTATE '23000';
```

MySQL 中违反非空或键约束的错误代码都是（23000），但是违反约束的错误类型又细分为很多，例如：违反非空约束、违反唯一键约束、违反外键约束等。

```
ERROR 1048 (23000): Column 'xx' cannot be null
ERROR 1062 (23000): Duplicate entry 'xx' for key 'kk'
ERROR 1452 (23000): Cannot add or update a child row: a foreign key constraint fails ……
```

2. 定义处理程序

可以为 SQL 执行过程中发生的某种类型的错误定义特殊的处理程序。定义处理程序时，也是使用 DECLARE 语句，语法格式如下。

```
DECLARE  处理方式  HANDLER FOR 错误类型  处理语句;
```

错误类型可以有如下取值：

- SQLSTATU sqlstate_value：长度为"5"的字符串类型错误代码。注意不要使用以"00"开始的 SQLSTATE 值，因为这些值表示成功，而不是一个错误条件。
- SQLWARNING：相当于以"01"开头的 SQLSTATE 值类的简写。
- NOT FOUND：相当于"02"开始的 SQLSTATE 值类的简写。
- SQLEXCEPTION：相当于不以"00""01"或"02"开始的 SQLSTATE 值类的缩写。
- MySQL_error_code：数值类型错误代码。
- 条件名称：有 DECLARE 声明的，与某个 sqlstate_value 或 MySQL_error_code 关联的错误名。

如果出现上述条件之一，则采用对应的处理方式，并执行指定的处理语句。语句可以是像"SET 变量 = 值"这样的简单语句，也可以是使用 BEGIN 和 END 编写的复合语句。处理方式有 3 个取值：CONTINUE、EXIT 和 UNDO。CONTINUE 表示遇到错误不处理，继续执行。EXIT 表示遇到错误马上退出。UNDO 表示遇到错误后撤回之前的操作，MySQL 中暂时不支持这样的操作。

例如，处理程序定义的简单 SQL 示例如下。

```
DECLARE CONTINUE HANDLER FOR SQLSTATE '29011' SET @log = 'DATABASE NOT FOUND';

DECLARE CONTINUE HANDLER FOR SQLWARNING SET @log = 'SQLWARNING';

DECLARE EXIT HANDLER FOR NOT FOUND SET @log = 'SQL EXIT';

DECLARE EXIT HANDLER FOR SQLEXCEPTION SET @log = 'SQLEXCEPTION';

DECLARE CONTINUE HANDLER FOR 1162 SET @log = 'SEARCH FAILED';

DECLARE search_failed CONDITION FOR 1162;

DECLARE CONTINUE HANDLER FOR search_failed SET @log = 'SEARCH FAILED';
```

下面通过详细案例来演示定义条件和条件处理程序的使用。

（1）创建一个名称为"UpdateDataNoCondition"的存储过程，此存储过程的功能比较简单，首先为"@x"变量赋值"1"；然后修改"t_employee"表中"何进"员工的薪资为 NULL，并将"@x"变量的值修改为"2"；然后修改"t_employee"表中"何进"员工的薪资为 15000 元，并将"@x"变量的值修改为"3"。

```
mysql> DELIMITER //
mysql> CREATE PROCEDURE UpdateDataNoCondition()
    -> BEGIN
    ->   SET @x = 1;
    ->   UPDATE t_employee SET salary = NULL WHERE ename = '何进';
    ->   SET @x = 2;
    ->   UPDATE t_employee SET salary = 15000 WHERE ename = '何进';
    ->   SET @x = 3;
    -> END //
Query OK, 0 rows affected (0.01 sec)
```

```
mysql> DELIMITER ;
```
（2）调用"UpdateDataNoCondition"的存储过程。
```
mysql> CALL UpdateDataNoCondition();
ERROR 1048 (23000): Column 'salary' cannot be null

mysql> SELECT @x;
+------+
| @x   |
+------+
| 1    |
+------+
1 row in set (0.00 sec)
```
可以看到，此时"@x"变量的值为"1"。结合创建存储过程的 SQL 语句代码可以得出：在存储过程中未定义条件和处理程序，且当存储过程中执行的 SQL 语句报错时，MySQL 数据库会抛出错误，并退出当前 SQL 逻辑，不再向下继续执行。

（3）创建一个名称为"UpdateDataWithCondition"的存储过程，此存储过程的功能比较简单，首先为"@x"变量赋值"1"；其次修改"t_employee"表中"何进"员工的薪资为"NULL"，并将"@x"变量的值修改为"2"；最后修改"t_employee"表中"何进"员工的薪资为15000元，并将"@x"变量的值修改为"3"。在存储过程中，定义处理程序，捕获"sqlstate_value"值，当遇到"MySQL_error_code"值为"1048"时，执行 CONTINUE 操作，并且将"@proc_value"的值设置为"-1"。

```
mysql> DELIMITER //
mysql> CREATE PROCEDURE UpdateDataWithCondition()
    -> BEGIN
    ->     DECLARE CONTINUE HANDLER FOR 1048 SET @proc_value = -1;
    ->     SET @x = 1;
    ->     UPDATE t_employee SET salary = NULL WHERE ename = '何进';
    ->     SET @x = 2;
    ->     UPDATE t_employee SET salary = 15000 WHERE ename = '何进';
    ->     SET @x = 3;
    -> END //
Query OK, 0 rows affected (0.01 sec)

mysql> DELIMITER ;
```
（4）调用"UpdateDataWithCondition"的存储过程。
```
mysql> CALL UpdateDataWithCondition();
Query OK, 0 rows affected (0.01 sec)

mysql> SELECT @x,@proc_value;
+------+-------------+
| @x   | @proc_value |
+------+-------------+
| 3    |          -1 |
+------+-------------+
1 row in set (0.00 sec)
```
存储过程"UpdateDataWithCondition"在执行修改"t_employee"表中"何进"的 salary（薪资）为"NULL"的 UPDATE 语句时，违反了"salary"字段不能为"NULL"的非空约束，错误代码是"ERROR 1048 (23000)"，满足了定义的错误条件，MySQL 服务器捕获到了该异常，并执行了该错误条件的处理程序，将"@proc_value"的值设置为"-1"，并继续（CONTINUE）向下执行，最后将"@x"的值设置为"3"。

（5）创建一个名称为"InsertDataWithCondition"的存储过程，此存储过程的功能比较简单，首先为"@x"变量赋值"1"；其次添加"测试部"到"t_department"表，并将"@x"变量的值修改为"2"；最后再次添加"测试部"到"t_department"表，并将"@x"变量的值修改为"3"。在存储过程中，定义处理程序，捕获"sqlstate_value"值，当遇到"sqlstate_value"值为"23000"时，执行 EXIT 操作，并且将"@proc_value"的值设置为"-1"。

```
mysql> DELIMITER //
mysql> CREATE PROCEDURE InsertDataWithCondition()
    -> BEGIN
    -> DECLARE NULLORKEY_Constraint_Violation CONDITION FOR SQLSTATE '23000';
    -> DECLARE EXIT HANDLER FOR NULLORKEY_Constraint_Violation SET @proc_value = -1;
    ->    SET @x = 1;
    ->    INSERT INTO t_department(dname) VALUES('测试部');
    ->    SET @x = 2;
    ->    INSERT INTO t_department(dname) VALUES('测试部');
    ->    SET @x = 3;
    -> END //
Query OK, 0 rows affected (0.01 sec)

mysql> DELIMITER ;
```

（6）调用"InsertDataWithCondition"的存储过程。

```
mysql> CALL InsertDataWithCondition();
Query OK, 0 rows affected (0.01 sec)

mysql> SELECT @x,@proc_value;
+------+-------------+
| @x   | @proc_value |
+------+-------------+
| 1    |          -1 |
+------+-------------+
1 row in set (0.00 sec)
```

存储过程"InsertDataWithCondition"在执行第 1 条添加"测试部"的 INSERT 语句时，违反了"dname"字段的唯一键约束，错误代码是"ERROR 1062 (23000)"，满足了错误条件，MySQL 服务器捕获到了该异常，并执行了该错误条件的处理程序，将"@proc_value"的值设置为"-1"，并直接退出了存储过程的执行，所以"@x"最后的值是"1"不是"3"。

10.5　流程控制结构

在定义存储过程和函数来处理复杂的业务逻辑时，往往遇到所有的 SQL 不只是简单的顺序执行，而是需要根据不同的情况执行不同的 SQL 语句，甚至需要重复执行某些 SQL 语句，这就需要使用流程控制语句结构来实现。MySQL 的流程控制语句有 IF 语句、CASE 语句、LOOP 语句、LEAVE 语句、ITERATE 语句、REPEAT 语句和 WHILE 语句。每个流程语句中，还可以嵌套另一个完整的流程控制语句。

本节流程控制结构的案例演示是基于存储过程的，在函数中的使用方式是一样的。

10.5.1　IF 条件判断语句

这里的 IF 语句不像之前的 IF 函数，IF 语句可以包含多个条件判断，基本语法格式如下：

```
IF 条件表达式 1
    THEN 语句块 1
ELSEIF 条件表达式 2
    THEN 语句块 2
ELSEIF 条件表达式 3
    THEN 语句块 3
...
ELSE
    语句块 n+1
END IF
```

注意 ELSEIF 两个单词之间没有空格，最后单独的 ELSE 分支没有 THEN。

IF 语句可以只有一个 IF 的单分支，或者"IF…ELSE"的双分支，或者"IF…ELSEIF…ELSEIF…ELSE"的多分支，甚至还可以嵌套。

1. 单分支 IF 语句

如果只有一种情况需要判断，可以只有一个 IF 条件，称为单分支 IF 语句。

```
#单分支 IF 语句
IF 条件表达式
    THEN 语句块
END IF
```

如果 IF 条件成立就执行 THEN 后面的语句块，否则就什么也不干。

SQL 语句示例如下。

（1）声明存储过程"UpdateSalaryByEid1"，定义 IN 参数 empid，输入员工编号。判断该员工薪资如果低于 8000 元并且入职时间超过 5 年，就涨薪 500 元；否则就不变。

```
mysql> DELIMITER //
mysql> CREATE PROCEDURE UpdateSalaryByEid1(IN empid INT)
    -> BEGIN
    ->     DECLARE empsalary DOUBLE;
    ->     DECLARE hireyear DOUBLE;
    ->
    ->     SELECT salary INTO empsalary FROM t_employee
    ->     WHERE eid = empid;
    ->
    ->     SELECT DATEDIFF(CURDATE(),hiredate) / 365 INTO hireyear
    ->     FROM t_employee WHERE eid = empid;
    ->
    ->     IF empsalary < 8000 AND hireyear > 5 THEN
    ->       UPDATE t_employee SET salary = salary + 500
    ->       WHERE eid = empid;
    ->     END IF;
    -> END //
Query OK, 0 rows affected (0.00 sec)

mysql> DELIMITER ;
```

其中，DATEDIFF()函数，用于计算指定两个日期的时间差。

（2）查询"eid"为"9"和"10"的员工编号、员工姓名、薪资和入职年限。

```
mysql> SELECT eid,ename,salary,
    -> DATEDIFF(CURDATE(),hiredate) / 365 AS hireyear
```

```
    -> FROM t_employee WHERE eid IN(9,10);
+------+---------+--------+----------+
| eid  | ename   | salary | hireyear |
+------+---------+--------+----------+
|   9  | 李小磊  |   7897 |   6.5479 |
|  10  | 陆风    |   8789 |   7.1233 |
+------+---------+--------+----------+
2 rows in set (0.00 sec)
```

（3）调用存储过程"UpdateSalaryByEid1"，分别传入"eid"为"9"和"10"的值。

```
mysql> CALL UpdateSalaryByEid1(9);
Query OK, 1 row affected (0.02 sec)

mysql> CALL UpdateSalaryByEid1(10);
Query OK, 1 row affected (0.00 sec)
```

（4）再次查询"eid"为"9"和"10"的员工编号、员工姓名、薪资和入职年限。

```
mysql> SELECT eid,ename,salary,
    -> DATEDIFF(CURDATE(),hiredate) / 365 AS hireyear
    -> FROM t_employee WHERE eid IN(9,10);
+------+---------+--------+----------+
| eid  | ename   | salary | hireyear |
+------+---------+--------+----------+
|   9  | 李小磊  |   8397 |   6.5479 |
|  10  | 陆风    |   8789 |   7.1233 |
+------+---------+--------+----------+
2 rows in set (0.00 sec)
```

对比前后两次查询结果可以看出"eid"为"9"的员工"李小磊"满足"薪资低于 8000 元并且入职时间超过 5 年"的条件，所以"salary"从"7897 元"更新为"8397 元"，实现涨薪"500 元"。而"eid"为"10"的员工"陆风"没有满足该条件，所以没有修改任何信息。

2. 双分支 IF 语句

如果只有两种情况，可以是 IF...ELSE 两个分支，称为双分支 IF 语句。

```
#双分支 IF 语句
IF 条件表达式
    THEN 语句块 1
ELSE
    语句块 2
END IF
```

注意 ELSE 后面没有条件表达式，也没有 THEN。IF 的条件表达式成立就执行 THEN 后面的"语句块 1"，否则就执行 ELSE 后面的"语句块 2"。

（1）声明存储过程"UpdateSalaryByEid2"，定义 IN 参数 empid，输入员工编号。判断该员工如果"薪资低于 8500 元并且入职时间超过 5 年"，就涨薪"500 元"；否则就涨薪"100 元"。

```
mysql> DELIMITER //
mysql> CREATE PROCEDURE UpdateSalaryByEid2(IN empid INT)
    -> BEGIN
    ->     DECLARE empsalary DOUBLE;
    ->     DECLARE hireyear DOUBLE;
    ->
    ->     SELECT salary INTO empsalary
    ->     FROM t_employee WHERE eid = empid;
    ->
```

```
    ->      SELECT DATEDIFF(CURDATE(),hiredate) / 365 INTO hireyear
    ->      FROM t_employee WHERE eid = empid;
    ->
    ->      IF empsalary < 8500 AND hireyear > 5 THEN
    ->        UPDATE t_employee SET salary = salary + 500
    ->        WHERE eid = empid;
    ->      ELSE
    ->        UPDATE t_employee SET salary = salary + 100
    ->        WHERE eid = empid;
    ->      END IF;
    -> END //
Query OK, 0 rows affected (0.00 sec)

mysql> DELIMITER ;
```

（2）查询"eid"为"9"和"10"的员工编号、员工姓名、薪资和入职年限。

```
mysql> SELECT eid,ename,salary,
    -> DATEDIFF(CURDATE(),hiredate) / 365 AS hireyear
    -> FROM t_employee WHERE eid IN(9,10);
+------+--------+--------+----------+
| eid  | ename  | salary | hireyear |
+------+--------+--------+----------+
|  9   | 李小磊 |  8397  |  6.5479  |
|  10  | 陆风   |  8789  |  7.1233  |
+------+--------+--------+----------+
2 rows in set (0.00 sec)
```

（3）调用存储过程"UpdateSalaryByEid2"，分别传入"eid"为"9"和"10"的值。

```
mysql> CALL UpdateSalaryByEid2(9);
Query OK, 1 row affected (0.01 sec)

mysql> CALL UpdateSalaryByEid2(10);
Query OK, 1 row affected (0.02 sec)
```

（4）再次查询"eid"为"9"和"10"的员工编号、员工姓名、薪资和入职年限。

```
mysql> SELECT eid,ename,salary,
    -> DATEDIFF(CURDATE(),hiredate) / 365 AS hireyear
    -> FROM t_employee WHERE eid IN(9,10);
+------+--------+--------+----------+
| eid  | ename  | salary | hireyear |
+------+--------+--------+----------+
|  9   | 李小磊 |  8897  |  6.5479  |
|  10  | 陆风   |  8889  |  7.1233  |
+------+--------+--------+----------+
2 rows in set (0.00 sec)
```

对比前后两次查询结果可以看出"eid"为"9"的员工"李小磊"满足"薪资低于 8500 元并且入职时间超过 5 年"的条件，所以 salary 从"8397 元"更新为"8897 元"，实现涨薪"500 元"。而"eid"为"10"的员工"陆风"不满足该条件，所以 salary 从"8789 元"更新为"8889 元"，只能实现涨薪"100 元"。

3. 多分支条件判断

如果超过两种情况，就要使用"IF…ELSEIF…ELSE"结构，并且 ELSEIF 可以多个，最后的 ELSE 是可选的，称为多分支 IF 语句。

```
#多分支 IF 语句
IF 条件表达式 1
    THEN 语句块 1
ELSEIF 条件表达式 2
    THEN 语句块 2
ELSEIF 条件表达式 3
    THEN 语句块 3
...
ELSE
    语句块 n+1
END IF
```

多分支的 IF 语句执行时会从上到下依次判断 IF 和 ELSEIF 后面的条件表达式，如果某个条件表达式结果为 true 时就执行对应的语句，下面的 ELSEIF 条件就不用判断了。如果所有的条件都不满足，就执行最后的 ELSE 子句。IF 语句虽然可能有多个分支，但是最终只会执行其中一个分支。最后的 ELSE 分支是可选的，如果最后的 ELSE 分支缺省，当所有条件表达式都不成立时，将什么也不执行。

（1）声明存储过程 "UpdateSalaryByEid3"，定义 IN 参数 empid，输入员工编号。判断该员工薪资如果低于 9000 元，就更新薪资为 "9000 元"；薪资如果大于等于 9000 元且低于 10000 元，但是奖金比例为 NULL 的，就更新奖金比例为 "0.01"；其他的涨薪 "100" 元。

```
mysql> DELIMITER //
mysql> CREATE PROCEDURE UpdateSalaryByEid3(IN empid INT)
    -> BEGIN
    ->     DECLARE empsalary DOUBLE;
    ->     DECLARE bonus DECIMAL(3,2);
    ->
    ->     SELECT salary INTO empsalary FROM t_employee
    ->     WHERE eid = empid;
    ->
    ->     SELECT commission_pct INTO bonus
    ->     FROM t_employee WHERE eid = empid;
    ->
    ->     IF empsalary < 9000 THEN
    ->       UPDATE t_employee SET salary = 9000
    ->       WHERE eid = empid;
    ->     ELSEIF empsalary < 10000 AND bonus IS NULL THEN
    ->       UPDATE t_employee SET commission_pct = 0.01
    ->       WHERE eid = empid;
    ->     ELSE
    ->       UPDATE t_employee SET salary = salary + 100
    ->       WHERE eid = empid;
    ->     END IF;
    -> END //
Query OK, 0 rows affected (0.01 sec)

mysql> DELIMITER ;
```

（2）查询 "eid" 为 "4" "9" "11" 的员工编号、员工姓名、薪资和奖金比例。

```
mysql> SELECT eid,ename,salary,commission_pct
    -> FROM t_employee WHERE eid IN(4,9,11);
+-------+--------+----------+-------------------+
| eid   | ename  | salary   | commission_pct    |
+-------+--------+----------+-------------------+
| 4     | 黄熙萌  | 9456     |         NULL      |
| 9     | 李小磊  | 8897     |         NULL      |
```

```
|   11   |  黄冰茹  |   15678   |          NULL           |
+------+--------+--------+-----------------+
3 rows in set (0.00 sec)
```

（3）调用存储过程"UpdateSalaryByEid3"，分别传入"eid"为"4""9""11"的值。

```
mysql> CALL UpdateSalaryByEid3(4);
Query OK, 1 row affected (0.02 sec)

mysql> CALL UpdateSalaryByEid3(9);
Query OK, 1 row affected (0.00 sec)

mysql> CALL UpdateSalaryByEid3(11);
Query OK, 1 row affected (0.01 sec)
```

（4）查询"eid"为"4""9""11"的员工编号、员工姓名、薪资和奖金比例。

```
mysql> SELECT eid,ename,salary,commission_pct
    -> FROM t_employee WHERE eid IN(4,9,11);
+------+--------+--------+-----------------+
| eid  | ename  | salary | commission_pct  |
+------+--------+--------+-----------------+
|   4  |  黄熙萌  |  9456  |          0.01           |
|   9  |  李小磊  |  9000  |          NULL           |
|  11  |  黄冰茹  | 15778  |          NULL           |
+------+--------+--------+-----------------+
3 rows in set (0.00 sec)
```

对比前后两次查询结果可以看出，三个员工分别满足不同的情况，更新的结果也与之匹配。第一个"eid"为"4"的员工"黄熙萌"满足"薪资大于等于 9000 元且低于 10000 元，但是奖金比例为 NULL"的条件，所以修改奖金比例为"0.01"。第二个"eid"为"9"的员工"李小磊"满足"薪资低于 9000 元"的条件，所以修改薪资为"9000 元"。第三个"eid"为"11"的员工"黄冰茹"以上两个条件都没有满足，所以修改薪资为"15778 元"，实现涨薪"100 元"。

4. 嵌套 IF 语句

在 THEN 后面或者 ELSE 后面还可以嵌套其他的流程控制语句。

（1）声明存储过程"UpdateSalaryByEid4"，定义 IN 参数 empid，输入员工编号。当"入职年限达到 7 年"，如果"薪资低于 10000 元"，就涨薪"700 元"；如果"薪资高于 10000 元但是奖金比例为 NULL"，就更新奖金比例为"0.01"；其他的不变。当"入职年限达到 3 年"，如果"薪资低于 9000 元"，就涨薪"300 元"；否则涨薪"200 元"。如果"入职年限不足 3 年""薪资低于 8000 元"，就更新薪资为"100 元"；否则涨薪"50 元"。另外入职年限达到 7 年的，领导编号修改为"1"。

```
mysql> DELIMITER //
mysql> CREATE PROCEDURE UpdateSalaryByEid4(IN empid INT)
    -> BEGIN
    ->     DECLARE empsalary DOUBLE;
    ->     DECLARE bonus DECIMAL(3,2);
    ->     DECLARE hireyear DOUBLE;
    ->
    ->     SELECT salary INTO empsalary FROM t_employee
    ->     WHERE eid = empid;
    ->
    ->     SELECT DATEDIFF(CURDATE(),hiredate) / 365 INTO hireyear
    ->     FROM t_employee WHERE eid = empid;
    ->
```

```
    ->     SELECT commission_pct INTO bonus FROM t_employee
    ->     WHERE eid = empid;
    ->
    ->     IF hireyear >= 7 THEN
    ->        IF empsalary < 10000 THEN
    ->           UPDATE t_employee SET salary = salary + 700
    ->           WHERE eid = empid;
    ->        ELSEIF bonus IS NULL THEN
    ->           UPDATE t_employee SET commission_pct = 0.01
    ->           WHERE eid = empid;
    ->        END IF;
    ->           UPDATE t_employee SET 'mid' = 1  WHERE eid = empid;
    ->     ELSEIF hireyear >= 3 THEN
    ->        IF empsalary < 9000 THEN
    ->           UPDATE t_employee SET salary = salary + 300
    ->           WHERE eid = empid;
    ->        ELSE
    ->           UPDATE t_employee SET salary = salary + 200
    ->           WHERE eid = empid;
    ->        END IF;
    ->     ELSE
    ->        IF empsalary < 8000 THEN
    ->           UPDATE t_employee SET salary = salary + 100
    ->           WHERE eid = empid;
    ->        ELSE
    ->           UPDATE t_employee SET salary = salary + 50
    ->           WHERE eid = empid;
    ->        END IF;
    ->     END IF;
    -> END //
Query OK, 0 rows affected (0.01 sec)

mysql> DELIMITER ;
```

（2）查询"eid"为"10""11""24""26"的员工编号、员工姓名、薪资、奖金比例和入职年限。

```
mysql> SELECT eid,ename,salary,commission_pct,
    -> DATEDIFF(CURDATE(),hiredate) / 365 AS hireyear
    -> FROM t_employee WHERE eid IN(10,11,24,26);
+-----+----------+--------+----------------+----------+
| eid | ename    | salary | commission_pct | hireyear |
+-----+----------+--------+----------------+----------+
| 10  | 陆风     | 8889   |           NULL | 7.2329   |
| 11  | 黄冰茹   | 15778  |           NULL | 7.6493   |
| 24  | 吉日格勒 | 10289  |           NULL | 4.8027   |
| 26  | 李红     | 5000   |           NULL | 0.2329   |
+-----+----------+--------+----------------+----------+
4 rows in set (0.00 sec)
```

（3）调用存储过程"UpdateSalaryByEid4()"，分别传入"eid"为"10""11""24""26"。

```
mysql> CALL UpdateSalaryByEid4(10);
Query OK, 0 rows affected (0.00 sec)

mysql> CALL UpdateSalaryByEid4(11);
```

```
Query OK, 0 rows affected (0.02 sec)

mysql> CALL UpdateSalaryByEid4(24);
Query OK, 1 row affected (0.00 sec)

mysql> CALL UpdateSalaryByEid4(26);
Query OK, 1 row affected (0.00 sec)
```

（4）再次查询"eid"为"10""11""24""26"的员工编号、员工姓名、薪资、奖金比例和入职年限。

```
mysql> SELECT eid,ename,salary,commission_pct,
    -> DATEDIFF(CURDATE(),hiredate) / 365 AS hireyear
    -> FROM t_employee WHERE eid IN(10,11,24,26);
+-----+-----------+--------+----------------+----------+
| eid | ename     | salary | commission_pct | hireyear |
+-----+-----------+--------+----------------+----------+
|  10 | 陆风      |   9589 |           NULL |   7.2329 |
|  11 | 黄冰茹    |  15778 |           0.01 |   7.6493 |
|  24 | 吉日格勒  |  10489 |           NULL |   4.8027 |
|  26 | 李红      |   5100 |           NULL |   0.2329 |
+-----+-----------+--------+----------------+----------+
4 rows in set (0.00 sec)
```

对比前后两次查询结果可以看出 4 个员工分别满足不同的条件，数据更新的情况也各不相同。第一个"eid"为"10"的员工"陆风"满足"入职年限达到 7 年"的条件，并且满足"薪资低于 10000 元"的条件，所以修改薪资为"9589 元"，实现涨薪"700 元"。第二个"eid"为"11"的员工"黄冰茹"满足"入职年限达到 7 年"的条件，并且满足"薪资高于 10000 元且奖金比例为 NULL"的条件，所以修改奖金比例为"0.01"。第三个"eid"为"24"的员工"吉日格勒"满足"入职年限达到 3 年"的条件，但是不满足"薪资低于 9000 元"的条件，所以修改薪资为"10489 元"，实现涨薪"200 元"。第四个"eid"为"26"的员工"李红"的入职年限不足 3 年，但是满足"薪资低于 8000 元"的条件，所以薪资修改为"5100 元"，实现涨薪"100 元"。

10.5.2　CASE 条件判断语句

在 MySQL 中还支持另外一种条件判断语句，它就是 CASE 语句。CASE 语句有两种格式。

1. 第 1 种格式

第 1 种格式的 CASE 语句和 IF 语句是等效的，都可以编写多个条件表达式。

```
CASE
  WHEN 条件表达式 1 THEN 语句块 1
  WHEN 条件表达式 2 THEN 语句块 2
  ......
  ELSE 语句块 n+1
END CASE;
```

第 1 种格式的 CASE 语句执行时,也是按顺序依次判断条件,某个条件表达式成立了就执行对应 THEN 后面的语句块,否则就执行 ELSE 后面的语句块。如果没有单独的 ELSE 语句块，当所有条件表达式都不成立时，就什么也不干。

（1）声明存储过程"UpdateSalaryByEid5"，定义 IN 参数 empid，输入员工编号。判断该员工"薪资如果低于 9000 元"，就更新薪资为"9000 元"；"薪资大于等于 9000 元且低于 10000 元，但是奖金比例为NULL"，就更新奖金比例为"0.01"；其他的涨薪"100 元"。

```
mysql> DELIMITER //
mysql> CREATE PROCEDURE UpdateSalaryByEid5(IN empid INT)
    -> BEGIN
    ->     DECLARE empsalary DOUBLE;
    ->     DECLARE bonus DECIMAL(3,2);
    ->
    ->     SELECT salary INTO empsalary
    ->     FROM t_employee WHERE eid = empid;
    ->
    ->     SELECT commission_pct INTO bonus
    ->     FROM t_employee WHERE eid = empid;
    ->
    ->     CASE
    ->        WHEN empsalary < 9000 THEN
    ->           UPDATE t_employee SET salary = 9000
    ->           WHERE eid = empid;
    ->        WHEN empsalary < 10000 AND bonus IS NULL THEN
    ->           UPDATE t_employee SET commission_pct = 0.01
    ->           WHERE eid = empid;
    ->        ELSE
    ->           UPDATE t_employee SET salary = salary + 100
    ->           WHERE eid = empid;
    ->     END CASE;
    -> END //
Query OK, 0 rows affected (0.01 sec)

mysql> DELIMITER ;
```

（2）查询"eid"为"24""25""27"的员工编号、员工姓名、薪资和奖金比例。

```
mysql> SELECT eid,ename,salary,commission_pct
    -> FROM t_employee WHERE eid IN(24,25,27);
+-----+-----------+--------+----------------+
| eid | ename     | salary | commission_pct |
+-----+-----------+--------+----------------+
| 24  | 吉日格勒   | 10489  |           NULL |
| 25  | 额日古那   | 9087   |           NULL |
| 27  | 周洲       | 8000   |           NULL |
+-----+-----------+--------+----------------+
3 rows in set (0.00 sec)
```

（3）调用存储过程"UpdateSalaryByEid5"，分别传入"eid"为"24""25""27"。

```
mysql> CALL UpdateSalaryByEid5(24);
Query OK, 1 row affected (0.01 sec)

mysql> CALL UpdateSalaryByEid5(25);
Query OK, 1 row affected (0.00 sec)

mysql> CALL UpdateSalaryByEid5(27);
Query OK, 1 row affected (0.00 sec)
```

（4）再次查询"eid"为"24""25""27"的员工编号、员工姓名、薪资和奖金比例。

```
mysql> SELECT eid,ename,salary,commission_pct
    -> FROM t_employee WHERE eid IN(24,25,27);
+-----+-----------+--------+----------------+
| eid | ename     | salary | commission_pct |
+-----+-----------+--------+----------------+
```

```
| 24 |  吉日格勒  |  10589  |          NULL  |
| 25 |  额日古那  |   9087  |          0.01  |
| 27 |  周洲     |   9000  |          NULL  |
+-----+----------+--------+----------------+
3 rows in set (0.00 sec)
```

对比前后两次查询结果可以看出 3 个员工分别满足不同的条件，数据更新的情况也各不相同。第一个 "eid" 为 "24" 的员工 "吉日格勒" 两个条件都不满足，所以修改薪资为 "10589 元"，只能实现涨薪 "100 元"。第二个 "eid" 为 "25" 的员工 "额日古那"，满足 "薪资大于等于 9000 元且低于 10000 元，但是奖金比例为 NULL" 的条件，所以修改奖金比例为 "0.01"。第三个 "eid" 为 "27" 的员工 "周洲" 满足 "薪资低于 9000 元" 的条件，所以修改薪资为 "9000 元"。

2. 第 2 种格式

第 2 种格式的 CASE 语句与第 1 种 CASE 语句最大的不同就是，第 2 种格式的条件表达式结果是分为几种常量值，CASE 后面写一个条件表达式，WHEN 后面写该表达式可能的几种常量值结果。

```
CASE 表达式
  WHEN 常量值 1 THEN 语句块 1
  WHEN 常量值 2 THEN 语句块 2
  ......
  ELSE 语句块 n+1
END CASE;
```

第 2 种 CASE 语句执行时，首先计算 CASE 后面表达式的结果，其次用该结果与 WHEN 后面的常量值进行匹配，按顺序依次匹配，如果匹配上了，就执行对应 THEN 后面的语句块，否则就执行 ELSE 后面的语句块。如果没有单独的 ELSE 语句块，当所有的常量值都不匹配时，就什么也不干。

（1）声明存储过程 UpdateSalaryByEid6，定义 IN 参数 empid，输入员工编号。判断该员工的入职年限，如果不足 1 年，薪资涨 "50 元"；如果是 1 年，薪资涨 "100 元"；如果是 2 年，薪资涨 "200 元"；如果是 3 年，薪资涨 "300 元"；如果是 4 年，薪资涨 "400 元"；其他的涨薪 "500 元"。

```
mysql> DELIMITER //
mysql> CREATE PROCEDURE UpdateSalaryByEid6(IN empid INT)
    -> BEGIN
    ->     DECLARE empsalary DOUBLE;
    ->     DECLARE hireyear DOUBLE;
    ->
    ->     SELECT salary INTO empsalary
    ->     FROM t_employee WHERE eid = empid;
    ->
    ->     SELECT
    ->     DATEDIFF(CURDATE(),hiredate) DIV 365 INTO hireyear
    ->     FROM t_employee WHERE eid = empid;
    ->
    ->
    ->     CASE hireyear
    ->       WHEN 0 THEN
    ->         UPDATE t_employee SET salary = salary + 50
    ->         WHERE eid = empid;
    ->       WHEN 1 THEN
    ->         UPDATE t_employee SET salary = salary + 100
    ->         WHERE eid = empid;
    ->       WHEN 2 THEN
    ->         UPDATE t_employee SET salary = salary + 200
```

```
    ->          WHERE eid = empid;
    ->       WHEN 3 THEN
    ->          UPDATE t_employee SET salary = salary + 300
    ->          WHERE eid = empid;
    ->       WHEN 4 THEN
    ->          UPDATE t_employee SET salary = salary + 400
    ->          WHERE eid = empid;
    ->       ELSE
    ->          UPDATE t_employee SET salary = salary + 500
    ->          WHERE eid = empid;
    ->    END CASE;
    -> END //
Query OK, 0 rows affected (0.01 sec)

mysql> DELIMITER;
```

（2）查询"eid"为"9""25""26""27"的员工编号、员工姓名、薪资和奖金比例。

```
mysql> SELECT eid,ename,salary,
    -> DATEDIFF(CURDATE(),hiredate) DIV 365 AS hireyear
    -> FROM t_employee WHERE eid IN(9,25,26,27);
+-----+-----------+--------+----------+
| eid | ename     | salary | hireyear |
+-----+-----------+--------+----------+
|   9 | 李小磊    |   9000 |        6 |
|  25 | 额日古那  |   9087 |        4 |
|  26 | 李红      |   5100 |        0 |
|  27 | 周洲      |   9000 |        1 |
+-----+-----------+--------+----------+
4 rows in set (0.00 sec)
```

（3）调用存储过程"UpdateSalaryByEid6"，分别传入"eid"为"9""25""26""27"。

```
mysql> CALL UpdateSalaryByEid6(9);
Query OK, 1 row affected (0.01 sec)

mysql> CALL UpdateSalaryByEid6(25);
Query OK, 1 row affected (0.00 sec)

mysql> CALL UpdateSalaryByEid6(26);
Query OK, 1 row affected (0.02 sec)

mysql> CALL UpdateSalaryByEid6(27);
Query OK, 1 row affected (0.00 sec)
```

（4）再次查询"eid"为"9""25""26""27"的员工编号、员工姓名、薪资和入职年限。

```
mysql> SELECT eid,ename,salary,
    -> DATEDIFF(CURDATE(),hiredate) DIV 365 AS hireyear
    -> FROM t_employee WHERE eid IN(9,25,26,27);
+-----+-----------+--------+----------+
| eid | ename     | salary | hireyear |
+-----+-----------+--------+----------+
|   9 | 李小磊    |   9500 |        6 |
|  25 | 额日古那  |   9487 |        4 |
|  26 | 李红      |   5150 |        0 |
|  27 | 周洲      |   9100 |        1 |
+-----+-----------+--------+----------+
4 rows in set (0.00 sec)
```

对比前后两次查询结果可以看出 4 个员工分别满足不同的条件，数据更新的情况也各不相同。第一个 "eid" 为 "9" 的员工 "李小磊" 所有的常量值都不匹配，所以修改薪资为 "9500 元"，实现涨薪 500 元。第二个 "eid" 为 "25" 的员工 "额日古那" 匹配常量值 "4"，所以修改薪资 "9487"，实现涨薪 "400 元"。第三个 "eid" 为 "26" 的员工 "李红" 匹配常量值 "0"，所以修改薪资为 "5150 元"，实现涨薪 "50 元"。第四个 "eid" 为 "27" 的员工 "周洲" 匹配常量值 "1"，所以修改薪资为 "9100 元"，实现涨薪 "100 元"。

这里介绍的 CASE 语句与 "控制流程函数" 里描述的 CASE 函数略有不同，这里的 CASE 语句用 "END CASE;" 结束而不是 "END" 结束，另外这里的 CASE 语句不能有 ELSE NULL 子句，即如果没有编写单独的 ELSE 子句，当所有的条件都不满足时，就什么也不干，而不是默认返回 NULL。

10.5.3　WHILE 循环语句

当某些 SQL 语句需要重复执行时，可以使用循环结构。循环结构分为 WHILE、REPEAT 和 LOOP 三种。WHILE 语句创建一个带条件判断的循环过程。WHILE 语句的语法结构如下。

```
WHILE 循环条件表达式
DO 循环体语句块
END WHILE;
```

WHILE 语句结构的执行特点是先判断循环条件表达式，条件表达式成立就执行 DO 后面的循环体语句块，执行完循环体语句块之后再次判断循环条件表达式，如果成立，重复执行循环体语句块，直到循环条件不成立为止。

（1）当市场环境不好时，公司为了渡过难关，决定暂时降低大家的薪资。声明存储过程 "UpdateSalaryWhile()"，声明 OUT 参数 num，输出循环次数，如果全公司的平均薪资大于 12000 元，就分等级降低薪资：

- 如果薪资超过 20000 元的，降低薪资 1000 元。
- 如果薪资超过 15000 元的，降低薪资 500 元。
- 如果薪资超过 10000 元的，降低薪资 300 元。
- 如果薪资超过 8000 元的，降低薪资 100 元。
- 如果薪资小于等于 8000 元的，薪资不变。

循环上面的过程，循环条件不满足，并统计循环次数。

```
mysql> DELIMITER //
mysql> CREATE PROCEDURE UpdateSalaryWhile(OUT num INT)
    -> BEGIN
    ->    DECLARE avgsalary DOUBLE;
    ->    DECLARE while_count INT DEFAULT 0;
    ->    DECLARE grade1_names,grade2_names,
    ->    grade3_names,grade4_names VARCHAR(100) DEFAULT '';
    ->
    ->    SELECT AVG(salary) INTO avgsalary FROM t_employee;
    ->
    ->    WHILE avgsalary>12000 DO
    ->     #查询薪资 > 20000 元的员工姓名
    ->     SELECT gnames INTO grade1_names FROM
    ->     (SELECT GROUP_CONCAT(ename) AS gnames,
    ->     IF(salary > 20000,1,0) s
    ->     FROM t_employee
    ->     WHERE salary > 20000 GROUP BY s) AS t;
    ->
```

```
        ->        #查询 15000 元 < 薪资 <= 20000 元的员工姓名
        ->        SELECT gnames INTO grade2_names FROM
        ->        (SELECT GROUP_CONCAT(ename) AS gnames,
        ->        IF(salary > 15000 AND salary <= 20000,1,0) s
        ->        FROM t_employee
        ->        WHERE salary > 15000 AND salary <= 20000 GROUP BY s)AS t;
        ->
        ->        #查询 10000 元 < 薪资 <= 15000 元的员工姓名
        ->        SELECT gnames INTO grade3_names FROM
        ->        (SELECT GROUP_CONCAT(ename) AS gnames,
        ->        IF(salary > 10000 AND salary <= 15000,1,0) s
        ->        FROM t_employee
        ->        WHERE salary > 10000 AND salary <= 15000 GROUP BY s)AS t;
        ->
        ->        #查询 8000 元 < 薪资 <= 10000 元的员工姓名
        ->        SELECT gnames INTO grade4_names FROM
        ->        (SELECT GROUP_CONCAT(ename) AS gnames,
        ->        IF(salary > 8000 AND salary <= 10000,1,0) s
        ->        FROM t_employee
        ->        WHERE salary > 8000 AND salary <= 10000 GROUP BY s)AS t;
        ->
        ->        #薪资超过 20000 元的，降低薪资 1000 元
        ->        UPDATE t_employee SET salary = salary - 1000
        ->        WHERE ename IN (grade1_names);
        ->
        ->        #薪资超过 15000 元的，降低薪资 500 元
        ->        UPDATE t_employee SET salary = salary - 500
        ->        WHERE ename IN (grade2_names);
        ->
        ->        #薪资超过 10000 元的，降低薪资 300 元
        ->        UPDATE t_employee SET salary = salary - 300
        ->        WHERE ename IN (grade3_names);
        ->
        ->        #薪资超过 8000 元的，降低薪资 100 元
        ->        UPDATE t_employee SET salary = salary - 100
        ->        WHERE ename IN (grade4_names);
        ->
        ->        SET while_count = while_count + 1;
        ->
        ->        #重新查询平均薪资
        ->        SELECT AVG(salary) INTO avgsalary FROM t_employee;
        ->    END WHILE;
        ->
        ->    SET num = while_count;
        -> END //
Query OK, 0 rows affected (0.01 sec)

mysql> DELIMITER ;
```

（2）先查看"t_employee"表当前的平均薪资。

```
mysql> SELECT AVG(salary) FROM t_employee;
+--------------------+
```

```
|  AVG(salary)        |
+---------------------+
|  12046.25925925926  |
+---------------------+
1 row in set (0.00 sec)
```

（3）调用存储过程"UpdateSalaryWhile"，并用@num 变量接收存储过程的输出结果。结束后显示@num 变量的值。

```
mysql> CALL UpdateSalaryWhile(@num);
Query OK, 1 row affected (0.08 sec)

mysql> SELECT @num;
+------+
| @num |
+------+
|  2   |
+------+
1 row in set (0.00 sec)
```

从上面的结果可以看出，WHILE 循环执行了 2 次。

（4）此时再次查看"t_employee"表的平均薪资。

```
mysql> SELECT AVG(salary) FROM t_employee;
+---------------------+
|  AVG(salary)        |
+---------------------+
|  11972.185185185184 |
+---------------------+
1 row in set (0.00 sec)
```

直到平均薪资低于 12000 元，存储过程"UpdateSalaryWhile"中的 WHILE 循环才结束。

10.5.4　REPEAT 循环语句

REPEAT 语句创建的也是一个带条件判断的循环过程。REPEAT 语句的语法结构如下。

```
REPEAT
    循环体语句块
UNTIL 结束循环的条件表达式;
```

REPEAT 语句结构的执行特点是执行循环体语句块，执行完循环体语句块之后判断循环条件表达式，如果结束循环的条件不成立，重复执行循环体语句块，直到结束循环的条件成立为止。

REPEAT 语句和 WHILE 语句的不同有以下两点：

● REPEAT 语句的循环体至少执行一次，而 WHILE 语句的循环体有可能一次都不执行。

● REPEAT 语句的循环条件是成立就结束循环，而 WHILE 语句的循环条件是成立继续循环。

（1）当市场环境变好时，公司为了奖励大家，决定给大家涨工资。

声明存储过程"UpdateSalaryRepeat"，声明 OUT 参数 num，输出循环次数，存储过程的功能可以实现分等级涨工资：

● 如果薪资达到 16000 元的，涨薪 1000 元。

● 如果薪资达到 13000 元的，涨薪 500 元。

● 如果薪资达到 9000 元的，涨薪 300 元。

● 如果薪资达到 7500 元的，涨薪 100 元。

● 如果薪资低于 7500 元的，涨薪 50 元。

循环上面的过程，直到全公司的平均薪资达到 12000 元结束。

```
mysql> DELIMITER //
mysql> CREATE PROCEDURE UpdateSalaryRepeat(OUT num INT)
    -> BEGIN
    ->     DECLARE avgsalary DOUBLE;
    ->     DECLARE repeat_count INT DEFAULT 0;
    ->     DECLARE grade1_names,grade2_names,grade3_names,
    ->     grade4_names,grade5_names VARCHAR(100) DEFAULT '';
    ->
    ->     SELECT AVG(salary) INTO avgsalary FROM t_employee;
    ->
    ->     REPEAT
    ->         #查询薪资 >= 16000 元的员工姓名
    ->         SELECT gnames INTO grade1_names FROM
    ->         (SELECT GROUP_CONCAT(ename) AS gnames,
    ->         IF(salary >= 16000,1,0) s
    ->         FROM t_employee
    ->         WHERE salary >= 16000 GROUP BY s) AS t;
    ->
    ->         #查询 13000 元 <= 薪资 < 16000 元的员工姓名
    ->         SELECT gnames INTO grade2_names FROM
    ->         (SELECT GROUP_CONCAT(ename) AS gnames,
    ->         IF(salary >= 13000 AND salary < 16000,1,0) s
    ->         FROM t_employee
    ->         WHERE salary >= 13000 AND salary < 16000 GROUP BY s)AS t;
    ->
    ->         #查询 9000 元 <= 薪资 < 13000 元的员工姓名
    ->         SELECT gnames INTO grade3_names FROM
    ->         (SELECT GROUP_CONCAT(ename) AS gnames,
    ->         IF(salary >= 9000 AND salary < 13000,1,0) s
    ->         FROM t_employee
    ->         WHERE salary >= 9000 AND salary < 13000 GROUP BY s)AS t;
    ->
    ->         #查询 7500 元 <= 薪资 < 9000 元的员工姓名
    ->         SELECT gnames INTO grade4_names FROM
    ->         (SELECT GROUP_CONCAT(ename) AS gnames,
    ->         IF(salary >= 7500 AND salary < 9000,1,0) s
    ->         FROM t_employee
    ->         WHERE salary >= 7500 AND salary < 9000 GROUP BY s)AS t;
    ->
    ->
    ->         #查询薪资 < 75000 元的员工姓名
    ->         SELECT gnames INTO grade5_names FROM
    ->         (SELECT GROUP_CONCAT(ename) AS gnames,
    ->         IF(salary < 7500,1,0) s
    ->         FROM t_employee
    ->         WHERE salary < 7500 GROUP BY s)AS t;
    ->
    ->         #薪资达到 16000 元的, 涨薪 1000 元
    ->         UPDATE t_employee SET salary = salary + 1000
    ->         WHERE ename IN (grade1_names);
    ->
    ->         #薪资达到 13000 元的, 涨薪 500 元
    ->         UPDATE t_employee SET salary = salary + 500
    ->         WHERE ename IN (grade2_names);
```

```
    ->
    ->          #薪资达到 9000 元的，涨薪 300 元
    ->          UPDATE t_employee SET salary = salary + 300
    ->          WHERE ename IN (grade3_names);
    ->
    ->          #薪资达到 7500 元的，涨薪 100 元
    ->          UPDATE t_employee SET salary = salary + 100
    ->          WHERE ename IN (grade4_names);
    ->
    ->          #薪资低于 7500 元的，涨薪 50 元
    ->          UPDATE t_employee SET salary = salary + 50
    ->          WHERE ename IN (grade5_names);
    ->
    ->          SET repeat_count = repeat_count + 1;
    ->
    ->          #重新查询平均薪资
    ->          SELECT AVG(salary) INTO avgsalary FROM t_employee;
    ->
    ->      UNTIL avgsalary >= 12000 END REPEAT;
    ->
    ->      SET num = repeat_count;
    -> END //
Query OK, 0 rows affected (0.01 sec)

mysql> DELIMITER ;
```

（2）先查看当前"t_employee"表的平均薪资。

```
mysql> SELECT AVG(salary) FROM t_employee;
+---------------------+
| AVG(salary)         |
+---------------------+
| 11972.185185185184  |
+---------------------+
1 row in set (0.00 sec)
```

（3）调用存储过程"UpdateSalaryRepeat"，并用@num 变量接收存储过程的输出结果。结束后显示@num 变量的值。

```
mysql> CALL UpdateSalaryRepeat(@num);
Query OK, 1 row affected (0.07 sec)

mysql> SELECT @num;
+---------+
| @num    |
+---------+
|   16    |
+---------+
1 row in set (0.00 sec)
```

（4）最后再次查看"t_employee"表的平均薪资。

```
mysql> SELECT AVG(salary) FROM t_employee;
+---------------------+
| AVG(salary)         |
+---------------------+
| 12001.814814814816  |
+---------------------+
1 row in set (0.00 sec)
```

直到平均薪资高于 12000 元，存储过程"UpdateSalaryRepeat"中的 REPEAT 循环结束。

10.5.5 LEAVE 退出语句

LEAVE 语句用来退出加了标记的"BEGIN…END"语句块或循环语句块（WHILE、REPEAT、LOOP），语法格式如下。

```
LEAVE 标记名;
```

MySQL 中可以给 BEGIN…END 语句块或循环语句块加标记。

1. LEAVE 退出 BEGIN…END 语句块

（1）创建存储过程 Leave_Begin_IfSalaryIllegal()，声明 DOUBLE 类型的 IN 参数 empsalary，和 VARCHAR(20)类型的 IN 参数 empname。在存储过程中实现修改员工姓名为"empname"的薪资值为"empsalary"。考虑到薪资不能低于低保薪资，否则就退出当前存储过程。

这里通过给"BEGIN…END"加标记名，并在"BEGIN…END"中使用 IF 语句判断 empsalary 参数的值，如果"empsalary < 低保薪资"，则使用 LEAVE 语句退出 BEGIN…END。

```
mysql> DELIMITER //
mysql> CREATE PROCEDURE Leave_Begin_IfSalaryIllegal
    -> (IN empsalary DOUBLE,IN empname VARCHAR(20))
    ->
    -> begin_label: BEGIN
    ->    IF empsalary < 710 THEN
    ->     LEAVE begin_label;
    ->    END IF;
    ->
    ->    UPDATE t_employee SET salary = empsalary WHERE ename = empname;
    -> END //
Query OK, 0 rows affected (0.01 sec)

mysql> DELIMITER ;
```

注意，标记名是加在 BEGIN 单词前面，并且使用冒号"："与 BEGIN 隔开。

（2）调用存储过程"Leave_Begin_IfSalaryIllegal"，传入"150"和"何进"的参数值。为了看到 LEAVE 语句的效果，在存储过程调用的前后分别查看"何进"的薪资。

```
mysql> SELECT salary FROM t_employee WHERE ename = '何进';
+--------+
| salary |
+--------+
| 15000  |
+--------+
1 row in set (0.00 sec)

mysql> CALL Leave_Begin_IfSalaryIllegal(150,'何进');
Query OK, 0 rows affected (0.00 sec)

mysql> SELECT salary FROM t_employee WHERE ename = '何进';
+--------+
| salary |
+--------+
| 15000  |
+--------+
1 row in set (0.00 sec)
```

从上面语句的运行结果可以看出，当我们调用存储过程"Leave_Begin_IfSalaryIllegal"时，传入"150"和"何进"的参数值，则存储过程提前结束了"BEGIN...END"语句块，所以"何进"的薪资没有修改。

（3）调用存储过程"Leave_Begin_IfSalaryIllegal"，传入"10000"和"何进"的参数值。为了看到 LEAVE 语句的效果，在存储过程调用的前后分别查看"何进"的薪资。

```
mysql> SELECT salary FROM t_employee WHERE ename = '何进';
+--------+
| salary |
+--------+
| 15000 |
+--------+
1 row in set (0.00 sec)

mysql> CALL Leave_Begin_IfSalaryIllegal(10000,'何进');
Query OK, 1 row affected (0.00 sec)

mysql> SELECT salary FROM t_employee WHERE ename = '何进';
+--------+
| salary |
+--------+
| 10000 |
+--------+
1 row in set (0.00 sec)
```

从上面语句的运行结果可以看出，当我们调用存储过程"Leave_Begin_IfSalaryIllegal"时传入"10000"和"何进"的参数值，存储过程没有满足提前结束 BEGIN...END 语句块的 IF 条件，所以"何进"的薪资被修改成了"10000"。

2. LEAVE 语句退出循环

LEAVE 语句更多地是用于提前结束循环语句。

（1）当市场环境不好时，公司为了渡过难关，决定暂时降低大家的薪资。声明存储过程"Leave_While()"，声明 OUT 参数 num，输出循环次数，存储过程中使用 WHILE 循环给大家降低薪资为原来薪资的 90%，直到全公司的平均薪资小于等于 11000 元，并统计循环次数。

```
mysql> DELIMITER //
mysql> CREATE PROCEDURE Leave_While(OUT num INT)
    -> BEGIN
    ->     DECLARE avgsalary DOUBLE;
    ->     DECLARE while_count INT DEFAULT 0;
    ->
    ->     SELECT AVG(salary) INTO avgsalary FROM t_employee;
    ->
    ->     label_while:WHILE TRUE DO
    ->       UPDATE t_employee SET salary=salary * 0.9;
    ->       SET while_count = while_count + 1;
    ->       SELECT AVG(salary) INTO avgsalary FROM t_employee;
    ->       IF avgsalary <= 11000 THEN
    ->         LEAVE label_while;
    ->       END IF;
    ->     END WHILE ;
    ->     SET num = while_count;
    -> END //
Query OK, 0 rows affected (0.01 sec)
```

```
mysql> DELIMITER ;
```

这里 WHILE 后面写 TRUE 表示循环条件用于成立的意思。如果循环体中没有 IF 语句判断并执行 LEAVE 语句的话，就是一个无限的死循环了。

（2）先查看当前"t_employee"表的平均薪资。

```
mysql> SELECT AVG(salary) FROM t_employee;
+-------------------+
| AVG(salary)       |
+-------------------+
| 11816.62962962963 |
+-------------------+
1 row in set (0.00 sec)
```

（3）调用存储过程"Leave_While"，并用@num 变量接收存储过程的输出结果。结束后显示@num 变量的值。

```
mysql> CALL Leave_While(@num);
Query OK, 1 row affected (0.01 sec)

mysql> SELECT @num;
+------+
| @num |
+------+
|  1   |
+------+
1 row in set (0.00 sec)
```

（4）最后再次查看"t_employee"表的平均薪资。

```
mysql> SELECT AVG(salary) FROM t_employee;
+-------------------+
| AVG(salary)       |
+-------------------+
| 10634.966666666667|
+-------------------+
1 row in set (0.00 sec)
```

上面的语句执行结果可以看出，当"t_employee"表的平均薪资低于 11000 元时，就由 LEAVE 语句结束了 WHILE 循环结构。

10.5.6 LOOP 循环语句

LOOP 循环语句用来重复执行某些语句，与 WHILE 和 REPEAT 循环不同的是 LOOP 本身并不进行条件判断。LOOP 循环语句必须结合 LEAVE 语句使用，否则 LOOP 循环语句就是一个无限死循环结构。

```
标记名:LOOP
    循环体语句块
END LOOP;
```

SQL 语句示例如下。

（1）当市场环境变好时，公司为了奖励大家，决定给大家涨工资。声明存储过程"UpdateSalaryLoop()"，声明 OUT 参数 num，输出循环次数。存储过程中实现循环给大家涨薪，薪资涨为原来的 1.1 倍，直到全公司的平均薪资达到 12000 元时结束，并统计循环次数。

```
mysql> DELIMITER //
mysql> CREATE PROCEDURE UpdateSalaryLoop(OUT num INT)
```

```
    -> BEGIN
    ->    DECLARE avgsalary DOUBLE;
    ->    DECLARE repeat_count INT DEFAULT 0;
    ->
    ->    label_loop:LOOP
    ->     UPDATE t_employee SET salary=salary * 1.1;
    ->     SET repeat_count = repeat_count + 1;
    ->     SELECT AVG(salary) INTO avgsalary FROM t_employee;
    ->     IF avgsalary >= 12000 THEN
    -> LEAVE label_loop;
    ->     END IF;
    ->    END LOOP;
    ->    SET num = repeat_count;
    -> END //
Query OK, 0 rows affected (0.02 sec)

mysql> DELIMITER ;
```

（2）先查看当前"t_employee"表的平均薪资。

```
mysql> SELECT AVG(salary) FROM t_employee;
+--------------------+
| AVG(salary)        |
+--------------------+
| 10634.966666666667 |
+--------------------+
1 row in set (0.00 sec)
```

（3）调用存储过程"UpdateSalaryLoop"，并用@num 变量接收存储过程的输出结果。结束后显示@num
变量的值。

```
mysql> CALL UpdateSalaryLoop(@num);
Query OK, 1 row affected (0.02 sec)

mysql> SELECT @num;
+------+
| @num |
+------+
|   2  |
+------+
1 row in set (0.00 sec)
```

（4）最后再次查看"t_employee"表的平均薪资。

```
mysql> SELECT AVG(salary) FROM t_employee;
+--------------------+
| AVG(salary)        |
+--------------------+
| 12868.30966666667  |
+--------------------+
1 row in set (0.00 sec)
```

从上面语句的执行结果可以看出，当"t_employee"表的平均薪资满足大于等于 12000 元时，就由 LEAVE
语句结束了 LOOP 循环结构。

10.6   游标的使用

如果在存储过程和函数中查询的数据量非常大，可以使用游标对结果集进行循环处理。MySQL 中游标的使用包括声明游标、打开游标、使用游标和关闭游标。

说明，本节流程控制结构的案例演示是基于函数演示的，在存储过程中的使用方式是一样的。

1. 声明游标

在 MySQL 中游标的声明也是使用 DECLARE 语句。游标的声明必须在声明处理程序之前，但是变量、条件的声明必须在游标的前面。声明游标的语法格式如下。

```
DECLARE 游标名称 CURSOR FOR SELECT 语句;
```

SELECT 语句返回一个用于创建游标的结果集。

2. 打开游标

游标必须打开才能使用。使用 OPEN 语句可以打开先前声明的游标，语法格式如下。

```
OPEN 游标名称;
```

3. 使用游标

可以使用 FETCH 语句使用之前打开的游标，语法格式如下。

```
FETCH 游标名称 INTO 变量列表;
```

这些变量必须在游标声明之前就定义好。这里变量列表中变量的数量和类型要与游标的 SELECT 语句查询结果的字段列表对应。

4. 关闭游标

当游标使用完之后，需要使用 CLOSE 语句进行关闭。如果游标未被明确关闭，则会在声明它的复合语句块结束时关闭。关闭游标的语法格式如下。

```
CLOSE 游标名称;
```

SQL 语句示例如下。

（1）创建函数 "getCountByLimitTotalSalary()"，定义 DOUBLE 类型的参数 limit_total_salary，函数的功能可以实现累加薪资最高的几个员工的薪资值，直到薪资总和达到 limit_total_salary 参数的值，返回累加的人数。

```
mysql> DELIMITER //
mysql> CREATE FUNCTION getCountByLimitTotalSalary
    -> (limit_total_salary DOUBLE)
    -> RETURNS INT
    -> NOT DETERMINISTIC
    -> READS SQL DATA
    -> BEGIN
    ->     DECLARE sumsalary DOUBLE DEFAULT 0;
    ->     DECLARE cursor_salary DOUBLE DEFAULT 0;
    ->     DECLARE empcount INT DEFAULT 0;
    ->
    ->     DECLARE emp_cursor CURSOR FOR
    ->     SELECT salary FROM t_employee ORDER BY salary DESC;
    ->
    ->     OPEN emp_cursor;
    ->     REPEAT
    ->       FETCH emp_cursor INTO cursor_salary;
    ->       SET sumsalary = sumsalary + cursor_salary;
    ->       SET empcount = empcount + 1;
    ->     UNTIL sumsalary >= limit_total_salary
    ->     END REPEAT;
    ->
```

```
    ->      RETURN empcount;
    -> END //
Query OK, 0 rows affected (0.01 sec)

mysql> DELIMITER ;
```

（2）调用函数"getCountByLimitTotalSalary"，传入参数值"200000"，查询结果。

```
mysql> SELECT getCountByLimitTotalSalary(200000);
+-----------------------------------+
| getCountByLimitTotalSalary(200000) |
+-----------------------------------+
|                               12  |
+-----------------------------------+
1 row in set (0.00 sec)
```

10.7　存储过程和函数的对比

存储过程和函数的声明相对比较复杂，这部分工作一般都有专业的 DBA 来完成。如果能够掌握这部分的知识和技能，则会为项目开发和维护带来诸多好处。那么，存储过程和函数都有哪些优点呢？

1．具有良好的封装性

存储过程和函数都可以实现将一系列实现复杂的业务处理的 SQL 语句进行封装，经过编译后保存到 MySQL 数据库中，可以供应用程序反复调用，而使用者无须关注 SQL 逻辑的实现细节。

2．应用程序与 SQL 逻辑分离

当因为业务需求的改变而导致存储过程和函数中的 SQL 语句发生变动时，在一定程度上无须修改上层应用程序的业务逻辑，大大简化了应用程序开发和维护的成本。

3．让 SQL 具备处理能力

因为在 MySQL 的存储过程和函数支持丰富的流程控制语句，增强了 SQL 语句的灵活性，所以可以完成复杂的逻辑判断和相关的运算处理。

4．减少网络交互

如果把业务逻辑处理全部都交给应用程序处理的话，可能需要通过 SQL 语句反复从数据库中查询数据，则增加了不必要的网络流量。如果使用存储过程和函数，可以直接将 SQL 逻辑封装在一起并保存到数据库中，逻辑处理在 MySQL 的服务器端就完成了，而应用程序只需要直接调用存储过程和函数，这样在应用程序和函数之间只需要产生一次数据交互，大大减少了不必要的网络带宽流量。

5．能够提高系统性能

由于存储过程和函数是经过编译后保存到 MySQL 数据库中的，首次执行存储过程和函数后，存储过程和函数会被保存到相关的内存区域中。反复调用存储过程和函数时，只需要从对应的内存区域中执行存储过程和函数即可，大大提高了系统处理业务的效率和性能。

6．降低数据出错的概率

在实际的系统开发过程中，业务逻辑处理的步骤越多，出错的概率越大。应用程序中的数据又非常烦琐和庞大，如果由 DBA 将 SQL 逻辑封装到存储过程和函数中，对外提供统一的调用入口，则能够大大降低数据出错的概率。

7. 保证数据的一致性和完整性

通过降低数据出错的概率，能够保证数据的一致性和完整性。

8. 保证数据的安全性

在实际的系统开发过程中，需要对数据库划分严格的权限。虽然部分人员不能直接访问数据表，但是可以为其赋予存储过程和函数的访问权限，使其通过存储过程和函数来操作数据表中的数据，从而提升数据库中数据的安全性。

函数和存储过程都是存储程序。存储过程和函数是有一定区别的。

- 函数必须有返回值，而存储过程可以没有。另外，存储过程的参数类型可以是 IN、OUT 和 INOUT，而函数的参数类型只能是 IN。
- 函数只能通过 return 语句返回单个值或者表对象，而存储过程不允许执行 return，但是可以通过 OUT 参数返回多个值。
- 函数可以嵌入 SQL 语句中使用，可以在 SELECT 语句中作为查询语句的一部分调用，而存储过程只能作为一个独立的语句来执行。
- 函数限制相对比较多，不能使用临时表，只能用表变量等。

10.8　本章小结

本章首先对变量做了介绍，包括全局系统变量、会话系统变量、用户自定义的会话变量，以及在存储过程和函数定义的局部变量。其次介绍了存储过程和函数的创建、查看、修改、调用和删除操作。再次又介绍了如何在存储过程和函数中定义条件和处理程序、如何使用丰富的流程控制语句结构创建复杂的存储过程和函数。最后介绍了 MySQL 中游标的使用。经过本章的学习，相信读者可以感受到 MySQL 的语法非常全面，功能非常强大。

第11章

事件和触发器

从 MySQL 5.0.2 开始支持触发器。MySQL 的触发器和存储过程一样，都是嵌入到 MySQL 服务器的一段程序。触发器是由事件来触发某个操作。所谓事件就是指用户的动作（例如，单击鼠标左键、按下回车键等）或者执行的某个操作（例如，INSERT、UPDATE、DELETE 操作）。如果定义了触发程序，当数据库执行这些语句时，就相当于事件发生了，从而会激发触发器执行相应的操作。

另外，在 MySQL 5.1 中新增了一个特色功能事件调度器（Event Scheduler），简称"事件"。它可以作为定时任务调度器，取代部分原来只能用操作系统的计划任务才能执行的工作。MySQL 的事件可以实现每秒钟执行一个任务，这在一些对实时性要求较高的环境下是非常实用的。事件调度器是定时触发执行的，所以也可以称为"时间触发器"。但是它与触发器又有所区别，触发器只针对某个表产生的事件执行一些语句，而事件调度器则是在某一段（间隔）时间执行一些语句。

本章的所有 SQL 演示都基于"atguigu_chapter11"数据库。为了更好地演示效果，下面导入提前准备好的 SQL 脚本"atguigu_chapter11.sql"，脚本包含 3 个表：t_employee 表、t_department 表和 t_job 表，这3 个表的结构和数据与 8.8 节加完约束的 t_employee 表、t_department 表和 t_job 表相同。为了更好地理解和掌握书中的各个案例，请提前熟悉这 3 个表的结构，以及表中各个字段的意义。

11.1　触发器

触发器（trigger）是一个特殊的存储过程，不同的是，执行存储过程要使用 CALL 语句来显示调用，而触发器的执行不需要使用 CALL 语句来调用，也不需要手动启动，只要当一个预定义的事件发生时，就会被 MySQL 自动调用。例如，在对某个数据表进行更新操作前，首先需要验证数据的合法性，此时就可以使用触发器来执行。在 MySQL 中定义触发器能够在一定程度上保证数据的完整性。

11.1.1　创建触发器

触发器也是 MySQL 的数据库对象，也是由 CREATE 语句来创建的。创建触发器的语法格式如下。

```
CREATE
[DEFINER = { 用户名| CURRENT_USER }]
TRIGGER 触发器名称
触发时机 触发事件名 ON 表名称 FOR EACH ROW
触发器执行的语句块；
```

- CREATE TRIGGER，表示创建触发器。
- DEFINER 子句，用于指定触发器的创建者，默认是 CURRENT_USER（当前用户），MySQL 还支持手动指定创建者。

- 触发时机，可以指定为 BEFORE 或 AFTER，表示是在触发事件的行为发生之前或之后执行触发器定义的语句块。触发事件包括 INSERT、UPDATE 和 DELETE 三种操作。
- "ON 表名称 FOR EACH ROW"表明触发器由哪个表的触发事件来激活。
- 触发器执行的语句块，可以是单条 SQL 语句，也可以是由 BEGIN...END 结构组成的复合语句块。

SQL 语句示例如下。

（1）定义触发器"salary_check_trigger"，基于员工表"t_employee"的 INSERT 事件，在 INSERT 之前检查将要添加的新员工薪资是否大于他领导的薪资，如果大于领导的薪资，则报"sqlstate_value 为'HY000'"的错误，从而使得添加失败。

```
mysql> DELIMITER //
mysql> CREATE TRIGGER salary_check_trigger
    ->  BEFORE INSERT ON t_employee FOR EACH ROW
    ->  BEGIN
    ->      DECLARE mgrsalary DOUBLE;
    ->
    ->      SELECT salary INTO mgrsalary FROM t_employee
    ->      WHERE eid = NEW.mid;
    ->
    ->      IF NEW.salary > mgrsalary THEN
    ->        SIGNAL SQLSTATE 'HY000'
    ->        SET MESSAGE_TEXT = '薪资高于领导薪资错误';
    ->      END IF;
    -> END //
Query OK, 0 rows affected (0.01 sec)

mysql> DELIMITER ;
```

上面触发器声明过程中的 NEW 关键字代表 INSERT 添加语句的新记录。

MySQL 5.5 增加了 SIGNAL 语法，SIGNAL 语句是一种错误处理机制，用于处理意外事件，它向处理程序提供错误信息，并在需要时从应用程序正常退出。SIGNAL 语句的 SQLSTATE 值由五个字符的字母数字代码组成。SIGNAL 语句使用 SET 关键字指定 MESSAGE_TEXT 的值，用于描述错误具体的信息。

（2）查询"eid"为"2"的员工编号、员工姓名、员工薪资值。

```
mysql> SELECT eid,ename,salary FROM t_employee WHERE eid = 2;
+------+-------+--------+
| eid  | ename | salary |
+------+-------+--------+
|   2  | 何进  |   7001 |
+------+-------+--------+
1 row in set (0.00 sec)
```

（3）尝试添加两条记录到"t_employee"表。

```
mysql> INSERT INTO t_employee
    -> (ename,salary,birthday,tel,email,hiredate,MID)
    -> VALUES('张三',5000,'1995-01-08', '18201587896',
    -> 'zs@atguigu.com', '2022-02-14', 2);
Query OK, 1 row affected (0.01 sec)

mysql> INSERT INTO t_employee
    -> (ename,salary,birthday,tel,email,hiredate,MID)
    -> VALUES('李四',8000,'1995-12-08','18201666696',
    -> 'ls@atguigu.com','2022-02-14',2);
ERROR 1644 (HY000)：薪资高于领导薪资错误
```

从上面的 INSERT 语句执行结果来看，第一条 INSERT 语句添加新记录成功，第二条 INSERT 语句添加新记录失败，因为在 INSERT 语句执行前激活了触发器"salary_check_trigger"执行了检查新员工的薪资是否高于领导的薪资，如果新员工的薪资高于领导的薪资，则报"sqlstate_value 为'HY000'"的错误，所以使得添加失败。

注意，如果在子表中定义了外键约束，并且外键指定了"ON UPDATE/DELETE CASCADE/SET NULL"子句，当修改父表被引用的键值或删除父表被引用的记录行时，就会引起子表的修改和删除操作，而这种情况下引起的子表外键字段的修改和相关记录的删除操作并不会触发基于子表的 UPDATE 和 DELETE 语句定义的触发器。

例如，基于子表员工表（t_employee）的 DELETE 语句定义了触发器 t1，而子表的部门编号（did）字段定义了外键约束，引用了父表部门表（t_department）的主键列部门编号（did），并且该外键加了"ON DELETE SET NULL"子句，如果此时删除父表部门表（t_department）在子表员工表（t_employee）有匹配记录的部门记录时，就会引起子表员工表（t_employee）匹配记录的部门编号（did）修改为 NULL，但是此时不会激活触发器 t1。只有直接对子表员工表（t_employee）执行 DELETE 语句时，才会激活触发器 t1。

SQL 语句示例如下。

（1）查看子表"t_employee"的定义信息。

```
mysql> SHOW CREATE TABLE t_employee \G
*************************** 1. row ***************************
       Table: t_employee
Create Table: CREATE TABLE 't_employee' (
  'eid' int NOT NULL AUTO_INCREMENT COMMENT '员工编号',
  'ename' varchar(20) CHARACTER SET utf8mb4 COLLATE utf8mb4_0900_ai_ci NOT NULL COMMENT
'员工姓名',
  'salary' double NOT NULL COMMENT '薪资',
  'commission_pct' decimal(3,2) DEFAULT NULL COMMENT '奖金比例',
  'birthday' date NOT NULL COMMENT '出生日期',
  'gender' enum('男','女') CHARACTER SET utf8mb4 COLLATE utf8mb4_0900_ai_ci NOT NULL
DEFAULT '男' COMMENT '性别',
  'tel' char(11) CHARACTER SET utf8mb4 COLLATE utf8mb4_0900_ai_ci NOT NULL COMMENT
'手机号码',
  'email' varchar(32) CHARACTER SET utf8mb4 COLLATE utf8mb4_0900_ai_ci NOT NULL COMMENT
'邮箱',
  'address' varchar(150) DEFAULT NULL COMMENT '地址',
  'work_place' set('北京','深圳','上海','武汉') CHARACTER SET utf8mb4 COLLATE
utf8mb4_0900_ai_ci NOT NULL DEFAULT '北京' COMMENT '工作地点',
  'hiredate' date NOT NULL COMMENT '入职日期',
  'job_id' int DEFAULT NULL COMMENT '职位编号',
  'mid' int DEFAULT NULL COMMENT '领导编号',
  'did' int DEFAULT NULL COMMENT '部门编号',
  PRIMARY KEY ('eid'),
  KEY 'job_id' ('job_id'),
  KEY 'did' ('did'),
  KEY 'mid' ('mid'),
  CONSTRAINT 't_employee_ibfk_1' FOREIGN KEY ('job_id') REFERENCES 't_job' ('jid') ON
DELETE SET NULL ON UPDATE CASCADE,
  CONSTRAINT 't_employee_ibfk_2' FOREIGN KEY ('did') REFERENCES 't_department' ('did')
ON DELETE SET NULL ON UPDATE CASCADE,
  CONSTRAINT 't_employee_ibfk_3' FOREIGN KEY ('mid') REFERENCES 't_employee' ('eid')
ON DELETE SET NULL ON UPDATE CASCADE,
```

```
    CONSTRAINT 't_employee_chk_1' CHECK (('salary' > 0)),
    CONSTRAINT 't_employee_chk_2' CHECK (('hiredate' > 'birthday'))
) ENGINE = InnoDB AUTO_INCREMENT = 29 DEFAULT CHARSET = utf8mb4 COLLATE = utf8mb4_0900_ai_ci
1 row in set (0.00 sec)
```

从上面查询结果可以看出子表"t_employee"的"did"字段定义了外键，并且有"ON DELETE SET NULL"子句。这就表示当父表"t_department"的"did"字段值被子表"t_employee"引用后，删除父表被引用记录，子表"t_employee"对应"did"外键字段值会跟着修改为"NULL"。

下面验证因外键引起子表的修改不会激活基于子表修改操作的触发器。

（2）创建触发器"update_trigger"，基于子表"t_employee"表的 UPDATE 语句。

```
mysql> DELIMITER //
mysql> CREATE TRIGGER update_trigger
    -> BEFORE UPDATE ON t_employee FOR EACH ROW
    -> BEGIN
    ->     IF NEW.did IS NULL THEN
    ->         SIGNAL SQLSTATE 'HY000'
    ->         SET MESSAGE_TEXT = '员工的部门编号不能为NULL';
    ->     END IF;
    -> END //
Query OK, 0 rows affected (0.01 sec)

mysql> DELIMITER ;
```

（3）查询子表"t_employee"的"did"为"5"的记录。

```
mysql> SELECT ename,did FROM t_employee WHERE did = 5;
+-----------+-------+
| ename     | did   |
+-----------+-------+
| 章嘉怡    |   5   |
| 白露      |   5   |
| 吉日格勒  |   5   |
+-----------+-------+
3 rows in set (0.01 sec)
```

（4）删除父表"t_department"部门编号"did"为"5"的记录。

```
mysql> DELETE FROM t_department WHERE did = 5;
Query OK, 1 row affected (0.00 sec)
```

（5）再次查询子表"t_employee"中"章嘉怡、白露、吉日格勒"的记录。

```
mysql> SELECT ename,did FROM t_employee
    -> WHERE ename IN ('章嘉怡','白露','吉日格勒');
+-----------+-------+
| ename     | did   |
+-----------+-------+
| 章嘉怡    | NULL  |
| 白露      | NULL  |
| 吉日格勒  | NULL  |
+-----------+-------+
3 rows in set (0.00 sec)
```

从上面的结果中可以看出，因为删除父表"t_department"中"did"为"5"的记录后，根据外键约束的"ON DELETE SET NULL"规则把子表"t_employee"的外键字段"did"的"5"修改成了"NULL"。但是并没有触发基于子表"t_employee"的 UPDATE 操作的"update_trigger"触发器。

（6）查询子表"t_employee"的"did"为 4 的记录。

```
mysql> SELECT ename,did FROM t_employee WHERE did = 4;
+---------+------+
| ename   | did  |
+---------+------+
| 舒淇格  |    4 |
| 周旭飞  |    4 |
+---------+------+
2 rows in set (0.00 sec)
```

（7）直接修改子表"t_employee"的"did"为"4"的记录，将"4"修改为"NULL"。

```
mysql> UPDATE t_employee SET did = NULL WHERE did = 4;
ERROR 1644 (HY000): 员工的部门编号不能为 NULL
```

从上面执行的结果可以看出，直接修改子表"t_employee"的"did"为"NULL"触发了基于子表"t_employee"的 UPDATE 操作的"update_trigger"触发器。

（8）再次查询子表"t_employee"的"did"为"4"的记录

```
mysql>  SELECT ename,did FROM t_employee WHERE did = 4;
+---------+------+
| ename   | did  |
+---------+------+
| 舒淇格  |    4 |
| 周旭飞  |    4 |
+---------+------+
2 rows in set (0.00 sec)
```

从上面的查询结果可以看到，"t_employee"表"did"为"4"的记录没有被修改。这是因为修改操作触发了"update_trigger"触发器，抛出了"ERROR 1644 (HY000): 员工的部门编号不能为 NULL"的异常，使得修改被终止了。

使用触发器需要注意以下几个方面：

- 触发器不能使用 CALL 语句调用具有返回值或使用动态 SQL 的存储过程（存储过程允许通过 OUT 或 INOUT 参数向触发器返回数据）。
- 触发器不能使用以显式或隐式方式开始或结束事务的语句，如 START TRANSACTION、COMMIT 或 ROLLBACK。
- 触发器针对行来操作，因此当处理大数据集时，可能效率很低。
- 触发器不能保证原子性。

11.1.2 查看触发器

查看触发器是查看数据库中已经存在的触发器的定义、状态和语法信息等。用户可以使用 SHOW 语句来查看触发器的信息，也可以直接从系统库"information_schema"的"TRIGGERS"表中查询触发器的信息。

如果要查看当前数据库的所有触发器的定义信息，可以使用 SHOW TRIGGERS 语句，如果要查看当前数据库中某个触发器的定义，可以使用 SHOW CREATE TRIGGER 语句。

SQL 语句示例如下。

（1）使用 SHOW CREATE TRIGGER 语句查看"salary_check_trigger"触发器的定义。

```
mysql>  SHOW CREATE TRIGGER salary_check_trigger\G
*************************** 1. row ***************************
            Trigger: salary_check_trigger
```

```
        sql_mode: STRICT_TRANS_TABLES,NO_ENGINE_SUBSTITUTION
SQL Original Statement: CREATE DEFINER = 'root'@'localhost'
   TRIGGER 'salary_check_trigger'
BEFORE INSERT ON 't_employee' FOR EACH ROW
BEGIN
        DECLARE mgrsalary DOUBLE;
        SELECT salary INTO mgrsalary FROM t_employee
        WHERE eid = NEW.mid;

        IF NEW.salary > mgrsalary THEN
           SIGNAL SQLSTATE 'HY000'
           SET MESSAGE_TEXT = '薪资高于领导薪资错误';
        END IF;
    END
  character_set_client: gbk
  collation_connection: gbk_chinese_ci
    Database Collation: utf8mb4_0900_ai_ci
               Created: 2021-10-17 15:44:37.09
1 row in set (0.00 sec)
```

注意，上面显示当前触发器的"character_set_client"是"gbk"，这是因为在 cmd 命令行客户端创建的触发器，cmd 命令行客户端默认的字符集是"gbk"。

（2）直接从系统库"information_schema"的"TRIGGERS"表中查询"salary_check_trigger"触发器的信息。

```
mysql>    SELECT * FROM information_schema.TRIGGERS
    ->    WHERE trigger_schema = 'atguigu_chapter11'
    ->    AND trigger_name = 'salary_check_trigger'\G
*************************** 1. row ***************************
           TRIGGER_CATALOG: def
            TRIGGER_SCHEMA: atguigu_chapter11
              TRIGGER_NAME: salary_check_trigger
        EVENT_MANIPULATION: INSERT
      EVENT_OBJECT_CATALOG: def
       EVENT_OBJECT_SCHEMA: atguigu_chapter11
        EVENT_OBJECT_TABLE: t_employee
              ACTION_ORDER: 1
          ACTION_CONDITION: NULL
          ACTION_STATEMENT: BEGIN
          DECLARE mgrsalary DOUBLE;
          SELECT salary INTO mgrsalary FROM t_employee
          WHERE eid = NEW.mid;

          IF NEW.salary > mgrsalary THEN
             SIGNAL SQLSTATE 'HY000'
             SET MESSAGE_TEXT = '薪资高于领导薪资错误';
          END IF;
        END
        ACTION_ORIENTATION: ROW
             ACTION_TIMING: BEFORE
ACTION_REFERENCE_OLD_TABLE: NULL
ACTION_REFERENCE_NEW_TABLE: NULL
  ACTION_REFERENCE_OLD_ROW: OLD
```

```
  ACTION_REFERENCE_NEW_ROW: NEW
                    CREATED: 2021-10-17 15:44:37.09
                   SQL_MODE: STRICT_TRANS_TABLES,NO_ENGINE_SUBSTITUTION
                    DEFINER: root@localhost
       CHARACTER_SET_CLIENT: gbk
       COLLATION_CONNECTION: gbk_chinese_ci
         DATABASE_COLLATION: utf8mb4_0900_ai_ci
1 row in set (0.00 sec)
```

11.1.3 删除触发器

触发器也是数据库对象，删除触发器也用 DROP 语句，语法格式如下。

```
DROP TRIGGER  IF EXISTS 触发器名称;
```

IF EXISTS 子句是 MySQL 的扩展，如果触发器不存在，它可以防止发生错误。

例如，删除触发器"salary_check_trigger"。

```
mysql>  DROP TRIGGER IF EXISTS salary_check_trigger;
Query OK, 0 rows affected (0.01 sec)
```

11.2　事件

在 MySQL 5.1 中新增了一个特色功能事件调度器（Event Scheduler），简称"事件"。它可以作为定时任务调度器，即在某一段（间隔）时间执行一些语句，并且可以精确到每秒钟执行一个任务，而操作系统的计划任务只能精确到每分钟执行一次，它也可以称为临时触发器（Temporal Triggers），因为事件调度器是基于特定时间周期触发来执行某些任务，而触发器（Triggers）是基于某个表所产生的事件触发。

11.2.1 开启或关闭事件调度器

查看全局变量"event_scheduler"的值，可以查看事件调度器是否开启。

```
mysql> SHOW VARIABLES LIKE 'event_scheduler';
+-----------------+-------+
| Variable_name   | Value |
+-----------------+-------+
| event_scheduler | ON    |
+-----------------+-------+
1 row in set, 1 warning (0.00 sec)
```

事件由一个特定的线程来管理。启用事件调度器后，执行 SHOW PROCESSLIST 就可以看到这个线程了。

```
mysql> SHOW PROCESSLIST\G
***************** 1. row *****************
     Id: 5
   User: event_scheduler
   Host: localhost
     db: NULL
Command: Daemon
   Time: 23823
  State: Waiting on empty queue
   Info: NULL
************其他行信息略……************
```

　　如果事件调度器没有开启，则可以用 SET 语句修改全局变量"event_scheduler"的值。也可以修改 my.ini 配置文件，在配置文件中添加"event_scheduler = ON"。

```
mysql> SET GLOBAL event_scheduler = ON;
Query OK, 0 rows affected (0.00 sec)
```

　　如果想要关闭事件调度器，把全局变量"event_scheduler"的值"ON"修改为"OFF"。

11.2.2　创建事件

　　在 MySQL 5.1 以上版本中，可以通过 CREATE EVENT 语句来创建事件，语法格式如下。

```
DELIMITER $$
CREATE  [DEFINER = {USER | CURRENT_USER}]
EVENT  IF NOT EXISTS 事件名
ON SCHEDULE 事件执行时间
[ON COMPLETION [NOT] PRESERVE]
[ENABLE | DISABLE | DISABLE ON SLAVE]
[COMMENT '注释信息']
DO
    BEGIN
    SQL 语句块
    END
$$
DELIMITER ;
```

CREATE EVENT 语句的子句说明如表 11-1 所示。

表 11-1　CREATE EVENT 子句说明

子句	说明
DEFINER = {USER | CURRENT_USER}	可选，用于定义事件执行时检查权限的用户
EVENT	必选，表示创建事件
IF NOT EXISTS	可选项，用于判断要创建的事件是否存在
事件名称	必选，事件名最大长度为 64 个字符
ON SCHEDULE 事件执行时间	必选，用于定义执行的时间和时间间隔
ON COMPLETION [NOT] PRESERVE	可选，用于定义事件是否循环执行。ON COMPLETION NOT PRESERVE 表示事件完成之后不继续循环，直接结束事件；ON COMPLETION PRESERVE 表示本次事件完成之后，继续循环下一次的事件时间
ENABLE 或 DISABLE 或 DISABLE ON SLAVE	可选项，用于指定事件的一种属性。其中，关键字 ENABLE 表示该事件是活动的，也就是调度器检查事件是否要被调用；关键字 DISABLE 表示该事件是关闭的，也就是事件的声明存储到目录中，但是调度器不会检查它是否应该调用；关键字 DISABLE ON SLAVE 表示事件在从机中是关闭的。如果不指定这三个选择中的任意一个，则在一个事件创建之后，它立即变为活动的
COMMENT '注释信息'	可选，用于添加事件定义的注释信息
DO 事件体	必选，用于指定事件启动时所要执行的代码。可以是任何有效的 SQL 语句、存储过程或者一个计划执行的事件。如果包含多条语句，则可以使用 BEGIN...END

　　在 ON SCHEDULE 子句中，用于指定事件在某个时刻发生，其语法格式如下。

```
AT timestamp [+ INTERVAL interval] ...
```

或

```
EVERY interval
[STARTS timestamp [+ INTERVAL interval] ...]
```

```
[ENDS timestamp [+ INTERVAL interval] ...]
```
具体参数说明如下。
- timestamp：表示一个具体的时间点，如果后面加上一个时间间隔，则表示在这个时间间隔后事件发生。一般用于一次性的事件。
- EVERY 子句：用于表示事件在指定时间区间内每隔多长时间发生一次，其中 STARTS 子句用于指定开始时间，ENDS 子句用于指定结束时间。
- interval：表示间隔时间，其值由一个数值和单位（如表 11-2 所示）构成。例如，使用"4 WEEK"表示 4 周，使用"'1:10' HOUR_MINUTE"表示 1 小时 10 分钟。

表 11-2 interval 相关参数

参数类型	描述	参数类型	描述
YEAR	年	YEAR_MONTH	年月
MONTH	月	DAY_HOUR	日时
DAY	日	DAY_MINUTE	日时分
HOUR	时	DAY_SECOND	日时分秒
MINUTE	分	HOUR_MINUTE	时分
SECOND	秒	HOUR_SECOND	时分秒
WEEK	星期	MINUTE_SECOND	分秒
QUARTER	一刻		

（1）创建"test_event_table"表备用。

```
mysql> CREATE TABLE test_event_table (
    ->   id INT NOT NULL AUTO_INCREMENT,
    ->   tvalue TIMESTAMP NULL DEFAULT NULL,
    ->   PRIMARY KEY (id)
    -> );
Query OK, 0 rows affected (0.03 sec)
```

（2）创建事件"test_event"，每隔 10 秒往"test_event_table"表添加一条记录。从"2021-10-17 20:10:00"开始到"2021-10-17 20:11:00"结束。

```
mysql> CREATE EVENT  IF NOT EXISTS test_event
    -> ON SCHEDULE EVERY 10 SECOND STARTS '2021-10-17 20:10:00' ENDS '2021-10-17
20:11:00'
    -> ON COMPLETION PRESERVE
    -> COMMENT '每隔 10 秒往 test_event_table 表添加一条记录事件'
    -> DO INSERT INTO test_event_table VALUES(NULL,NOW());
Query OK, 0 rows affected (0.02 sec)
```

（3）在"2021-10-17 20:10:00"时间之前查询"test_event_table"表数据。

```
mysql> SELECT * FROM test_event_table;
Empty set (0.01 sec)
```

（4）在"2021-10-17 20:11:00"时间之后查询"test_event_table"表数据。

```
mysql> SELECT * FROM test_event_table;
+----+---------------------+
| id | tvalue              |
+----+---------------------+
|  1 | 2021-10-17 20:10:00 |
|  2 | 2021-10-17 20:10:10 |
|  3 | 2021-10-17 20:10:20 |
|  4 | 2021-10-17 20:10:30 |
```

```
|   5 | 2021-10-17 20:10:40 |
|   6 | 2021-10-17 20:10:50 |
|   7 | 2021-10-17 20:11:00 |
+-----+---------------------+
7 rows in set (0.00 sec)
```

由上面的结果可以看出，事件在指定时间发生了。

11.2.3　查看事件

查看事件是查看数据库中已经存在的事件的定义、状态和语法信息等。用户可以使用 SHOW 语句来查看，也可以直接从系统库"information_schema"的"EVENTS"表中查询。

如果要查看当前数据库的所有事件的定义，可以使用 SHOW EVENTS 语句，如果要查看当前数据库中某个事件的定义，可以使用"SHOW CREATE EVENT 事件名"语句。

例如，直接从系统库"information_schema"的"EVENTS"表中查询"test_event"事件的信息。

```
mysql> SELECT * FROM information_schema.EVENTS
    -> WHERE event_schema = 'atguigu_chapter11'
    -> AND event_name = 'test_event'\G
*************************** 1. row ***************************
       EVENT_CATALOG: def
        EVENT_SCHEMA: atguigu_chapter11
          EVENT_NAME: test_event
             DEFINER: root@localhost
           TIME_ZONE: SYSTEM
          EVENT_BODY: SQL
    EVENT_DEFINITION: INSERT INTO test_event_table VALUES(NULL,NOW())
          EVENT_TYPE: RECURRING
          EXECUTE_AT: NULL
      INTERVAL_VALUE: 10
      INTERVAL_FIELD: SECOND
            SQL_MODE: STRICT_TRANS_TABLES,NO_ENGINE_SUBSTITUTION
              STARTS: 2021-10-17 20:10:00
                ENDS: 2021-10-17 20:11:00
              STATUS: ENABLED
       ON_COMPLETION: PRESERVE
             CREATED: 2021-10-17 20:02:35
        LAST_ALTERED: 2021-10-17 20:02:35
       LAST_EXECUTED: NULL
       EVENT_COMMENT: 每隔 10 秒往 test_event_table 表添加一条记录事件
          ORIGINATOR: 1
CHARACTER_SET_CLIENT: gbk
COLLATION_CONNECTION: gbk_chinese_ci
  DATABASE_COLLATION: utf8mb4_0900_ai_ci
1 row in set (0.00 sec)
```

上面的"test_event"事件因为定义了事件的起始时间"2021-10-17 20:10:00"和结束时间"2021-10-17 20:11:00"，如果在事件发生之前，使用上面的语句查看事件状态，则"STATUS"显示为"ENABLED"，如果在事件发生之后，使用上面的语句查看事件状态，则"STATUS"会显示为"DISABLED"。

11.2.4　启动或关闭事件

一个事件完成之后，会自动关闭，即变为 DISABLE。可以使用 ALTER EVENT 语句让一个事件再次活动。也可以使用 ALTER EVENT 语句让一个事件关闭。语法格式如下。

```
ALTER EVENT 事件名 ENABLE | DISABLE;
```

SQL 语句示例如下。

（1）关闭"test_event"事件。

```
mysql> ALTER EVENT test_event DISABLE;
Query OK, 0 rows affected (0.01 sec)
```

（2）再次启动"test_event"事件。

```
mysql> ALTER EVENT test_event ENABLE;
Query OK, 0 rows affected (0.01 sec)
```

当使用 ALTER 语句再次启动"test_event"事件时，虽然不在事件发生的时间范围内，但是也会触发一次事件。此时查询"test_event_table"表数据，发现多了一条记录。

```
mysql> SELECT * FROM test_event_table;
+----+---------------------+
| id | tvalue              |
+----+---------------------+
|  1 | 2021-10-17 20:10:00 |
|  2 | 2021-10-17 20:10:10 |
|  3 | 2021-10-17 20:10:20 |
|  4 | 2021-10-17 20:10:30 |
|  5 | 2021-10-17 20:10:40 |
|  6 | 2021-10-17 20:10:50 |
|  7 | 2021-10-17 20:11:00 |
|  8 | 2021-10-17 20:17:25 |
+----+---------------------+
7 rows in set (0.00 sec)
```

11.2.5　修改事件

在 MySQL 5.1 及以后的版本中，事件被创建之后，还可以使用 ALTER EVENT 语句修改其定义和相关属性。语法格式如下。

```
DELIMITER $$
ALTER [DEFINER = {USER | CURRENT_USER}] EVENT 事件名
ON SCHEDULE   事件执行时间
[ON COMPLETION [NOT] PRESERVE]
[ENABLE | DISABLE | DISABLE ON SLAVE]
[COMMENT 'comment']
DO
    BEGIN
    SQL 语句块
    END
$$
DELIMITER ;
```

ALTER EVENT 语句与 CREATE EVENT 语句基本相同。SQL 语句示例如下。

（1）修改事件"test_event"，每隔 20 秒向"test_event_table"表添加一条记录。从"2021-10-17 20:20:00"

开始到"2021-10-17 20:21:00"结束。

```
mysql> ALTER EVENT test_event
    -> ON SCHEDULE EVERY 20 SECOND STARTS '2021-10-17 20:20:00' ENDS '2021-10-17
20:21:00'
    -> ON COMPLETION PRESERVE
    -> ENABLE
    -> COMMENT '每隔 20 秒往"test_event_table"表添加一条记录事件'
    -> DO INSERT INTO test_event_table VALUES(NULL,NOW());
Query OK, 0 rows affected (0.02 sec)
```

（2）在"2021-10-17 20:21:00"时间之后查询"test_event_table"表数据。

```
mysql> SELECT * FROM test_event_table;
+------+---------------------+
| id   | tvalue              |
+------+---------------------+
| 1    | 2021-10-17 20:10:00 |
| 2    | 2021-10-17 20:10:10 |
| 3    | 2021-10-17 20:10:20 |
| 4    | 2021-10-17 20:10:30 |
| 5    | 2021-10-17 20:10:40 |
| 6    | 2021-10-17 20:10:50 |
| 7    | 2021-10-17 20:11:00 |
| 8    | 2021-10-17 20:17:25 |
| 9    | 2021-10-17 20:20:00 |
| 10   | 2021-10-17 20:20:20 |
| 11   | 2021-10-17 20:20:40 |
| 12   | 2021-10-17 20:21:00 |
+------+---------------------+
12 rows in set (0.00 sec)
```

由上面的结果可以看出，事件在指定时间发生了。

11.2.6　删除事件

事件也是数据库对象，删除事件也用 DROP 语句，语法格式如下。

```
DROP EVENT  IF EXISTS 事件名称;
```

IF EXISTS 子句是 MySQL 的扩展，如果事件不存在，它可以防止发生错误。

例如，删除 "test_event" 事件。

```
mysql> DROP EVENT  IF EXISTS test_event;
Query OK, 0 rows affected (0.01 sec)
```

11.3　本章小结

本章主要对 MySQL 中如何操作触发器进行了简单的介绍，包括触发器的创建、查看和删除。另外，简单介绍了通过创建事件来设置 MySQL 的定时任务，以及启动或关闭事件、修改、查看、删除事件。

第12章

用户与权限管理

MySQL 是一个多用户数据库，具有功能强大的访问控制系统，可以为不同用户指定不同权限。在前面的章节中我们使用的是 root 用户，该用户是超级管理员，拥有所有权限，包括创建用户、删除用户和修改用户密码等管理权限。

本章的所有数据库操作演示都基于"atguigu_chapter12"数据库。为了更好地演示效果，下面导入提前准备好的 SQL 脚本"atguigu_chapter12.sql"，脚本包含 3 个表：t_employee 表、t_department 表和 t_job 表，这 3 个表的结构和数据，与 8.8 节加完约束的 t_employee 表、t_department 表和 t_job 表相同。为了更好地理解和掌握书中的各个案例，请提前熟悉这 3 个表的结构以及表中各个字段的意义。

12.1 权限表

MySQL 中的用户和权限都保存在 mysql 系统库相应的数据表中。MySQL 服务器通过权限表来控制用户对数据库的访问，由 MySQL_install_db 脚本初始化。存储账户权限信息的表主要有 user、db、tables_priv、columns_priv 和 procs_priv。

- user 表：存储连接 MySQL 服务的账户信息，账户对全局有效。
- db 表：存储用户对某个具体数据库的操作权限。
- tables_priv 表：存储用户对某个数据表的操作权限。
- columns_priv 表：存储用户对数据表的某一列的操作权限。
- procs_priv 表：存储用户对存储过程和函数的操作权限。

下面请看各个权限表的详细介绍。

12.1.1 user 表

user 表是 MySQL 中最重要的一个权限表，记录允许连接到服务器的账号信息，里面的权限是全局级的。例如，一个用户在 user 表中被授予了 DELETE 权限，则该用户可以删除 MySQL 服务器上所有数据库中的任何记录。MySQL 8.0 中 user 表的结构如表 12-1 所示，这些字段可以分为 4 类，分别是用户标识列、权限列、资源控制列和安全列。

1. 用户标识列

user 表中的 User 和 Host 为 user 表的联合主键，分别表示主机名和用户名。MySQL 中用户名是由主机名和用户名组合来标识一个用户的，形式为"用户名@主机名"。

2. 权限列

权限列的字段以"_priv"结尾，权限列的值决定了用户的权限，描述了在全局范围内允许对数据库进行的操作。包括查询权限、修改权限等操作数据库的普通权限，还包括关闭服务器、加载用户等用于数据库管理的高级权限。

3. 资源控制列

资源控制列的字段用来限制用户使用的资源，包含 4 个字段，如下所示。

- max_questions：用户每小时允许执行的查询操作次数。
- max_updates：用户每小时允许执行的更新操作次数。
- max_connections：用户每小时允许执行的连接操作次数。
- max_user_connections：用户允许同时建立的连接次数。

4. 安全列

安全列，ssl 用于加密；x509 标准可用于标识用户；Plugin 字段标识可以用于验证用户身份的插件，如果该字段为空，服务器使用内建授予验证机制验证用户身份；其余是关于密码时效、限制重用或账号锁定状态等描述信息。user 表的结构如表 12-1 所示。

表 12-1　user 表的结构

序号	字段名	数据类型	默认值
1	Host	CHAR(255)	
2	User	CHAR(32)	
3	Select_priv	ENUM('N','Y')	N
4	Insert_priv	ENUM('N','Y')	N
5	Update_priv	ENUM('N','Y')	N
6	Delete_priv	ENUM('N','Y')	N
7	Create_priv	ENUM('N','Y')	N
8	Drop_priv	ENUM('N','Y')	N
9	Reload_priv	ENUM('N','Y')	N
10	Shutdown_priv	ENUM('N','Y')	N
11	Process_priv	ENUM('N','Y')	N
12	File_priv	ENUM('N','Y')	N
13	Grant_priv	ENUM('N','Y')	N
14	References_priv	ENUM('N','Y')	N
15	Index_priv	ENUM('N','Y')	N
16	Alter_priv	ENUM('N','Y')	N
17	Show_db_priv	ENUM('N','Y')	N
18	Super_priv	ENUM('N','Y')	N
19	Create_tmp_table_priv	ENUM('N','Y')	N
20	Lock_tables_priv	ENUM('N','Y')	N
21	Execute_priv	ENUM('N','Y')	N
22	Repl_slave_priv	ENUM('N','Y')	N
23	Repl_client_priv	ENUM('N','Y')	N
24	Create_view_priv	ENUM('N','Y')	N
25	Show_view_priv	ENUM('N','Y')	N
26	Create_routine_priv	ENUM('N','Y')	N

序号	字段名	数据类型	默认值
27	Alter_routine_priv	ENUM('N','Y')	N
28	Create_user_priv	ENUM('N','Y')	N
29	Even_priv	ENUM('N','Y')	N
30	Trigger_priv	ENUM('N','Y')	N
31	Create_tablespace_priv	ENUM('N','Y')	N
32	Create_role_priv	ENUM('N','Y')	N
33	Drop_role_priv	ENUM('N','Y')	N
34	max_questions	INT UNSIGNED	0
35	max_updates	INT UNSIGNED	0
36	max_connections	INT UNSIGNED	0
37	max_user_connections	INT UNSIGNED	0
38	ssl_type	ENUM(,'ANY','X509','SPECIFIED')	
39	ssl_cipher	BLOB	NULL
40	x509_issuer	BLOB	NULL
41	x509_subject	BLOB	NULL
42	plugin	CHAR(64)	caching_sha2_password
43	authentication_string	TEXT	NULL
44	password_expired	ENUM('N','Y')	N
45	password_last_changed	TIMESTAMP	NULL
46	password_lifetime	SMALL INT UNSIGNED	NULL
47	Password_reuse_history	SMALLINT UNSIGNED	NULL
48	Password_reuse_time	SMALLINT UNSIGNED	NULL
49	Password_require_current	ENUM('N','Y')	NULL
50	account_locked	ENUM('N','Y')	N
51	User_attributes	JSON	NULL

12.1.2 db 表

db 表是 MySQL 数据中非常重要的权限表。db 表中存储了用户对某个数据库的操作权限，决定用户能从哪个主机存取哪个数据库。db 表用户列有 3 个字段，分别是 Host、User 和 Db，标识从某个主机通过某个用户连接 MySQL 后对指定数据库的操作权限，这 3 个字段的组合构成了 db 表的主键。其余的都是权限列。db 表的结构如表 12-2 所示。

表 12-2　db 表的结构

序号	字段名	数据类型	默认值
1	Host	CHAR(255)	
2	Db	CHAR(64)	
3	User	CHAR(32)	
4	Select_priv	ENUM('N','Y')	N
5	Insert_priv	ENUM('N','Y')	N
6	Update_priv	ENUM('N','Y')	N
7	Delete_priv	ENUM('N','Y')	N
8	Create_priv	ENUM('N','Y')	N

序号	字段名	数据类型	默认值
9	Drop_priv	ENUM('N','Y')	N
10	Grant_priv	ENUM('N','Y')	N
11	References_priv	ENUM('N','Y')	N
12	Index_priv	ENUM('N','Y')	N
13	Alter_priv	ENUM('N','Y')	N
14	Create_tmp_table_priv	ENUM('N','Y')	N
15	Lock_tables_priv	ENUM('N','Y')	N
16	Create_view_priv	ENUM('N','Y')	N
17	Show_view_priv	ENUM('N','Y')	N
18	Create_routine_priv	ENUM('N','Y')	N
19	Alter_routine_priv	ENUM('N','Y')	N
20	Execute_priv	ENUM('N','Y')	N
21	Event_priv	ENUM('N','Y')	N
22	Trigger_priv	ENUM('N','Y')	N

12.1.3　tables_priv 表和 columns_priv 表

table_priv 表用来对表设置操作权限，columns_priv 表用来对表的某一列设置权限。

table_priv 表有 8 个字段：Host、Db、User、Table_name、Grantor、Timestamp、Table_priv 和 Column_priv，如表 12-3 所示，各个字段说明如下。

- Host、Db、User 和 Table_name：4 个字段分别表示主机名、数据库名、用户名和表名。
- Grantor：表示修改该记录的用户。
- Timestamp：表示修改该记录的时间。
- Table_priv：表示对表的操作权限，包括 Select、Insert、Update、Delete、Create、Drop、Grant、References、Index 和 Alter。
- Column_priv：表示对表中的列的操作权限，包括 Select、Insert、Update 和 Refereces。

表 12-3　tables_priv 表的结构

序号	字段名	数据类型	默认值
1	Host	CHAR(255)	
2	Db	CHAR(64)	
3	User	CHAR(32)	
4	Table_name	CHAR(64)	
5	Grantor	VARCHAR(288)	
6	Timestamp	TIMESTAMP	CURRENT_TIMESTAMP
7	Table_priv	SET('SELECT','INSERT','UPDATE','DELETE','CREATE','DROP','GRANT','REFERENCES','INDEX','ALTER','CREATE VIEW','SHOW VIEW','TRIGGER')	
8	Column_priv	SET('SELECT','INSERT','UPDATE','REFERENCES')	

column_priv 表只有 7 个字段：Host、Db、User、Table_name、Column_name、Timestamp 和 Column_priv，如表 12-4 所示。

表 12-4   columns_priv 表的结构

序号	字段名	数据类型	默认值
1	Host	CHAR(255)	
2	Db	CHAR(64)	
3	User	CHAR(32)	
4	Table_name	CHAR(64)	
5	Column_name	CHAR(64)	
6	Timestamp	TIMESTAMP	CURRENT_TIMESTAMP
7	Column_priv	SET('SELECT','INSERT','UPDATE','REFERENCES')	

12.1.4   procs_priv 表

procs_priv 表可以对存储过程和存储函数设置操作权限。procs_priv 表的结构如表 12-5 所示。procs_priv 表包含 8 个字段：Host、Db、User、Routine_name、Routine_type、Grantor、Proc_priv 和 Timestamp，各个字段的说明如下所示。

- Host、Db 和 User 字段分别表示主机名、数据库名和用户名。
- Routine_name 表示存储过程或函数的名称。
- Routine_type 表示存储过程或函数的类型。Routine_type 字段有两个值，分别是 FUNCTION 和 PROCEDURE，FUNCTION 表示这是一个函数，PROCEDURE 表示这是一个存储过程。
- Grantor 是插入或修改该记录的用户。
- Proc_priv 表示拥有的权限，包括 Execute、Alter Routine 和 Grant。
- Timestamp 表示记录更新时间。

表 12-5   procs_priv 表的结构

序号	字段名	数据类型	默认值
1	Host	CHAR(255)	
2	Db	CHAR(64)	
3	User	CHAR(32)	
4	Routine_name	CHAR(64)	
5	Routine_type	ENUM('FUNCTION','PROCEDURE')	NULL
6	Grantor	VARCHAR(288)	
7	Proc_priv	SET('EXECUTE','ALTER ROUTINE','GRANT')	
8	Timestamp	TIMESTAMP	CURRENT_TIMESTAMP

12.1.5   访问控制

那么 MySQL 的权限是如何实现的呢？MySQL 的权限验证分为两个阶段。

第 1 阶段：服务器首先会检查你是否允许连接。

通常登录连接一个服务器系统需要验证的是用户名和密码，而登录连接 MySQL 服务器需要查询 user 表进行 IP 地址、用户名和密码三重验证。因为 MySQL 创建的每一个用户会加上主机限制，可以限制成本地、某个 IP、某个 IP 段，以及任何地方等。只允许你从配置的指定主机登录，只要验证不通过就报错并拒绝连接。三重验证使得账号管理更安全。

第 2 阶段：连接成功后，该用户对 MySQL 发起的每一个操作请求，MySQL 还要检查该用户是否有足够的权限操作它。

MySQL 的权限等级分为 5 个等级：全局权限、库级权限、表级权限、列级权限和存储子程序级权限。全局权限是针对所有库的权限；库级权限是针对某一个数据库的权限；表级权限是针对某一个表的权限；列级权限是针对某一个字段的权限；存储子程序级权限是定义用户操作存储过程和函数的权限。这样设计的目的是为了更安全，权限粒度更灵活。

- 权限校验时先检查全局权限（user 表），如果该用户在全局权限表中记录有该操作的权限，即该操作权限是"Y"，那么就允许操作。
- 如果全局权限表中没有该操作权限，即该操作权限是"N"，那么就检查数据库权限表（db 表），如果在数据库权限表中记录有该操作的权限，即该操作权限是"Y"，那么就允许操作。
- 如果数据库权限表中没有该操作权限，即该操作权限是"N"，那么就检查数据表（tables_priv 表）权限表，如果在数据表权限表中记录有该操作的权限，即该操作权限是"Y"，那么就允许操作。
- 如果数据表权限表中没有该操作权限，即该操作权限是"N"，那么就检查列权限表（procs_priv 表）。如果在列权限表中记录有该操作的权限，即该操作权限是"Y"，那么就允许操作，否则就拒绝。
- 如果用户是创建存储过程和函数，则只检查全局权限（user 表）和数据库权限表（db 表），而修改和执行存储过程和函数，那么会依次检查全局权限（user 表）、数据库权限表（db 表）和存储程序权限表（procs_priv 表）。

注意，每一个等级所包含的权限是不同的，例如表的操作权限包括 Select、Insert、Update、Delete、Create、Drop、Grant、References、Index 和 Alter，列的操作权限只包括 Select、Insert、Update 和 Refereces 等。因此，并不是所有的操作都要依次检查每一张表。例如，一个用户登录到 MySQL 服务器之后执行的是对 MySQL 的管理操作，此时，只涉及管理权限。因此，MySQL 只检查全局权限（user 表），计算 user 表中该操作授权是"N"，MySQL 也不会继续检查下一层级的权限表。

12.2 用户管理

MySQL 提供了许多语句来管理用户账号，包括创建用户、删除用户、密码管理和权限管理等内容。

12.2.1 创建新用户

创建新用户，必须有相应的权限来执行创建操作。

使用 CREATE USER 语句，必须具有 CREATE USER 的权限。执行 CREATE USER 语句时，服务器会在 user 表添加一条新记录，但是新创建的用户没有任何权限，只是可以登录连接 MySQL 服务器。CREATE USER 语句可以一次创建多个用户。每次创建新用户还可以指定用户的密码、角色、安全标识、资源限制、密码有效期、账号是否 LOCK 等。

```
CREATE USER [IF NOT EXISTS]
  用户名 1 [密码策略] [，用户名 2 [密码策略]] ...
  [DEFAULT ROLE 角色 1 [，角色 2 ] ... ]
  [REQUIRE {NONE | 安全标识 1 [[AND] 安全标识 2] ...}]
  [WITH 资源限制参数列表]
  [PASSWORD 密码失效参数]
  [ACCOUNT LOCK|UNLOCK]
  [COMMENT '注释信息' | ATTRIBUTE 'JSON 对象'];
```

- 创建用户时必须指定用户名，MySQL 的用户名标识是"'用户名'@'主机名'"的形式。

- 密码值是可选的，密码值通过"IDENTIFIED [WITH 插件] BY 密码值"子句指定。
- DEFAULT ROLE 子句是可选的，用来指定用户角色，MySQL 8.x 开始支持为用户指定角色（请看第 12.4 节）。
- REQUIRE 子句是可选的，用来指定安全标识，如 SSL、X509 等。
- WITH 子句是可选的，用来限制用户使用资源。
- PASSWORD 子句是可选的，用来设置用户密码到期更换策略或密码重用策略（请看第 12.4 节），默认密码是永久有效。
- ACCOUNT 子句是可选的，默认账号状态是 UNLOCK。
- COMMENT 子句是可选的，用来给创建用户语句添加注释信息。
- ATTRIBUTE 子句是可选的，用来给创建用户添加额外的属性信息，额外的属性信息需要通过 JSON 对象格式指定。

下面将演示创建用户时密码为空和指定密码的两种情况。SQL 语句示例如下。

1. 创建只能在 MySQL 服务所在的本地服务器登录的用户

（1）创建用户名"guigu1"，主机名"localhost"。

```
mysql> CREATE USER IF NOT EXISTS ' guigu1'@'localhost';
Query OK, 0 rows affected (0.02 sec)
```

（2）在 mysql 系统库的 user 表中查看用户名为"guigu1"的用户记录。

```
mysql> SELECT 'host', 'user', 'authentication_string'
    -> FROM mysql.user \G
*************************** 1. row ***************************
            host: localhost
            user: mysql.infoschema
authentication_string: $A$005$THISISACOMBINATIONOFINVALIDSALTANDPASSWORDTHATMUSTNEVERBRBEUSED
*************************** 2. row ***************************
            host: localhost
            user: mysql.session
authentication_string: $A$005$THISISACOMBINATIONOFINVALIDSALTANDPASSWORDTHATMUSTNEVERBRBEUSED
*************************** 3. row ***************************
            host: localhost
            user: mysql.sys
authentication_string: $A$005$THISISACOMBINATIONOFINVALIDSALTANDPASSWORDTHATMUSTNEVERBRBEUSED
*************************** 4. row ***************************
            host: localhost
            user: root
authentication_string: *6BB4837EB74329105EE4568DDA7DC67ED2CA2AD9
*************************** 5. row ***************************
            host: localhost
            user: guigu1
authentication_string:
5 rows in set (0.00 sec)
```

从上面的结果可以看出，成功地创建了用户名为"guigu1"，主机名为"localhost"的用户，密码为空，此用户只能在 MySQL 服务所在的本地服务器连接 MySQL 服务。

（3）使用新创建的"guigu1"用户，在 MySQL 服务所在的本地服务器上连接 MySQL 服务，此时可以不用输入密码即可连接。

```
Microsoft Windows [版本 10.0.19042.1288]
(c) Microsoft Corporation。保留所有权利。

C:\Users\final>mysql -uguigu1
Welcome to the MySQL monitor.  Commands end with ; or \g.
Your MySQL connection id is 54
Server version: 8.0.26 MySQL Community Server - GPL

Copyright (c) 2000, 2019, Oracle and/or its affiliates. All rights reserved.

Oracle is a registered trademark of Oracle Corporation and/or its
affiliates. Other names may be trademarks of their respective
owners.

Type 'help;' or '\h' for help. Type '\c' to clear the current input statement.
```

（4）使用 ipconfig 命令在 MySQL 服务所在本机查看 IP 地址。

```
C:\Users\final>ipconfig
Windows IP 配置
以太网适配器 以太网 3:

    连接特定的 DNS 后缀 . . . . . . . :
    本地链接 IPv6 地址. . . . . . . . : fe80::dc43:6a2f:c57:2ccb%17
    IPv4 地址 . . . . . . . . . . . . : 192.168.41.94
    子网掩码  . . . . . . . . . . . . : 255.255.255.0
    默认网关. . . . . . . . . . . . . : 192.168.41.1
```

（5）使用新创建的"guigu1"用户在其他主机上连接 MySQL 服务。

```
C:\Users\29168>ipconfig
Windows IP 配置
以太网适配器 以太网:

    连接特定的 DNS 后缀 . . . . . . . :
    本地链接 IPv6 地址. . . . . . . . : fe80::396b:7df6:352e:e7d1%12
    IPv4 地址 . . . . . . . . . . . . : 192.168.41.60
    子网掩码  . . . . . . . . . . . . : 255.255.255.0
    默认网关. . . . . . . . . . . . . : 192.168.41.1

C:\Users\29168>mysql -h192.168.41.94 -P3306 -uguigu1
ERROR 1130 (HY000): Host 'LAPTOP-M326HCJC' is not allowed to connect to this MySQL server
```

MySQL 服务在主机"192.168.41.94"上，所以在主机"192.168.41.60"上通过"guigu1"用户是无法登录的。"参数-h"是指定 MySQL 服务所在主机的 IP 地址。"参数-P"是指定 MySQL 服务监听的端口号。

2. 创建只能在特定主机登录的用户

（1）创建用户名"guigu2"，主机名"192.168.41.60"。

```
mysql> CREATE USER IF NOT EXISTS 'guigu2'@'192.168.41.60';
Query OK, 0 rows affected (0.02 sec)
```

（2）在 mysql 系统库的 user 表查看用户名为"guigu2"的用户记录。

```
mysql> SELECT 'host', 'user', 'authentication_string'
    -> FROM mysql.user WHERE 'user' = 'guigu2';
+---------------+-----------+-----------------------+
```

```
|  host          |  user       | authentication_string  |
+----------------+-------------+------------------------+
| 192.168.41.60  | guigu2      |                        |
+----------------+-------------+------------------------+
1 row in set (0.00 sec)
```

（3）使用新创建的"guigu2"用户，在 MySQL 服务所在的本地服务器上连接 MySQL 服务，此时可以不用输入密码即可连接。

```
C:\Users\final>ipconfig
Windows IP 配置
以太网适配器 以太网 3：

        连接特定的 DNS 后缀 . . . . . . . . :
        本地链接 IPv6 地址. . . . . . . . . : fe80::dc43:6a2f:c57:2ccb%17
        IPv4 地址 . . . . . . . . . . . . : 192.168.41.94
        子网掩码 . . . . . . . . . . . . : 255.255.255.0
        默认网关. . . . . . . . . . . . . : 192.168.41.1

C:\Users\final>mysql -hlocalhost -P3306 -uguigu2
ERROR 1045 (28000): Access denied for user 'guigu2'@'localhost' (using password: NO)
```

从上面的结果可以看出，连接失败，这是因为"guigu2"用户只能在主机"192.168.41.60"上登录。

（4）在"192.168.41.60"主机上通过"guigu2"用户登录 MySQL 服务器（注：MySQL 服务器的 IP 地址是"192.168.41.94"）。

```
C:\Users\29168>ipconfig
Windows IP 配置
以太网适配器 以太网：
        连接特定的 DNS 后缀 . . . . . . . . :
        本地链接 IPv6 地址. . . . . . . . . : fe80::396b:7df6:352e:e7d1%12
        IPv4 地址 . . . . . . . . . . . . : 192.168.41.60
        子网掩码 . . . . . . . . . . . . : 255.255.255.0
        默认网关. . . . . . . . . . . . . : 192.168.41.1

C:\Users\29168>mysql -h192.168.41.94 -P3306 -uguigu2
Welcome to the MySQL monitor.  Commands end with ; or \g.
Your MySQL connection id is 12
Server version: 8.0.26 MySQL Community Server - GPL

Copyright (c) 2000, 2019, Oracle and/or its affiliates. All rights reserved.

Oracle is a registered trademark of Oracle Corporation and/or its
affiliates. Other names may be trademarks of their respective
owners.

Type 'help;' or '\h' for help. Type '\c' to clear the current input statement.
```

从上面的结果可以看出，连接成功。

3. 创建可以在某个 IP 段内连接 MySQL 服务的用户

（1）创建用户名"guigu3"，主机名"192.168.41.%"。

```
mysql> CREATE USER IF NOT EXISTS 'guigu3'@'192.168.41.%';
Query OK, 0 rows affected (0.01 sec)
```

（2）在 mysql 系统库的 user 表中查看用户名为"guigu3"的用户记录。

```
mysql> SELECT 'host', 'user', 'authentication_string'
    -> FROM mysql.user WHERE 'user' = 'guigu3';
+-------------+--------+-----------------------+
| host        | user   | authentication_string |
+-------------+--------+-----------------------+
| 192.168.41.% | guigu3 |                       |
+-------------+--------+-----------------------+
1 row in set (0.00 sec)
```

（3）在"192.168.41.60"主机上通过"guigu3"用户登录 MySQL 服务器（注：MySQL 服务器的 IP 地址是"192.168.41.94"）。

```
C:\Users\final>mysql -h192.168.41.94 -P3306 -uguigu3
Welcome to the MySQL monitor. Commands end with ; or \g.
Your MySQL connection id is 17
Server version: 8.0.26 MySQL Community Server - GPL

Copyright (c) 2000, 2019, Oracle and/or its affiliates. All rights reserved.

Oracle is a registered trademark of Oracle Corporation and/or its
affiliates. Other names may be trademarks of their respective
owners.

Type 'help;' or '\h' for help. Type '\c' to clear the current input statement.
```

从上面的结果可以看出，连接成功。此时在 IP 地址为"192.168.41"段的任意台主机上都可以通过"guigu3"用户登录。注意，现在使用"guigu3"用户在 MySQL 服务所在的服务器主机上登录也要通过参数"-h192.168.41.94"才能登录，不能使用"-hlocalhost""-h127.0.0.1"或不写该参数的方式登录。

4. 创建可以通过任意主机连接 MySQL 服务的用户

（1）创建用户名"guigu4"，主机名指定为"%"，用户名"guigu5"，主机名不指定。

```
mysql> CREATE USER IF NOT EXISTS 'guigu4'@'%';
Query OK, 0 rows affected (0.01 sec)

mysql> CREATE USER IF NOT EXISTS 'guigu5';
Query OK, 0 rows affected (0.01 sec)
```

（2）在 mysql 系统库的 user 表中查看用户名为"guigu4"和"guigu5"的用户记录。

```
mysql> SELECT 'host', 'user', 'authentication_string'
    -> FROM mysql.user
    -> WHERE 'user' = 'guigu4' OR 'user' = 'guigu5';
+------+--------+-----------------------+
| host | user   | authentication_string |
+------+--------+-----------------------+
| %    | guigu4 |                       |
| %    | guigu5 |                       |
+------+--------+-----------------------+
2 rows in set (0.00 sec)
```

从上面的结果可以看出，如果在创建用户时，没有指定主机名，默认就是"%"，表示任意主机。

（3）在 MySQL 服务所在的本机登录。使用以下任意一个命令都可以登录。

```
mysql -uguigu4
mysql -h192.168.41.94 -P3306 -uguigu4
mysql -hlocalhost -P3306 -uguigu4
mysql -h127.0.0.1 -P3306 -uguigu4
```

（4）在其他可以连接 MySQL 服务器主机"192.168.41.94"的任意一台主机上登录。

```
mysql -h192.168.41.94 -P3306 -uguigu4
```

5. 创建 MySQL 用户时，可以指定用户的连接密码

（1）创建用户"guigu6"，主机名"%"，密码"atguigu"。

```
mysql> CREATE USER IF NOT EXISTS 'guigu6'@'%' IDENTIFIED BY 'atguigu';
Query OK, 0 rows affected (0.01 sec)
```

（2）在 mysql 系统库的 user 表中查看用户名为"guigu6"的用户记录。

```
mysql> SELECT 'host', 'user', 'authentication_string'
    -> FROM mysql.user
    -> WHERE 'user' = 'guigu6'\G
*************************** 1. row ***************************
            host: %
            user: guigu6
authentication_string: $A$005$J]k*nHBm6;']I2k
}5/aTihqA0DSCOgFWCEnKVvaoK77E47hBHdo/oVpYl89
1 row in set (0.00 sec)
```

（3）在 MySQL 服务所在的本机通过用户名"guigu6"登录，需要指定密码"atguigu"。

```
C:\Users\final>mysql -uguigu6 -p
Enter password: *******
Welcome to the MySQL monitor.  Commands end with ; or \g.
Your MySQL connection id is 8
Server version: 8.0.26 MySQL Community Server - GPL

Copyright (c) 2000, 2019, Oracle and/or its affiliates. All rights reserved.

Oracle is a registered trademark of Oracle Corporation and/or its
affiliates. Other names may be trademarks of their respective
owners.

Type 'help;' or '\h' for help. Type '\c' to clear the current input statement.
```

6. 在创建用户时为用户设置插件认证方式

MySQL 支持在创建用户时为用户设置插件认证方式，此时需要使用 IDENTIFIED WITH 语句。

（1）创建用户"guigu7"，主机名"%"，密码"atguigu"。

```
mysql> CREATE USER IF NOT EXISTS 'guigu7'@'%'
    -> IDENTIFIED WITH mysql_native_password BY 'atguigu';
Query OK, 0 rows affected (0.03 sec)
```

（2）在 mysql 系统库的 user 表中查看用户名为"guigu7"的用户记录。

```
mysql> SELECT 'host', 'user', 'authentication_string'
    -> FROM mysql.user
    -> WHERE 'user' = 'guigu7';
+------+--------+-------------------------------------------+
| host | user   | authentication_string                     |
+------+--------+-------------------------------------------+
| %    | guigu7 | *453FDE92DF58E2DE1A51D27869CF3F1A69984B1B|
+------+--------+-------------------------------------------+
1 row in set (0.00 sec)
```

（3）在 MySQL 服务所在的本机通过用户名"guigu7"登录，需要指定密码"atguigu"。

```
C:\Users\final>mysql -uguigu7 -p
Enter password: *******
Welcome to the MySQL monitor.  Commands end with ; or \g.
Your MySQL connection id is 10
Server version: 8.0.26 MySQL Community Server - GPL

Copyright (c) 2000, 2019, Oracle and/or its affiliates. All rights reserved.

Oracle is a registered trademark of Oracle Corporation and/or its
affiliates. Other names may be trademarks of their respective
owners.

Type 'help;' or '\h' for help. Type '\c' to clear the current input statement.
```

12.2.2　修改用户

创建完用户之后，也可以使用 ALTER 语句进行修改。ALTER 语句的语法和 CREATE 语句的语法是一样的，就是把 CREATE 关键字换成 ALTER 关键字。

```
ALTER USER [IF NOT EXISTS]
  用户名 1 [密码策略] [, 用户名 2 [密码策略]] ...
  [DEFAULT ROLE 角色 1 [, 角色 2 ] ...]
  [REQUIRE {NONE | 安全标识 1 [[AND] 安全标识 2] ...}]
  [WITH 资源限制参数列表]
  [密码失效参数 | 账号锁参数] ...
  [COMMENT '注释信息' | ATTRIBUTE 'JSON 对象'];
```

除了用户名不能使用 ALTER 语句修改，其他的用户信息都可以通过 ALTER 语句修改。用户名的修改需要使用 "RENAME USER 旧用户名 TO 新用户名;" 语句实现。

例如，修改用户 "'guigu5'@'%'" 的密码为 "atguigu"。

```
mysql> ALTER USER 'guigu5'@'%' IDENTIFIED BY 'atguigu';
Query OK, 0 rows affected (0.01 sec)
```

12.2.3　用户账户锁定和解锁

从 MySQL 5.7.8 开始，用户管理方面添加了锁定/解锁用户账户的新特性。在使用 CREATE USER 和 ALTER USER 语句创建和修改用户时，可以通过 ACCOUNT 子句设置账户锁定或解锁。

（1）创建用户 "'guigu8'@'%'" 并设置账户锁定。

```
mysql> CREATE USER 'guigu8'@'%'
    -> IDENTIFIED BY 'atguigu'
    -> ACCOUNT LOCK;
Query OK, 0 rows affected (0.02 sec)
```

（2）尝试用 "guigu8" 用户名登录。

```
C:\Users\final>mysql -uguigu8 -p
Enter password: *******
ERROR 3118 (HY000): Access denied for user 'guigu8'@'localhost'. Account is locked.
```

从上面的结果可以看出，账户在锁定状态下是无法登录的。可以使用 ALTER USER 语句进行解锁。

（3）解锁 "'guigu8'@'%'" 用户。

```
mysql> ALTER USER 'guigu8'@'%'  ACCOUNT UNLOCK;
Query OK, 0 rows affected (0.01 sec)
```

（4）再次尝试用"guigu8"用户名登录。

```
C:\Users\final>mysql -uguigu8 -p
Enter password: *******
Welcome to the MySQL monitor.  Commands end with ; or \g.
Your MySQL connection id is 10
Server version: 8.0.26 MySQL Community Server - GPL

Copyright (c) 2000, 2021, Oracle and/or its affiliates.

Oracle is a registered trademark of Oracle Corporation and/or its
affiliates. Other names may be trademarks of their respective
owners.

Type 'help;' or '\h' for help. Type '\c' to clear the current input statement.
```

12.2.4 限制用户使用资源

在 MySQL 中，CREATE USER 语句不仅可以用来创建新用户，还可以用来限制新用户使用的资源。例如，可以限制每个用户每小时的查询和更新次数、每小时执行的连接次数和同时建立的连接次数等。

CREATE USER 语句可以通过 WITH 子句限制 MySQL 用户使用的资源。WITH 关键字后可以跟一个或多个如下参数。

- MAX_QUERIES_PER_HOUR count：设置每小时可以执行 count 次查询。
- MAX_UPDATES_PER_HOUR count：设置每小时可以执行 count 次更新。
- MAX_CONNECTIONS_PER_HOUR count：设置每小时可以建立 count 个连接。
- MAX_USER_CONNECTIONS count：设置单个用户可以同时建立 count 个并发连接。

SQL 语句示例如下。

（1）创建"'guigu9'@'%'"用户并限制该用户每小时的查询次数最多为 100，每小时的更新次数最多为 20，使"'guigu9'@'%'"用户最多同时有 10 个并发连接。

```
mysql>  CREATE USER 'guigu9'@'%'
    ->   IDENTIFIED BY 'atguigu'
    ->   WITH MAX_QUERIES_PER_HOUR 100
    ->      MAX_UPDATES_PER_HOUR 20
    ->      MAX_USER_CONNECTIONS 10;
Query OK, 0 rows affected (0.02 sec)
```

（2）SQL 语句执行成功，从"mysql.user"表查看"'guigu9'@'%'"用户的资源限制情况。

```
mysql> SELECT USER, HOST, max_questions, max_updates, MAX_USER_CONNECTIONS
    -> FROM mysql.user WHERE USER = 'guigu9' AND HOST = '%';
+-------------+------+-------------+-------------+----------------------+
| USER        | HOST |max_questions| max_updates | MAX_USER_CONNECTIONS|
+-------------+------+-------------+-------------+----------------------+
| guigu9      | %    |     100     |     20      |         10           |
+-------------+------+-------------+-------------+----------------------+
1 row in set (0.00 sec)
```

（3）将"guigu9@%"用户每小时的查询次数限制修改为 200，将每小时的更新次数限制修改为 50。

```
mysql>  ALTER USER 'guigu9'@'%'
    ->  WITH MAX_QUERIES_PER_HOUR 200
```

```
    ->       MAX_UPDATES_PER_HOUR 50;
Query OK, 0 rows affected (0.00 sec)
```

（4）SQL 语句执行成功，从 "mysql.user" 表再次查看 "'guigu9'@'%'" 用户的资源限制情况。

```
mysql> SELECT USER, HOST, max_questions, max_updates, MAX_USER_CONNECTIONS
    -> FROM mysql.user WHERE USER = 'guigu9' AND HOST = '%';
+--------------+------+---------------+-------------+----------------------+
| USER | HOST | max_questions | max_updates | MAX_USER_CONNECTIONS|
+--------------+------+---------------+-------------+----------------------+
| guigu9       | %    |           200 |          50 |                   10 |
+--------------+------+---------------+-------------+----------------------+
1 row in set (0.00 sec)
```

（5）删除用户的资源限制时，只需要将相应的资源限制设置为 0 即可。例如，删除 "'guigu9'@'%'" 用户的资源限制。

```
mysql> ALTER USER 'guigu9'@'%'
    ->  WITH MAX_QUERIES_PER_HOUR 0
    ->     MAX_UPDATES_PER_HOUR 0
    ->     MAX_USER_CONNECTIONS 0;
Query OK, 0 rows affected (0.01 sec)
```

（6）SQL 语句执行成功，从 "mysql.user" 表再次查看 "'guigu9'@'%'" 用户的资源限制情况。

```
mysql> SELECT USER, HOST, max_questions, max_updates, MAX_USER_CONNECTIONS
    -> FROM mysql.user WHERE USER = 'guigu9' AND HOST = '%';
+--------------+------+---------------+-------------+----------------------+
| USER | HOST | max_questions | max_updates | MAX_USER_CONNECTIONS|
+--------------+------+---------------+-------------+----------------------+
| guigu9       | %    |             0 |           0 |                    0 |
+--------------+------+---------------+-------------+----------------------+
1 row in set (0.00 sec)
```

12.2.5　修改用户密码

修改用户密码可以有两种方式：第一种是使用 mysqladmin 命令；第二种是登录 MySQL 服务器后使用 SET 语句。

1. 使用 mysqladmin 命令修改用户密码

在命令行可以使用 mysqladmin 命令修改用户密码，语法格式如下。

```
mysqladmin -u 用户名 -h 主机名  -p password "新密码"
Enter password: 输入旧密码
```

SQL 语句示例如下。

（1）修改 root 用户密码为 "atguigu"。

```
C:\Users\final>mysqladmin -uroot -p password "atguigu"
Enter password: ******
mysqladmin: [Warning] Using a password on the command line interface can be insecure.
Warning: Since password will be sent to server in plain text, use ssl connection to ensure password safety.
```

上面的命令修改密码成功，只是执行时有安全警告，警告提示不要使用明文修改密码，以防止密码泄漏。

（2）"root" 用户使用新密码 "atguigu" 登录。

```
C:\Users\final>mysql -uroot -p
Enter password: *******
```

```
Welcome to the MySQL monitor.  Commands end with ; or \g.
Your MySQL connection id is 19
Server version: 8.0.26 MySQL Community Server - GPL

Copyright (c) 2000, 2019, Oracle and/or its affiliates. All rights reserved.

Oracle is a registered trademark of Oracle Corporation and/or its
affiliates. Other names may be trademarks of their respective
owners.

Type 'help;' or '\h' for help. Type '\c' to clear the current input statement.
```

通过 mysqladmin 命令，既可以修改 root 用户的密码，也可以修改普通用户的密码。但是无论是修改哪个用户的密码，都需要知晓该用户原来的密码，才可以使用 mysqladmin 命令修改。

2. 使用 SET 语句修改用户密码

只要某个用户有 mysql 系统库的 user 表的 UPDATE 权限，就可以修改当前用户或者其他用户密码。该用户登录 MySQL 服务器后，可以通过 SET 语句来修改用户密码。

```
SET PASSWORD FOR '用户名'@'主机名' = '新密码';
```

SQL 语句示例如下。

（1）"root" 用户登录后，修改用户名为 "guigu1"，主机名为 "localhost" 的用户密码为 "atguigu"。

```
mysql> SET PASSWORD FOR 'guigu1'@'localhost' = 'atguigu';
Query OK, 0 rows affected (0.01 sec)
```

（2）"guigu1" 用户使用新密码 "atguigu" 登录。

```
C:\Users\final>mysql -uguigu1 -p
Enter password: *******
Welcome to the MySQL monitor.  Commands end with ; or \g.
Your MySQL connection id is 10
Server version: 8.0.26 MySQL Community Server - GPL

Copyright (c) 2000, 2019, Oracle and/or its affiliates. All rights reserved.

Oracle is a registered trademark of Oracle Corporation and/or its
affiliates. Other names may be trademarks of their respective
owners.

Type 'help;' or '\h' for help. Type '\c' to clear the current input statement.
```

使用 SET 语句既可以修改其他用户的密码，也可以修改自己的密码。如果 A 用户密码忘记了，可以由 B 用户使用 SET 语句来修改。

12.2.6 忘记 root 用户密码的解决方案

当出现忘记 root 用户密码的情况时，如果此时有其他用户拥有 mysql 系统库 user 表的 UPDATE 权限，可以由其他用户通过 SET 语句修改 root 用户密码。但是如果遇到一种特殊情况，此时没有其他用户，或者其他用户没有 mysql 系统库 user 表的 UPDATE 权限，也没有 GRANT（给用户授权）的权限，那么怎么处理呢？操作步骤如下所示。

（1）停止 mysql 的服务。

（2）新建一个文本文件，文本文件中只写一条修改密码的语句。

```
ALTER USER 'root'@'localhost' IDENTIFIED BY '123456';
```

例如，在 D 盘根目录下新建一个文本文件"root_newpass.txt"，文件内容只有上面一条语句。

（3）使用管理员权限运行 cmd 命令行，运行以下命令。

```
mysqld --defaults-file = "D:\ProgramFiles\MySQL\MySQL_Server8.0_Data\my.ini" --init-
file = "d:\root_newpass.txt"
```

意思就是初始化启动一次数据库，并运行这个修改密码的文件。演示效果如下。

```
C:\Users\final>mysqld --defaults-file = "D:\ProgramFiles\MySQL\MySQL_Server8.0_Data\my.ini
" --init-file = "d:\root_newpass.txt"
```

上面的命令执行后，就像卡住了一样，这就是启动 MySQL 服务了。

（4）按 CTRL+C 组合键结束上面的运行命令。

（5）重新启动 MySQL 服务，用新密码登录即可。

```
C:\Users\final>mysql -uroot -p
Enter password: ******
Welcome to the MySQL monitor.  Commands end with ; or \g.
Your MySQL connection id is 8
Server version: 8.0.26 MySQL Community Server - GPL

Copyright (c) 2000, 2021, Oracle and/or its affiliates.

Oracle is a registered trademark of Oracle Corporation and/or its
affiliates. Other names may be trademarks of their respective
owners.

Type 'help;' or '\h' for help. Type '\c' to clear the current input statement.
```

12.2.7　删除用户

MySQL 支持使用 DROP USER 语句删除用户，也可以通过 DELETE 语句删除 mysql.user 数据表的记录来删除用户，以下为示例。

（1）使用 DROP 语句删除"'guigu2'@'192.168.41.60'"用户。

```
mysql> DROP USER 'guigu2'@'192.168.41.60';
Query OK, 0 rows affected (0.01 sec)
```

（2）使用 DELETE 语句删除"'guigu3'@'192.168.41.%'"用户。

```
mysql> DELETE FROM mysql.user WHERE USER = 'guigu3' AND HOST = '192.168.41.%';
Query OK, 1 row affected (0.01 sec)
```

删除用户后，所有权限表中关于该用户的权限记录都会被删除。

12.3　权限管理

MySQL 支持在创建用户后为用户赋予相应的权限，比如对数据库的查询、修改等权限。

在 MySQL 中可以使用 SHOW GRANTS FOR 语句查看用户权限，也可以通过 SELECT 语句查询相应的权限信息表来查看用户的权限。

MySQL 支持使用 GRANT 语句为用户授予相应的权限，使用 REVOKE 撤销某个用户的相应权限，或者直接操作 MySQL 中的权限，为用户授予和撤销权限。某个用户的权限更新之后，该用户需要重新登录后才能获取最新的权限信息。

在 MySQL 中用户的权限是分为多个层级的，因此为用户授权时也要指明是哪个层级的授权。如果要授予某个层级的所有权限，则用星号"*"表示；如果要指定明确的权限，则必须指明权限名称，权限名称如表 12-6 所示。

表 12-6 MySQL 支持的权限

序号	权限名称	说明
1	USAGE	连接（登录）权限，创建用户时会自动授予
2	SELECT	查询权限
3	CREATE	创建表权限
4	CREATE ROUTINE	创建子程序权限，当授予此权限时，自动授予 EXECUTE、ALTER ROUTINE 权限给创建者
5	CREATE TEMPORARY TABLES	创建临时表权限
6	CREATE VIEW	创建视图权限
7	CREATE USER	创建用户权限，要使用此权限，必须拥有 MySQL 数据库的全局 CREATE USER 权限，或拥有 INSERT 权限
8	INSERT	插入权限
9	ALTER	修改权限
10	ALTER ROUTINE	修改子程序权限
11	UPDATE	更新权限
12	DELETE	删除表中记录权限
13	DROP	删除数据库或表权限
14	SHOW DATABASE	查看数据库权限，通过此权限只能看到你拥有的数据库，除非你拥有全局 SHOW DATABASES 权限
15	SHOW VIEW	查看视图权限，拥有此权限，才能执行 SHOW CREATE VIEW 语句
16	INDEX	创建或删除索引权限
17	EXECUTE	执行权限
18	LOCK TABLES	锁权限
19	REFERENCES	外键约束权限
20	RELOAD	重新加载权限
21	REPLICATION CLIENT	拥有此权限可以查询 master server、slave server 状态
22	REPLICATION SLAVE	拥有此权限可以查看从服务器，从主服务器读取二进制日志
23	SHUTDOWN	关闭 MySQL 权限
24	GRANT OPTION	拥有此权限可以将自己拥有的权限授予其他用户
25	FILE	系统文件权限
26	SUPER	超级权限
27	PROCESS	通过这个权限，用户可以执行 SHOW PROCESSLIST 和 KILL 命令

注意，管理权限（如 super、process、file 等）不能够指定某个数据库，ON 后面必须跟"*.*"。

12.3.1 查看用户权限

在 MySQL 中可以使用 SHOW GRANTS FOR 语句查看用户权限，可以通过 SELECT 语句查询 mysql 数据库下的权限表来查看用户的权限，也可以通过 SELECT 语句来查询 information_schema 数据库的 SCHEMA_PRIVILEGES 表，以查看用户的权限。

1. 使用 SHOW GRANTS FOR 语句查看用户权限

（1）查看"'guigu1'@'localhost'"用户的权限，即用户名为"guigu1"，主机名为"localhost"的权限。

```
mysql> SHOW GRANTS FOR 'guigu1'@'localhost';
+-------------------------------------------------+
```

```
| Grants for guigu1@localhost                          |
+------------------------------------------------------+
| GRANT USAGE ON *.* TO 'guigu1'@'localhost'           |
+------------------------------------------------------+
1 row in set (0.00 sec)
```

USAGE 权限意味着 no privileges（没有权限）。

（2）此时使用用户名"guigu1"登录 MySQL 服务器，然后依次执行如下语句。

```
SHOW DATABASES;
SHOW TABLES FROM atguigu_chapter12;
SELECT * FROM atguigu_chapter12.t_employee;
```

执行结果如下。

```
mysql> SHOW DATABASES;
+--------------------+
| Database           |
+--------------------+
| information_schema |
+--------------------+
1 row in set (0.00 sec)

mysql> SHOW TABLES FROM atguigu_chapter12;
ERROR 1044 (42000): Access denied for user 'guigu1'@'localhost' to database 'atguigu_
chapter12'

mysql> SELECT * FROM atguigu_chapter12.t_employee;
ERROR 1142 (42000): SELECT command denied to user 'guigu1'@'localhost' for table
't_employee'
```

从上面的结果可以看出，"'guigu1'@'localhost'"用户没有"information_schema"之外的数据库操作权限，其实就是"information_schema"数据库，"'guigu1'@'localhost'"用户也只有部分查看权限，读者可以自己试试看。

（3）查看"'root'@'localhost'"用户的权限。

```
mysql> SHOW GRANTS FOR 'root'@'localhost'\G
*************************** 1. row ***************************
Grants for root@localhost: GRANT SELECT, INSERT, UPDATE, DELETE, CREATE, DROP, RELOAD,
SHUTDOWN, PROCESS, FILE, REFERENCES, INDEX, ALTER, SHOW DATABASES, SUPER, CREATE TEMPORARY
TABLES, LOCK TABLES, EXECUTE, REPLICATION SLAVE, REPLICATION CLIENT, CREATE VIEW,
SHOW VIEW, CREATE ROUTINE, ALTER ROUTINE, CREATE USER, EVENT, TRIGGER, CREATE
TABLESPACE, CREATE ROLE, DROP ROLE
ON *.* TO 'root'@'localhost' WITH GRANT OPTION
*************************** 2. row ***************************
Grants for root@localhost: GRANT APPLICATION_PASSWORD_ADMIN,AUDIT_ADMIN,BACKUP_ADMIN,
BINLOG_ADMIN,BINLOG_ENCRYPTION_ADMIN,CLONE_ADMIN,CONNECTION_ADMIN,
ENCRYPTION_KEY_ADMIN,FLUSH_OPTIMIZER_COSTS,FLUSH_STATUS,
FLUSH_TABLES,FLUSH_USER_RESOURCES,GROUP_REPLICATION_ADMIN,
INNODB_REDO_LOG_ARCHIVE,INNODB_REDO_LOG_ENABLE,
PERSIST_RO_VARIABLES_ADMIN,REPLICATION_APPLIER,
REPLICATION_SLAVE_ADMIN,RESOURCE_GROUP_ADMIN,RESOURCE_GROUP_USER,ROLE_ADMIN,SERVICE_
CONNECTION_ADMIN,SESSION_VARIABLES_ADMIN,
SET_USER_ID,SHOW_ROUTINE,SYSTEM_USER,SYSTEM_VARIABLES_ADMIN,
TABLE_ENCRYPTION_ADMIN,XA_RECOVER_ADMIN ON *.* TO 'root'
@'localhost' WITH GRANT OPTION
```

```
*************************** 3. row ***************************
Grants for root@localhost: GRANT PROXY ON ''@'' TO 'root'@'localhost' WITH GRANT OPTION
3 rows in set (0.00 sec)
```

从上面的结果可以看出，"root" 用户是超级管理员，拥有所有的权限。

2. 使用 SELECT 语句查询具体权限表查看用户权限信息

（1）在各个权限表查看用户名为 "guigu1"，主机名为 "localhost" 的权限。

```
mysql> SELECT * FROM mysql.user WHERE USER = 'guigu1' AND HOST = 'localhost'\G
*************************** 1. row ***************************
                    Host: localhost
                    User: guigu1
             Select_priv: N
             Insert_priv: N
             Update_priv: N
             Delete_priv: N
             Create_priv: N
               Drop_priv: N
             Reload_priv: N
           Shutdown_priv: N
            Process_priv: N
               File_priv: N
              Grant_priv: N
         References_priv: N
              Index_priv: N
              Alter_priv: N
            Show_db_priv: N
              Super_priv: N
    Create_tmp_table_priv: N
         Lock_tables_priv: N
            Execute_priv: N
          Repl_slave_priv: N
         Repl_client_priv: N
         Create_view_priv: N
           Show_view_priv: N
      Create_routine_priv: N
       Alter_routine_priv: N
         Create_user_priv: N
              Event_priv: N
            Trigger_priv: N
  Create_tablespace_priv: N
                ssl_type:
              ssl_cipher: NULL
             x509_issuer: NULL
            x509_subject: NULL
           max_questions: 0
             max_updates: 0
         max_connections: 0
    max_user_connections: 0
                  plugin: caching_sha2_password
   authentication_string: $A$005$)#_qU[U.5BTGCTxbgU5dd7NR0FutirUAV87j0cJtU.S99dk0wZz2NAUh4f5
          password_expired: N
```

```
            password_expired: N
      password_last_changed: 2021-10-21 14:47:51
           password_lifetime: NULL
             account_locked: N
            Create_role_priv: N
              Drop_role_priv: N
      Password_reuse_history: NULL
         Password_reuse_time: NULL
     Password_require_current: NULL
             User_attributes: NULL
1 row in set (0.00 sec)

mysql> SELECT * FROM mysql.db
> WHERE USER = 'guigu1' AND HOST = 'localhost';
Empty set (0.00 sec)

mysql> SELECT * FROM mysql.tables_priv
> WHERE USER = 'guigu1' AND HOST = 'localhost';
Empty set (0.00 sec)

mysql> SELECT * FROM mysql.columns_priv
> WHERE USER = 'guigu1' AND HOST = 'localhost';
Empty set (0.00 sec)

mysql> SELECT * FROM mysql.procs_priv
> WHERE USER = 'guigu1' AND HOST = 'localhost';
Empty set (0.00 sec)
```

从上面的结果可以看出，"'guigu1'@'localhost'"用户在 user 表的所有全局权限值都是"N"，并且在其他层级的权限表中也没有任何权限，因此这个用户除了可以登录 MySQL 服务，什么也做不了。

（2）在各个权限表查看用户名为"root"，主机名为"localhost"的权限。

```
mysql> SELECT * FROM mysql.user WHERE USER = 'root' AND HOST = 'localhost'\G
*************************** 1. row ***************************
                    Host: localhost
                    User: root
             Select_priv: Y
             Insert_priv: Y
             Update_priv: Y
             Delete_priv: Y
             Create_priv: Y
               Drop_priv: Y
             Reload_priv: Y
           Shutdown_priv: Y
            Process_priv: Y
               File_priv: Y
              Grant_priv: Y
         References_priv: Y
              Index_priv: Y
              Alter_priv: Y
            Show_db_priv: Y
              Super_priv: Y
     Create_tmp_table_priv: Y
```

```
                Lock_tables_priv: Y
                   Execute_priv: Y
                Repl_slave_priv: Y
               Repl_client_priv: Y
               Create_view_priv: Y
                 Show_view_priv: Y
            Create_routine_priv: Y
             Alter_routine_priv: Y
               Create_user_priv: Y
                     Event_priv: Y
                   Trigger_priv: Y
        Create_tablespace_priv: Y
                       ssl_type:
                     ssl_cipher: NULL
                    x509_issuer: NULL
                   x509_subject: NULL
                  max_questions: 0
                    max_updates: 0
                max_connections: 0
           max_user_connections: 0
                         plugin: mysql_native_password
            authentication_string: *6BB4837EB74329105EE4568DDA7DC67ED2CA2AD9
               password_expired: N
          password_last_changed: 2021-10-21 12:03:29
              password_lifetime: NULL
                 account_locked: N
               Create_role_priv: Y
                 Drop_role_priv: Y
          Password_reuse_history: NULL
             Password_reuse_time: NULL
       Password_require_current: NULL
                User_attributes: NULL
1 row in set (0.00 sec)

mysql> SELECT * FROM mysql.db WHERE USER = 'root' AND HOST = 'localhost';
Empty set (0.00 sec)

mysql> SELECT * FROM mysql.tables_priv WHERE USER = 'root' AND HOST = 'localhost';
Empty set (0.00 sec)

mysql> SELECT * FROM mysql.columns_priv WHERE USER = 'root' AND HOST = 'localhost';
Empty set (0.00 sec)

mysql> SELECT * FROM mysql.procs_priv WHERE USER = 'root' AND HOST = 'localhost';
Empty set (0.00 sec)
```

从上面的结果可以看出，"'root'@'localhost'"用户在 user 表的所有全局权限值都是"Y"，因此就不需要在其他层级的权限表中再定义权限了。

3. 查询 information_schema 数据库的 SCHEMA_PRIVILEGES 表查看用户的权限

在 MySQL 5.0 之后，支持通过 information_schema 数据库的 SCHEMA_PRIVILEGES 表来查看用户被授予的库级权限。

SQL 语句示例如下。

（1）从"information_schema.SCHEMA_PRIVILEGES"表查看用户名为"guigu1"，主机名为"localhost"的权限。

```
mysql> SELECT  *  FROM  information_schema.SCHEMA_PRIVILEGES  WHERE  GRANTEE  =
"'guigu1'@'localhost'";
Empty set (0.00 sec)
```

因为"'guigu1'@'localhost'"用户还未获得任何库级授权，所以查询结果为空。

（2）从"information_schema.SCHEMA_PRIVILEGES"表查看用户名为"root"，主机名为"localhost"的权限。

```
mysql> SELECT  *  FROM  information_schema.SCHEMA_PRIVILEGES  WHERE  GRANTEE  =
"'root'@'localhost'";
Empty set (0.00 sec)
```

在 information_schema.SCHEMA_PRIVILEGES 表中没有查看到"root"用户的权限信息，因为这个表中记录的是由用户授予的库级权限，而"root"用户是全局权限。

12.3.2　授予和撤销列级权限

列级权限的作用域是数据库下某张表的特定字段。权限存储在系统库 mysql 数据库下的 columns_priv 数据表中，这是最细粒度的权限表。对表中列的操作权限，包括 Select、Insert、Update 和 Refereces。

MySQL 支持使用 GRANT 语句为用户授予相应的权限，使用 REVOKE 撤销某个用户的相应权限，或者直接操作 MySQL 中的权限表，为用户授予和撤销权限。

1. 使用 GRANT 语句为用户授予列级权限

MySQL 支持使用 GRANT 语句为用户授予相应权限，当授予列级权限时，必须在权限名称后面跟上小括号，并在小括号中写上列名称。

```
GRANT 权限名(字段列表)[,权限名(字段列表),......]
ON 数据库名.数据表名
TO '用户名'@'主机名'[,'用户名'@'主机名'];
```

权限名是 SELECT、UPDATE 等，同一个权限可以赋予多个字段，在小括号"()"中用逗号分隔多个字段。GRANT 语句支持同时给多个用户授权。

（1）为"'guigu1'@'localhost'"用户、"'guigu4'@'%'"用户、"'guigu5'@'%'"用户赋予在"atguigu_chapter12"数据库的"t_employee"表中的"ename"和"tel"字段的查询和修改权限。

```
mysql> GRANT SELECT(ename,tel),UPDATE(ename,tel)
    -> ON atguigu_chapter12.t_employee
    -> TO 'guigu1'@'localhost','guigu4'@'%','guigu5'@'%';
Query OK, 0 rows affected (0.01 sec)
```

（2）使用 SELECT 在各个权限表查看用户名为"guigu1"，主机名为"localhost"的权限。

```
SELECT * FROM mysql.user WHERE USER = 'guigu1' AND HOST = 'localhost';
SELECT * FROM mysql.db WHERE USER = 'guigu1' AND HOST = 'localhost';
SELECT * FROM mysql.tables_priv WHERE USER = 'guigu1' AND HOST = 'localhost';
SELECT * FROM mysql.columns_priv WHERE USER = 'guigu1' AND HOST = 'localhost';
SELECT * FROM mysql.procs_priv WHERE USER = 'guigu1' AND HOST = 'localhost';
```

依次执行上面的查询语句之后，读者可以发现给"guigu1'@'localhost'"用户授予列级权限后，会在"mysql.columns_priv"和"mysql.tables_priv"表中添加相应的记录。其中"mysql.tables_priv"和"mysql.columns_priv"表的查询结果如下。

```
mysql> SELECT * FROM mysql.tables_priv WHERE USER = 'guigu1' AND HOST = 'localhost'\G
*************************** 1. row ***************************
       Host: localhost
         Db: atguigu_chapter12
       User: guigu1
 Table_name: t_employee
    Grantor: root@localhost
  Timestamp: 0000-00-00 00:00:00
 Table_priv:
Column_priv: Select,Update
1 row in set (0.00 sec)

mysql> SELECT * FROM mysql.columns_priv WHERE USER = 'guigu1' AND HOST = 'localhost'\G
*************************** 1. row ***************************
       Host: localhost
         Db: atguigu_chapter12
       User: guigu1
 Table_name: t_employee
Column_name: ename
  Timestamp: 0000-00-00 00:00:00
Column_priv: Select,Update
*************************** 2. row ***************************
       Host: localhost
         Db: atguigu_chapter12
       User: guigu1
 Table_name: t_employee
Column_name: tel
  Timestamp: 0000-00-00 00:00:00
Column_priv: Select,Update
2 rows in set (0.00 sec)
```

"mysql.tables_priv"表中有一条关于"'guigu1'@'localhost'"用户的权限记录，表明该用户对"t_employee"表的部分列有"SELECT 和 UPDATE"权限。

"mysql.columns_priv"表中有两条关于"'guigu1'@'localhost'"用户的权限记录，分别对应"ename"和"tel"字段，两个字段都有"SELECT"和"UPDATE"权限。

（3）使用 SHOW GRANTS 语句查看"'guigu1'@'localhost'"用户的权限。

```
mysql> SHOW GRANTS FOR 'guigu1'@'localhost'\G
*************************** 1. row ***************************
Grants for shangguigu1@localhost: GRANT USAGE ON *.* TO 'guigu1'@'localhost'
*************************** 2. row ***************************
Grants for guigu1@localhost: GRANT SELECT ('ename', 'tel'), UPDATE ('ename', 'tel')
ON 'atguigu_chapter12'. 't_employee' TO 'guigu1'@'localhost'
2 rows in set (0.00 sec)
```

从上面的结果可以看出，关于"'guigu1'@'localhost'"用户的授权信息又多了一条。

（4）使用用户名"guigu1"登录 MySQL 服务器。然后依次执行如下语句。

```
SHOW DATABASES;
SHOW TABLES FROM atguigu_chapter12;
```

```
SELECT * FROM atguigu_chapter12.t_employee;
SELECT ename,tel FROM atguigu_chapter12.t_employee WHERE ename = '陆风';
UPDATE atguigu_chapter12.t_employee SET salary = 20000 WHERE ename = '陆风';
UPDATE atguigu_chapter12.t_employee SET tel = '13785964586' WHERE ename = '陆风';
```

执行结果如下。

```
mysql> SHOW DATABASES;
+--------------------+
| Database           |
+--------------------+
| atguigu_chapter12  |
| information_schema |
+--------------------+
2 rows in set (0.00 sec)

mysql> SHOW TABLES FROM atguigu_chapter12;
+---------------------------+
| Tables_in_atguigu_chapter12 |
+---------------------------+
| t_employee                |
+---------------------------+
1 row in set (0.00 sec)

mysql> SELECT ename,tel FROM atguigu_chapter12.t_employee
    -> WHERE ename = '陆风';
+-------+-------------+
| ename | tel         |
+-------+-------------+
| 陆风  | 13785964586 |
+-------+-------------+
1 row in set (0.00 sec)

mysql> SELECT * FROM atguigu_chapter12.t_employee;
ERROR 1143 (42000): SELECT command denied to user 'guigu1'@'localhost' for column
'eid' in table 't_employee'

mysql> UPDATE atguigu_chapter12.t_employee SET tel = '13785964586' WHERE ename = '陆风';
Query OK, 0 rows affected (0.00 sec)
Rows matched: 1  Changed: 0  Warnings: 0

mysql> UPDATE atguigu_chapter12.t_employee SET salary = 20000 WHERE ename = '陆风';
ERROR 1143 (42000): UPDATE command denied to user 'guigu1'@'localhost' for column
'salary' in table 't_employee'
```

从上面的结果可以看出，"'guigu1'@'localhost'"用户只有"atguigu_chapter12"库的"t_employee"表的
"ename"和"tel"字段的查询和修改权限。

（5）给"'guigu1'@'localhost'"用户在"atguigu_chapter12"数据库的"t_employee"表的"gender"字
段上增加查询和修改权限。

```
mysql> GRANT SELECT(gender),UPDATE(gender)
    -> ON atguigu_chapter12.t_employee
    -> TO 'guigu1'@'localhost';
Query OK, 0 rows affected (0.01 sec)
```

（6）使用 SHOW GRANTS 语句查看"'guigu1'@'localhost'"用户的权限。

```
mysql> SHOW GRANTS FOR 'guigu1'@'localhost'\G
*************************** 1. row ***************************
Grants for guigu1@localhost: GRANT USAGE ON *.* TO 'guigu1'@'localhost'
*************************** 2. row ***************************
Grants for guigu1@localhost: GRANT SELECT ('ename', 'gender', 'tel'), UPDATE ('ename',
'gender', 'tel') ON 'atguigu_chapter12'. 't_employee' TO 'guigu1'@'localhost'
2 rows in set (0.00 sec)
```

从上面结果可以看出，GRANT 语句给用户授权是追加模式，即会在原有授权的基础上加上新增的授权。

2. 使用 REVOKE 撤销用户列级权限

MySQL 使用 REVOKE 撤销某个用户的列级权限。REVOKE 语句和 GRANT 语句非常相似，只是把"GRANT"换成"REVOKE"，"TO"换成"FROM"。语法格式如下。

```
REVOKE 权限名(字段列表)[,权限名(字段列表), ...]
ON 数据库名.数据表名
FROM '用户名'@'主机名'[,'用户名'@'主机名'];
```

还可以使用 REVOKE 撤销某个用户的所有权限。语法格式如下。

```
REVOKE ALL PRIVILEGES
ON *.*
FROM '用户名'@'主机名'[,'用户名'@'主机名'];
```

SQL 语句示例如下。

（1）撤销对"'guigu1'@'localhost'"用户在"atguigu_chapter12"数据库"t_employee"表"ename"和"tel"字段的"SELECT"和"UPDATE"的列级授权。

```
mysql> REVOKE SELECT(ename,tel,gender),UPDATE(ename,tel,gender)
    -> ON atguigu_chapter12.t_employee
    -> FROM 'guigu1'@'localhost';
Query OK, 0 rows affected (0.01 sec)
```

（2）使用 SHOW GRANTS 语句查看"'guigu1'@'localhost'"用户的权限。

```
mysql> SHOW GRANTS FOR 'guigu1'@'localhost'\G
*************************** 1. row ***************************
Grants for guigu1@localhost: GRANT USAGE ON *.* TO 'guigu1'@'localhost'
*************************** 2. row ***************************
Grants for guigu1@localhost: GRANT SELECT ('gender'), UPDATE ('gender') ON 'atguigu_
chapter12'. 't_employee' TO 'guigu1'@'localhost'
2 rows in set (0.00 sec)
```

从上面的结果可以看出，已经撤销对"'guigu1'@'localhost'"用户在"atguigu_chapter12"数据库"t_employee"表"ename"和"tel"字段的"SELECT"和"UPDATE"的列级授权，只剩下"gender"字段的"SELECT"和"UPDATE"的列级授权。

（3）撤销对"'guigu4'@'%'"用户的所有字段的 UPDATE 列级授权。

```
mysql> REVOKE UPDATE(ename,tel)
    -> ON atguigu_chapter12.t_employee
    -> FROM 'guigu4'@'%';
Query OK, 0 rows affected (0.01 sec)
```

（4）从 mysql.tables_priv 和 mysql.columns_priv 权限表查看"'guigu4'@'%'"用户的权限。

```
mysql> SELECT * FROM mysql.tables_priv WHERE USER = 'guigu4' AND HOST = '%'\G
*************************** 1. row ***************************
      Host: %
```

```
      Db: atguigu_chapter12
    User: guigu4
Table_name: t_employee
   Grantor: root@localhost
 Timestamp: 2021-10-21 23:46:47
Table_priv:
Column_priv: Select
1 row in set (0.00 sec)

mysql> SELECT * FROM mysql.columns_priv WHERE USER = 'guigu4' AND HOST = '%'\G
*************************** 1. row ***************************
      Host: %
        Db: atguigu_chapter12
      User: guigu4
 Table_name: t_employee
Column_name: ename
  Timestamp: 2021-10-21 23:46:47
Column_priv: Select
*************************** 2. row ***************************
      Host: %
        Db: atguigu_chapter12
      User: guigu4
 Table_name: t_employee
Column_name: tel
  Timestamp: 2021-10-21 23:46:47
Column_priv: Select
2 rows in set (0.00 sec)
```

从上面的结果可以看出，已经实现了撤销"'guigu4'@'%'"用户的所有字段的 UPDATE 列级权限，但是 SELECT 列级权限还在。

（5）撤销"'guigu5'@'%'"用户对"ename"的"UPDATE"权限。

```
mysql> REVOKE UPDATE(ename)
    -> ON atguigu_chapter12.t_employee
    -> FROM 'guigu5'@'%';
Query OK, 0 rows affected (0.01 sec)
```

（6）使用 SHOW GRANTS 语句查看"'guigu5'@'%'"用户的权限。

```
mysql> SHOW GRANTS FOR 'guigu5'@'%'\G
*************************** 1. row ***************************
Grants for guigu5@%: GRANT USAGE ON *.* TO 'guigu5'@'%'
*************************** 2. row ***************************
Grants for guigu5@%: GRANT SELECT ('ename','tel'), UPDATE ('tel') ON 'atguigu_
chapter12'. 't_employee' TO 'guigu5'@'%'
2 rows in set (0.00 sec)
```

从上面的结果可以看出，使用 REVOKE 语句可以撤销指定字段的部分权限。

（7）撤销对"guigu4'@'%'"用户的所有授权。

```
mysql> REVOKE ALL PRIVILEGES ON *.* FROM 'guigu4'@'%';
Query OK, 0 rows affected (0.01 sec)
```

（8）使用 SHOW GRANTS 语句查看"'guigu4'@'%'"用户的权限。

```
mysql> SHOW GRANTS FOR 'guigu4'@'%';
+-----------------------------------------+
| Grants for guigu4@%                     |
```

```
+----------------------------------------+
| GRANT USAGE ON *.* TO 'guigu4'@'%'     |
+----------------------------------------+
1 row in set (0.00 sec)
```

3. 直接操作权限表授予和撤销某个用户的列级权限

既然使用 GRANT 语句为用户授予列级权限，最终体现在 mysql.columns_priv 和 mysql.tables_priv 表中添加相应的记录，那么我们也可以直接在这两个表中用 INSERT 语句添加相应记录为用户授予列级权限。类似的，使用 REVOKE 语句撤销用户权限就是删除或修改权限表的记录。我们可以直接使用 DELETE 和 UPDATE 语句撤销用户的列级权限。

（1）使用 INSERT 语句为"'guigu4'@'%'"用户赋予在"atguigu_chapter12"数据库"t_employee"表的"ename"和"tel"字段的查询和修改权限。

```
mysql> INSERT INTO mysql.tables_priv
    -> (HOST,db,USER,table_name,grantor,column_priv)
    -> VALUES ('%','atguigu_chapter12','guigu4',
    -> 't_employee',"'root'@'localhost'",'select,update');
Query OK, 1 row affected (0.01 sec)

mysql> INSERT INTO mysql.columns_priv
    -> (HOST,db,USER,table_name,column_name,column_priv)
    -> VALUES ('%','atguigu_chapter12','guigu4',
    -> 't_employee','ename','select,update');
Query OK, 1 row affected (0.00 sec)

mysql> INSERT INTO mysql.columns_priv
    -> (HOST,db,USER,table_name,column_name,column_priv)
    -> VALUES ('%','atguigu_chapter12','guigu4',
    -> 't_employee','tel','select,update');
Query OK, 1 row affected (0.01 sec)

mysql> FLUSH PRIVILEGES;
Query OK, 0 rows affected (0.01 sec)
```

上面"FLUSH PRIVILEGES;"表示刷新权限，这样"'guigu4'@'%'"用户登录后就可以按最新权限执行了。

（2）使用 SHOW GRANTS 语句查看"guigu4'@'%'"用户的权限。

```
mysql> SHOW GRANTS FOR 'guigu4'@'%'\G
*************************** 1. row ***************************
Grants for guigu4@%: GRANT USAGE ON *.* TO 'guigu4'@'%'
*************************** 2. row ***************************
Grants for guigu4@%: GRANT SELECT ('ename', 'tel'), UPDATE ('ename', 'tel') ON
'atguigu_chapter12'. 't_employee' TO 'guigu4'@'%'
2 rows in set (0.00 sec)
```

（3）撤销"guigu1'@'localhost'"用户对"gender"字段的所有列级权限。

```
mysql> DELETE FROM mysql.columns_priv
    -> WHERE USER = 'guigu1'
    -> AND HOST = 'localhost'
    -> AND column_name = 'gender';
Query OK, 1 row affected (0.01 sec)

mysql> FLUSH PRIVILEGES;
Query OK, 0 rows affected (0.01 sec)
```

如果读者查询 mysql.columns_priv 权限表，可以看到"'guigu1'@'localhost'"用户的"gender"字段的列级权限记录被删除了。

（4）使用 UPDATE 语句撤销"'guigu5'@'%'"用户对"tel"字段的 UPDATE 列级权限。

```
mysql> UPDATE mysql.columns_priv
    -> SET column_priv = 'SELECT'
    -> WHERE USER = 'guigu5'
    -> AND HOST = '%'
    -> AND column_name = 'tel';
Query OK, 1 row affected (0.00 sec)
Rows matched: 1  Changed: 1  Warnings: 0

mysql> FLUSH PRIVILEGES;
Query OK, 0 rows affected (0.01 sec)
```

如果读者查询 mysql.columns_priv 权限表，可以看到"'guigu5'@'%'"用户对"tel"字段只有 SELECT 权限，没有 UPDATE 权限了。

（5）使用 DELETE 语句撤销"'guigu5'@'%'"用户的所有列级权限。

```
mysql> DELETE FROM mysql.columns_priv
    -> WHERE USER = 'guigu5'
    -> AND HOST = '%' ;
Query OK, 1 row affected (0.00 sec)

mysql> FLUSH PRIVILEGES;
Query OK, 0 rows affected (0.01 sec)
```

如果读者查询 mysql.columns_priv 权限表，可以看到"'guigu5'@'%'"用户的所有列级权限记录都被删除了。

（6）删除"'guigu4'@'%'"用户的权限记录。

```
mysql> DELETE FROM mysql.tables_priv WHERE USER = 'guigu4' AND HOST = '%';
Query OK, 1 row affected (0.01 sec)

mysql> FLUSH PRIVILEGES;
Query OK, 0 rows affected (0.01 sec)
```

（7）从 mysql.tables_priv 和 mysql.columns_priv 权限表查看用户的列级权限信息。

```
mysql> SELECT * FROM mysql.tables_priv\G
*************************** 1. row ***************************
       Host: %
         Db: atguigu_chapter12
       User: guigu5
 Table_name: t_employee
    Grantor: root@localhost
  Timestamp: 0000-00-00 00:00:00
 Table_priv:
Column_priv: Select,Update
*************************** 2. row ***************************
       Host: localhost
         Db: atguigu_chapter12
       User: guigu1
 Table_name: t_employee
    Grantor: root@localhost
  Timestamp: 0000-00-00 00:00:00
 Table_priv:
```

```
Column_priv: Select,Update
*************************** 3. row ***************************
      Host: localhost
        Db: mysql
      User: mysql.session
 Table_name: user
    Grantor: boot@
  Timestamp: 0000-00-00 00:00:00
 Table_priv: Select
Column_priv:
*************************** 4. row ***************************
      Host: localhost
        Db: sys
      User: mysql.sys
 Table_name: sys_config
    Grantor: root@localhost
  Timestamp: 2021-07-27 21:10:14
 Table_priv: Select
Column_priv:
4 rows in set (0.00 sec)

mysql> SELECT * FROM mysql.columns_priv\G
*************************** 1. row ***************************
       Host: %
         Db: atguigu_chapter12
       User: guigu4
 Table_name: t_employee
Column_name: ename
  Timestamp: 2021-10-22 10:30:02
Column_priv: Select,Update
*************************** 2. row ***************************
       Host: %
         Db: atguigu_chapter12
       User: guigu4
 Table_name: t_employee
Column_name: tel
  Timestamp: 2021-10-22 10:30:02
Column_priv: Select,Update
2 rows in set (0.00 sec)
```

从上面的结果可以看出，虽然在 mysql.columns_priv 表中已经没有 "guigu5'@'%'" 用户的授权信息，但是在 mysql.tables_priv 表中仍然有列级的 SELECT 和 UPDATE 权限。

同样，虽然在 mysql.tables_priv 表中已经没有 "'guigu4'@'%'" 用户的授权信息，但是在 mysql.columns_priv 表中仍然有 "t_employee" 表的 "ename" 和 "tel" 的 SELECT 和 UPDATE 权限。

这就说明使用 DELETE 和 UPDATE 语句删除列级权限，可能会造成 mysql.tables_priv 表和 mysql.columns_priv 表记录不对应的问题。

（8）为了不影响接下来的使用，现在手动清理这些不对应的垃圾数据，否则接下来这些用户的授权、撤销、使用都会受到影响，甚至会出现意想不到的问题。因为列级权限涉及两个权限表，操作非常麻烦并且容易出错，所以不建议采用这种方式授予和撤销 "列级权限"，推荐使用 GRANT 和 REVOKE 方式。

```
mysql> DELETE FROM mysql.tables_priv WHERE USER = 'guigu5' AND HOST = '%';
Query OK, 1 row affected (0.01 sec)
```

```
mysql> DELETE FROM mysql.tables_priv WHERE USER = 'guigu1' AND HOST = 'localhost';
Query OK, 1 row affected (0.00 sec)

mysql> DELETE FROM mysql.columns_priv WHERE USER = 'guigu4' AND HOST = '%';
Query OK, 2 rows affected (0.01 sec)

mysql> FLUSH PRIVILEGES;
Query OK, 0 rows affected (0.01 sec)
```

12.3.3 授予和撤销表级权限

表级权限的作用域是数据库中某个特定的数据表。权限存储在 mysql 数据库下的 tables_priv 数据表中。对表的操作权限，包括 Select、Insert、Update、Delete、Create、Drop、Grant、References、Index 和 Alter。具体操作分为以下几种情况。

1. 使用 GRANT 语句为用户授予表级权限

使用 GRANT 语句可以为用户授予某个表的所有权限，也可以是部分操作权限。

- 为某个用户授予某个表的所有操作权限，语法格式如下。

```
GRANT ALL PRIVILEGES
ON 数据库名.数据表名称
TO '用户名'@'主机名' [,'用户名'@'主机名'];
```

- 为某个用户授予某个表的指定操作权限，语法格式如下。

```
GRANT 权限名列表
ON 数据库名.数据表名称
TO '用户名'@'主机名' [,'用户名'@'主机名'];
```

SQL 语句示例如下。

（1）为 "'guigu1'@'localhost'" 分配 "atguigu_chapter12.t_employee" 表的所有权限。

```
mysql> GRANT ALL PRIVILEGES
    -> ON atguigu_chapter12.t_employee
    -> TO 'guigu1'@'localhost';
Query OK, 0 rows affected (0.01 sec)
```

（2）从 mysql.tables_priv 表查看 "'guigu1'@'localhost'" 用户的权限。

```
mysql> SELECT * FROM mysql.tables_priv WHERE USER = 'guigu1' AND HOST = 'localhost'\G
*************************** 1. row ***************************
       Host: localhost
         Db: atguigu_chapter12
       User: guigu1
 Table_name: t_employee
    Grantor: root@localhost
  Timestamp: 0000-00-00 00:00:00
 Table_priv: Select,Insert,Update,Delete,Create,Drop,References,Index,Alter,Create View,
Show view,Trigger
Column_priv:
1 row in set (0.00 sec)
```

从上面的结果可以看出，在 mysql.tables_priv 表增加了一条关于 "guigu1'@'localhost'" 用户操作 "t_employee" 表的权限记录。

（3）为"guigu4'@'%'"分配"atguigu_chapter12.t_employee"表的 SELECT、UPDATE 权限。

```
mysql> GRANT SELECT,UPDATE
    -> ON atguigu_chapter12.t_employee
    -> TO 'guigu4'@'%';
Query OK, 0 rows affected (0.01 sec)
```

（4）从"mysql.tables_priv"表查看"'guigu4'@'%'"用户的权限。

```
mysql> SELECT * FROM mysql.tables_priv WHERE USER = 'guigu4' AND HOST = '%'\G
*************************** 1. row ***************************
       Host: %
         Db: atguigu_chapter12
       User: guigu4
 Table_name: t_employee
    Grantor: root@localhost
  Timestamp: 0000-00-00 00:00:00
 Table_priv: Select,Update
Column_priv:
1 row in set (0.00 sec)
```

读者可以分别测试"'guigu1'@'localhost'"用户和"'guigu4'@'%'"用户对"atguigu_chapter12"的"t_employee"表的 INSERT、DELETE、UPDATE、SELECT、ALTER 等操作权限。

2. 使用 REVOKE 语句撤销用户的表级权限

REVOKE 语句和 GRANT 语句非常相似，只是把"GRANT"换成"REVOKE"、"TO"换成"FROM"。撤销某个用户的所有表级权限，语法格式如下。

```
REVOKE ALL PRIVILEGES
ON 数据库名.数据表名称
FROM '用户名'@'主机名' [,'用户名'@'主机名'];
```

撤销某个用户的某个表的指定操作权限，语法格式如下。

```
REVOKE 权限名列表
ON 数据库名.数据表名称
FROM '用户名'@'主机名' [,'用户名'@'主机名'];
```

还可以使用 REVOKE 语句撤销某个用户的所有权限，语法格式如下。

```
REVOKE ALL PRIVILEGES
ON *.*
FROM '用户名'@'主机名'[,'用户名'@'主机名'];
```

SQL 语句示例如下。

（1）撤销"'guigu1'@'localhost'"用户基于"atguigu_chapter12.t_employee"表的所有权限。

```
mysql> REVOKE ALL PRIVILEGES
    -> ON atguigu_chapter12.t_employee
    -> FROM 'guigu1'@'localhost';
Query OK, 0 rows affected (0.01 sec)
```

（2）从"mysql.tables_priv"表查看用户"'guigu1'@'localhost'"的权限。

```
mysql> SELECT * FROM mysql.tables_priv WHERE USER = 'guigu1' AND HOST = 'localhost';
Empty set (0.00 sec)
```

（3）撤销"'guigu4'@'%'"用户基于"atguigu_chapter12.t_employee"表的 UPDATE 权限。

```
mysql> REVOKE UPDATE
    -> ON atguigu_chapter12.t_employee
    -> FROM 'guigu4'@'%';
Query OK, 0 rows affected (0.01 sec)
```

（4）从"mysql.tables_priv"表查看用户"guigu4'@'%'"的权限。

```
mysql> SELECT * FROM mysql.tables_priv WHERE USER = 'guigu4' AND HOST = '%'\G
*************************** 1. row ***************************
       Host: %
         Db: atguigu_chapter12
       User: guigu4
 Table_name: t_employee
    Grantor: root@localhost
  Timestamp: 0000-00-00 00:00:00
 Table_priv: Select
Column_priv:
1 row in set (0.00 sec)
```

从上面的结果可以看出，"'guigu4'@'%'"用户对"atguigu_chapter12.t_employee"表只有 SELECT 权限了。

3. 直接操作"mysql.tables_priv"权限表

当然，可以直接在"mysql.tables_priv"表通过 INSERT、UPDATE 和 DELETE 语句来给用户授予表级权限、修改表级权限、删除表级权限。

例如，删除"mysql.tables_priv"中关于"'guigu4'@'%'"用户的权限记录。

```
mysql> DELETE FROM mysql.tables_priv WHERE USER = 'guigu4' AND HOST = '%';
Query OK, 1 row affected (0.01 sec)

mysql> FLUSH PRIVILEGES;
Query OK, 0 rows affected (0.01 sec)
```

INSERT 和 UPDATE 的操作就不一一演示了，和普通表数据的添加和修改是一样的。

12.3.4　授予和撤销数据库层级权限

库级权限的作用域是某个特定的数据库。权限存储在 mysql 数据库下的 db 数据表中。具体操作分为以下几种情况。

1. 使用 GRANT 语句为用户授权

• 为某个用户授予某个数据库的所有权限，语法格式如下。

```
GRANT ALL PRIVILEGES
ON 数据库名.*
TO '用户名'@'主机名' [,'用户名'@'主机名'];
```

• 为某个用户授予某个数据库的特定权限，语法格式如下。

```
GRANT 权限名列表
ON 数据库名.*
TO '用户名'@'主机名' [,'用户名'@'主机名'];
```

SQL 语句示例如下。

（1）为"'guigu1'@'localhost'"用户赋予在 atguigu_chapter12 数据库上的所有执行权限。

```
mysql> GRANT ALL PRIVILEGES ON atguigu_chapter12.* TO 'guigu1'@'localhost';
Query OK, 0 rows affected (0.01 sec)
```

（2）从 mysql.db 表查看用户"'guigu1'@'localhost'"的库级权限。

```
mysql> SELECT * FROM mysql.db WHERE USER = 'guigu1' AND HOST = 'localhost'\G
*************************** 1. row ***************************
                 Host: localhost
                   Db: atguigu_chapter12
```

```
                 User: guigu1
           Select_priv: Y
           Insert_priv: Y
           Update_priv: Y
           Delete_priv: Y
           Create_priv: Y
             Drop_priv: Y
            Grant_priv: N
       References_priv: Y
            Index_priv: Y
            Alter_priv: Y
  Create_tmp_table_priv: Y
       Lock_tables_priv: Y
       Create_view_priv: Y
         Show_view_priv: Y
    Create_routine_priv: Y
     Alter_routine_priv: Y
          Execute_priv: Y
            Event_priv: Y
          Trigger_priv: Y
1 row in set (0.00 sec)
```

（3）使用 SHOW GRANTS 语句查看 "'guigu1'@'localhost'" 用户的权限。

```
mysql> SHOW GRANTS FOR 'guigu1'@'localhost';
+---------------------------------------------------------------------+
| Grants for guigu1@localhost                                         |
+---------------------------------------------------------------------+
| GRANT USAGE ON *.* TO 'guigu1'@'localhost'                          |
| GRANT ALL PRIVILEGES ON 'atguigu_chapter12'.* TO 'guigu1'@'localhost'|
+---------------------------------------------------------------------+
2 rows in set (0.00 sec)
```

（4）从系统库 "information_schema" 的 "SCHEMA_PRIVILEGE" 表中查看 "'guigu1'@'localhost'" 用户的权限。

```
mysql> SELECT * FROM information_schema.SCHEMA_PRIVILEGES WHERE GRANTEE = "'guigu1'@
'localhost'"\G
*************************** 1. row ***************************
       GRANTEE: 'guigu1'@'localhost'
 TABLE_CATALOG: def
  TABLE_SCHEMA: atguigu_chapter12
PRIVILEGE_TYPE: SELECT
  IS_GRANTABLE: NO
*************************** 2. row ***************************
       GRANTEE: 'guigu1'@'localhost'
 TABLE_CATALOG: def
  TABLE_SCHEMA: atguigu_chapter12
PRIVILEGE_TYPE: INSERT
  IS_GRANTABLE: NO
*************************** 3. row ***************************
...
```

之前列级权限和表级权限在 "information_schema.SCHEMA_PRIVILEGES" 表中是查不到权限信息的，现在库级权限可以查询到用户的权限信息了。

（5）为 "'guigu4'@'%'" 用户赋予在 atguigu_chapter12 数据库上的 SELECT 和 UPDATE 权限。

```
mysql> GRANT SELECT,UPDATE ON atguigu_chapter12.* TO 'guigu4'@'%';
Query OK, 0 rows affected (0.01 sec)
```

（6）查看 "'guigu4'@'%'" 用户在 atguigu_chapter12 数据库上的权限。

```
mysql> SELECT * FROM mysql.db WHERE USER = 'guigu4' AND HOST = '%'\G
*************************** 1. row ***************************
                 Host: %
                   Db: atguigu_chapter12
                 User: guigu4
          Select_priv: Y
          Insert_priv: N
          Update_priv: Y
          Delete_priv: N
          Create_priv: N
            Drop_priv: N
           Grant_priv: N
      References_priv: N
           Index_priv: N
           Alter_priv: N
 Create_tmp_table_priv: N
      Lock_tables_priv: N
     Create_view_priv: N
       Show_view_priv: N
  Create_routine_priv: N
   Alter_routine_priv: N
         Execute_priv: N
           Event_priv: N
         Trigger_priv: N
1 row in set (0.00 sec)
```

2. 使用 REVOKE 语句撤销某个用户的库级权限

REVOKE 语句和 GRANT 语句非常相似，只是把 GRANT 换成 REVOKE、把 TO 换成 FROM。

● 撤销某个用户指定数据库的所有权限，语法格式如下。

```
REVOKE ALL
ON 数据库名.*语句
FROM '用户名'@'主机名' [,'用户名'@'主机名'];
```

● 撤销某个用户指定数据库的部分库级权限，语法格式如下。

```
REVOKE 权限名列表
ON 数据库名.*语句
FROM '用户名'@'主机名' [,'用户名'@'主机名'];
```

● 还可以使用 REVOKE 语句撤销某个用户的所有权限，语法格式如下。

```
REVOKE ALL PRIVILEGES
ON *.*
FROM '用户名'@'主机名'[,'用户名'@'主机名'];
```

SQL 语句示例如下。

（1）撤销 "'guigu1'@'localhost'" 用户在 atguigu_chapter12 数据库上的所有执行权限。

```
mysql> REVOKE ALL PRIVILEGES ON atguigu_chapter12.* FROM 'guigu1'@'localhost';
Query OK, 0 rows affected (0.01 sec)
```

（2）从 mysql.db 表查看 "'guigu1'@'localhost'" 用户的权限。

```
mysql> SELECT * FROM mysql.db WHERE USER = 'guigu1' AND HOST = 'localhost';
Empty set (0.00 sec)
```

（3）撤销 "'guigu4'@'%'" 用户在 atguigu_chapter12 数据库上的 SELECT 和 UPDATE 权限。

```
mysql> REVOKE SELECT,UPDATE ON atguigu_chapter12.* FROM 'guigu4'@'%';
Query OK, 0 rows affected (0.00 sec)
```

（4）查看 "'guigu4'@'%'" 用户在 atguigu_chapter12 数据库上的权限。

```
mysql> SELECT * FROM mysql.db WHERE USER = 'guigu4' AND HOST = '%';
Empty set (0.00 sec)
```

3. 直接操作 mysql.db 权限表

当然，可以直接在 mysql.db 表通过 INSERT、UPDATE 和 DELETE 语句来给用户授予库级权限、修改库级权限、删除库级权限。SQL 语句示例如下。

（1）在 mysql.db 库中添加一条记录，为 "'guigu4'@'%'" 用户赋予在 "atguigu_chapter12" 数据库中的 SELECT 和 UPDATE 权限。

```
mysql> INSERT INTO mysql.db
    -> (HOST,db,USER,select_priv,update_priv)
    -> VALUES('%','atguigu_chapter12','guigu4','Y','Y');
Query OK, 1 row affected (0.01 sec)

mysql> FLUSH PRIVILEGES;
Query OK, 0 rows affected (0.01 sec)
```

（2）查看 "'guigu4'@'%'" 用户在 atguigu_chapter12 数据库中的权限。

```
mysql> SELECT * FROM mysql.db WHERE USER = 'guigu4' AND HOST = '%'\G
*************************** 1. row ***************************
                 Host: %
                   Db: atguigu_chapter12
                 User: guigu4
          Select_priv: Y
          Insert_priv: N
          Update_priv: Y
          Delete_priv: N
          Create_priv: N
            Drop_priv: N
           Grant_priv: N
      References_priv: N
           Index_priv: N
           Alter_priv: N
 Create_tmp_table_priv: N
      Lock_tables_priv: N
      Create_view_priv: N
        Show_view_priv: N
   Create_routine_priv: N
    Alter_routine_priv: N
          Execute_priv: N
            Event_priv: N
          Trigger_priv: N
1 row in set (0.00 sec)
```

（3）删除 mysql.db 库中 "'guigu4'@'%'" 用户的权限记录。

```
mysql> DELETE FROM mysql.db WHERE USER = 'guigu4' AND HOST = '%';
Query OK, 1 row affected (0.01 sec)

mysql> FLUSH PRIVILEGES;
Query OK, 0 rows affected (0.01 sec)
```
（4）使用 SHOW GRANTS 语句查看 "'guigu4'@'%'" 用户的权限。
```
mysql> SHOW GRANTS FOR 'guigu4'@'%';
+------------------------------------------+
| Grants for guigu4@%                      |
+------------------------------------------+
| GRANT USAGE ON *.* TO 'guigu4'@'%'       |
+------------------------------------------+
1 row in set (0.00 sec)
```

12.3.5　授予和撤销全局权限

全局层级权限的作用域是 MySQL 中的所有数据库。权限存储在 mysql 数据库的 user 表中。全局层级的权限是最高的权限，建议不要轻易给管理员之外的人授予该级别的权限。具体操作分为以下几种情况。

1. 使用 GRANT 语句为用户授全局权限

- 为某个用户授予除 GRANT 外的所有权限，语法格式如下。
```
GRANT ALL PRIVILEGES ON *.* TO '用户名'@'主机名';
```
- 为某个用户授予包含 GRANT 之内的所有权限，语法格式如下。
```
GRANT ALL PRIVILEGES ON *.* TO '用户名'@'主机名' WITH GRANT OPTION;
```
- 为某个用户授予特定权限，语法格式如下。
```
GRANT 权限名列表 ON *.* TO '用户名'@'主机名';
```
- 为某个用户授予特定权限和 GRANT 权限，语法格式如下。
```
GRANT 权限名列表 ON *.* TO '用户名'@'主机名' WITH GRANT OPTION;
```
SQL 语句示例如下。

（1）为 "'guigu1'@'localhost'" 用户赋予在所有数据库上的所有执行权限。
```
mysql> GRANT ALL PRIVILEGES ON *.* TO 'guigu1'@'localhost';
Query OK, 0 rows affected (0.01 sec)
```
（2）从 "mysql.user" 表查看用户名为 "guigu1"，主机名为 "localhost" 用户的全局权限。
```
mysql> SELECT * FROM mysql.user WHERE USER = 'guigu1' AND HOST = 'localhost' \G
*************************** 1. row ***************************
              Host: localhost
              User: guigu1
          Select_priv: Y
          Insert_priv: Y
          Update_priv: Y
          Delete_priv: Y
          Create_priv: Y
            Drop_priv: Y
          Reload_priv: Y
        Shutdown_priv: Y
         Process_priv: Y
            File_priv: Y
```

```
                  Grant_priv: N
             References_priv: Y
                  Index_priv: Y
                  Alter_priv: Y
                Show_db_priv: Y
                  Super_priv: Y
       Create_tmp_table_priv: Y
             Lock_tables_priv: Y
                Execute_priv: Y
             Repl_slave_priv: Y
            Repl_client_priv: Y
            Create_view_priv: Y
              Show_view_priv: Y
         Create_routine_priv: Y
          Alter_routine_priv: Y
            Create_user_priv: Y
                  Event_priv: Y
                Trigger_priv: Y
      Create_tablespace_priv: Y
                    ssl_type:
                  ssl_cipher: NULL
                 x509_issuer: NULL
                x509_subject: NULL
               max_questions: 0
                 max_updates: 0
             max_connections: 0
        max_user_connections: 0
                      plugin: caching_sha2_password
         authentication_string: $A$005$)#_qU[U.5BTGCTxbgU5dd7NR0FutirUAV87j0cJtU.S99dk0wZz2NAUh4f5
            password_expired: N
       password_last_changed: 2021-10-21 14:47:51
           password_lifetime: NULL
              account_locked: N
            Create_role_priv: Y
              Drop_role_priv: Y
       Password_reuse_history: NULL
          Password_reuse_time: NULL
     Password_require_current: NULL
             User_attributes: NULL
1 row in set (0.00 sec)
```

从上面的结果可以看出，"guigu1'@'localhost'" 用户除了没有 GRANT 权限（Grant_priv 字段值为 N），其他的所有权限都具有。

（3）为 "guigu1'@'localhost'" 用户赋予 GRANT 权限。

```
mysql> GRANT ALL PRIVILEGES ON *.* TO 'guigu1'@'localhost' WITH GRANT OPTION;
Query OK, 0 rows affected (0.01 sec)
```

（4）从 "mysql.user" 表中查看用户名为 "guigu1"，主机名为 "localhost" 用户的全局权限。

```
mysql> SELECT * FROM mysql.user WHERE USER = 'guigu1' AND HOST = 'localhost'\G
*************************** 1. row ***************************
                  Host: localhost
                  User: guigu1
            Select_priv: Y
```

```
                  Insert_priv: Y
                  Update_priv: Y
                  Delete_priv: Y
                  Create_priv: Y
                    Drop_priv: Y
                  Reload_priv: Y
                Shutdown_priv: Y
                 Process_priv: Y
                    File_priv: Y
                   Grant_priv: Y
              References_priv: Y
                   Index_priv: Y
                   Alter_priv: Y
                 Show_db_priv: Y
                   Super_priv: Y
        Create_tmp_table_priv: Y
              Lock_tables_priv: Y
                 Execute_priv: Y
              Repl_slave_priv: Y
             Repl_client_priv: Y
             Create_view_priv: Y
               Show_view_priv: Y
          Create_routine_priv: Y
           Alter_routine_priv: Y
             Create_user_priv: Y
                   Event_priv: Y
                 Trigger_priv: Y
      Create_tablespace_priv: Y
                     ssl_type:
                   ssl_cipher: NULL
                  x509_issuer: NULL
                 x509_subject: NULL
                max_questions: 0
                  max_updates: 0
              max_connections: 0
         max_user_connections: 0
                       plugin: caching_sha2_password
        authentication_string: $A$005$)#_qU[U.5BTGCTxbgU5dd7NR0FutirUAV87j0cJtU.S99dk0wZz2NAUh4f5
              password_expired: N
        password_last_changed: 2021-10-21 14:47:51
             password_lifetime: NULL
               account_locked: N
             Create_role_priv: Y
               Drop_role_priv: Y
       Password_reuse_history: NULL
          Password_reuse_time: NULL
     Password_require_current: NULL
               User_attributes: NULL
1 row in set (0.00 sec)
```

从上面的结果可以看出，"'guigu1'@'localhost'" 用户具有了 GRANT 权限。

（5）为 "'guigu4'@'%'" 用户赋予所有库的 SELECT 权限。

```
mysql> GRANT SELECT ON *.* TO 'guigu4'@'%';
Query OK, 0 rows affected (0.01 sec)
```

（6）从"mysql.user"表中查看用户名为"guigu4"，主机名为"%"用户的全局权限。

```
mysql> SELECT * FROM mysql.user WHERE USER = 'guigu4' AND HOST = '%'\G
*************************** 1. row ***************************
                  Host: %
                  User: guigu4
           Select_priv: Y
           Insert_priv: N
           Update_priv: N
           Delete_priv: N
           Create_priv: N
             Drop_priv: N
           Reload_priv: N
         Shutdown_priv: N
          Process_priv: N
             File_priv: N
            Grant_priv: N
       References_priv: N
            Index_priv: N
            Alter_priv: N
          Show_db_priv: N
            Super_priv: N
 Create_tmp_table_priv: N
       Lock_tables_priv: N
          Execute_priv: N
       Repl_slave_priv: N
      Repl_client_priv: N
      Create_view_priv: N
        Show_view_priv: N
   Create_routine_priv: N
    Alter_routine_priv: N
      Create_user_priv: N
            Event_priv: N
          Trigger_priv: N
Create_tablespace_priv: N
              ssl_type:
            ssl_cipher: NULL
          x509_issuer: NULL
         x509_subject: NULL
         max_questions: 0
           max_updates: 0
       max_connections: 0
  max_user_connections: 0
                plugin: caching_sha2_password
 authentication_string:
      password_expired: N
 password_last_changed: 2021-10-21 23:26:22
      password_lifetime: NULL
        account_locked: N
       Create_role_priv: N
```

```
               Drop_role_priv: N
      Password_reuse_history: NULL
         Password_reuse_time: NULL
    Password_require_current: NULL
             User_attributes: NULL
1 row in set (0.00 sec)
```

从上面的结果可以看出，"'guigu4'@'%'" 用户拥有了所有数据库的 SELECT 权限。

2. 使用 REVOKE 语句撤销某个用户的权限

撤销某个用户所有权限（含 GRANT 权限），语法格式如下。

```
REVOKE ALL PRIVILEGES ON *.* FROM '用户名'@'主机名';
REVOKE ALL PRIVILEGES,GRANT OPTION FROM '用户名'@'主机名';
```

注意，上面两个 REVOKE 语句不仅会撤销这个用户的全局权限，也会撤销这个用户所有级别的权限。

撤销某个用户的指定权限，语法格式如下。

```
REVOKE 权限名列表 ON *.* FROM '用户名'@'主机名';
```

注意，这个 REVOKE 语句只会撤销具体名称的全局权限，不会影响数据库级或表级等其他级别的权限。

SQL 语句示例如下。

（1）撤销 "guigu1'@'localhost'" 用户的所有权限，包括 GRANT 权限。

```
mysql> REVOKE ALL PRIVILEGES ON *.* FROM 'guigu1'@'localhost';
Query OK, 0 rows affected (0.01 sec)
```

（2）查看用户名为 "guigu1" 的用户的全局权限。

```
mysql> SELECT * FROM mysql.user WHERE USER = 'guigu1' AND HOST = 'localhost'\G
*************************** 1. row ***************************
                    Host: localhost
                    User: guigu1
             Select_priv: N
             Insert_priv: N
             Update_priv: N
             Delete_priv: N
             Create_priv: N
               Drop_priv: N
             Reload_priv: N
           Shutdown_priv: N
            Process_priv: N
               File_priv: N
              Grant_priv: N
         References_priv: N
              Index_priv: N
              Alter_priv: N
            Show_db_priv: N
              Super_priv: N
      Create_tmp_table_priv: N
         Lock_tables_priv: N
            Execute_priv: N
          Repl_slave_priv: N
         Repl_client_priv: N
         Create_view_priv: N
           Show_view_priv: N
      Create_routine_priv: N
       Alter_routine_priv: N
```

```
              Create_user_priv: N
                    Event_priv: N
                  Trigger_priv: N
       Create_tablespace_priv: N
                      ssl_type:
                    ssl_cipher: NULL
                   x509_issuer: NULL
                  x509_subject: NULL
                 max_questions: 0
                   max_updates: 0
               max_connections: 0
          max_user_connections: 0
                        plugin: caching_sha2_password
         authentication_string: $A$005$)#_qU[U.5BTGCTxbgU5dd7NR0FutirUAV87j0cJtU.S99dk0wZz2NAUh4f5
              password_expired: N
         password_last_changed: 2021-10-21 14:47:51
             password_lifetime: NULL
                account_locked: N
               Create_role_priv: N
                 Drop_role_priv: N
       Password_reuse_history: NULL
          Password_reuse_time: NULL
      Password_require_current: NULL
               User_attributes: NULL
1 row in set (0.00 sec)
```

从上面的结果可以看出，"guigu1"的全局权限都被撤销了。

3. 通过 UPDATE 语句直接操作 mysql.user 表为用户授权或撤销用户权限

只要用户有 mysql 库（系统库）的 user 表的 UPDATE 权限，就可以直接修改 mysql.user 表记录为用户授权或撤销某项权限。

（1）为 "guigu1'@'localhost'" 用户授予在所有数据库中的 SELECT 和 UPDATE 权限。

```
mysql> UPDATE mysql.user SET Select_priv = 'Y',Update_priv = 'Y' WHERE USER = 'guigu1'
AND HOST = 'localhost';
Query OK, 1 row affected (0.01 sec)
Rows matched: 1  Changed: 1  Warnings: 0
```

（2）查看 "'guigu1'@'localhost'" 用户的全局权限。

```
mysql> SELECT * FROM mysql.user WHERE USER = 'guigu1' AND HOST = 'localhost'\G
*************************** 1. row ***************************
                 Host: localhost
                 User: guigu1
          Select_priv: Y
          Insert_priv: N
          Update_priv: Y
          Delete_priv: N
          Create_priv: N
            Drop_priv: N
          Reload_priv: N
        Shutdown_priv: N
         Process_priv: N
            File_priv: N
           Grant_priv: N
```

```
                References_priv: N
                     Index_priv: N
                     Alter_priv: N
                   Show_db_priv: N
                     Super_priv: N
        Create_tmp_table_priv: N
             Lock_tables_priv: N
                   Execute_priv: N
               Repl_slave_priv: N
              Repl_client_priv: N
              Create_view_priv: N
                Show_view_priv: N
           Create_routine_priv: N
            Alter_routine_priv: N
              Create_user_priv: N
                     Event_priv: N
                   Trigger_priv: N
       Create_tablespace_priv: N
                      ssl_type:
                    ssl_cipher: NULL
                  x509_issuer: NULL
                 x509_subject: NULL
                max_questions: 0
                  max_updates: 0
              max_connections: 0
         max_user_connections: 0
                        plugin: caching_sha2_password
         authentication_string: $A$005$OHf W-s=hYM3eB+%lXfVlmVW.Zlxks4p5tOaPXhzI/.q5EmOnBaSj3kb6w6f3
               password_expired: N
          password_last_changed: 2021-10-21 23:26:40
              password_lifetime: NULL
                account_locked: N
              Create_role_priv: N
                Drop_role_priv: N
      Password_reuse_history: NULL
          Password_reuse_time: NULL
    Password_require_current: NULL
              User_attributes: NULL
1 row in set (0.00 sec)
```

（3）撤销"guigu4'@'%'"用户的 SELECT 全局权限。

```
mysql> UPDATE mysql.user SET Select_priv = 'N' WHERE USER = 'guigu4' AND HOST = '%';
Query OK, 1 row affected (0.01 sec)
Rows matched: 1  Changed: 1  Warnings: 0
```

（4）查看"'guigu4'@'%'"用户的全局权限。

```
mysql> SELECT * FROM mysql.user WHERE USER = 'guigu4' AND HOST = '%' \G
*************************** 1. row ***************************
                 Host: %
                 User: guigu4
          Select_priv: N
          Insert_priv: N
          Update_priv: N
```

```
                  Delete_priv: N
                  Create_priv: N
                    Drop_priv: N
                  Reload_priv: N
                Shutdown_priv: N
                 Process_priv: N
                    File_priv: N
                   Grant_priv: N
              References_priv: N
                   Index_priv: N
                   Alter_priv: N
                 Show_db_priv: N
                   Super_priv: N
          Create_tmp_table_priv: N
              Lock_tables_priv: N
                 Execute_priv: N
               Repl_slave_priv: N
              Repl_client_priv: N
              Create_view_priv: N
                Show_view_priv: N
           Create_routine_priv: N
            Alter_routine_priv: N
              Create_user_priv: N
                   Event_priv: N
                 Trigger_priv: N
        Create_tablespace_priv: N
                     ssl_type:
                   ssl_cipher: NULL
                  x509_issuer: NULL
                 x509_subject: NULL
                max_questions: 0
                  max_updates: 0
              max_connections: 0
         max_user_connections: 0
                       plugin: caching_sha2_password
          authentication_string:
             password_expired: N
        password_last_changed: 2021-10-21 23:26:22
             password_lifetime: NULL
               account_locked: N
              Create_role_priv: N
                Drop_role_priv: N
        Password_reuse_history: NULL
           Password_reuse_time: NULL
     Password_require_current: NULL
               User_attributes: NULL
1 row in set (0.00 sec)
```

12.3.6　授予和撤销子程序权限

子程序包括存储过程和函数，下面以存储过程来描述权限规则，函数的权限规则是一样的。

一个用户要创建存储过程和函数，必须具有 Create Routine 的权限；一个用户要调用存储过程和函数，必须具有 EXECUTE 的权限。

创建视图、函数、存储过程等时，都可以指定 DEFINER 选项，即指定此对象的定义者。默认 DEFINER 的用户就是真正创建存储过程的 CURRENT_USER 用户，但是在 MySQL 中由 DEFINER 子句定义 DEFINER 用户，和真正创建存储过程的用户不同，而且检查 Create Routine 的权限时是检查真正创建存储过程的用户的权限。

创建存储过程的时候可以指定 SQL SECURITY 属性，该属性可以设置为 DEFINER 或者 INVOKER，如果没有设置相关的值，则 MySQL 默认指定值为 DEFINER。

- SQL SECURITY 属性值，指明当前存储过程被调用时按哪个用户进行权限检查，检查该用户是否调用这个存储过程及其存储过程中相应对象的操作权限。
- DEFINER（定义者），表示调用存储过程时会检查 DEFINER 指定的用户权限，即按定义者拥有的权限来执行。
- INVOKER（调用者），表示调用存储过程时会检查调用执行这个存储过程的用户权限，即按拥有者的权限来执行。

创建存储过程的 Create Routine 用户权限必须在 mysql.user 表或在 mysql.db 表中定义，即该用户在这两个表的 Create_routine_priv 字段要有一个为 Y。

执行存储过程的 EXECUTE 权限可以在 mysql.user 表或在 mysql.db 表中定义，即 Execute_priv 字段值为 Y，又或者在 mysql.procs_priv 数据表中定义。在 mysql.procs_priv 数据表中定义的权限称为存储子程序权限，其作用域是存储过程和函数。存储子程序权限的权限包括：EXECUTE、ALTER 和 GRANT。

1. 使用 GRANT 语句给用户授予存储子程序权限

（1）由 "root@localhost" 用户在 "atguigu_chapter12" 数据库创建存储过程 "show_max_salary()"，用来查看 "t_employee" 表的最高薪资值。并指定存储过程的 "DEFINER='guigu4'@'%'"、"SQL SECURITY" 为 DEFINER。

```
mysql> DELIMITER //
mysql> CREATE
    ->     DEFINER = 'guigu4'@'%'
    ->     PROCEDURE show_max_salary()
    ->     LANGUAGE SQL
    ->     NOT DETERMINISTIC
    ->     CONTAINS SQL
    ->     SQL SECURITY DEFINER
    ->     COMMENT '查看最高薪资'
    -> BEGIN
    ->     SELECT MAX(salary) FROM t_employee;
    -> END //
Query OK, 0 rows affected (0.01 sec)
mysql> DELIMITER ;
```

（2）"'guigu4'@'%'" 用户登录 MySQL 之后调用存储过程 "atguigu_chapter12.show_max_salary"。

```
mysql> CALL atguigu_chapter12.show_max_salary();
ERROR 1370 (42000): execute command denied to user 'guigu4'@'%' for routine
'atguigu_chapter12.show_max_salary'
```

从上面结果可以看出，"'guigu4'@'%'" 用户目前没有 "show_max_salary()" 存储过程的执行权限。

（3）为 "'guigu4'@'%'" 用户授予 "atguigu_chapter12.show_max_salary" 存储过程的执行权限。

```
mysql> GRANT EXECUTE ON PROCEDURE atguigu_chapter12.show_max_salary TO 'guigu4'@'%';
Query OK, 0 rows affected (0.01 sec)
```

（4）"'guigu4'@'%'"用户再次调用存储过程"atguigu_chapter12.show_max_salary"。

```
mysql> CALL atguigu_chapter12.show_max_salary();
ERROR 1142 (42000): SELECT command denied to user 'guigu4'@'%' for table 't_employee'
```

从上面的结果可以看出，"'guigu4'@'%'"用户目前有"show_max_salary()"存储过程的执行权限，但是没有"t_employee"表的操作权限，因为在"show_max_salary()"存储过程中没有对"t_employee"表的 SELECT 查询操作。

（5）为"'guigu4'@'%'"用户授予"atguigu_chapter12.t_employee"表的 SELECT 权限。

```
mysql> GRANT SELECT ON atguigu_chapter12.t_employee TO 'guigu4'@'%';
Query OK, 0 rows affected (0.01 sec)
```

（6）"'guigu4'@'%'"用户再次存储过程"atguigu_chapter12.show_max_salary"。

```
mysql> CALL atguigu_chapter12.show_max_salary();
+-------------+
| MAX(salary) |
+-------------+
|       28000 |
+-------------+
1 row in set (0.00 sec)

Query OK, 0 rows affected (0.00 sec)
```

（7）"'guigu4'@'%'"用户修改存储过程"atguigu_chapter12.show_max_salary"的"SQL SECURITY"属性值为"INVOKER"。

```
mysql> ALTER PROCEDURE atguigu_chapter12.show_max_salary
    -> SQL SECURITY INVOKER;
Query OK, 0 rows affected (0.01 sec)
```

从上面的结果可以看出，虽然我们没有给"'guigu4'@'%'"用户分配 ALTER 修改存储过程的权限，但是因为"atguigu_chapter12.show_max_salary"的 DEFINER 值是"'guigu4'@'%'"，所以"'guigu4'@'%'"用户可以修改存储过程。

（8）为"'guigu5'@'%'"用户授予"atguigu_chapter12.show_max_salary"存储过程的执行权限和"atguigu_chapter12.t_employee"表的 SELECT 权限。

```
mysql> GRANT EXECUTE ON PROCEDURE atguigu_chapter12.show_max_salary TO 'guigu5'@'%';
Query OK, 0 rows affected (0.01 sec)

mysql> GRANT SELECT ON atguigu_chapter12.t_employee TO 'guigu5'@'%';
Query OK, 0 rows affected (0.01 sec)
```

（9）"'guigu5'@'%'"用户登录 MySQL 后调用存储过程"atguigu_chapter12.show_max_salary"。

```
mysql> CALL atguigu_chapter12.show_max_salary();
+-------------+
| MAX(salary) |
+-------------+
|       28000 |
+-------------+
1 row in set (0.01 sec)

Query OK, 0 rows affected, 1 warning (0.01 sec)
```

（10）"'guigu5'@'%'"用户修改存储过程"atguigu_chapter12.show_max_salary"。

```
mysql> ALTER PROCEDURE atguigu_chapter12.show_max_salary
    -> SQL SECURITY DEFINER;
```

```
    ERROR 1370 (42000): alter routine command denied to user 'guigu5'@'%' for routine
'atguigu_chapter12.show_max_salary'
```

（11）为"'guigu5'@'%'"用户授予"atguigu_chapter12.show_max_salary"存储过程的修改权限。

```
mysql> GRANT ALTER ROUTINE ON PROCEDURE atguigu_chapter12.show_max_salary TO
'guigu5'@'%';
    Query OK, 0 rows affected (0.01 sec)
```

（12）"'guigu5'@'%'"用户再次修改存储过程"atguigu_chapter12.show_max_salary"属性值为"DEFINER"。

```
mysql> ALTER PROCEDURE atguigu_chapter12.show_max_salary
    -> SQL SECURITY DEFINER;
    Query OK, 0 rows affected (0.01 sec)
```

2. 使用 REVOKE 语句撤销用户的存储子程序权限

（1）查看"mysql.procs_priv"子程序权限表的权限信息。

```
mysql> SELECT * FROM mysql.procs_priv\G
*************************** 1. row ***************************
         Host: %
           Db: atguigu_chapter12
         User: guigu4
 Routine_name: show_max_salary
 Routine_type: PROCEDURE
      Grantor: root@localhost
    Proc_priv: Execute
    Timestamp: 0000-00-00 00:00:00
*************************** 2. row ***************************
         Host: %
           Db: atguigu_chapter12
         User: guigu5
 Routine_name: show_max_salary
 Routine_type: PROCEDURE
      Grantor: root@localhost
    Proc_priv: Execute,Alter Routine
    Timestamp: 0000-00-00 00:00:00
2 rows in set (0.00 sec)
```

（2）撤销"'guigu5'@'%'"用户执行和修改存储过程"atguigu_chapter12. show_max_ salary"的权限。

```
mysql> REVOKE ALL PRIVILEGES ON PROCEDURE atguigu_chapter12.show_max_salary FROM
'guigu5'@'%';
    Query OK, 0 rows affected (0.01 sec)
```

（3）再次查看"mysql.procs_priv"子程序权限表的权限信息。

```
mysql> SELECT * FROM mysql.procs_priv \G
*************************** 1. row ***************************
         Host: %
           Db: atguigu_chapter12
         User: guigu4
 Routine_name: show_max_salary
 Routine_type: PROCEDURE
      Grantor: root@localhost
    Proc_priv: Execute
    Timestamp: 0000-00-00 00:00:00
1 row in set (0.00 sec)
```

12.4 MySQL 8.x 新特性

在 MySQL 8.x 中，对于账户的管理操作与 MySQL 之前的版本稍有不同。

12.4.1 认证插件更新

在 MySQL 8.x 中，默认的身份认证插件是 caching_sha2_password，替代了之前的 mysql_native_password。可以通过系统变量 default_authentication_plugin 和 mysql 数据库中的 user 表来看到这个变化。

在 MySQL 5.x 中查看默认的身份认证插件，结果为 "mysql_native_password"。

```
mysql> SHOW VARIABLES LIKE 'default_authentication%';
+-----------------------------+-----------------------+
| Variable_name               | Value                 |
+-----------------------------+-----------------------+
| default_authentication_plugin | mysql_native_password |
+-----------------------------+-----------------------+
1 row in set (0.00 sec)
```

在 MySQL 8.x 中查看默认的身份认证插件，结果为 "caching_sha2_password"。

```
mysql> SHOW VARIABLES LIKE 'default_authentication%';
+-----------------------------+-----------------------+
| Variable_name               | Value                 |
+-----------------------------+-----------------------+
| default_authentication_plugin | caching_sha2_passwpassword |
+-----------------------------+-----------------------+
1 row in set (0.00 sec)
```

由于 MySQL 8.x 默认的身份认证插件与 MySQL 之前的版本不同。因此，如果将 MySQL 升级到 MySQL 8.x，而客户端没有升级到对应的版本，则连接数据库的时候可能会抛出认证错误。

如果 MySQL 客户端无法立即升级或者由于其他原因，仍需要使用 MySQL 的 mysql_native_password 认证插件，则可以在 MySQL 8.x 的 my.ini 配置文件中将默认的身份认证插件修改为 mysql_native_password，即在 my.ini 中，添加如下配置项。

```
default-authentication-plugin = mysql_native_password
```

在 MySQL 8.x 中，也可以在 MySQL 命令行中修改某个用户的认证插件密码规则。语法格式如下。

```
ALTER USER '用户名'@'主机名' IDENTIFIED WITH mysql_native_password BY '密码';
```

SQL 语句示例如下。

（1）修改 "'root'@'localhost'" 用户的认证插件为 "mysql_native_password"。

```
mysql> ALTER USER 'root'@'localhost' IDENTIFIED WITH mysql_native_password BY '123456';
Query OK, 0 rows affected (0.01 sec)
```

（2）查看 "mysql.user" 表查看 "'root'@'localhost'" 用户信息。

```
mysql> SELECT USER, HOST, PLUGIN FROM mysql.user WHERE HOST = 'localhost' AND USER = 'root';
+------+-----------+-----------------------+
| USER | HOST      | PLUGIN                |
+------+-----------+-----------------------+
| root | localhost | mysql_native_password |
+------+-----------+-----------------------+
1 row in set (0.00 sec)
```

12.4.2 限制 GRANT 语句功能

在 MySQL 8.x 之前的版本中，GRANT 语句可以用来创建用户、为用户授权、修改用户密码等。在 MySQL 8.x 之后的版本中，GRANT 语句只能用来为用户授权。

1. MySQL 8.x 中 GRANT 语句不能用于创建新用户

在 MySQL 5.x 中可以使用一条语句创建用户并为用户授权。语法格式如下。

```
GRANT ALL PRIVILEGES ON *.* TO '用户名'@'主机名' IDENTIFIED BY '密码';
```

例如，在 MySQL 5.7 中，执行 GRANT 语句为用户授权，如果用户不存在，会直接创建新用户。

```
mysql> SELECT HOST,USER FROM mysql.user;
+-----------+-----------------+
| HOST      | USER            |
+-----------+-----------------+
| localhost | mysql.session   |
| localhost | mysql.sys       |
| localhost | root            |
+-----------+-----------------+
5 rows in set (0.00 sec)

mysql> GRANT ALL PRIVILEGES ON *.* TO 'guigu10'@'%' IDENTIFIED BY '123456';
Query OK, 0 rows affected, 1 warning (0.00 sec)

mysql> SELECT HOST,USER FROM mysql.user;
+-----------+-----------------+
| HOST      | USER            |
+-----------+-----------------+
| %         | guigu10         |
| localhost | mysql.session   |
| localhost | mysql.sys       |
| localhost | root            |
+-----------+-----------------+
5 rows in set (0.00 sec)
```

在 MySQL 8.x 中需要执行如下两条语句，创建用户并为用户授权。

```
CREATE USER '用户名'@'主机名' IDENTIFIED BY '密码';
GRANT ALL PRIVILEGES ON *.* TO '用户名'@'主机名';
```

也就是说，在 MySQL 8.x 中需要先创建用户，再为用户进行授权。

例如，在 MySQL 8.x 中，执行 GRANT 语句为用户授权，如果用户不存在，则会报错。

```
mysql> SELECT HOST,USER FROM mysql.user;
+-----------+--------------------+
| HOST      | USER               |
+-----------+--------------------+
| %         | guigu4             |
| %         | guigu5             |
| %         | guigu6             |
| %         | guigu7             |
| %         | guigu9             |
| localhost | mysql.infoschema   |
| localhost | mysql.session      |
| localhost | mysql.sys          |
```

```
| localhost | root                      |
| localhost | guigu1                    |
+-----------+---------------------------+
10 rows in set (0.00 sec)

mysql> GRANT ALL PRIVILEGES ON *.* TO 'guigu10'@'%' IDENTIFIED BY '123456';
ERROR 1064 (42000): You have an error in your SQL syntax; check the manual that
corresponds to your MySQL server version for the right syntax to use near 'IDENTIFIED BY
'123456'' at line 1
```

2. MySQL 8.x 中不能使用 GRANT 语句修改用户密码

虽然在 MySQL 5.x 支持使用 GRANT 语句修改用户的密码，但是不影响当前修改密码的用户权限。注意：使用 GRANT 语句修改用户的密码时，为了不影响用户的权限，必须使用如下形式的 GRANT 语句修改用户的密码。

```
GRANT USAGE ON *.* TO '用户名'@'主机名' IDENTIFIED BY '密码明文';
```

SQL 语句示例如下。

（1）在 MySQL 5.7 中使用 GRANT 语句修改 "'root'@'localhost'" 用户的密码为 "atguigu"。

```
mysql> GRANT USAGE ON *.* TO 'root'@'localhost' IDENTIFIED BY 'atguigu';
Query OK, 0 rows affected, 1 warning (0.00 sec)
```

（2）在 MySQL 8.0 中使用 GRANT 语句修改 "'root'@'localhost'" 用户的密码为 "atguigu"。

```
mysql> GRANT USAGE ON *.* TO 'root'@'localhost' IDENTIFIED BY 'atguigu';
ERROR 1064 (42000): You have an error in your SQL syntax; check the manual that
corresponds to your MySQL server version for the right syntax to use near 'IDENTIFIED BY
'atguigu'' at line 1
```

（3）在 MySQL 8.0 中使用 ALTER USER 语句修改 "'root'@'localhost'" 用户的密码为 "atguigu"。

```
mysql> ALTER USER 'root'@'localhost' IDENTIFIED BY 'atguigu';
Query OK, 0 rows affected (0.01 sec)
```

12.4.3　PASSWORD 函数弃用

在 MySQL 8.x 之前默认的身份插件是 mysql_native_password，即 MySQL 用户的密码使用 PASSWORD 函数进行加密。在 MySQL 8.x 中，默认的身份认证插件是 caching_sha2_password，替代了之前的 mysql_native_password，PASSWORD 函数被弃用了。

1. MySQL 8.x 中不能使用 INSERT 语句直接向 user 表中添加一条记录来创建新用户

通过前面的介绍，使用 CREATE USER 创建新用户时，实际上都是在系统库 mysql 的 user 表中添加一个新的记录。因此，可以使用 INSERT 语句直接向 user 表中添加一条记录来创建一个新用户。使用 INSERT 语句，必须拥有对 mysql 库的 INSERT 权限。

在 MySQL 8.x 之前，虽然可以使用 INSERT 语句直接向 user 表中添加一条记录来创建一个新用户，用户的密码使用 PASSWORD 函数加密即可。但是在 MySQL 8.x 之后，PASSWORD 函数被弃用了，所以就不能用这种方式添加新用户了。注意，虽然有的文章说用 MD5 等加密函数，这些加密函数用于用户数据的加密可以，但是系统库 user 表的 authentication_string 密码字段值加密不行，因为这样添加的新用户无法通过登录校验。

SQL 语句示例如下。

（1）使用 INSERT 语句在 MySQL 5.7 创建用户 "guigu11"，主机名是 "%"，密码是 "atguigu"，并且密码使用 PASSWORD 函数进行加密。

```
mysql> SELECT HOST,USER FROM mysql.user;
+-----------+------------------+
| HOST      | USER             |
+-----------+------------------+
| %         | guigu10          |
| localhost | mysql.session    |
| localhost | mysql.sys        |
| localhost | root             |
+-----------+------------------+
6 rows in set (0.00 sec)

mysql> INSERT INTO mysql.user('Host', 'User',
    -> authentication_string,ssl_cipher,x509_issuer,x509_subject)
    -> VALUES('%','guigu11',
    -> PASSWORD('atguigu'),'\0','\0','\0');
Query OK, 1 row affected, 1 warning (0.00 sec)

mysql> FLUSH PRIVILEGES;
Query OK, 0 rows affected (0.00 sec)

mysql> SELECT HOST,USER FROM mysql.user;
+-----------+------------------+
| HOST      | USER             |
+-----------+------------------+
| %         | guigu11          |
| %         | guigu10          |
| localhost | mysql.session    |
| localhost | mysql.sys        |
| localhost | root             |
+-----------+------------------+
6 rows in set (0.00 sec)
```

注意，mysql 库的 user 表中"ssl_cipher,x509_issuer,x509_subject"三个字段有非空约束，没有默认值约束，因此使用 INSERT 语句添加用户时，必须为这三个字段赋值。此处"\0"表示 BLOB 类型的空值。

（2）在 mysql 系统库的 user 表查看用户名为"guigu11"的用户记录。

```
mysql> SELECT 'Host', 'User', authentication_string, ssl_cipher, x509_issuer,
x509_subject
    -> FROM mysql.user
    -> WHERE 'user' = 'guigu11'\G
*************************** 1. row ***************************
            Host: %
            User: guigu11
authentication_string: *453FDE92DF58E2DE1A51D27869CF3F1A69984B1B
      ssl_cipher: 0x00
     x509_issuer: 0x00
    x509_subject: 0x00
1 row in set (0.00 sec)
```

（3）在 MySQL 5.7 中用新用户"guigu11"登录。

```
C:\Users\final>mysql -uguigu11 -p
Enter password: *******
Welcome to the MySQL monitor.  Commands end with ; or \g.
Your MySQL connection id is 8
```

347

```
Server version: 5.7.28-log MySQL Community Server (GPL)

Copyright (c) 2000, 2021, Oracle and/or its affiliates.

Oracle is a registered trademark of Oracle Corporation and/or its
affiliates. Other names may be trademarks of their respective
owners.

Type 'help;' or '\h' for help. Type '\c' to clear the current input statement.
```
如果上面的方式在 MySQL 8.x 中添加新用户是无法登录的。

（1）在 MySQL 8.0 中创建用户"guigu11"，主机名是"%"，密码是"atguigu"，并且密码使用 PASSWORD 函数进行加密。

```
mysql>  INSERT INTO mysql.user('Host', 'User',
    -> authentication_string,ssl_cipher,x509_issuer,x509_subject)
    -> VALUES('%','guigu11',MD5('atguigu'),'\0','\0','\0');
Query OK, 1 row affected (0.01 sec)

mysql>  FLUSH PRIVILEGES;
Query OK, 0 rows affected (0.01 sec)
```

（2）在 MySQL 8.0 的 mysql 系统库的 user 表中查看用户名为"guigu11"的用户记录。

```
mysql> SELECT 'Host', 'User', authentication_string,
    -> ssl_cipher, x509_issuer, x509_subject
    -> FROM mysql.user
    -> WHERE 'user' = 'guigu11'\G
*************************** 1. row ***************************
            Host: %
            User: guigu11
authentication_string: d7b79bb6d6f77e6cbb5df2d0d2478361
       ssl_cipher: 0x00
      x509_issuer: 0x00
     x509_subject: 0x00
1 row in set (0.00 sec)
```

（3）在 MySQL 8.0 中，用新用户"guigu11"登录。

```
C:\Users\final>mysql --version
mysql  Ver 8.0.26 for Win64 on x86_64 (MySQL Community Server - GPL)

C:\Users\final>mysql -uguigu11 -p
Enter password: *******
ERROR 1045 (28000): Access denied for user 'guigu11'@'localhost' (using password: YES)
```
从上面的结果可以看出，在 MySQL 8.0.26 中这样添加的用户是无法通过登录校验的。

2. MySQL 8.x 中不能直接通过 UPDATE 语句修改 user 表密码字段来修改用户密码

在 MySQL 8.x 之前的版本中，修改用户密码可以直接使用 UPDATE 语句修改 mysql.user 表的 password 字段（MySQL 5.7 之前的版本）或 authentication_string 字段（MySQL 5.7）值。

（1）在 MySQL 5.7 中，使用 UPDATE 语句修改用户名为"guigu11"，主机名为"%"的用户的密码为"123456"。

```
mysql> UPDATE mysql.user
    -> SET authentication_string = PASSWORD('123456')
    -> WHERE 'User' = 'guigu11' AND 'Host' = '%';
Query OK, 1 row affected, 1 warning (0.00 sec)
```

```
Rows matched: 1  Changed: 1  Warnings: 1

mysql> FLUSH PRIVILEGES;
Query OK, 0 rows affected (0.00 sec)
```

（2）在 mysql 系统库的 user 表中查看用户名为"guigu11"的用户记录。

```
mysql> SELECT 'Host', 'User',authentication_string
    -> FROM mysql.user
    -> WHERE 'user' = 'guigu11'\G
*************************** 1. row ***************************
           Host: %
           User: guigu11
authentication_string: *6BB4837EB74329105EE4568DDA7DC67ED2CA2AD9
1 row in set (0.00 sec)
```

（3）在 MySQL 5.7 中，用新用户"guigu11"登录。

```
C:\Users\final>mysql -uguigu11 -p
Enter password: ******
Welcome to the MySQL monitor.  Commands end with ; or \g.
Your MySQL connection id is 10
Server version: 5.7.28-log MySQL Community Server (GPL)

Copyright (c) 2000, 2021, Oracle and/or its affiliates.

Oracle is a registered trademark of Oracle Corporation and/or its
affiliates. Other names may be trademarks of their respective
owners.

Type 'help;' or '\h' for help. Type '\c' to clear the current input statement.
```

而在 MySQL 8.x 中无法使用 UPDATE 语句修改 MySQL 用户密码，具体 SQL 语句示例如下。

```
mysql> UPDATE mysql.user
    -> SET authentication_string = PASSWORD('123456')
    -> WHERE 'User' = 'guigu11' AND 'Host' = '%';
ERROR 1064 (42000): You have an error in your SQL syntax; check the manual that
corresponds to your MySQL server version for the right syntax to use near '('123456')
WHERE 'User' = 'guigu11' AND 'Host' = '%'' at line 2
```

12.4.4　密码到期更换策略

Payment Card Industry，即支付卡行业，PCI 行业表示借记卡、信用卡、预付卡、电子钱包、ATM 和 POS 卡及相关的业务。PCI DSS，即 PCI 数据安全标准（Payment Card Industry Data Security Standard）是由 PCI 安全标准委员会制定，旨在使国际上采用一致的数据安全措施。PCI DSS 标准要求用户每隔 90 天必须更改他们的密码。那么 MySQL 数据库该怎样适应这个情况呢？幸运的是，从 MySQL 5.6.6 起，在 mysql.user 表中添加了 password_expired 字段，它允许设置密码是否失效，但是它的默认值是 N。在 mysql.user 表中有一个 password_lifetime 字段，表示密码的生命周期。如果 password_lifetime 字段值为 0，就表示密码永不过期，字段值为 NULL，表示默认使用全局变量 default_password_lifetime 的值。如果 password_lifetime 字段值不为 NULL，那么从 MySQL 服务启动时间开始，经过 password_lifetime 字段值的时间间隔之后，密码就过期了，即 password_expired 字段就为 Y。任何密码超期的账号想要连接服务器端进行数据库操作都必须更改密码。

MySQL 8.0 允许数据库管理员手动设置账户密码过期时间。

（1）在 mysql.user 表中，"password_expired"字段默认值是"N"，可以使用 ALTER 语句修改为"Y"。修改"'guigu1'@'localhost'"用户密码失效。

```
mysql> SELECT HOST, USER, password_expired,
    -> password_last_changed, password_lifetime
    -> FROM mysql.user
    -> WHERE HOST = 'localhost' AND USER = 'guigu1'\G
*************************** 1. row ***************************
              HOST: localhost
              USER: guigu1
     password_expired: N
password_last_changed: 2021-10-21 23:26:40
     password_lifetime: NULL
1 row in set (0.00 sec)

mysql> ALTER USER 'guigu1'@'localhost' PASSWORD expire;
Query OK, 0 rows affected (0.00 sec)

mysql> SELECT HOST, USER, password_expired,
    -> password_last_changed, password_lifetime
    -> FROM mysql.user
    -> WHERE HOST = 'localhost' AND USER = 'guigu1'\G
*************************** 1. row ***************************
              HOST: localhost
              USER: guigu1
     password_expired: Y
password_last_changed: 2021-10-21 23:26:40
     password_lifetime: NULL
1 row in set (0.00 sec)
```

"password_last_changed"表示上次修改密码的时间。一旦某个用户的"password_expired"选项设置为"Y"，那么这个用户还是可以登陆到 MySQL 服务器，但是在用户未设置新密码之前不能运行任何查询语句，并收到"You must reset your password…"的错误提示信息。

（2）"'guigu1'@'localhost'"用户登录 MySQL 服务器之后，执行如下语句。

```
C:\Users\final>mysql -uguigu1 -p
Enter password: *******
Welcome to the MySQL monitor.  Commands end with ; or \g.
Your MySQL connection id is 20
Server version: 8.0.26

Copyright (c) 2000, 2021, Oracle and/or its affiliates.

Oracle is a registered trademark of Oracle Corporation and/or its
affiliates. Other names may be trademarks of their respective
owners.

Type 'help;' or '\h' for help. Type '\c' to clear the current input statement.

mysql> SHOW DATABASES;
ERROR 1820 (HY000): You must reset your password using ALTER USER statement before
executing this statement.
```

从上面的结果可以看出，必须修改密码才允许执行"SHOW DATABASES;"语句。

（3）修改"'guigu1'@'localhost'"用户密码。

```
mysql> ALTER USER 'guigu1'@'localhost' IDENTIFIED BY '123456';
Query OK, 0 rows affected (0.01 sec)

mysql> SELECT HOST, USER, password_expired,
    -> password_last_changed, password_lifetime
    -> FROM mysql.user
    -> WHERE HOST = 'localhost' AND USER = 'guigu1'\G
*************************** 1. row ***************************
            HOST: localhost
            USER: guigu1
password_expired: N
password_last_changed: 2021-10-23 16:56:36
password_lifetime: NULL
1 row in set (0.00 sec)
```

（4）"'guigu1'@'localhost'"用户再次登录 MySQL 服务器之后，执行如下语句。

```
mysql> SHOW DATABASES;
+--------------------+
| Database           |
+--------------------+
| atguigu_chapter12  |
| information_schema |
+--------------------+
2 rows in set (0.00 sec)
```

从上面结果可以看出，当用户设置了新密码后，此用户的所有操作（根据用户自身的权限）会被允许执行。

从 MySQL 5.7.4 开始，用户的密码过期时间这个特性得以改进，可以通过一个全局变量 default_password_lifetime 来设置密码过期的策略，此全局变量可以设置一个全局的自动密码过期策略，这个全局变量默认值是 0。

（1）在 MySQL 运行期间，使用 SET GLOBAL 语句修改"default_password_lifetime"的值。

```
mysql> SELECT @@global.default_password_lifetime;
+------------------------------------+
| @@global.default_password_lifetime |
+------------------------------------+
|                                  0 |
+------------------------------------+
1 row in set (0.00 sec)

mysql>SET GLOBAL default_password_lifetime = 90;
Query OK, 0 rows affected (0.00 sec)
```

也可以在 my.ini 文件中加入 default_password_lifetime 参数，例如可作如下操作。

```
[mysqld]
default_password_lifetime = 90
```

这会使得所有 MySQL 用户的密码过期时间都是 90 天，MySQL 会从启动时开始计算时间。

还可以在 CREATE USER 和 ALTER USER 语句中通过 PASSWORD expire 子句为每个具体的用户单独设置特定的值，它会自动覆盖密码过期的全局策略。要注意 PASSWORD expire 子句的 INTERVAL 的单位是天。

（2）设置"'guigu1'@'localhost'"用户的密码过期间隔时间为 30 天。

```
mysql> ALTER USER 'guigu1'@'localhost' PASSWORD expire INTERVAL 30 DAY;
Query OK, 0 rows affected (0.00 sec)

mysql> SELECT HOST, USER, password_expired,
    -> password_last_changed, password_lifetime
    -> FROM mysql.user
    -> WHERE HOST = 'localhost' AND USER = 'guigu1'\G
*************************** 1. row ***************************
                HOST: localhost
                USER: guigu1
     password_expired: N
password_last_changed: 2021-10-23 16:56:36
    password_lifetime: 30
1 row in set (0.00 sec)
```

（3）让"'guigu1'@'localhost'"用户使用默认的密码过期全局策略。

```
mysql> ALTER USER 'guigu1'@'localhost' PASSWORD expire DEFAULT;
Query OK, 0 rows affected (0.01 sec)

mysql> SELECT HOST, USER, password_expired,
    -> password_last_changed, password_lifetime
    -> FROM mysql.user
    -> WHERE HOST = 'localhost' AND USER = 'guigu1'\G
*************************** 1. row ***************************
                HOST: localhost
                USER: guigu1
     password_expired: N
password_last_changed: 2021-10-23 16:56:36
    password_lifetime: NULL
1 row in set (0.00 sec)
```

从上面的结果可以看出，"password_lifetime"字段的值为"NULL"，表示默认按照全局变量 default_password_lifetime 值处理。

（4）禁用"'guigu1'@'localhost'"用户密码过期。

```
mysql> ALTER USER 'guigu1'@'localhost' PASSWORD expire NEVER;
Query OK, 0 rows affected (0.00 sec)

mysql> SELECT HOST, USER, password_expired,
    -> password_last_changed, password_lifetime
    -> FROM mysql.user
    -> WHERE HOST = 'localhost' AND USER = 'guigu1'\G
*************************** 1. row ***************************
                HOST: localhost
                USER: guigu1
     password_expired: N
password_last_changed: 2021-10-23 16:56:36
    password_lifetime: 0
1 row in set (0.00 sec)
```

从上面的结果可以看出，"password_lifetime"字段的值为"0"，表示密码永不过期。

12.4.5　限制密码重复使用

从 MySQL 8.x 开始，允许限制重复使用以前的密码。启用密码重用策略两种方式：一种是启用全局的密码重用策略，使 MySQL 的所有用户生效；另一种是根据某一个用户，设置密码重用策略，仅对当前用户生效。

1. 第一种方式

关键的配置项如下所示。

- password_hostory = n：表示新密码不能和最近 n 次使用过的密码相同。
- password_reuse_interval = n：表示按照日期进行限制，表示新密码不能与最近 n 天内使用过的密码相同。
- password_require_current = ON：表示修改密码时，需要提供用户当前的登录密码，默认为"OFF"。

首先，在 MySQL 8.x 命令行中查看 MySQL 的密码重用策略。

```
mysql> SHOW VARIABLES LIKE 'password%';
+--------------------------+---------+
| Variable_name            | Value   |
+--------------------------+---------+
| password_history         | 0       |
| password_require_current | OFF     |
| password_reuse_interval  | 0       |
+--------------------------+---------+
3 rows in set (0.14 sec)
```

可以看到，上述 3 个参数在 MySQL 8.x 中都没有启用。可以在 my.ini 中设置它们的值，或者通过 SET 语句修改变量值。

注意：当 password_require_current 密码重用策略设置为 on 时，此时如果以 root 用户或者具有修改 mysql 数据库 user 表权限的用户来修改用户密码，则不受 password_require_current 参数的限制。使用其他用户时，修改自身密码，则提示需要输入当前使用的密码。

2. 第二种方式

对应于 mysql.user 表的三个字段如下所示。

- Password_reuse_history：表示新密码不能和最近 n 次使用过的密码相同。
- Password_reuse_time：表示按照日期进行限制，表示新密码不能与最近 n 天内使用过的密码相同。
- Password_require_current：表示修改密码时，是否需要提供用户当前的登录密码，默认为"OFF"。

（1）启用"'guigu1'@'localhost'"用户的密码重用策略，"Password_reuse_history"设置为"5"，表示不能与最近 5 次使用过的密码相同。在 MySQL 8.x 中，用户使用过的密码记录保存在 mysql 数据库的 password_history 表中。

```
mysql> ALTER USER 'guigu1'@'localhost' PASSWORD HISTORY 5;
Query OK, 0 rows affected (0.01 sec)
```

（2）修改"'guigu1'@'localhost'"用户的密码为"123456"，之后又修改为"atguigu"，再次修改为"123456"。

```
mysql> ALTER USER 'guigu1'@'localhost'
    -> IDENTIFIED BY '123456';
Query OK, 0 rows affected (0.01 sec)

mysql> ALTER USER 'guigu1'@'localhost'
    -> IDENTIFIED BY 'atguigu';
Query OK, 0 rows affected (0.02 sec)

mysql> ALTER USER 'guigu1'@'localhost'
```

```
        -> IDENTIFIED BY '123456';
    ERROR 3638 (HY000): Cannot use these credentials for 'guigu1@localhost' because they
contradict the password history policy
```

12.4.6 管理角色

在 MySQL 8.x 之前，如果要给多个用户授予相同的角色，则需要为每个用户单独授权。在 MySQL 8.x 之后，可以为多个用户赋予统一的角色，然后给角色授权即可，角色可以看成是一些权限的集合，这样就无须为每个用户单独授权。如果角色的权限修改，将会使得该角色下的所有用户的权限都跟着修改，这就非常方便。MySQL 提供的角色管理功能如下所示。

- CREATE ROLE 和 DROP ROLE，用于角色创建和删除。
- GRANT 和 REVOKE，用于为角色授权和撤销权限。
- SHOW GRANTS，用于显示角色的权限和角色分配。

例如，在某个应用程序的开发过程中，开发人员需要完全访问数据库；有的用户只需要读取权限；而有的用户需要读取/写入权限。

（1）创建"app_developer""app_read""app_write"角色。角色名称与用户账户名称非常相似，由用户部分和主机部分组成，主机部分如果省略则默认为"%"。角色创建好之后也存储在 mysql.user 表中。

```
mysql> CREATE ROLE 'app_developer', 'app_read', 'app_write';
Query OK, 0 rows affected (0.01 sec)
```

（2）为三个角色分别授权。

```
mysql> GRANT ALL ON atguigu_chapter12.* TO 'app_developer';
Query OK, 0 rows affected (0.01 sec)

mysql> GRANT SELECT ON atguigu_chapter12.* TO 'app_read';
Query OK, 0 rows affected (0.01 sec)

mysql> GRANT INSERT, UPDATE, DELETE ON atguigu_chapter12.* TO 'app_write';
Query OK, 0 rows affected (0.01 sec)
```

（3）使用 SHOW GRANTS 语句查看三个角色的权限。

```
mysql> SHOW GRANTS FOR 'app_developer';
+----------------------------------------------------------------------+
| Grants for app_developer@%                                           |
+----------------------------------------------------------------------+
| GRANT USAGE ON *.* TO 'app_developer'@'%'                            |
| GRANT ALL PRIVILEGES ON 'atguigu_chapter12'.* TO 'app_developer'@'%' |
+----------------------------------------------------------------------+
2 rows in set (0.00 sec)

mysql> SHOW GRANTS FOR 'app_read';
+------------------------------------------------------------+
| Grants for app_read@%                                      |
+------------------------------------------------------------+
| GRANT USAGE ON *.* TO 'app_read'@'%'                       |
| GRANT SELECT ON 'atguigu_chapter12'.* TO 'app_read'@'%'    |
+------------------------------------------------------------+
2 rows in set (0.00 sec)

mysql> SHOW GRANTS FOR 'app_write';
```

```
+-------------------------------------------------------------------+
|Grants for app_write@%                                             |
+-------------------------------------------------------------------+
| GRANT USAGE ON *.* TO 'app_write'@'%'                             |
| GRANT INSERT, UPDATE, DELETE ON 'atguigu_chapter12'.* TO 'app_write'@'%' |
+-------------------------------------------------------------------+
2 rows in set (0.00 sec)
```

（4）创建用户张三、李四、王五和赵六四个用户，账号分别为"'zhangsan'@'%'""'lisi'@'%'""'wangwu'@'%'"和"'zhaoliu'@'%'"四个用户，密码是各自的名字拼音。

```
mysql> CREATE USER 'zhangsan'@'%' IDENTIFIED BY 'zhangsan';
Query OK, 0 rows affected (0.01 sec)

mysql> CREATE USER 'lisi'@'%' IDENTIFIED BY 'lisi';
Query OK, 0 rows affected (0.01 sec)

mysql> CREATE USER 'wangwu'@'%' IDENTIFIED BY 'wangwu';
Query OK, 0 rows affected (0.01 sec)

mysql> CREATE USER 'zhaoliu'@'%' IDENTIFIED BY 'zhaoliu';
Query OK, 0 rows affected (0.01 sec)
```

（5）给"张三"分配"app_developer"角色，给"李四"和"王五"分配"app_read"角色，给"赵六"分配"app_write"角色。角色分配信息在"mysql.role_edges"表中。

```
mysql> GRANT 'app_developer' TO 'zhangsan'@'%';
Query OK, 0 rows affected (0.01 sec)

mysql> GRANT 'app_read' TO 'lisi'@'%','wangwu'@'%';
Query OK, 0 rows affected (0.00 sec)

mysql> GRANT 'app_write' TO 'zhaoliu'@'%';
Query OK, 0 rows affected (0.00 sec)
```

使用 GRANT 授权角色的语法和授权用户的语法不同：用一个"ON"来区分角色和用户的授权，有"ON"的为用户授权，而没有"ON"用来分配角色。

（6）使用 SHOW GRANTS 查看四个用户的权限。此时，SHOW GRANTS 语句必须加"USING 角色名"，否则只显示给该用户分配的角色信息，没有权限信息。

```
mysql> SHOW GRANTS FOR 'zhangsan'@'%' USING 'app_developer';
+----------------------------------------------------------------+
| Grants for zhangsan@%                                          |
+----------------------------------------------------------------+
| GRANT USAGE ON *.* TO 'zhangsan'@'%'                          |
|GRANT ALL PRIVILEGES ON 'atguigu_chapter12'.* TO 'zhangsan'@'%'|
| GRANT 'app_developer'@'%' TO 'zhangsan'@'%'                   |
+----------------------------------------------------------------+
3 rows in set (0.00 sec)

mysql> SHOW GRANTS FOR 'lisi'@'%' USING 'app_read';
+----------------------------------------------------------------+
| Grants for lisi@%                                             |
+----------------------------------------------------------------+
| GRANT USAGE ON *.* TO 'lisi'@'%'                             |
| GRANT SELECT ON 'atguigu_chapter12'.* TO 'lisi'@'%'         |
```

```
| GRANT 'app_read'@'%' TO 'lisi'@'%'                              |
+----------------------------------------------------------------+
3 rows in set (0.00 sec)

mysql> SHOW GRANTS FOR 'wangwu'@'%' USING 'app_read';
+----------------------------------------------------------------+
| Grants for wangwu@%                                            |
+----------------------------------------------------------------+
| GRANT USAGE ON *.* TO 'wangwu'@'%'                             |
| GRANT SELECT ON 'atguigu_chapter12'.* TO 'wangwu'@'%'          |
| GRANT 'app_read'@'%' TO 'wangwu'@'%'                           |
+----------------------------------------------------------------+
3 rows in set (0.00 sec)

mysql> SHOW GRANTS FOR 'zhaoliu'@'%' USING 'app_write';
+---------------------------------------------------------------------+
| Grants for zhaoliu@%                                                |
+---------------------------------------------------------------------+
| GRANT USAGE ON *.* TO 'zhaoliu'@'%'                                 |
| GRANT INSERT, UPDATE, DELETE ON 'atguigu_chapter12'.* TO 'zhaoliu'@'%' |
| GRANT 'app_write'@'%' TO 'zhaoliu'@'%'                              |
+---------------------------------------------------------------------+
3 rows in set (0.00 sec)
```

（7）撤销 "'app_write'" 角色的 DELETE 和 INSERT 权限。

```
mysql> REVOKE DELETE,INSERT ON atguigu_chapter12.* FROM 'app_write';
Query OK, 0 rows affected (0.01 sec)
```

（8）再次查看 "'app_write'" 角色和 "'zhaoliu'@'%'" 用户的权限。

```
mysql> SHOW GRANTS FOR 'app_write';
+-------------------------------------------------------------+
| Grants for app_write@%                                     |
+-------------------------------------------------------------+
| GRANT USAGE ON *.* TO 'app_write'@'%'                      |
| GRANT UPDATE ON 'atguigu_chapter12'.* TO 'app_write'@'%'   |
+-------------------------------------------------------------+
2 rows in set (0.00 sec)

mysql> SHOW GRANTS FOR 'zhaoliu'@'%' USING 'app_write';
+-------------------------------------------------------------+
| Grants for zhaoliu@%                                        |
+-------------------------------------------------------------+
| GRANT USAGE ON *.* TO 'zhaoliu'@'%'                        |
| GRANT UPDATE ON 'atguigu_chapter12'.* TO 'zhaoliu'@'%'     |
| GRANT 'app_write'@'%' TO 'zhaoliu'@'%'                     |
+-------------------------------------------------------------+
3 rows in set (0.00 sec)
```

当修改了角色的权限，不仅影响角色本身的权限，还影响任何授予该角色的用户权限。

（9）撤销 "'wangwu'@'%'" 用户的角色分配 "'app_read'"。

```
mysql> REVOKE 'app_read' FROM 'wangwu'@'%';
Query OK, 0 rows affected (0.00 sec)
```

（10）查看 "'wangwu'@'%'" 用户的角色分配和权限信息。

```
mysql> SHOW GRANTS FOR 'wangwu'@'%';
+-----------------------------------------+
| Grants for wangwu@%                     |
+-----------------------------------------+
| GRANT USAGE ON *.* TO 'wangwu'@'%'      |
+-----------------------------------------+
1 row in set (0.00 sec)
```

从上面的结果可以看出，"'wangwu'@'%'"用户没有任何角色和权限了。

（11）删除角色"'app_read'"和"'app_write'"角色。

```
mysql> DROP role 'app_read','app_write';
Query OK, 0 rows affected (0.01 sec)
```

（12）显示当前会话中的活动角色。

```
mysql> SELECT  CURRENT_ROLE();
+------------------+
| CURRENT_ROLE()   |
+------------------+
| NONE             |
+------------------+
1 row in set (0.00 sec)
```

12.5　图形界面用户管理

通过 SQL 语句进行用户和权限管理比较复杂，如果借助图形界面工具，将会清晰和简单得多，下面使用 SQLyog 图形界面工具演示用户和权限管理。

当具有权限管理的用户通过 SQLyog 图形界面工具连接 MySQL 服务之前，可以按照如下步骤进行用户和权限管理。

第 1 步，选择工具栏中的用户管理器工具按钮，打开用户管理界面，如图 12-1 所示。

图 12-1　用户管理界面

第 2 步，如果要创建新用户，则选择"添加新用户"按钮，弹出新用户信息填写窗口。用户名和主机文本框必须填写，其他项可以不填写，按照默认值处理。如果密码和再一次输入密码框为空，则表示密码为空。如果要设置密码，则必须在保证密码框和再一次输入密码框时输入相同字符，并且 Plugin 选择合适的插件"caching_sha2_password"或"mysql_native_password"，默认是"caching_sha2_password"插件。如果需要，还可以在下面填写用户资源限制参数，默认值是 0 表示不限制，如图 12-2 所示。

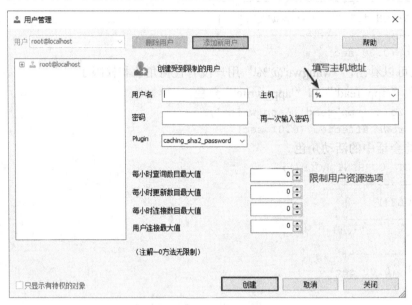

图 12-2　新用户信息填写窗口

第 3 步，如果要修改用户信息，则可以直接在"用户"下拉列表中选择用户，然后在右边直接修改用户信息，如图 12-3 所示。

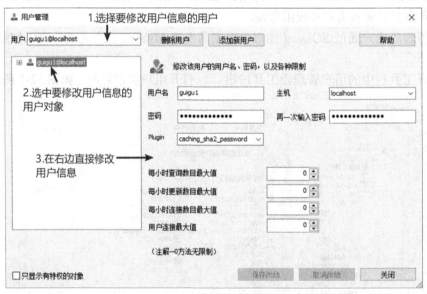

图 12-3　修改用户信息

第 4 步，如果是对已有的用户进行授权操作，或撤销已有用户的授权，则可以直接在"用户"下拉列表中选择用户，然后在左下方选择"权限等级"，右边对应权限打对勾表示授予该项权限，不打对勾表示不授予该项权限。全局权限如图 12-4 所示，数据库级权限如图 12-5 所示，数据表级权限如图 12-6 所示，列级权限如图 12-7 所示，存储子程序级权限如图 12-8 所示。

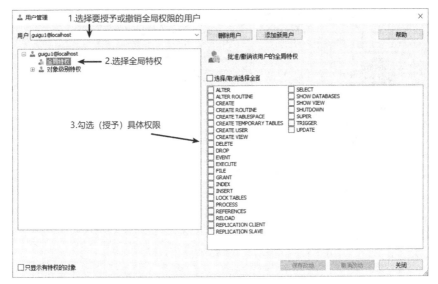

图 12-4　全局权限

图 12-5　数据库级权限

图 12-6　数据表级权限

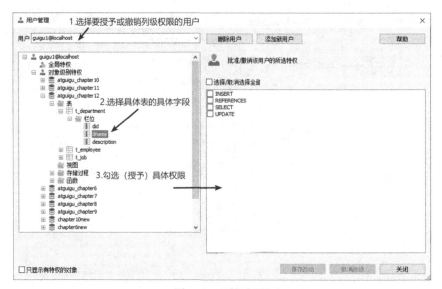

图 12-7 列级权限

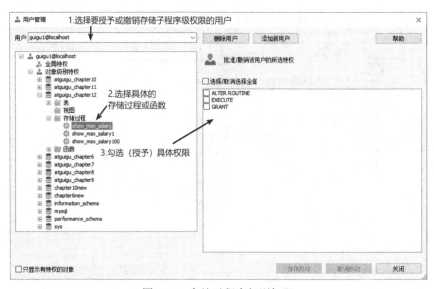

图 12-8 存储子程序级别权限

12.6 本章小结

本章详细介绍了 MySQL 中的账户管理。对 MySQL 中的权限表进行了详细的描述。其次介绍了如何创建 MySQL 用户、修改用户、用户账号的锁定和解锁、如何限制用户使用的资源、如何修改用户密码，以及忘记 root 用户的密码时如何重置 root 用户的密码。再次介绍了如何删除用户。最后详细介绍了各级用户权限、如何为用户授权，以及查看、修改、撤销用户的权限。此外介绍了 MySQL 8.x 版本中账户管理的各种新特性和不同。关于 MySQL 中的账户管理与安全的知识，读者也可以参考 MySQL 官方文档。

目前，大部分重要数据是通过数据库系统来存储的，如姓名、出生日期、身份证件号码、个人生物识别信息、住址、通信通讯联系方式、通信记录和内容、账号密码、财产信息、征信信息、行踪轨迹、住宿信息、健康生理信息、交易信息等。大数据的发展加速了社会的信息、资源流动，使社会运转效率更高，同时也隐藏着巨大的隐患。大量看似中性无害的数据收集以后，也可能会产生有害的后果。人们面临的威胁可能包含隐私泄露、信息丢失，以及网络安全等。我们经常碰到的电话推销、电信诈骗、网络诈骗，以及在上网的时候见到的那些根据你搜索记录进行推送的烦人的广告，都是用户隐私泄露并被非法使用的体现。受威胁的主体不局限于个人，也可能是某个系统，甚至是国家。因此，数据库安全保护尤其重要，需要加强对数据库的访问控制，明确数据库管理和使用职责分工，最小化数据库账号使用权限，防止权利滥用。当然仅依赖数据库本身的安全措施是远远不够的，还需要对数据库及其核心业务系统进行安全加固，在系统边界部署防火墙、IDS/IPS、防病毒系统等，并及时地进行系统补丁检测、安全加固。最后，要对数据库系统及其所在主机进行实时安全监控、事后操作审计，部署一套数据备份与恢复系统，这一点尤为重要，相当于数据库安全的最后一道防线。

反侵权盗版声明

电子工业出版社依法对本作品享有专有出版权。任何未经权利人书面许可，复制、销售或通过信息网络传播本作品的行为；歪曲、篡改、剽窃本作品的行为，均违反《中华人民共和国著作权法》，其行为人应承担相应的民事责任和行政责任，构成犯罪的，将被依法追究刑事责任。

为了维护市场秩序，保护权利人的合法权益，我社将依法查处和打击侵权盗版的单位和个人。欢迎社会各界人士积极举报侵权盗版行为，本社将奖励举报有功人员，并保证举报人的信息不被泄露。

举报电话：（010）88254396；（010）88258888

传　　真：（010）88254397

E-mail：　dbqq@phei.com.cn

通信地址：北京市万寿路 173 信箱

　　　　　电子工业出版社总编办公室

邮　　编：100036